உங்கள் ஆழ்மனதின் அற்புத சக்தி

Reprint 2022

FiNGERPRINT! TAMIL

An imprint of Prakash Books India Pvt. Ltd.

113/A, Darya Ganj,
New Delhi-110 002
Tel: (011) 2324 7062 – 65, Fax: (011) 2324 6975
Email: info@prakashbooks.com/sales@prakashbooks.com

Tamil translation done in association with Mysticswrite Private Limited

facebook www.facebook.com/fingerprintpublishing
twitter www.twitter.com/FingerprintP
www.fingerprintpublishing.com

ISBN: 978 93 8993 119 8

Processed & printed in India

உங்கள் ஆழ்மனதின் அற்புத சக்தி

Tamil translation of the International bestseller
The Power of Your Subconscious Mind

பழம்பெரும் படைப்பின் அசல்

டாக்டர். ஜோசப் மர்ஃபி

தமிழாக்கம்: மாலதி கிருஷ்ணா

FINGERPRINT!

பொருளடக்கம்

இந்த புத்தகம் எப்படி உங்கள் வாழ்க்கையில் அற்புதங்களை நிகழ்த்தும்

உலகெங்கும் உள்ள பலதரப்பட்ட ஆண்கள் மற்றும் பெண்களின் வாழ்க்கையில் அற்புதங்கள் நிகழ்வதை நான் பார்த்துள்ளேன்.

அற்புதங்கள் உங்கள் வாழ்விலும் நிகழும், உங்கள் ஆழ்மனதின் மந்திர சக்தியை நீங்கள் பயன்படுத்தத் தொடங்கும்போது! இந்த புத்தகம் உங்களுக்கு பழக்கப்பட்டுப்போன எண்ணங்கள் மற்றும் கற்பனை வடிவங்களே உங்களுடைய விதியை உருவாக்குகிறது என்று கற்பிக்கிறது; ஏனென்றால், ஒரு மனிதன் தன் ஆழ்மனதில் எவ்வாறு சிந்திக்கிறானோ அதுவாகவே ஆகிறான்.

விடைகள் உங்களுக்குத் தெரியுமா?

ஒரே நேரத்தில், ஏன் ஒரு மனிதன் சோகமாகவும் மற்றொருவன் மகிழ்ச்சியாகவும் இருக்கிறான்? ஏன் ஒருவன் உற்சாகமாக சுபீட்சமாக இருக்கிறான்? மற்றொருவன் வறுமையோடும் பரிதாபமாகவும் இருக்கிறான்? ஏன் ஒருவன் பயத்தோடு, படபடப்பாக உள்ளான்? வேறு ஒருவன் நம்பிக்கையோடு, மனதிடத்தோடு காணப்படுகிறான்? ஏன் ஒருவன் வெற்றியின் வடிவமாகவும், மாற்றான் தோல்வியின் உருவமாகவும் காணப்படுகிறான்? ஏன் ஒரு பேச்சாளர் தலைசிறந்து, பிரபலமாக இருக்க, மற்றொரு பிரசங்கி மந்தமாகவும், பிரபலமாகாமலும் இருக்கிறான்? ஒருவன் தனது தொழிலில் \ அறிவுஜீவியாக திகழும் பொழுது, மற்றொருவன் தனது வேலையில் வாழ்நாள் முழுவதும் அல்லல் பட்டாலும் குறிப்பிடத்தக்க சாதனைகளை ஏன்

காண்பதில்லை? ஒருவனுக்கு தீராத வியாதிகள் குணமாகும்போது, மற்றவனுக்கு ஏன் அவ்வாறு நிகழ்வதில்லை?

நல்ல மனம் படைத்த அன்பான மதவாதிகள் பல துயர்களை அடைந்து, உடலும் உள்ளமும் வருந்துவானேன்? அதேநேரம் ஒழுங்கீனமான நாஸ்திக பேர்வழிகள் திடமான ஆரோக்யத்துடன், சுபீட்சமாக இருப்பதுடன் வெற்றிகளையும் சுவைப்பதேன்? ஒரு பெண் சுகமான மணவாழ்வில் இருக்கும்போது, அவளது சகோதரி மனக்கசப்புடன் குடும்பம் நடத்துவது ஏன்?

உங்கள் உணர்மனதிலும் ஆழ்மனதிலும் இந்தக் கேள்விகளுக்கு விடையேதும் உண்டா? கண்டிப்பாக உண்டு.

இந்த புத்தகத்தை எழுதிய காரணம்

மேற்கண்ட கேள்விகளுக்கும், இது போன்ற மற்ற பல கேள்விகளுக்கும் விடையெழுதி, விளக்கங்கள் அளிப்பதே இந்த புத்தகத்தை எழுத என் நோக்கமாகவும், தூண்டுகோலாகவும் இருந்தது. இந்த நூலில் உங்கள் மனதின், சிறந்த அடிப்படை உண்மைகளை, எளிமையான முறையில் கூற முயற்சி செய்துள்ளேன். உங்கள் மனம் மற்றும் வாழ்க்கையைப் பற்றிய அடிப்படையான, அடித்தளமான, ஆதாரமான கோட்பாடுகளை, சாதாரணமான பேச்சு மொழியில் உங்களுக்கு விளக்குவது சாத்தியம் என நம்புகிறேன். இந்நூலில், நீங்கள் அன்றாட வாழ்வில், வீடு மற்றும் அலுவகங்களில் நடைபெறும் கூத்துப்பட்டறைகளில் பயன்படுத்தப்படும் நடையும், தினசரிகளிளும், மாதாந்திர இதழ்களிலும் உபயோகப்படுத்தப்படும் மொழிநடையே காணப்படும்.

இந்நூலைப் படித்து அதன் கருத்துக்களை உங்கள் வாழ்வில் நடைமுறைப்படுத்துங்கள் என்று உங்களை உந்துகிறேன்; அப்படிச் செய்யும் பொழுது, ஒரு அற்புத சக்தி வேலை செய்வதை நீங்கள் உணர்வீர்கள். அந்த அற்புத சக்தி உங்கள் குழப்பங்கள், வருத்தங்கள், வறுமை, மற்றும் தோல்விகளிலிருந்து உங்களை உயர்த்தி, உங்கள் கஷ்டங்களை நீக்கி, உணர்ச்சிபூர்வமான மற்றும் சரீர பந்தங்களிலிருந்தும் விடுவித்து, சந்தோஷம் மற்றும் மனஅமைதியுடன் நீங்கள் வெற்றி நடை போட வழிவகுக்கும். உங்கள் ஆழ்மனதின் உன்னத சக்தி உங்கள் நோய்களை குணமடையச்செய்து உங்களை மீண்டும் பலமாகவும் மனோதிடம் உள்ளவராகவும் மாற்றும். இந்த சக்தியை பயன்படுத்தும் முறையை

அறியும்போது, பயம் எனும் சிறையின் கதவுகளைத் திறந்து புனித பால் விளக்கியது போல கடவுளின் மைந்தர்கள் கண்ட சுதந்திரம் உங்கள் வாழ்விற்குள்ளும் நுழைய வழிவகுக்கும் என்று திடமாக நம்புகிறேன்.

அற்புதங்கள் நிகழ்த்தவல்ல மனதின் மந்திர சக்தியை வெளியிடுதல்

சுயமாக நோய்களை ஆற்றும் சக்தியே, ஆழ்மனதின் மந்திர சக்திக்கு வலுவான சான்றாகும். 42 ஆண்டுகளுக்கு முன்பு மருத்துவ மொழியில் சார்க்கோமா என்று அழைக்கப்பட்ட ஒரு கொடிய நோயை ஆழ்மனதின் குணமாக்கும் சக்தியின் துணையுடன் வெற்றி கொண்டேன். அதுவே என்னை உருவாக்கி, என்னுடைய எல்லா முக்கிய செயல்பாடுகளையும் கட்டுப்படுத்தி என்னை பராமரிக்கிறது. இதற்கு நான் கையாண்ட வழிமுறையை இந்நூலில் விரிவாகக் கூறியுள்ளேன். இதைப் படிப்பவர்கள் தங்கள் ஆழ்மனதின் அடியில் புதைந்துள்ள எல்லையில்லா குணப்படுத்தும் சக்தியை உணர்வார்கள் என்பது உறுதி. என்னுடைய டாக்டர் நண்பரின் மூலம், எனக்குள்ளே இருக்கும் ஆக்க சக்தியே எல்லா அங்கங்களிலும் பரவி, எனது உடலையும் மற்றும் இதயத்தையும் இயக்கி, மேலும் அந்த ஆக்க சக்தியே நோய்களையும் குணப்படுத்துகிறது என்பதை உணர்ந்தேன். ''காயங்களுக்கு மருந்து போடுபவர் வைத்தியர் ஆனால் அவற்றை குணமடையச்செய்வது கடவுள்,'' என்று ஒரு பழமொழி கூறுகிறது.

பயனுள்ள முறையில் பிரார்த்தனை செய்யும்போது அற்புதங்கள் நிகழ்கிறது

ஒரு குறிப்பிட்ட நோக்கத்திற்காக ஆழ்மனதும், வெளிமனதும் ஒருங்கிணைந்து தொடர்பு கொள்வதே விஞ்ஞானபூர்வமான பிரார்த்தனை எனப்படும். இந்நூல் விஞ்ஞான முறையில், இந்த அளவற்ற சக்தியினை வழிமுறை படுத்தி உங்கள் வாழ்க்கையில் நீங்கள் விரும்புபவை அனைத்தையும் அடைவது எப்படி என்று உங்களுக்கு கற்றுக்கொடுக்கும். செல்வ சிறப்புடனுனான மகிழ்வான நிறைவான வாழ்வையே நீங்கள் விரும்புகிறீர்கள். மனதின் மந்திர சக்தியை பயன்படுத்தி அன்றாட வாழ்வை இதமாக நடத்துங்கள். தொழிலில் ஏற்படும் சிக்கல்களுக்கு தீர்வு காணுங்கள்.

குடும்ப உறவுகளில் இணக்க நிலையை ஏற்படுத்துங்கள். இந்த நூலை பலமுறை படியுங்கள். இந்நூலின் பல்வேறு அத்தியாயங்கள் எவ்வாறு மனதின் சக்தி அழகாகச் செயல்படுகிறது என்பதை உங்களுக்கு உணர்த்தி, உங்களுக்குள் மறைந்து கிடக்கும் ஊக்க சக்தியையும் ஞானத்தையும் ஈர்த்து வெளியே கொண்டுவரும். ஆழ்மனதைக் கவரும் எளிய வழிகளைக் கற்றுக் கொள்ளுங்கள். கவனத்துடன், உண்மையுடன், அன்புடன் இந்நூலைப் படியுங்கள். வியக்கத்தக்க வழிகளில் எவ்வாறு அது உங்களுக்கு உதவக்கூடும் என்பதை உங்களுக்கு நீங்களே நிரூபியுங்கள். அதுவே உங்கள் வாழ்வின் திருப்புமுனையாக அமையலாம், ஏன் கண்டிப்பாக அமையும், என்று நான் நம்புகிறேன்.

அனைவரும் பிரார்த்தனை செய்கிறார்கள்

எப்படி பயனுள்ள வகையில் பிரார்த்தனை செய்வது என்று தெரியுமா? தினசரி செயலாக நினைத்து பிரார்த்தனை செய்து எவ்வளவு காலமாகியிருக்கும்? ஆபத்து அணுகும்போது, அவசர காலகட்டத்தில், நோய் வாய்ப்படும் பொழுது, மரணத்தின் வாயிலில்-இது மாதிரி நேரத்தில்தான் உங்களுக்கும், உங்கள் நண்பர்களுக்கும் பிரார்த்தனை செய்யத் தோன்றும். உங்கள் செய்தித்தாளைப் படியுங்கள்.

கடுமையான நோயுள்ள குழந்தைக்காக, நாடுகளுக்கு இடையே அமைதி நிலவ, சுரங்கத்தில் சிக்கியுள்ள தொழிலாளிகளுக்காக என பல்வேறு காரணங்களுக்காக பிரார்த்தனை செய்யப்படும் செய்திகளைப் படிக்கலாம். மீட்கப்பட்ட சுரங்கத் தொழிலாளர்களும், தாங்கள் புதையுண்ட போது பிரார்த்தனை செய்ததாகக் கூறப்பட்டிருந்தது; அவசரமாக தரையிறங்கும் போது, பிரார்த்தனை செய்ததாக விமான ஓட்டுனர் கூறுகிறார். துன்பம் நேரும் பொழுது துணையாக நிற்பது பிரார்த்தனையே; ஆனால் தினசரி வாழ்க்கையில் இணைபிரியாத ஆக்கமுள்ள துணையாக பிரார்த்தனை ஆவதற்கு, கஷ்டம் வரும் வரை காத்திருக்க வேண்டிய அவசியமில்லை அற்புத பலன்கள் தான் பயனுள்ள பிரார்த்தனையின் சாட்சி. அவைகளே தலைப்புச் செய்திகளாக விளங்குகின்றன. குழந்தைகளின் பணிவான வழிபாடு, உணவிற்கு நன்றி சொல்வது, கடவுளை அடைய விரும்புபவரின் பிரார்த்தனையை பற்றி என்ன நினைக்கிறீர்கள்? பிரார்த்தனையின் சக்தியை என் சொந்த வாழ்வில் உணர்ந்திருக்கிறேன். மனிதர்களுடன்

பழகும்போது பிரார்த்தனைக்கான பல வழிகளைப்பற்றி அறிய வேண்டிய அவசியம் என் வேலையால் ஏற்பட்டுள்ளது. அதுபோல் அனுபவம் கொண்ட பிற மனிதர்களுடனும் பேசி, பழகியுள்ளேன். ஒருவன் பிரார்த்தனை எவ்வாறு செய்யவேண்டும் என்பதை எப்படிக் கூறுவது என்பதுதான் பிரச்சனை. துன்பத்தில் இருப்பவர்களுக்கு, தெளிவாக சிந்தித்து செயல்படுவது, மிகவும் சிரமமாக இருக்கும். அவர்களுக்கு எளிய வழிமுறையே தேவை. குறிப்பிட்ட மற்றும் செயல்படுத்த எளிமையான திட்டங்களே அவசியம். அவசரச் சூழ்நிலையை சரியாக அணுகும் முறையே அவர்களுக்கு வேண்டும்.

இந்நூலின் தனித் தன்மை

நடைமுறைக்கு சாத்தியமான எளிமையான வழிமுறைகளே இந்த புத்தகத்தின் தனித்துவம். உங்கள் அன்றாட வாழ்வில் நடைமுறைப்படுத்த எளிமையான வழிமுறைகள் இங்கு கூறப்பட்டுள்ளன. இந்த வழிமுறைகளை உலகமெங்கும் பல ஆண்கள் மற்றும் பெண்களுக்கு போதித்துள்ளேன்; சமீபத்தில், லாஸ் ஏஞ்சல்ஸ் நகரில் நடைபெற்ற சர்வ சமய கருத்தரங்கில் ஆயிரக்கணக்கானவர்கள் பங்கேற்றபோது இந்நூலின் சிறப்பு அம்சங்களை கோடிட்டுக் காட்டியுள்ளேன். இருநூறு மைல்களுக்கு அப்பால் இருந்தும் வந்து, மக்கள் இவ்வகுப்புக்களில் பங்கேற்றனர். அநேக நேரங்களில் நாம் பிரார்த்தனை செய்வதற்கு எதிர்மாறாகவே காரியங்கள் நடக்கிறதே என்ற கேள்விக்கு விடையையும் அதற்கான காரணங்களையும் கூறுவதால் இந்நூல் உங்களை அவசியம் கவரும். ''நான் எவ்வளவு தான் பிரார்த்தனை செய்தாலும் அதற்கு ஏன் பலன் இல்லாமல் போகிறது?'' என்ற கேள்வியை பல முறை பல இடங்களில் பலர் கேட்டுள்ளனர். சாதாரணமான இந்தப் புகாருக்கு இந்த நூலில் பதிலைக் காண்பீர்கள். ஆழ்மனதில் விவரங்களை பதிய வைப்பதற்கான பல வழிகளைக் கூறி, அதன் மூலம் சரியான பதில்களைப் பெற வழி வகுப்பதால் இந்த அசாதாரணமான நூல் துன்பம் நேரும் சமயங்களில் கைகொடுக்கும்.

எதை நீங்கள் நம்புகிறீர்கள்?

பிரார்த்தனைகளுக்கு பதில் நாம் வேண்டும் பொருளில் இல்லை. மனதில் எழும் எண்ணங்களை ஆழ்மனம் சரியாக புரிந்து கொண்டு செயல்படும்போதே, பிரார்த்தனையின் பலன்கள் தெரிகின்றது. இந்த நம்பிக்கை விதியே அனைத்து மதங்களின் அடிப்படை கோட்பாடாகவும். மனோதத்துவ ரீதியிலும் உண்மையாக விளங்குகிறது. புத்தமதம், கிருஸ்துவம், இஸ்லாம், ஹீப்ரூ போன்ற எந்த மதத்தினரும் தங்களுடைய பிரார்த்தனைகளுக்கு பலனை அவர்கள் செய்யும், சம்பிரதாய சடங்குகள், பூஜைகள், படையல்களால் அடைவதில்லை. ஆனால் பிரார்த்தனையை எதற்காகச் செய்கிறோம் என்பதை அவர்கள் மனம் சரியாகப் புரிந்து, கொள்வதனால்தான் இது சாத்தியமாகிறது.

நம்பிக்கையின் சட்டமே, நமது வாழ்வின் சட்டம். நம்பிக்கை என்பது நம் மனதில் எழும் எண்ணங்களே. ஒரு மனிதன் நினைப்பதற்கும், நம்புவதற்கும் ஏற்ப அவனது மனமும், உடலும், சூழ்நிலைகளும் அமைகின்றன. எதைச் செய்கிறோம், ஏன் செய்கிறோம், என்பதைப் புரிந்து கொண்டு செயல்பட வைக்கும் ஆழ்மனதே வாழ்க்கையின் நல்ல விஷயங்களை நீங்கள் அறியாமலேயே உண்மையாக ஆக்கிவிடும். இதயத்தின் விருப்பங்கள் அனைத்தும் நிறைவு பெறுவதே பிரார்த்தனையின் பலன்.

விருப்பமே வேண்டுதல்

ஒவ்வொருவரும் ஆரோக்கியம், சந்தோஷம், பாதுகாப்பு, மன அமைதி, உண்மையான வெளிப்பாடு ஆகியவற்றைத்தான் விரும்புகின்றனர். ஆனால் பலர் தெளிவான உறுதியான பலனைப் பெறுவதில்லை. ஒரு பல்கலைக்கழக பேராசிரியர் சமீபத்தில் என்னிடம் கூறியது, ''நான் என் சிந்தனைகளை மாற்றி அமைத்துக்கொண்டால் என் புண்கள் திரும்பாது என்பதை அறிவேன். ஆனால் அதை எப்படி செய்வது என்ற செய்முறை விளக்கம் தான் எனக்குத்தெரியவில்லை! எனது மனமோ மீண்டும் மீண்டும் பிரச்சனைகளையே சுற்றிவருவதால் நானும் தோல்வியடைந்து, தவித்து, மகிழ்ச்சி இல்லாமல் வாழ்கிறேன்.'' இவர் பூரண ஆரோக்யத்தை அடைய ஆசைப்பட்டார்; மனத்தின் போக்கை அறியும் ஞானம் அவருக்குத் தேவைப்பட்டது. அதன்

மூலம் தனது விருப்பத்தை பூர்த்தி செய்திருக்க முடியும். இந்த நூலில் கூறப்பட்ட சிகிச்சை வழிகளை பயிற்சி செய்து, முழுமை அடைந்து நிறைவும் பெற்றார்.

ஒவ்வொரு தனி மனிதனுக்கும் பொதுவான ஒரு மனம் உண்டு (எமெர்சன்)

அதிசயங்களை உண்டாக்கும் ஆழ்மனதின் சக்தி, நீங்களும் நானும் பிறப்பதற்கு முன்னரும், தேவாலயங்களும் உலகமும் தோன்றுவதற்கு முன்னாலிருந்தே இருந்து வருகிறது. வாழ்வின் கொள்கைகளும், அதன் அழிவற்ற உண்மைகளும் எல்லா மதங்களுக்கும் முற்பட்டவை. இதை மனதில் வைத்துக் கொண்டே பின் வரும் அத்தியாயங்களைப் படிக்கும்படி உங்களை தூண்டுகிறேன்.. அவற்றில் அற்புதமான மாற்றத்தை தரக்கூடிய மந்திர சக்தியை உணர்வீர்கள். அந்த சக்தி, உங்கள் உடலிலும் உள்ளத்திலும் ஏற்பட்ட காயங்களை ஆற்றும், பயத்தால் பீடிக்கப்பட்ட மனதிற்கு விடுதலையை பறைசாற்றும், வறுமை, தோல்வி, ஏழ்மை, இல்லாமை, இயலாமை போன்ற சிறையிலிருந்து மீட்டு, உன்னத வாழ்விற்கு முன்னேற்றும். நீங்கள் செய்ய வேண்டியதெல்லாம் மனதாலும், உணர்வாலும் ஒன்றுபட்டு நற்செயல்களில், நல்ல எண்ணங்களில் ஈடுபடுங்கள். அப்போது ஆழ்மனதின் ஆக்கபூர்வமான சக்தியும் செயல்படத் தொடங்கும். இன்றே தொடங்குங்கள். உங்கள் வாழ்வில் அற்புதங்கள் நிகழட்டும்!

முயற்சி செய்யுங்கள், குறிக்கோளை எட்டும்வரை தொடர்ந்து முயற்சி செய்யுங்கள். விடியல் மலரட்டும், நிழல்கள் ஓடி ஒளியட்டும்.

1

உங்களுக்குள்ளிருக்கும் பொக்கிஷம்

உங்கள் மனக்கண்ணை திறந்து பார்த்தால், அளவிடமுடியாத அளவிற்கு உங்களைச் சுற்றி செல்வங்கள் குவிந்து கிடப்பதை உங்களால் பார்க்க முடியும். நீங்கள், உங்கள் வாழ்க்கையை அமோகமாக அணைத்து செல்வங்களுடன் மகிழ்ச்சியாக கழிக்க தங்கச் சுரங்கம் உங்களுக்குள்ளே இருக்கிறது.

இந்த தங்கச் சுரங்கத்தில் எல்லையற்ற அன்பும் அளவிட முடியாத அறிவும் இருப்பது தெரியாமலே பலர் ஆழ்ந்த உறக்கத்தில் இருக்கின்றனர். இதிலிருந்து உங்களுக்கு என்ன தேவையோ அதனை எடுத்துக் கொள்ள முடியும். காந்தத்தன்மை ஊட்டப்பட்ட ஒரு இரும்புத்துண்டால் அதன் எடையை விட 12 மடங்கு அதிகமாக சுமக்க முடியும். ஆனால், அதே இரும்பின் காந்தத் தன்மையை நீக்கிவிட்டால் அதனால் ஒரு இறகைக்கூட தூக்க முடியாது. இதுபோலவே மனிதர்களிலும் இரண்டு வகை உண்டு. தான் வெற்றிபெறவே பிறந்தவன் என்று தெரிந்த, ஈர்ப்புசக்தி கொண்ட தன்னம்பிக்கை உள்ள மனிதன், மற்றொன்று ஈர்ப்புசக்தி குறைவாக உள்ள பயமும் சந்தேகமும் நிறைந்த மனிதன். சந்தர்ப்பங்கள் கதவைத் தட்டும் பொழுது கூட ''நான் தோற்கக்கூடும்; நான் என் பணத்தை இழக்கக்கூடும்; மக்கள் என்னைப்பார்த்து சிரிப்பார்கள்.'' இதுபோன்ற மனிதன் வாழ்வில் முன்னேறாமல் பயத்தினால் இருக்கும் இடத்திலேயே தங்கிவிடுவான். காந்தத்தன்மை உள்ள மனிதனாக மாறி ஆண்டாண்டுகளாக ஒளிந்து கிடக்கும் ரகசியங்களை கண்டுபிடியுங்கள்.

பல்லாண்டுகளாக காத்துவரப்படும் மாபெரும் ரகசியம்

உங்களுடைய கருத்துப்படி பல்லாண்டுகளாக காத்துவரப்படும் மாபெரும் ரகசியம் எது? அணு சக்தியைப்பற்றியதா? வெப்ப அணு சக்தியைப்பற்றியதா? நியூட்ரான் குண்டின் சக்தியைப்பற்றியதா? விண்கோள்களுக்கு இடையே நடக்கும் பயணமா? இல்லை, இவை எதுவும் இல்லை.

அப்படியானால் வாழ்வின் ஆதாரமான புதிர் என்ன? அதை எங்கே காண்பது, அதை எப்படி அணுகலாம், அதை செயல்முறை படுத்துவது எப்படி? விடை மிகவும் எளிமையானது. இந்த அற்புதமான, அதிசயமான ஆழ்மன செயல்பாடுசக்தியே நம்முள் இருக்கக் கூடிய புதிர். இதுவே நாம் தேட வேண்டிய முதன்மையான இடம். ஆனால் துரதிருஷ்டவசமாக இதுவே நாம் தேடும் கடைசி இடமாக உள்ளது.

ஆழ்மனதின் அற்புத ஆற்றல்

உங்களுக்குள் புதைந்திருக்கும் ஆழ்மன சக்தியை வெளிப்படுத்த கற்றுக்கொள்வதன் மூலமாக உங்கள் வாழ்வில் அற்புத சக்தி, அளவில்லா செல்வம், நல்ல ஆரோக்கியம், பேரானந்தம் மற்றும் பெரு மகிழ்ச்சியை கொண்டு வர முடியும்.

நீங்கள் இந்த சக்தியை பெறத் தேவையில்லை; அது ஏற்கனவே உங்களிடமே உள்ளது. ஆனால் அதை எவ்வாறு உபயோகப்படுத்துவது என அறிந்து கொள்ள வேண்டும்; நீங்கள் அதனைப்பற்றி புரிந்து கொள்ள வேண்டும் அப்போதுதான் அதை உங்கள் வாழ்வின் அனைத்து துறைகளிலும் பயன்படுத்த முடியும்.

நீங்கள் இந்த புத்தகத்தில் கூறியுள்ள யுத்திகளையும் முறைகளையும் கடைப்பிடித்தீர்களானால், உங்களுக்குத் தேவையான அறிவையும் புரிதலையும் பெறுவீர்கள். ஓர் புதிய ஒளி உங்களை உற்சாகப்படுத்தி, உங்கள் நம்பிக்கையை உணர உதவும் புதிய சக்தியை நீங்களே உருவாக்கி, உங்கள் கனவுகள் அனைத்தையுமே நிஜமாக்குவீர்கள். இதற்கு முன் எப்போதும் இல்லாதது போல் உங்கள் வாழ்வை கம்பீரமானதாக, உயர்வானதாக, பெருமையானதாக, செழிப்பானதாக மாற்ற முடிவு செய்யுங்கள்.

உங்கள் மனதின் ஆழத்தில்தான் எல்லையில்லாத ஞானம், மற்றும் அளவில்லாத சக்தி, உங்கள் அனைத்து தேவைகளையும்

வரம்புகள் ஏதுமில்லாமல் பூர்த்தி செய்ய, தன்னை வளப்படுத்தவும் வெளிப்படுத்தவும் காத்துக் கொண்டிருக்கிறது.

உங்கள் ஆழ்மனதின் எல்லையற்ற அறிவு நீங்கள் அறிய வேண்டிய அனைத்தையும், எந்நேரமும் தெரியப் படுத்த முடியும். ஆனால் அதற்கு நீங்கள் திறந்த மனதுடனும் ஏற்றுக்கொள்ளும் பக்குவத்துடனும் இருப்பது அவசியம். உங்களால் புதிய கருத்துக்கள், எண்ணங்களை உருவாக்கி புதுப்புது கண்டுபிடிப்புகள் செய்யவும், புத்தகம் மற்றும் நாடகங்களும் எழுத முடியும். மேலும் இயற்கையிலேயே உண்டாகியிருக்கும் அசலான விஷயங்கள் குறித்த அறிவை உங்களுக்கு அளிக்க முடியும். உங்கள் வாழ்வில் உங்களுக்கான இடத்தை காட்டி உங்கள் எண்ணங்களுக்கான சரியான வெளிப்பாட்டினை கொடுக்கும்.

உங்களது ஆழ்மன சக்தியால் உங்களுக்கேற்ற வாழ்க்கை துணையையும் தொழிலில் உங்களுக்கேற்ற சகாக்களையும் ஈர்த்துக் கொள்ள முடியும். உங்கள் வீட்டை வாங்குவதற்கு சரியான நபரை தேடித்தரும். உங்களுக்கு தேவையான பணத்தை அளிக்கும் மற்றும் உங்கள் இதயத்தின் ஆசைகளையெல்லாம் நிஜமாக்குவதோடு பொருளாதார சுதந்திரத்தையும் அளிக்கும்.

இந்த உள் உலகின் எண்ணம், உணர்வு, சக்தி, ஒளி, அன்பு மற்றும் அழகினை கண்டு கொள்வது உங்கள் உரிமையாகும். அவை மறைந்திருந்தாலும் அழுத்தம் அதிகமாக இருக்கும். உங்கள் ஆழ்மனதின் உள்ளேயே ஒவ்வொரு பிரச்சினைக்கும் தீர்வு உள்ளது. அவ்வாறே ஒவ்வொரு காரியத்தின் காரணத்தையும் கண்டு அறிய முடியும். இப்படி உங்களுக்குள் மறைந்துள்ள சக்தியை வெளிக் கொணரும்போது, நீங்கள் செழிப்பாகவும், பாதுகாப்புணர்வுடனும், மகிழ்ச்சியாகவும், ஆளுமையுடனும், முன்னேறுவதற்குத் தேவையான சக்தியையும் ஞானத்தினையும் அடைந்துவிடும் உண்மை நிலைக்கு வந்துவிடுவீர்கள். ஆழ்மனதின் இந்த சக்தி, ஊனமுற்றவரின் நிலையை உயர்த்தி, இன்றிமையாத வலிமையை மீட்டுத்தந்து, சுதந்திரமாக இவ்வுலகில் ஆரோக்கியமாகவும், முழுமையாகவும் ஆக்கியிருப்பதை நான் பார்த்திருக்கிறேன். உடைந்த இதயத்தையும், பிரச்சனையான மனதையும் குணப்படுத்தும் அற்புதமான சக்தியினை உங்கள் ஆழ்மனம் கொண்டுள்ளது. உங்கள் மனச்சிறையினை திறந்து, உங்களை சுதந்திரமானவராக மாற்றும் ஆற்றல் பெற்றுள்ளது. அது உங்கள் மனதாலும் சரீரத்தாலும் கொண்ட பந்தங்களை விடுவிக்கும்.

செயல்படுத்துவதில் முறை அவசியம்

எந்தத் துறையானாலும், எல்லாவற்றிலும் பொருந்துகின்ற பொதுவான செயல்முறை அடிப்படை இல்லாமல் போனால், முன்னேறுவது சாத்தியமில்லாமல் போகிறது. நீங்கள் உங்கள் ஆழ்மன இயக்கத்தின் நுட்பங்களை அறியலாம். ஆழ்மன சக்தியின் செயல்பாடுகளை பயிற்சி செய்வது என்பது நீங்கள் கொள்கையை புரிந்து கொள்ளும் அளவிற்கும், அதனை குறிப்பான, காரணங்கள் மற்றும் குறிக்கோள்களுக்காக செயல்படுத்தும் திறனிற்கும் சரிசம விகிதத்தில் உள்ளது. இதன் மூலம் ஆழ்மன சக்தியினை தேர்ச்சியுடன் இயக்குபவராக நீங்கள் மாறிவிட முடியும்.

நான் முன்னாள் இரசாயன விஞ்ஞானி என்பதால், ஹைட்ரஜனின் இரண்டு அணுக்களுடன், ஆக்ஸிஜனின் ஓர் அணுவை இணைத்தால் நீர் கிடைக்கும் என்பதை சுட்டிக்காட்ட விரும்புகிறேன். இது நீங்கள் அனைவரும் அறிந்த உண்மையே. ஆனால் ஆக்ஸிஜனில் ஓர் அணுவையும், கார்பனில் ஓர் அணுவையும் இணைத்தால் கார்பன் மோனாக்ஸைடு என்ற நச்சுவாயு உண்டாகும். அத்துடன் மற்றுமொரு ஆக்ஸிஜன் அணுவையும் இணைத்தால், தீங்கற்ற கார்பன் டைஆக்ஸைடு கிடைக்கும். இதுபோன்ற விதி ரசாயன கலவைகளில் அனைத்திலும் உள்ளது.

ஆழ்மனக் கொள்கைகள், கணக்கு, வேதியியல், மற்றும் இயற்பியல் கொள்கைகளிலிருந்து வேறுபட்டது என்று நினைக்கக் கூடாது. நாம் பொதுவாக ஏற்றுக்கொள்ளப்பட்ட ஓர் கொள்கையைப் பார்ப்போம்:

''நீர் அதன் அளவை தானே தேடிக் கொள்கிறது.'' எங்கு காணப்படும் தண்ணீருக்கும் இந்த கொள்கை பொருந்தும்.

இன்னொரு கொள்கையையும் பார்ப்போம்: ''பொருளின் வெப்ப நிலையை அதிகரித்தால் அது விரிவடையும்.'' இது எந்த இடத்திலும் எந்த நேரத்திலும், எந்த சூழ்நிலையிலும் மாறாத உண்மை. நீங்கள் ஒரு இரும்புத் துண்டை வெப்பப்படுத்தினால் அது விரிவடையும். அது சீன, இங்கிலாந்து, அல்லது இந்திய இரும்பாகவே இருந்தாலும் சரி. அதுபோலவே, நீங்கள் உங்கள் ஆழ்மனதில் என்ன முத்திரை பதிக்கிறீர்களோ, அதுவே வெளித் திரையில் நிபந்தனையாகவும், அனுபவமாகவும், நிகழ்வாகவும் வெளிப்படுகிறது.

உங்கள் ஆழ்மனக் கொள்கையே உங்கள் வேண்டுதல்களை

பலிக்க செய்கிறது. இங்கே கொள்கை என்ற சொல்லின் மூலமாக நான் ஒரு பொருள் எவ்வாறு வேலை செய்கிறது என்பதனை மட்டுமே குறிக்கிறேன். உதாரணத்திற்கு, மின்சார சக்தியின் கொள்கை என்னவென்றால், மின்சாரம், உயர்நிலைச் சக்தியிலிருந்து தாழ்நிலை சக்தியினை நோக்கிப் பாய்கிறது. நீங்கள் மின்சாரத்தை உபயோகிக்கும் பொழுது இந்தக் கொள்கைக்கு மாறாகச் செயலாற்ற மாட்டீர்கள். அதன் இயல்போடு இசைந்து மனிதகுலத்திற்கு ஒரு வரமாக விளங்கக்கூடிய எண்ணற்ற அதிசயிக்கத்தக்க கண்டுபிடிப்புகளை கொண்டு வருவீர்கள்.

அது போலவே உங்கள் ஆழ்மனதும் ஓர் கொள்கை. அது நம்பிக்கை என்னும் நியதிப்படி செயல்படுகிறது. நீங்கள் நம்பிக்கை என்றால் என்னவென்றும், அது எவ்வாறு, ஏன் வேலை செய்கிறது என்றும், அறிய வேண்டும். உங்கள் பைபிள், இதனை தெளிவாக, எளிதாக, அழகான வழியில் இவ்வாறு கூறுகிறது: *எவனொருவன் நம்பிக்கையுடன் மலையே நீ பெயர்ந்து நீருக்குள் மறைந்து போ என்று சொல்கிறானோ, அது அவன் சொல் படியே நடக்கும்*. **மார்க் 11:23.**

உங்கள் மனத்திற்கான சட்டமே உங்கள் நம்பிக்கைக்கான சட்டம். இதன் பொருள், உங்கள் மன்து செயல்படும் வழியை நம்புவதே நம்பிக்கையை நம்புவதாகும். உங்கள் மனதின் நம்பிக்கை அதில் தோன்றும் எண்ணங்கள்-அது எளிமையானது -அது மட்டுமே வேறொன்றுமில்லை.

உங்களது நிலைமை அனைத்து அனுபவங்கள், நிகழ்வுகள், மற்றும் செயல்கள் உங்கள் ஆழ்மனதில் தோன்றும் எண்ணங்களின் விளைவு தான். நீங்கள் நம்பும் பொருள் மீதல்ல. உங்கள் மனதில் இருக்கும் நம்பிக்கை தான் அந்த விளைவுகளை உண்டாக்குகிறது என்று நினைவில் வைத்து கொள்ளுங்கள்.

மனித குலத்தின் மூட மற்றும் பொய்யான நம்பிக்கைகள், கருத்துக்கள், பயங்கள் ஆகியவற்றை நம்புவதை நிறுத்துங்கள். மாற்றமில்லாத, என்றுமே நிலையான வாழ்க்கை உண்மைகளை நம்பத்துவங்குங்கள். அப்படி செய்தால் நீங்கள் முன்னேறி கடவுளின் பக்கம் மேற்புறமாக நகர்வீர்கள். எவர் ஒருவர் இந்த புத்தகத்தை படித்து இதில் கூறப்பட்டுள்ள ஆழ்மனதின் கொள்கைகளை பின்பற்றி நடக்கிறாரோ, அவரால் தனக்காகவும் பிறருக்காகவும், விஞ்ஞான ரீதியாக வேண்டிக்கொள்ள முடியும். உங்கள் துதிக்கு, செயல் மற்றும் அதன் எதிர்வினை என்கிற உலகளாவிய சட்டத்தின் படி பதிலளிக்கப்படுகிறது. எண்ணம்

எல்லையற்ற செயல். உங்கள் மனதில் தோன்றும் எண்ணங்களுக்கு ஏற்ப உங்கள் ஆழ்மனது தரும் பதிலே எதிர்வினையாகும். உங்கள் மனதை இணக்கம், உடல் நலம், அமைதி, மற்றவர் பால் நல்லெண்ணம் என்ற கருத்துக்களால் நிறைத்து கொள்ளுங்கள். அது உங்கள் வாழ்வில் அதிசயங்களை நிகழ்த்தும்.

இருமையியல்பு கொண்ட மனது

உங்களுக்கு ஒரு மனம் தான் இருக்கிறது. ஆனால் அதற்கு இரு வேறு விதமான பண்புகள் உண்டு. நன்கு சிந்திக்கும் திறன் கொண்ட அனைத்து ஆடவர்களுக்கும் மகளிருக்கும் இந்த இரண்டிற்கும் இடையில் உள்ள வித்தியாசம் தெரியும்.

உங்கள் மனதின் இரண்டு வேலைகளும் வேறுபட்டவை. ஒவ்வொன்றிற்கும் தனிப்பட்ட தனித்துவமுள்ள பண்புகள் மற்றும் சக்திகள் உண்டு. இவற்றை வேறுபடுத்தி காட்ட சூட்டப்பட்டிருக்கும் பெயர் கீழ்வருமாறு: புறநிலை மற்றும் அகநிலை மனம், தூக்கத்தில் இருக்கும் மனம், விழித்திருக்கும் மனம், பேர்பரப்பில் காணப்படும் நான், உள்ளுக்குள் நான், தன்னார்வ மனது, தன்னிச்சையாக செயல்படும் மனது, ஆண் மற்றும் பெண் போன்ற வேறு பல வாசகங்களால் அறியப்படும். இந்த புத்தகம் முழுவதிலும் ''உணர்மனம்'' மற்றும் ''ஆழ்மனம்'' என்ற வார்த்தைகள் மனதின் இந்த இருமையியல்பை குறிக்கும் என்பதை நீங்கள் காண்பீர்கள்.

உணர்மனமும் ஆழ்மனமும்

உங்கள் மனதின் இரண்டு முறையான செயல்பாட்டையும் அறிய உங்கள் மனதை ஒரு தோட்டமாக பாருங்கள். நீங்கள் ஒரு தோட்டக்காரர். எண்ணம் என்ற விதைகளை உங்கள் பழக்கத்தின் அடிப்படையில், நாள் முழுவதும், உங்கள் ஆழ்மனதில் விதைக்கிறீர்கள். உங்கள் ஆழ்மனதில் எப்படி விதைக்கிறீர்களோ அப்படியே உடலிலும் உங்கள் சுற்றுசூழலிலும் அறுவடை செய்வீர்கள்.

அமைதி, மகிழ்ச்சி, சரியான செயல், நல்லெண்ணம், செழிப்பு போன்ற எண்ணங்களை இப்பொழுது விதைக்க துவங்குங்கள்.

அமைதியாக யோசித்து இந்த பண்புகளில் ஆர்வம் கொண்டு உங்கள் உணர்மனது அதன் காரணத்தை முழுவதுமாக போற்றும்படி ஏற்றுக்கொள்ளுங்கள். இது போன்ற அற்புதமான விதைகளை

(எண்ணங்களை) உங்கள் மனதின் தோட்டத்தில் விதைப்பதை தொடருங்கள். நீங்கள் அறுவடை அற்புதமாகும். உங்கள் ஆழ்மனதை எந்த விதமான விதைகளையும் வளர்க்கக்கூடிய மண்ணாக பாருங்கள், நல்லதோ தீயதோ. *மனிதன் சேகரிப்பது முட்புதர்களையா, முட்கள் கொண்ட திராட்சையா அல்லது முட்கள் நிறைந்த அத்திப்பழங்களையா?* அதனால் ஒவ்வொரு எண்ணமும் காரணமோ அல்லது ஒவ்வொரு நிலைமையும் விளைவோ ஆகும்.

இந்த காரணத்தால், உங்கள் எண்ணங்களை சீர் செய்து உங்களுக்கு அனுகூலமான, நீங்கள் விரும்பும் நிலைமையையே பெறுங்கள்.

உங்கள் மனது சரியாக சிந்திக்கும் பொழுது, உண்மையை நீங்கள் புரிந்துகொள்ளும் பொழுது, உங்கள் ஆழ்மனதில் பதியும் எண்ணங்கள் ஆக்கபூர்வமாகவும், நல்லிணக்கத்துடன், அமைதியானவையாகவும் இருந்தால் உங்கள் ஆழ்மனதின் மந்திர சக்தி அதற்கு பதிலளிக்கும் வகையில் சுமுகமாகவும் ஏற்புடைய சுற்றுபபுறத்தையும் அனைத்திலும் சிறந்ததான நிலைமையையும் உங்களுக்கு அளிக்கும். உங்கள் எண்ணங்களை நீங்கள் அடக்க துவங்கினால், ஆழ்மனதின் சக்தியை எந்த ஒரு கடினமான பிரச்சனைக்கும் நீங்கள் பிரயோகிக்கலாம். வேறு வார்த்தைகளில் கூறினால், அனைத்தையும் நிர்வகிக்கும், அளவற்ற மற்றும் எல்லாம் வல்ல சக்தியுடன் உணர்வுடன் ஒத்துழைக்கிறீர்கள்.

உங்களை சுற்றிப்பாருங்கள், எங்கு பார்த்தாலும் பெரும்பாலான மனிதகுலம் உள்ளிருக்கும் உலகின் மேல் ஆர்வம் கொண்ட அறிவொளி பெற்ற மக்கள் இல்லாமல் வாழ்ந்து கொண்டிருக்கும். நினைவில் கொள்ளுங்கள், உங்கள் வெளி உலகை மெய்யாக்குவது உங்கள் உள்ளிருக்கும் எண்ணங்கள், உணர்வுகள் மற்றும் காட்சிகளே. அதனால், ஒரே படைப்பு சக்தியும் வெளி உலகில் நீங்கள் காணும் அனைத்தும் உங்களால் உங்கள் மனதிற்குள் இருக்கும் உலகில் உருவாக்கப்பட்டது, உணர்வுடனோ அல்லது உணர்வில்லாமலோ.

உங்கள் உணர்மனதும் ஆழ்மனதும் ஒன்றுக்கொன்று தொடர்புடையது என்ற ஞானம் உங்கள் முழு வாழ்வையும் மாற்றியமைக்க உதவும். வெளிப்புற நிலைமையை மாற்ற நீங்கள் காரணத்தை அறிய வேண்டும். பெரும்பாலான மனிதர்கள் நிலைமையையும், சூழ்நிலையையும் மாற்ற நிலைமை மற்றும் சூழ்நிலையுடனேயே வேலை செய்கிறார்கள். வேற்றுமை,

குழப்பம், போதிய அளவு இல்லாமல் இருத்தல், வரம்புகள் ஆகியவற்றை நீக்க அதன் காரணத்தை நீக்க வேண்டும். அந்த காரணம், நீங்கள் உங்கள் உணர்மனதை உபயோகப்படுத்தும் விதம். வேறு வார்த்தைகளில் சொல்லவேண்டுமென்றால் நீங்கள் உங்கள் மனதில் ஒரு விஷயத்தை பார்க்கும் அல்லது படம் பிடித்து வைத்திருக்கும் விதம்.

உங்களால் கற்பனை கூட செய்து பார்க்கமுடியாத, அளவற்ற செல்வங்களின் ஆற்றில் வாழ்ந்துகொண்டிருக்கிறீர்கள். உங்கள் ஆழ்மனது உங்கள் எண்ணங்கள் பால் மிகவும் உணர்ச்சிபூர்வமானது. உங்கள் எண்ணங்கள் மூலமாக தான் ஆழ்மனதின் அளவற்ற அறிவு, ஞானம், முக்கிய சக்திகள், வழிந்தோடும் அணியாக அமைகிறது. இந்த புத்தகத்தின் ஒவ்வொரு பகுதியிலும் உதாரணமாக விளக்கப்பட்டுள்ள படி மனதின் ஒவ்வொரு நியதியையும் நீங்கள் செயல்முறை படுத்தினால், ஏழ்மையின் இடத்தில் அளவற்ற செல்வம், மூடநம்பிக்கை மற்றும் அறியாமையின் இடத்தில் ஞானமும், வலியின் இடத்தில் அமைதியும், துக்கத்திற்கு பதில் மகிழ்ச்சியும், தோல்விக்கு பதில் வெற்றியும், சராசரி என்ற நிலைமையிலிருந்து விடுதலையும் அனுபவிக்க முடியும். நிச்சயமாக, உணர்ச்சி, மனநலம், பொருள் செல்வம் வேண்டும் என்று விரும்புபவர்களுக்கு இது ஒரு அற்புத ஆசீர்வாதமே தவிர வேறொன்றுமில்லை.

பெரும்பாலான சிறந்த விஞ்ஞானிகள், கலைஞர்கள், கவிஞர்கள், பாடகர்கள், எழுத்தாளர்கள் மற்றும் புது படைப்பாளிகள் ஆகியோர், உணர்மனம் மற்றும் ஆழ்மனது வேலை செய்யும் விதத்தை நன்கு புரிந்து கொண்டுள்ளார்கள். ஒரு முறை காரூஸோ, ஆபராவில் பாடுபவர், மேடை பயத்தால் பாதிக்கப்பட்டார். அவர் தொண்டை அதீத பயம் மற்றும் வலியால் செயலிழந்து, அவர் தொண்டையில் உள்ள தசைகளை இறுக்கியதாக கூறினார். வியர்வை ஆறாக முகத்தில் வழிந்தோடியது. அவர் அவமானமாக உணர்ந்தார், ஏனென்றால் சில நொடிகளில் மேடை ஏற வேண்டியிருந்த பொழுது அவர் உடல் பயத்தால் நடுங்கியது. அவர் கூறினார், ''அவர்கள் என்னைப்பார்த்து சிரிப்பார்கள். என்னால் பாட முடியாது.'' பின்னர் அவர் மேடைக்கு பின் இருந்த மற்றவர்களுக்கு மத்தியில், ''என்னுள் இருக்கும் சிறிய நான் பெரிய நானை நெரிக்கப்பார்க்கிறது.'' அவர் சிறிய நானிடம், ''இங்கிருந்து தொலைந்து போ, என்னுள் இருக்கும் பெரிய நான் வெளிவந்து பாட விரும்புகிறான்,'' என்றார்.

பெரிய நான் என்று அவர் குறிப்பிட்டது, தன் ஆழ்மனதின் அளவற்ற சக்தி மற்றும் ஞானத்தை. அவர் கத்த தொடங்கினார், ''வெளியேறு, வெளியேறு, பெரிய நான் பாடப்போகிறது!''

அவர் ஆழ்மனது அந்த வேண்டுகோளுக்கு பதில் அளிக்கும் வகையில், முக்கிய சக்திகளை அவருள் விடுவித்தது. அழைப்பு வந்த பொழுது, மேடையில் கம்பீரமாக நடந்து சென்று அற்புதமாக பாடி கேட்போரை மகிழ்ச்சி அடைய செய்தது.

இப்பொழுது உங்களுக்கு தெளிவாக புரிந்திருக்கும், காரூஸோ மனதின் இரண்டு நிலைகளையும் புரிந்து கொண்டிருக்க வேண்டும். -உணர்மனது அல்லது காரணங்கள் பார்க்கும் மனது, மற்றும் ஆழ்மனது, காரணங்கள் அறியாத நிலை. உங்கள் ஆழ்மனது எதிர்வினையாக செயல்படும், உங்கள் எண்ணங்களை பொறுத்து பதில் அளிக்கும். உங்கள் உணர்மனது (சிறிய நான்) பயத்தில், கவலையில், பதட்டத்தில் நிரம்பியிருக்கும் பொழுது, உங்கள் ஆழ்மனதின் (பெரிய நான்) எதிர்மறையான உணர்ச்சிகள் வெளியேறி, உணர்மனதை பீதி, மறுப்பு மற்றும் விரக்தியில் மூழ்கடிக்கும். இப்படி நடக்கும் பொழுது, நீங்களும் காரூஸோ போல், ஆழ்மனதில், காரணமில்லாமல் எழும் உணர்வுகளை அடக்க, உடன்பாட்டுடன், பின்வருமாறு பேசலாம்: ''அசை வில்லாமல் நில், அமைதியாக இரு, நான் அடக்குகிறேன், நீ அடிபணிய வேண்டும், என் வார்த்தைக்கு கட்டுப்படவேண்டும், உனக்கு சொந்தமில்லாத இடத்தில் நீ நுழையக்கூடாது.''

எப்படி அதிகாரத்துடனும் நம்பிக்கையுடனும் பேசி, உங்கள் ஆழ்ந்த மனதிற்குள் அமைதி, நல்லிணக்கம் ஆகியவற்றை கொண்டு வர முடியும் என்பது சுவாரஸ்யமாகவும் கண்கவரும் விதமாகவும் இருக்கும். ஆழ்மனது உணர்மனதினால் நடத்தப்படுகிறது.

வேறுபாடுகளும் செயல்முறைகளும்

கீழ் கண்ட விளக்கத்தினால் முக்கிய வேற்றுமைகளை உணர்வீர்கள்: ஒரு கப்பலை வழிநடத்தும் கேப்டனை போன்றது உணர்மனது. அவர் கப்பலின் இயந்திர அறையில் இருக்கும் கருவிகள், பாய்லர்கள் போன்றவற்றை இயக்கும் பணியாளர்களை அதிகாரம் செய்து, அதனை வழிநடத்தி செய்கைகள் தருகிறார். இயந்திர அறையில் உள்ள மனிதர்களுக்கு எங்கு செல்கிறோம் என்று தெரியாது; அவர்கள் சொல்லப்படும் ஆணையை மட்டும் மேற்கொண்டு நடக்கின்றனர்.

தன்னிடம் இருக்கும் திசைகாட்டி போன்ற கருவிகளின் உதவியுடன் ஆணைகள் ஈடுபவர் தவறான ஆணை அளித்தால் கப்பல் பாறையில் மோதி விடும். இயந்திர அறையில் உள்ள மனிதர்கள் அவரது ஆணைக்கு அடிபணிகின்றனர், ஏனென்றால் அவர் தான் அங்கு பொறுப்பானவர். அணியில் இருக்கும் குழுவினர் எதிர்த்து பேசுவதில்லை; அவரது வார்த்தைக்கு கட்டுப்பட்டு நடந்து கொள்கின்றனர்.

கேப்டன் தான் அந்த கப்பலின் தலைவர். அவரது ஆணை நிறைவேற்றப்படுகிறது. அது போல் உங்கள் உணர்மனது உங்கள் கப்பலின் தலைவர், அதாவது உங்கள் உடல், சுற்றுப்புற சூழல் மற்றும் அனைத்து விவகாரங்களும். உங்கள் உணர்மனது உண்மை என்று நம்பி ஒப்புக்கொண்டவற்றின் அடிப்படையில், உங்கள் ஆழ்மனது ஆணைகளை ஏற்கிறது.

நீங்கள் மீண்டும் மீண்டும் மற்றவரிடம், ''அது என் சக்திக்கு மீறியது,'' என்று கூறும் பொழுது, உங்கள் ஆழ்மனது அதனை எடுத்துக்கொண்டு, உங்களால் அந்த பொருளை வாங்க முடியாத நிலைமையை உருவாக்குகிறது. நீங்கள் மீண்டும் மீண்டும், ''என்னால் முடியாது, என் சக்திக்கு மீறியது அந்த ஐரோப்ப சுற்றுலா, அந்த வீடு, அந்த மேலாடை, அந்த உடை,'' என்று வலியுறுத்தும் பொழுது, உங்கள் ஆழ்மனது உங்கள் ஆணையை மேற்கொண்டு இவை அனைத்தையும் அடைய முடியாத வாழ்க்கையை உங்களுக்கு அனுபவத்தில் ஏற்படுத்துகிறது.

கடந்த கிறிஸ்துமஸ் முன் தினம், ஒரு அழகிய இளம் பல்கலைக்கழக மாணவி ஒருத்தி, ஒரு கடையின் ஜன்னலுக்கு முன் நின்று கொண்டு, அழகிய ஆனால் விலையுயர்ந்த பயண பை ஒன்றை பார்த்தாள். அவள் விடுமுறைக்கு ப்ஃபாலோ, நியூ யார்க் நகரத்தில் உள்ள தன் வீட்டிற்குப் போய் கொண்டிருந்தாள். அவள், ''இந்த பையை வாங்க எனக்கு சக்தியில்லை,'' என்று சொல்ல இருந்தாள். என் விரிவுரைகள் ஒன்றில் நான் குறிப்பிட்டது அவளுக்கு நினைவிற்கு வந்தது. அது, ''எதிர்மறையான வார்த்தைகளை பேசாதே; உடனடியாக மாற்று, உன் வாழ்க்கையில் அற்புதங்கள் நிகழும்,'' என்பதாகும்.

அவள் கூறினாள், ''அந்த பை என்னுடையது. அது விற்பனைக்காக உள்ளது. அதை நான் மனதளவில் ஏற்கிறேன். என் ஆழ்மனது நான் அடைய விரும்புவதை நான் அடையும்படி செய்யும்.'' கிறிஸ்துமஸ் முன் தினம் இரவு எட்டு மணிக்கு, அன்று காலை பத்து மணிக்கு மனதால் அவள் மிகவும்

விரும்பிய அதே பையை அவள் வருங்கால கணவர் அவளுக்கு பரிசாக அளித்தார். அவள் மனதை எதிர்பார்ப்பினால் நிரப்பி, அதை அடைவது ''எப்படி என்று'' நன்கு அறிந்த ஆழ்மனதிற்குள் அதை விடுவித்தாள்.

தென் கலிஃபோர்னியா பல்கலைக்கழகத்தின் மாணவியான அந்த இளம் பெண் என்னிடம் கூறினாள், ''அந்த பையை வாங்க என்னிடம் பணமில்லை, ஆனால் எனக்கு வேண்டிய பணத்தையும் பொருளையும் பெறுவது எப்படி என்று எனக்குத்தெரியும். அந்த புதையல் என்னுள் என்றென்றும் அழியாத நிலையாக உள்ளது.''

மற்றுமொரு சாதாரண எடுத்துக்காட்டு: ''எனக்கு காளான்கள் பிடிக்காது,'' என்று நீங்கள் சொன்னால் அடுத்த முறை உங்களுக்கு காளான்கள் கொடுக்கப்படும் போது உங்கள் வயிற்றில் அஜீரணம் ஏற்படும். ஏனென்றால், ''உங்கள் உணர்மனதிற்கு (தலைவர்) காளான்கள் பிடிக்காது.'' உங்கள் உணர்மனதிற்கும் ஆழ்மனத்திற்கும் இடையிலான செயல்பாட்டு வேற்றுமைகள் வெளிப்படையாக தோன்றும் ஒரு விசித்திரமான உதாரணம் இது.

ஒரு பெண், ''நான் இரவில் காபி குடித்தால் மூன்று மணிக்கு எழுந்து விடுவேன்,'' என்று சொல்லலாம். எப்பொழுதெல்லாம் அவள் காபி அருந்துகிறாளோ, அவள் ஆழ்மனது அவளை தூண்டி, ''இன்று இரவு தலைவர் உன்னை விழித்திருக்க சொல்கிறார்,'' என்று கூறுவது போலிருக்கும்.

உங்கள் ஆழ்மனது இருபத்தி நான்கு மணிநேரமும் வேலை செய்து நீங்கள் வழக்கமாக நினைக்கும் எண்ணங்களை உங்கள் மடியில் போட, உங்களுக்கு சாதகமாக்க வேலைகள் செய்யும்.

ஆழ்மனது அவளுக்கு எப்படி பதிலளித்தது

சில மாதங்களுக்கு முன்னர் ஒரு பெண்மணி எனக்கு பின்வருமாறு எழுதினார்: ''நான் எழுபத்தி ஐந்து வயதான, நன்கு வளர்ந்த மக்கள் கொண்ட ஒரு விதவை. நான் எனக்கு வரும் ஓய்வூதியத்துடன் தனியாக வாழ்ந்து வந்தேன். மீண்டும் மீண்டும் வலியுறுத்தலினாலும், நம்பிக்கை வைப்பதினாலும், எதிர்பார்ப்பு கொள்வதினாலும் உங்கள் ஆழ்மனதிற்கு ஆலோசனைகள் வழங்க முடியும் என்று நீங்கள் ஆழ்மனதின் சக்திகள் பற்றிய உங்கள் விரிவுரையை நான் கேட்டேன். ''நான் உணர்ச்சியோடு பல முறை அடிக்கடி சொல்ல தொடங்கினேன், 'நான் விரும்பப்படுகிறேன். நான் ஒரு அன்பான, இறக்கமான ஆன்மீக மனம் கொண்ட

மனிதனை திருமணம் செய்து கொண்டு சந்தோஷமாக இருக்கிறேன். நான் பாதுகாப்பாக இருக்கிறேன்!' ''நான் சுமார் இரண்டு வாரங்களுக்கு இதை தினமும் பல முறை கூறி வந்தேன். பிறகு ஒரு நாள் தெருக்கோடியில் இருந்த ஒரு மருந்தகத்தில் ஒரு இறக்க குணமுள்ள மனிதருக்கு அறிமுகப்படுத்தப்பட்டேன். அவர் நல்ல புரிதலுடனும் ஆன்மீகத்தில் ஈடுபாட்டுடனும் இருந்தார். என் வேண்டுதல்களுக்கான சரியான பதில் அவர். ஒரு வாரத்திற்குள் அவர் என்னை திருமணம் செய்துகொள்ள விருப்பம் என்று கூற, நாங்கள் இப்பொழுது எங்கள் தேனிலவில் ஐரோப்பாவில் இருக்கிறோம். என் ஆழ்மனதின் உள்ளிருக்கும் புத்திசாலித்தனம் தான் எங்கள் இருவரையும் தெய்வீக ஆணையின் பெயரில் இணைத்துள்ளது.''

இந்த பெண்மணி, புதையல் அறை தன்னுள்ளே இருப்பதை கண்டுகொண்டாள் அவள் இதயத்திற்கு அவள் வேண்டுதல் உண்மையாக பட்டு, படைப்புகளின் மாத்தியமான ஆழ்மனத்திற்குள் இறங்கியது. அகநிலை தோற்றத்தில் அதை கொண்டு வருவதில் அவள் வெற்றிபெற்றவுடன் அவள் ஆழ்மனது அவள் வேண்டுதல்களுக்கு பதிலை ஈர்ப்பு விதியின் மூலம் கொடுத்தது

அறிவும் ஞானமும் நிறைந்திருந்த அவளது ஆழமான மனது, தெய்வீக ஆணைப்படி அவர்கள் இருவரையும் ஒன்று சேர்த்தது. கடைசியாக, சகோதரரே, *உண்மையுள்ளவைகள் எவைகளோ, ஒழுக்கமுள்ளவைகள் எவைகளோ, நீதியுள்ளவைகள் எவைகளோ, கற்புள்ளவைகள் எவைகளோ, அன்புள்ளவைகள் எவைகளோ, நற்கீர்த்தியுள்ளவைகள் எவைகளோ, புண்ணியம் எதுவோ, புகழ் எதுவோ அவைகளையே சிந்தித்துக் கொண்டிருங்கள்.* **ஃபில் 4:8.**

நினைவில் கொள்ள வேண்டிய குறிப்புக்கள்

1. புதையல்கள் கொண்ட வீடு உங்களுக்குள் இருக்கிறது. உங்கள் இதயம் விரும்புவதை அடைய உங்களுக்குள் பாருங்கள்.
2. தங்கள் ஆழ்மனதின் சக்திகளை அறிந்து அவற்றை விடுவிப்பதே எல்லா பெரிய மனதிர்களுக்கும் எல்லா காலங்களிலும் உள்ள பெரிய இரகசியம். நீங்களும் அப்படியே செய்யலாமே.

3. உங்கள் பிரச்சனைகள் அனைத்திற்கும் விடை உங்கள் ஆழ்மனதிலேயே உள்ளது. தூங்குவதற்கு முன் ''நான் காலை 6 மணிக்கு எழுந்திருக்க வேண்டும்,'' என்று உங்கள் ஆழ்மனதில் சொல்லிக்கொண்டால் சரியான நேரத்திற்கு நீங்கள் விழித்துக் கொள்வீர்கள்.
4. உங்கள் உடலை வளர்ப்பது உங்கள் ஆழ்மனது தான். அதனை குணமாக்குவதும் அது தான். உங்களை நீங்கள் சரியான ஆரோக்கியம் தேவை என்று தூக்கத்தில் தாலாட்டாக தினமும் கூறினால் உங்கள் ஆழ்மனம், உங்களுடைய நம்பகமான வேலையாளியாக இருப்பதால் உடனே அப்படியே கேட்கும்.
5. ஒவ்வொரு எண்ணமும் ஒரு காரணி. ஒவ்வொரு நிலையும் ஒரு வெளிப்பாடு.
6. நீங்கள் ஒரு புத்தகம் எழுத வேண்டும், ஒரு அற்புதமான நாடகம் எழுத வேண்டும், உங்கள் ரசிகர்களுடன் அருமையாக பேச வேண்டும் என்று விரும்பினீர்களானால், உங்களுடைய எண்ணத்தை அன்புடனும் உணர்வுடனும் உங்கள் ஆழ்மனதுக்கு தெரியப்படுத்துங்கள், அது அப்படியே வெளிப்படும்.
7. நீங்கள் ஒரு கப்பல் ஓட்டிச் செல்லும் கேப்டன் போலிருப்பவர். அவர் சரியான கட்டளைகளை (எண்ணங்களாலும் உருவமாகவும்) உங்கள் ஆழ்மனதிற்கு தரவேண்டும் ஏனெனில் அதனால் எல்லா அனுபவங்களையும் கட்டுப்படுத்தி வழி நடத்திச் செல்லும்.
8. என்றுமே உபயோகிக் கூடாத வார்த்தைகள், ''என்னால் அதை விலை கொடுத்து வாங்க முடியவில்லை'' ''என்னால் செய்ய முடியாது.'' உங்களுடைய ஆழ்மனம் அந்த வார்த்தைகளை அப்படியே எடுத்துக் கொண்டு உங்களுக்குபணம் இல்லாமல் இருப்பதற்கும், எதைச் செய்வதற்கும் உள்ள திறமை இல்லாமலும் அமைவதை கவனித்துக்கொள்ளும். அதனால் உறுதியாக ''ஆழ்மன சக்தியினால் என்னால் எல்லாவற்றையும் செய்ய இயலும்,'' என்று கூறுங்கள்.
9. வாழ்க்கையின் சட்டமே நம்பிக்கையின் சட்டம். நம்பிக்கை என்பது மனதில் உள்ள ஒரு எண்ணம். உங்களை புண்படுத்தும், வேதனைப்படுத்தும் விஷயங்களில் நம்பிக்கை கொள்ளாதீர்கள். உங்களுடைய ஆழ்மனசக்தியினால் குணப்படுத்த, ஊக்குவிக்க, வலுப்படுத்த, செழுமையாக்க முடியும் என்பதை நம்புங்கள்.

10. உங்கள் எண்ணங்களை மாற்றுவதன் மூலம், உங்களுடைய விதியை மாற்ற முடியும்.

2

உங்களுடைய மனம் எப்படி செயல்படுகிறது

உங்களுக்கு ஒரு மனம் இருக்கிறது. அதை எப்படி உபயோகிப்பது என்று நீங்கள் கற்றுக்கொள்ள வேண்டும். உங்கள் மனதின் இரு நிலைகள் இருக்கிறது-உணர்மனது அல்லது பகுத்தறிவு, ஆழ்ந்த அல்லது பகுத்தறிவு தாண்டிய நிலை. நீங்கள் உங்கள் உணர்மனதை கொண்டு சிந்திக்கிறீர்கள். பழக்கமாக தினமும் உங்களுக்கு தோன்றும் எண்ணங்கள் கீழே ஆழ்மனத்திற்குள் சென்று உங்கள் எண்ணங்களின் இயல்பிற்கேற்ப நிஜ வாழ்வில் வடிவம் பெறுகிறது. உங்கள் ஆழ்மனதே உங்கள் உணர்ச்சிகளின் இருப்பிடம். அதுவே படைக்கும் திறன் கொண்ட மனம். நல்லதை நினைத்தால், நல்லதே நடக்கும், தீயனவற்றை நினைத்தால் தீதே தொடரும். உங்கள் மனம் இப்படித்தான் வேலை செய்கிறது.

நீங்கள் நினைவில் கொள்ள வேண்டிய முக்கியமான விஷயம் இது தான். உங்கள் ஆழ்மனது ஒன்றை ஏற்றுக்கொண்டுவிட்டால், அதனை உடனே நடைமுறை படுத்துகிறது. சுவாரஸ்யமான மற்றும் துல்லிய உண்மை என்னவென்றால் ஆழ்மனதின் சட்டம் நல்ல மற்றும் தீயனவற்றிற்கு ஒன்றாகவே இருப்பது. இந்த சட்டத்தை எதிர்மறையாக உபயோகித்தால், அதுவே தோல்வி, சோகம் மற்றும் எரிச்சலுக்கு காரணமாக இருக்கும். இருப்பினும், வழக்கமாக உங்களுக்கு தோன்றும் எண்ணம், நல்லிணக்கத்துடனும், ஆக்கபூர்வமாகவும் இருந்தால், நீங்கள் சிறந்த உடல் நலமும், வெற்றியும் வளங்களையும் அனுபவிப்பீர்கள்.

நீங்கள் சரியான வழியில் நினைக்கவும் உணரவும் தொடங்கினால், அமைதியான மனதும் ஆரோக்கியமான

உடலும் தவிர்க்க முடியாததாகும். எந்த ஒன்றையும் நீங்கள் மனதால் உண்மை என்று உணர்ந்து ஒப்புக்கொள்கிறீர்களோ அவற்றை உங்கள் ஆழ்மனது நீங்கள் அனுபவிப்பதற்காக அதை உண்மையாக்கி விடும். நீங்கள் செய்ய வேண்டியது ஒன்றுதான். உங்கள் ஆழ்மனதை உங்கள் எண்ணங்களை ஒப்புக்கொள்ள செய்ய வேண்டும், அப்படிச்செய்தால் ஆழ்மனதின் விதி உங்களுக்கு ஆரோக்கியம், அமைதி மற்றும் வாழ்க்கையில் நீங்கள் விரும்பும் நிலையை உங்களுக்கு அளிக்கும். நீங்கள் ஆணையிட்டால், உங்கள் ஆழ்மனது நம்பகமாக அந்த எண்ணத்தை செயலாக்கும்.

உங்கள் மனதின் சட்டம் இது தான்: உங்கள் உணர்மனதின் எண்ணம் போல் உங்களுக்கு எதிர்வினையும் பதிலும் கிடைக்கும்.

உளவியல் வல்லுநர்கள் மற்றும் மனோதத்துவ நிபுணர்கள் சுட்டிக்காட்டுவது என்னவென்றால், உங்கள் ஆழ்மனதிற்கு சில எண்ணங்கள் தெரிவிக்கப்படும் பொழுது, உங்கள் மூளையின் அணுக்களில் சில பதிவுகள் ஏற்படுகின்றன. உங்கள் ஆழ்மனது ஒரு எண்ணத்தை ஒப்புக்கொண்ட உடனேயே அதை செயல் படுத்த துவங்குகிறது. எண்ணங்கள் உங்களது வாழ்நாளில் நீங்கள் சேகரித்த ஒவ்வொரு சிறு துளி ஞானத்தையும் உபயோகப்படுத்தி அதனுடன் இணைந்து ஒரு நோக்கத்தை உண்டாக்குகிறது. அது அளவற்ற சக்தி, வலிமை மற்றும் ஞானம் ஆகியவற்றை உங்கள் உள்ளிருந்து இழுத்துக்கொள்கிறது. அது இயற்கையின் சட்டங்களை உபயோகித்து, தன் வழியை அமைத்துக்கொள்கிறது. சில சமயங்களில் இது உங்கள் கடினங்களுக்கு உடனடி தீர்வை கொடுக்கிறது ஆனால் வேறு சமயங்களில், சில நாட்களோ வாரங்களோ அதற்கு மேலோ ஆகலாம்... *அதன் செயல்பாடுகள் கண்டுபிடிப்பதற்கு கடினமானது.*

உணர் மற்றும் ஆழ்மனது என்ற வார்த்தைகளில் உள்ள வேறுபாடு

இவை இரு மனங்கள் இல்லை என்பது உங்களுக்கு நினைவில் இருக்கவேண்டும். ஒரே மனதிற்குள் நடக்கும் இரு விதமான செயல்பாடுகள் தான். உணர்மனது பகுத்தறியும் மனது. மனதின் அந்த பகுதி தேர்வுகள் செய்யும். உதாரணத்திற்கு, நீங்கள் உங்கள் புத்தகங்களை தேர்வு செய்கிறீர்கள், உங்கள் வீட்டை, உங்கள் வாழ்க்கை துணையை தேர்வு செய்கிறீர்கள். உங்களது அனைத்து முடிவுகளையும் உங்கள் உணர்மனது எடுக்கிறது.

ஆனால் இதற்கு மாறாக உங்கள் இதயம் தன்னிச்சையாக வேலை செய்து கொண்டிருக்கிறது. ஜீரண உறுப்புகள், சுவாச செயல்பாடு மற்றும் உடலுக்குள் ரத்தஓட்டம் ஆகியவை உங்கள் ஆழ்மனதின் மூலம், உங்களது கட்டுப்பாட்டிற்குள் அடங்காமல் சுதந்திரமாக இயங்கிக்கொண்டிருக்கிறது.

நீங்கள் உணர்மனதால் நம்புவதை உங்கள் ஆழ்மனது ஒப்புக்கொள்கிறது. அது உங்கள் உணர்மனதை போல் வாக்குவாதத்தில் இறங்குவதில்லை, காரணங்கள் தேடுவதில்லை. உங்கள் ஆழ்மனது நல்ல மண்ணை போல் எது விதைக்கப்பட்டாலும் அதை ஏற்றுக்கொள்கிறது, நல்லதோ கெட்டதோ. உங்கள் எண்ணங்களை விதைகளோடு ஒப்பிடலாம். எதிர்மறையான அழிவு பற்றிய எண்ணங்கள், உங்கள் ஆழ்மனதில் எதிர்மறையாக வேலைசெய்கிறது. காலங்கள் செல்லச்செல்ல நீங்கள் உங்கள் அனுபவத்திலும் அதையே காண்பீர்கள்.

நினைவில் கொள்ளுங்கள், உங்கள் ஆழ்மனது உங்கள் எண்ணங்கள் சரியானது தவறானது, உண்மை பொய் என்பதை நிரூபிப்பதில் இறங்குவதில்லை. மாறாக உங்கள் எண்ணங்கள் அல்லது ஆலோசனைகளுக்கு ஏற்றார் போல் பதில் அளிக்கிறது. உதாரணத்திற்கு நீங்கள் எதையாவது உண்மை என்று முடிவு செய்தால், அது பொய்யாகவே இருந்தாலும், உங்கள் ஆழ்மனது அதை உண்மை என்று ஏற்றுக்கொண்டு அதற்கேற்ப விளைவுகளை கொண்டு வர ஆவணங்கள் செய்கிறது. அது கண்டிப்பாக அப்படிதான் நடக்க வேண்டும். ஏனென்றால் நீங்கள் உணர்வுபூர்வமாக உண்மை என்று அதை கருதுகிறீர்கள்.

உளவியல் நிபுணர்களின் பரிசோதனைகள்

அரைகுறையான உறக்க நிலையில் இருக்கும் நபர்களின் மேல் நடத்தப்பட்ட, கணக்கிட முடியாத பரிசோதனைகள், தேர்வுகள் செய்வது, சமநிலைப்படுத்திப்பார்ப்பது போன்ற காரணங்கள் அறிய அவசியமான வழிமுறைகள் ஆழ்மனதால் செய்ய முடியாது என்று நிரூபித்துள்ளது. எவ்வளவுதான் பொய்யான ஒரு விஷயமாக இருந்தாலும் மீண்டும் மீண்டும் அவை வலியுறுத்தப்படும் பொழுது ஆழ்மனது அதை ஏற்றுக்கொள்கிறது என்று இந்த பரிசோதனைகள் காட்டுகின்றது. ஒரு முறை எந்த ஒரு ஆலோசனையும் ஏற்கப்பட்டுவிட்டால், அது கொடுக்கப்பட்ட ஆலோசனைபடியே பதிலளிக்கிறது.

உங்கள் ஆழ்மனதின் ஆலோசனைகள் ஏற்கும் திறனை எடுத்துக்காட்ட, ஹிப்னாடிசம் நிபுணர் ஒருவரை நெப்போலியன் போனபார்ட் என்றோ, நாய் என்றோ, பூனை என்றோ கூறினால், அந்த நபர் அதே போல் கச்சிதமாக நடந்துகொள்வார். அவரது ஆளுமை, சிறிது நேரத்திற்கேனும் அதுவாகவே மாறிவிடுகிறது. அவர் தன்னை நடத்துனர் என்னவென்று கூறுகிறாரே தான் அது தான் என்று நம்புவார்.

திறமைசாலியான ஹிப்னாடிசம் நிபுணர், தூக்க நிலையில் இருக்கும் ஒரு மாணவனிடம் அவனது முதுகு அரிக்கிறது, இன்னொருவனிடம் அவன் மூக்கிலிருந்து ரத்தம் வடிகிறது என்றும் மற்ற மாணவனிடம் அவன் ஒரு பளிங்கு சிலை என்றும் வேறு ஒருவனிடம் அவன் குளிரில் விறைத்துப்போகிறான் என்றும் வெப்பநிலை பூஜ்யத்திற்கும் கீழ் இருப்பதாக சொல்லலாம். ஒவ்வொருவரும் அவனுக்கு சொன்னதன்படியே தான் எங்கு இருக்கிறோம் என்பதையும்தான் என்ன நினைக்கிறோம் என்பதையும் மறந்து அவரவருக்கு கூறியது போல் நடந்து கொள்வார்கள்.

இந்த எளிமையான உதாரணங்கள் பகுத்தறியும் உணர்மனது மற்றும் ஆழ்மனத்திற்குமிடையே உள்ள வித்தியாசங்களை தெளிவாக எடுத்துக்காட்டுகின்றன. ஆழ்மனதானது விருப்பு வெறுப்புகள் இல்லாமல், தேர்வுகள் எதுவும் செய்யாமல் தன் உணர்மனது உண்மை என்று நம்புவதை அப்படியே ஏற்றுக்கொள்வதை பார்க்கலாம். ஆகையால் நம்மை ஆசீர்வதித்து குணமாக்கி, ஊக்குவித்து, உத்வேகமளித்து நம் ஆன்மாவை மகிழ்ச்சியால் நிரப்பும் எண்ணங்களை தேர்வு செய்யவேண்டியது முக்கியம்.

புறநிலை மனது மற்றும் அகநிலை மனது என்பதின் விளக்கம்

உங்கள் உணர்மனது சிலசமயங்களில் புறநிலை மனதென்று அழைக்கப்படுகிறது. அது வெளிப்புறம் உள்ள பொருட்களைப் பற்றியது. புறநிலை மனது பொருள் சார்ந்த உலகையே உண்மையென்று ஏற்கிறது. அதை உங்கள் ஐந்து புலன்கள் கொண்டு அனுபவிக்க முடியும். உங்களது சுற்றுப்புறத்துடனான நேரடி தொடர்பை புறநிலை மனதே ஏற்படுத்துகிறது. உங்கள் ஐம்புலன்கள் மூலமே நீங்கள் ஞானம் பெறுகிறீர்கள். உங்கள்

புறநிலை மனது பார்த்து, அனுபவித்து, கற்றுத்தெரிந்து கொள்கிறது.

முன்னரே சுட்டிக்காட்டியது போல், புறநிலை மனதின் பெரிய வேலை காரணங்கள் அறிய முற்படுவதே.

வருடாவருடம் லாஸ் ஏஞ்செல்ஸ் வரும் ஆயிரமாயிரம் சுற்றுலா பயணிகளில் ஒருவர் நீங்கள் என்று வைத்துக்கொள்வோம். அழகிய பெரிய தோட்டங்கள், பூங்காக்கள், அழகிய வீடுகள் மற்றும் கம்பீரமான கட்டிடங்களைப்பார்த்து அது ஒரு அழகிய நகரம் என்ற முடிவுக்கு நீங்கள் வருவீர்கள். இது தான் புறநிலை மனதின் வேலை.

உங்கள் ஆழ்மனது பெரும்பாலான நேரங்களில் அகநிலை மனது என்று குறிப்பிடப்படுகிறது. உங்கள் அகநிலை மனது ஐம்புலன்களை சாராமல் தன் சுற்றுசூழலை புரிந்துகொள்கிறது. அதற்கு தானாகவே சில விஷயங்கள் உள்ளுணர்வாக புரிகின்றது. அது உங்கள் உணர்ச்சிகளின் இருப்பிடம், நினைவுகளின் களஞ்சியம். உங்கள் புறநிலை மனது அறியாமையில் இருக்கும் பொழுது, அகநிலை மனதானது உயர்ந்த வேலைகளை புரிகிறது. ஒரு வார்த்தையில் சொல்லவேண்டுமானால், புறநிலை மனது தூக்க மயக்க நிலையில் இருக்கும் பொழுது உங்களுக்கு வேண்டியவற்றை நிஜத்தில் கொண்டு நிறுத்தும் அந்த அறிவுதான் அகநிலை மனது.

அகநிலை மனது இயற்கை கொடுத்த புலன்கள் இல்லாமல் காண்கிறது. அதற்கு ஞான திருஷ்டியும் ஞான கேட்கும் திறனும் உள்ளது. உங்கள் அகநிலை மனதால் உங்கள் உடலை விட்டு வெகு தூரம் பயணம் செய்து தொலை தூர நிலங்களுக்கு சென்று, உண்மையான மற்றும் துல்லியமான பண்புள்ள தகவல்களை கொண்டுவர முடியும். உங்கள் அகநிலை மனதின் மூலம் மற்றவர்களது எண்ணங்களை உங்களால் படிக்க முடியும், மூடப்பட்டிருக்கும் கஜானாவில் இருக்கும் பொருள்களையும், ஒட்டப்பட்டிருக்கும் உரைகளின் உள்ளிருக்கும் விஷயத்தையும் அறிய முடியும். சாதாரண புறநிலை மனது உபயோகிக்கும் தொடர்பு சாதனங்கள் இல்லாமலே உங்கள் அகநிலை மனதானது மற்றவர்களின் எண்ணங்களை புரிந்து கொள்ளும் திறன் கொண்டது. எப்படி துதி செய்ய வேண்டும் என்பதை கற்றுக்கொள்ள நாம் அகநிலை மனதும் புறநிலை மனதும் ஒன்றுடன் ஒன்று எப்படி பேசிக்கொள்கிறது என்பதை அறிவது அவசியம்.

ஆழ்மனதால் உணர்மனதைப்போல் காரணங்களை ஆராய முடியாது

உங்கள் ஆழ்மனதால் எதிர்மறையாக விவாதம் செய்யமுடியாது. அதனால் நீங்கள் அதற்கு தவறான ஆலோசனைகள் கூறினால், அவற்றை உண்மை என்று அது ஏற்றுக்கொண்டு அவற்றை நிஜமாக ஆக்க தேவையான சூழ்நிலைகள், அனுபவங்கள், நிகழ்வுகளை ஏற்படுத்தும். உங்கள் நம்பிக்கையின் மூலம் உங்கள் ஆழ்மனதில் பதிந்துள்ள எண்ணங்களால் தான் உங்கள் வாழ்வின் அனைத்து விஷயங்களும் நடந்திருக்கும். முன்னர் தவறான தத்துவங்களை நீங்கள் ஆழ் நிலை மனதிற்கு தெரிவித்திருந்தால், அதனை சீர் செய்ய ஒரே நிச்சய வழி, நல்லிணக்க எண்ணங்களை மீண்டும் மீண்டும் வலியுறுத்தினால் அதனை உங்கள் ஆழ்மனது ஏற்றுக்கொண்டு புதிய ஆரோக்கிய பழக்கங்களை ஏற்படுத்துகிறது, ஏனென்றால் ஆழ்மனது தான் பழக்கங்களின் இருக்கை.

உங்கள் உணர்மனதின் பழக்கப்பட்ட எண்ணங்கள், உங்கள் ஆழ்மனதில் ஆழ்ந்த பதிவுகளை ஏற்படுத்துகிறது. உங்களுக்கு பழக்கமான எண்ணங்கள் நில்லிணக்கத்துடனானதாகவும், அமைதி மற்றும் ஆக்கபூர்வமான எண்ணங்களாகவும் இருந்தால் அது உங்களுக்கு சாதகமாக இருக்கும். நீங்கள் பயம், கவலை மற்றும் இதர அழிவின் உருவான எண்ணங்களை கொண்டவராக இருந்தால் உங்கள் ஆழ்மனதின் எல்லையற்ற ஆற்றலை உணர்ந்தறிந்து அவற்றிலிருந்து விடுதலை, மகிழ்ச்சி, ஆரோக்கியமான உடல் நலம் கோறுவதே இதற்கு தீர்வாகும். உங்கள் ஆழ்மனது உருவாக்கும் திறன் கொண்டதாக இருப்பதால், தெய்வீக மூலத்துடன் இணைந்ததாகவும் இருப்பதால், நீங்கள் நேர்மையாக விரும்பி ஆணையிட்ட சுதந்திரம் மற்றும் மகிழ்ச்சியை உங்களுக்கு கொடுக்கும்.

ஆலோசனைகளின் அதீத சக்தி

உங்கள் உணர்மனது ''வாயில் காப்பானாக'' இருந்து ஆழ்மனதில் தவறான பதிவுகள் ஏற்படாமல் அதனை காப்பதே அதன் தலையாய வேலை என்பதை நீங்கள் இதற்குள் புரிந்து கொண்டிருப்பீர்கள். இப்பொழுது மனதின் அடிப்படை சட்டத்தை பற்றிய விழிப்புணர்வு உங்களுக்கு இருக்கும்: உங்கள் ஆழ்மனது ஆலோசனைகளை ஏற்க வல்லது. உங்களுக்கு தெரிந்தது போல்,

ஆழ்மனது ஒப்பீடு செய்வதில்லை, எதிர்ப்பு தெரிவிப்பதில்லை, தனக்காக காரணங்களை சிந்திப்பதுமில்லை. பின்னர் குறிப்பிடப்பட்டுள்ள இந்த வேலைகள் அனைத்தும் உங்கள் உணர்மனதின் வேலைகள். அது உணர்மனதால் கொடுக்கப்பட்ட பதிவுகளுக்கே பதிலளிக்கிறது எந்த ஒரு வேலைக்கும் சலுகை காண்பிப்பதில்லை.

பின்வரும் எடுத்துக்காட்டு ஆலோசனை வழங்குவதன் சக்தியை வெளிப்படுத்தும் சிறந்த உதாரணமாகும். கப்பலில் பயணிக்க வந்த சாதுவான மனிதனை பார்த்து இப்படி நீங்கள் சொன்னால்:

''நீங்கள் மிகவும் நோய்வாய்பட்டவர் போலிருக்கிறீர்கள். எவ்வளவு வாடியிருக்கிறீர்கள்! உங்களுக்கு இந்த பிரயாணத்தினால் ஏற்படக்கூடிய ஸீ ஸிக்னெஸ் வரும் போல் தோன்றுகிறது. உங்களை உங்கள் அறைக்கு அழைத்து செல்கிறேன் வாருங்கள்.'' அந்த பிரயாணி சோர்வடைகிறார். ஸீ ஸிக்னெஸ் பற்றிய உங்கள் ஆலோசனை அவருக்கு ஏற்கனவே இருந்த பயம் மற்றும் எச்சரிக்கைகளுடன் சேர்ந்துகொள்கிறது. உங்கள் உதவியை ஏற்கிறார். அங்கு உங்கள் எதிர்மறையான ஆலோசனை அவரால் ஏற்றுக்கொள்ளப்பட்டு உண்மையாகிறது.

ஒரே ஆலோசனைக்கு வேறுபட்ட எதிர்வினைகள்

தத்தம் ஆழ்மனதின் நம்பிக்கை படி பல்வேறு மக்கள் ஒரே ஆலோசனைக்கு பல்வேறு விதமாக எதிர்வினை அளிக்கிறார்கள் என்பது உண்மைதான். உதாரணத்திற்கு, கப்பல் பணியாளரிடம் சென்று பரிதாபத்துடன், ''உங்களுக்கு உடல் நலமில்லாதது போல் இருக்கிறதே? உங்களுக்கு சுகம் இல்லையா? உங்களுக்கு ஸீ ஸிக்னெஸ் வரும் போல் தோன்றுகிறது,'' என்று சொன்னால், அவன் அப்போதைய தன் மன நிலை படி சிறிது எரிச்சல் படலாம் அல்லது அதை ''வேடிக்கையாக'' பார்த்து சிரிக்கலாம். ஸீ ஸிக்னெஸ் பற்றிய உங்கள் ஆலோசனை செவிடன் காதில் போதித்தது போல் ஆயிற்று. ஏனென்றால் அவன் அதற்கு முன்பே இந்த பிரச்சனையினால் தனக்கு எந்த பாதிப்பும் ஏற்படாது என்று நம்புகிறான். அதனால், அது பயத்தையோ கவலையையோ தூண்டாமல் தன்னம்பிக்கையை தூண்டியது.

அகராதி படி, ஆலோசனை என்பது ஒரு கருத்து, எண்ணம் அல்லது யோசனையை மனதில் ஏற்றும் ஒரு செயல்முறை. கூறப்பட்ட எண்ணம், கருத்து ஏற்றுக்கொள்ளப்பட்டு நடைமுறைப்

படுத்தப்படுகிறது. ஒன்றை நீங்கள் நினைவில் கொள்ளவேண்டும். ஆலோசனை எதையும் உணர்மனதின் சம்மதம் இல்லாமல் ஆழ்மனதில் திணிக்க முடியாது. வேறு வார்த்தைகளில் சொல்ல வேண்டுமென்றால், உணர்மனதிற்கு ஆலோசனையை நிராகரிக்கும் சக்தியுள்ளது. இந்த கடலோடியின் விஷயத்தில் அவருக்கு ஸீ ஸிக்னெஸ் பற்றிய பயமே இல்லை. அவர் தனக்கு நோய் எதிர்ப்பு சக்தி உள்ளதாக முழுவதும் நம்பியதால், எதிர்மறை ஆலோசனை அவருக்குள் எந்த வித பீதியை கிளப்பும் சக்தி கொண்டதாக இல்லை.

அதே ஆலோசனை மற்றவருக்கு கொடுக்கப்பட்டபொழுது அவருக்குள் ஏற்கனவே இருந்த ஸீ ஸிக்னெஸ் பற்றிய பயம் வெளியே தலைதூக்கியது. நம் ஒவ்வொருவருக்குள்ளும் இருக்கும் பயம், நம்பிக்கைகள், கருத்துக்கள், ஒரு விதி செய்து கொண்டு நம் வாழ்க்கையை நிர்வகிக்கிறது. உங்களால் ஏற்றுக்கொள்ளப்படும் வரை எந்த ஆலோசனைக்கும் சக்தி கிடையாது. இதுவே உங்கள் ஆழ்மனதின் பரிந்துரைகளை. அதன் இயல்பிற்கு ஏற்ப, மட்டுப்படுத்தப்பட்ட கட்டுப்படுத்தப்பட்ட வழிகளில் வழிந்தோட செய்கிறது.

அவர் எப்படி தன் கையை இழந்தார்

லண்டன் காக்ஸ்டன் ஹாலில் ட்ரூத் ஃபோரமில் ஒவ்வொரு இரண்டு மூன்று வருடங்களில் விரிவுரைகள் பல அளிப்பேன். பல வருடங்களுக்கு முன் நான் நிறுவிய மன்றம் இது. டாக்டர் ஈவ்லின் ஃபிளீட் என்னிடம் ஒருமுறை பரிந்துரைகளின் சக்தி பற்றி ஆங்கில தினசரியில் வந்த ஒரு கட்டுரையை பற்றி கூறினார். இது ஒரு மனிதன் தன் ஆழ்மனதிற்கு சுமார் இரண்டு வருடங்களாக கொடுத்துவந்த பரிந்துரை: ''என் மகள் குணமாவதைப்பார்க்க நான் என் வலது கையை கொடுத்துவிடுவேன்.'' அவரது மகளுக்கு தீராத ஒருவித சரும நோயுடன் முடமாக்கும் மூட்டு வாதமும் இருந்தது போல் தெரிகிறது. மருத்துவ சிகிச்சை பலன் அளிக்காமல் போனதால் அவர் தனது மகள் குணமடைய வேண்டுமென்ற அதீத ஏக்கத்தை வார்த்தைகளில் வெளிப்படுத்தினார்.

ஒரு நாள் அந்த குடும்பம் வெளியே சென்றிருந்த பொழுது அவர்கள் கார் மற்றொன்றுடன் மோதியதாக அந்த கட்டுரையில் குறிப்பிடப்பட்டிருந்தது என்று டாக்டர் ஈவ்லின் ஃபிளீட் கூறினார். அந்த தந்தையின் வலது கை தோள்பட்டையிலிருந்து கிழிந்து

வந்ததாகவும் உடனே அவரது மகளின் மூட்டு வாதமும் சரும நிலைமையும் மறைந்து போனது.

உங்கள் ஆழ்மனதிற்கு, குணமாக்கும், ஆசீர்வதிக்கும், தீர்க்கும், உத்வேகம் அளிக்கும் பரிந்துரைகளையே சொல்ல வேண்டும் என்பதில் உறுதியாக இருக்க வேண்டும். உங்கள் ஆழ்மனதிற்கு வேடிக்கையை புரிந்து கொள்ள முடியாது. உங்கள் வார்த்தையையே அது ஏற்றுக்கொள்ளும்.

சுய ஆலோசனைகள் எப்படி பயத்தை நீக்குகிறது

சுய ஆலோசனைக்கான எடுத்துக்காட்டு: சுய ஆலோசனை என்பது ஒருவர் தமக்கு அளித்துக்கொள்ளும் குறிப்பிட்ட சரியான ஆலோசனை. ஹெர்பெர்ட் பார்கின் தன் அற்புதமான சுய ஆலோசனை புத்தகத்தில், (ஹெர்பெர்ட் பார்கின், சுய ஆலோசனை (லண்டன்: ஃபாவ்ளேர், 1916)) பின்வரும் நிகழ்ச்சியை பதிவு செய்கிறார். அதில் ஒரு விசித்திரமான பக்கம் உள்ளது, அதனால் ஒருவரால் அதை ஞாபகம் வைத்துக்கொள்ள முடிகிறது. ''நியூயார்க் நகர சுற்றுலா பயணி ஒருவர் சிகாகோ சென்ற போது, ஒரு மணி நேரம் முன்பாகவே சிகாகோ நகர நேரத்திற்கு அமைக்கப்பட்ட தனது கைக் கடிகாரத்தை பார்த்து, தனது சிகாகோ நகர நண்பர் ஒருவரிடம் நேரம் இப்பொழுது 12 மணி என்று கூறினார். சிகாகோ நண்பரும் சிகாகோ மற்றும் நியூயார்க் நகரத்தின் நேர வித்தியாசத்தை கருத்தில் கொள்ளாமல், அந்த நியூயார்க்காரரிடம் அவருக்கு பசிப்பதாகவும் அதனால் மதிய உணவு சாப்பிட செல்ல வேண்டும்,'' என்றும் கூறினார்.

சுய பரிந்துரைகளை பயங்கள் மற்றும் எதிர்மறை நிலைமைகளை நீக்க பயன்படுத்தலாம். ஒரு முறை ஒரு இளம் பாடகர் குரல் வள சோதனைக்காக அழைக்கப்பட்டார். அவர் இந்த நேர்காணலை வெகுவாக எதிர்பார்த்திருந்தாலும், தோற்றுவிடுவோம் என்று தனக்கிருந்த முந்தைய பயத்தினால் மூன்று முறை தோல்வி அடைந்திருந்தார். அந்த இளம் பெண்ணிற்கு இனிமையான குரல் இருந்தது, இருந்தாலும் அவள் தனக்குத்தானே, ''நான் பாட வேண்டிய நேரம் வரும் பொழுது அவர்களுக்கு என்னை பிடிக்காமல் போகலாம். நான் முயற்சி செய்வேன். ஆனால் என்னுள் பயமும் பதட்டமும் நிறைந்துள்ளது.'' அவள் ஆழ்மனம் அந்த எதிர்மறையான பரிந்துரைகளை ஏற்றுக்கொண்டு அதையே நிஜமான அனுபவமாக மாற்றியது. காரணம் தன் விருப்பமில்லாமல்

கொடுக்கப்பட்ட ஒரு சுய பரிந்துரை தான். அதாவது, அமைதியான பய எண்ணங்கள் உணர்ச்சிகளாகி புறநிலை படுத்தப்படுகின்றது.

அதை அவர் பின்வரும் முறையை பயன்படுத்தி சரிசெய்தார்: ஒரு நாளில் மூன்று முறை தன்னை ஒரு அறையில் தனிமைப்படுத்திக்கொண்டாள். கை பிடிகள் கொண்ட வசதியான நாற்காலி ஒன்றில் உடலை தளர்த்திக்கொண்டு கண்களை மூடிக்கொண்டாள்.

அவள் தன்னால் முடிந்தவரை தன் உடலையும் மனதையும் சஞ்சலங்கள் இல்லாமல் அமைதி படுத்தினாள். உடல் அசைவற்று இருப்பதில் மனதிற்கு கொடுக்கப்படும் பரிந்துரைகளை ஏற்க ஏதுவாக இருந்தது. தன் பயத்தை எதிர்கொள்ள தனக்குத்தானே கூறிக்கொண்டாள், ''நான் அழகாக பாடுகிறேன். அமைதியாகவும், அடக்கமாகவும், நம்பிக்கையுடனும் இருக்கிறேன்.'' ஒவ்வொரு முறையும் மெதுவாக, உணர்ச்சிபூர்வமாக ஐந்து முதல் பத்து தடவை இதே வரியை மீண்டும் மீண்டும் கூறினாள். அது போன்று நாளொன்றில் ''மூன்று முறை'' கூறினாள். தூங்குவதற்கு சற்றுமுன்னும் ஒருமுறை கூறினாள். ஒரு வாரத்தின் முடிவில் முழுமையாக நம்பிக்கையுடன் தயார் நிலையில் இருந்தாள். நேர்காணலுக்கான அழைப்பு வந்த பொழுது, அற்புதமாக பாடி அசத்தினாள்.

அவள் தன் நினைவாற்றலை எப்படி மீட்டாள்

எழுபத்தி ஐந்து வயதான பெண்மணி, ''நான் என் நினைவாற்றலை தொலைத்து வருகிறேன்,'' என்று தனக்குத்தானே சொல்லிக்கொள்ளும் பழக்கத்தில் இருந்தாள். இந்த பழக்கத்தை நாளொன்றுக்கு பலமுறை சொல்லும் சுய பரிந்துரைகள் மூலம் மாற்றி அமைத்தாள். அவள் பின்வருமாறு கூறினாள்: ''இன்றிலிருந்து என் நினைவாற்றல் ஒவ்வொரு துறையிலும் முன்னேறி வருகிறது. நேரத்திற்கு தகுந்தாற்போல் எனக்கு என்ன தெரிய வேண்டுமோ அதை என்னால் எப்பொழுதுமே ஞாபக படுத்திக்கொள்ளமுடியும்.

என் எண்ணங்கள் தெளிவாகவும் நிறைவாகவும் இருக்கும். அவைகளை தன்னியக்கமாக எளிமையாக நிருத்திக்கொள்வேன். நான் நினைவுகூறுபவைகள் என் மனதில் உடனெ சரியான இடத்தில் வந்து சேரும். தினமும் நான் முன்னேறிக்கொண்டிருக்கிறேன். விரைவில் என் நினைவாற்றல் நல்ல நிலைமைக்கு வந்து விடும்.''

மூன்று வாரங்களின் முடிவில் அவர் நினைவாற்றல் முழுவதுமாக திரும்பியது. அவள் மிகவும் மகிழ்ச்சி அடைந்தாள்.

எப்படி அவர் தன் கோபத்தை கட்டுப்படுத்தினார்

எரிச்சல் மற்றும் கோபம் வருகிறதென்று குறைகூறிய பல மனிதர்கள் இந்த சுய பரிந்துரைகளின் மூலம் அற்புதமான பலன்களை கண்டனர். கீழ்கண்ட வாக்கியத்தை நாள் ஒன்றிற்கு மூன்று அல்லது நான்கு முறை, காலை, மதியம், மாலை, தூங்குவதற்கு முன்னர் என்று ஒரு மாதத்திற்கு பயிற்சி செய்தார்கள்.

''இப்பொழுதிலிருந்து, நான் நல்ல மகிழ்ச்சியாக இருப்பேன்.

மகிழ்ச்சியாக இருப்பது என் சாதாரண மனநிலை ஆகிவிட்டது. ஒவ்வொரு நாளும் நான் அதிகம் விரும்பப்படுகிறேன், மற்றவர்களால் புரிந்துகொள்ளப்படுகிறேன். என்னை சுற்றி இருப்பவர்களுக்கு நல்ல மகிழ்ச்சியை கொடுத்து அவர்களுக்கு மத்தியில் மிகுந்த மனமகிழ்ச்சியுடன் விளங்குகிறேன். இந்த மகிழ்ச்சிகரமான மனநிலை என்னுடைய சராசரி இயல்பான மனநிலையாக ஆகிவிட்டது. அதற்கு நான் என்றும் நன்றி சொல்ல கடமைபட்டிருக்கிறேன்.''

பரிந்துரைகளின் ஆக்கபூர்வமான மற்றும் அழிவுபூர்வமான சக்தி

மற்றவர்களிடமிருந்து பெரும் பரிந்துரைகள் குறித்து சில எடுத்துக்காட்டுகள் மற்றும் விமர்சனங்கள்: மறு பரிந்துரை என்பது மற்றவரிடமிருந்து பெறப்படுவது. இந்த உலகத்தின் ஒவ்வொரு தேசத்திலும் மற்றவர்களிடமிருந்து பெறப்படும் பரிந்துரைகள் எந்த காலத்திலும் சக்தி வாய்ந்ததாக நம் வாழக்கையில் முக்கிய பங்கேற்கிறது. உலகத்தின் பல பகுதிகளில் அது மதங்களை கட்டுப்படுத்தும் சக்தி வாய்ந்ததாக உள்ளது.

பரிந்துரைகளை நம்மை நாமே கட்டுப்படுத்திக்கொள்ள, ஒழுக்கம் நிறைந்தவராக ஆக்கிக்கொள்ள உபயோகப்படுத்தலாம். அதே சமயம் மனதின் விதிகளை அறியாத மற்றவரை கட்டுப்படுத்தவும் உபயோகப்படுத்தலாம். அதன் ஆக்கப்பூர்வமான நிலையில் அது அற்புதமாக இருக்கும். அதன் எதிர்மறை குணங்களில் மனதின் பதிலளிக்கும் விதங்களிலேயே மிகவும்

அழிக்கவல்ல, துக்கம், கஷ்டம், நோய் மற்றும் சேதங்கள் அளிக்கக்கூடியதாகவும் உள்ளது.

இவற்றில் எதையேனும் நீங்கள் ஏற்று கொண்டீர்களா?

கைக்குழந்தையாக இருந்த நேரம் முதல் நம்முள் பெரும்பாலானவர்கள் பல எதிர்மறை பரிந்துரைகள் பெற்றிருக்கிறோம். அதனை எப்படி தவிர்ப்பது என்று தெரியாமல், நம்மை அறியாமலேயே அவற்றை ஏற்றுக்கொண்டுள்ளோம். சில எதிர்மறை பரிந்துரைகள் இதோ: ''உன்னால் முடியாது,'' ''நீ உருப்படமாட்டாய்,'' ''நீ அப்படி செய்யக்கூடாது.''

''நீ தோற்றுப்போவாய்.'' ''உனக்கு இது நடக்க வாய்பேயில்லை.'' ''நீ சொல்வது எல்லாமே தவறு.'' ''அது உபயோகமற்றது.'' ''உனக்கு என்ன தெரியும் என்பது பற்றி இல்லை ஆனால் யாரைத்தெரியும் என்பதில் தான் இருக்கிறது.'' ''இந்த உலகம் அழிவை நோக்கி சென்று கொண்டிருக்கிறது.'' ''என்ன பயன், யாரும் கவலைப்படுவதில்லை.'' ''இவ்வளவு முயற்சி செய்வதில் பயன் இல்லை.'' ''உனக்கு இப்பொழுது அதிக வயசு ஆகிவிட்டது.'' ''விஷயங்கள் மோசமாக ஆகின்றன.'' ''வாழ்க்கையில் உழல்வது நிரந்திரமாகி விட்டது.'' ''காதல், பட்சிகளுக்கு'' ''உன்னால் வெற்றி பெற முடியாது.'' ''கூடிய விரைவில் உன்னிடம் காசு பணமே இல்லாமல் போகும்.'' ''கவனமாக இரு. நோய் வாய் பட போகிறாய்.'' ''ஒருவரையும் நம்ப இயலாது,'' போன்றவை.

நீங்கள் முதிர்ச்சி அடைந்தவராக ஆக்கபூர்வமான எண்ணங்களை பரிந்துரைகளாக பயன்படுத்தினாலே அல்லாமல், கடந்த காலத்தில் உங்கள் பழக்க வழக்கத்தினால் ஏற்பட்டுள்ள பாதிப்புகள், சமூக வாழ்விலும் தனிப்பட்ட வாழ்விலும் தோல்வி அடைய செய்வதை தவிர்க்க முடியாது. சுயபரிந்துரை என்பது உங்களை எதிர்மறை சொற்களின் கட்டிலிருந்து விடுவிக்கும். இல்லையெனில் எதிர்மறை கருத்துக்கள் உங்கள் வாழ்க்கை முறையை சிதைத்து நல்ல பழக்கங்களை வளர்த்துக் கொள்வதை கடினமாக்கிவிடும்.

எதிர்மறையான பரிந்துரைகளுக்கு பதிலடி கொடுக்கலாம்

எந்த ஒரு நாளும் தினசரியை எடுத்து படியுங்கள். அதில் பயம், வீணாகும் முயற்சிகள், கவலை, பதட்டம், வரவிருக்கும் அழிவு பற்றி பல செய்திகளை படிக்க முடியும். உங்களால் ஏற்றுக்கொள்ளப்பட்டால், வாழும் ஆசையை இந்த பயம் எடுத்துவிடக்கூடும். அழிவினை ஏற்படுத்தும் இந்த எண்ணங்களுக்கு பதிலடியாக நீங்கள் இந்த எதிர்மறை பரிந்துரைகளை நிராகரித்து, ஆக்கப்பூர்வமான பரிந்துரைகளை ஏற்றுக்கொண்டு உங்கள் ஆழ்மனதிற்கு பரிந்துரைகள் கொடுக்க முடியும்.

மற்றவர்கள் உங்களுக்கு தரும் எதிர்மறையான பரிந்துரைகளை நீங்கள் அவ்வப்பொழுது எண்ணிப்பாருங்கள். அப்படிப்பட்ட அழிக்க வல்ல பரிந்துரைகளால் நீங்கள் பாதிக்கபடவேண்டாம். நம் இளமை பருவத்திலும், பால்ய பருவத்திலும் இதனால் நாம் பாதிக்கப்பட்டுளோம். அந்த நேரத்தை திரும்பிப்பார்த்தால், எப்படி உங்கள் பெற்றோர், உறவினர், நண்பர்கள், சகாக்கள், எதிர்மறை பரிந்துரைகளை அளித்திருக்கிறார்கள் என்பதை சுலபமாக நினைவு கூறமுடியும்.

உங்களுக்கு சொல்லப்பட்ட விஷயங்களை கவனமாக படியுங்கள். அவை ஒருவிதமான பிரச்சாரம் என்பதை கண்டுகொள்வீர்கள். கூறப்பட்டதில் அதிகம் உங்களை கட்டுப்படுத்தி உங்களுக்குள் பயத்தை உண்டு செய்யவே மேற்கொண்டது. மற்றவர்கள் செய்யும் இப்படிப்பட்ட பரிந்துரைகள் ஒவ்வொரு வீட்டிலும், அலுவலகத்திலும், தொழிற் சாலையிலும், மன்றங்களிலும் நடைபெறுகிறது. இவற்றில் பல மற்றவர்கள் நீங்கள் எப்படி நடந்து கொள்ள வேண்டும் என்று விரும்புகிறார்களோ அப்படி நீங்கள் நடந்து கொள்வதற்காகத்தான். அதில் அவர்களுக்கு லாபம்.

பரிந்துரைகள் எப்படி ஒரு மனிதனை கொன்றது

மற்றவர்கள் அளிக்கும் பரிந்துரைக்கான ஒரு உதாரணம்: என்னுடைய ஒரு உறவினர், இந்தியாவில் ஒரு ஜோசியரை சந்தித்த பொழுது அவர், நீங்கள் அடுத்த பௌர்ணமியில் இதயக்கோளாறினால் இறந்து விடுவீர்கள் என்று கூறினார். அவர்

தம் அனைத்து குடும்ப உறுப்பினர்களுக்கும் இந்த கணிப்பைப் பற்றி சொல்லி உயில் எழுதுவதற்கும் ஏற்பாடு செய்தார். இந்த சக்தி வாய்ந்த பரிந்துரை அவரது ஆழ்மனதில் நுழைந்தது. அந்த ஜோசியரிடம் சில மந்திர சக்திகள் இருப்பதாகவும், அது மற்றவர்களுக்கு நன்மையோ தீமையோ அளிக்கக்கூடும் என்று என்னிடம் கூறினார். ஏனென்றால் அவர் அதை முழுவதுமாக ஏற்றுக்கொண்டுவிட்டார். அவர் அந்த ஜோசியர் கணித்ததைப்போலவே இறந்து போனார். தன் மரணத்திற்கு காரணம் தான் தான் என்று அறியாமலே. நம்முள் பலர் இது போன்ற விசித்திரமான, மூடத்தனமான மூடநம்பிக்கைகள் நிறைந்த கதைகளை கேட்டிருப்போம் என்று நினைக்கிறன்.

நம் ஆழ்மனது எப்படி வேலை செய்கிறதென்று புரிந்துகொண்டதால் என்ன நடந்திருக்கக்கூடும் என்று பார்க்கலாம். மனிதனின் உணர்மனது எதை நம்புகிறதோ; ஆழ்மனது அதனை ஏற்று அதன்படி நடக்கிறது. என் உறவினர் மகிழ்ச்சியாக, ஆரோக்கியமாக, தெம்புடன் அந்த ஜோசியரை காண சென்றார். அவள் அவருக்கு ஒரு பெரிய எதிர்மறையான பரிந்துரையை வழங்கினாள். அவரும் அதை ஏற்றுக்கொண்டார். அவர் பீதியில், அடுத்த பௌர்ணமிக்கு இறந்துவிடுவோம் என்பதை பற்றியே சிந்தித்து வந்தார். அதைப்பற்றி அனைவரிடமும் சொல்லத்தொடங்கினார். அவர் அந்த முடிவிற்கு தன்னை தயார் படுத்திக்கொண்டார். அந்த செயல் அவர் மனதில் நடந்தது. அவரது எண்ணங்களே அதற்கு காரணம். முடிவு வரப்போகிறதென்பதை எதிர்பார்த்து தன் சொந்த உடலை மாய்த்துக்கொண்டார், தன் முடிவை தானே தேடிக்கொண்டார். வயலில் இருக்கும் குச்சிக்கும் கற்களுக்கும் இருக்கும் அதே வலிமை தான் அந்த பெண்மணியிடமும் இருந்தது. அவள் பரிந்துரைக்கு முடிவை உண்டாக்கும் சக்தி இல்லை. அவன் தன் மனதின் சட்டங்களை அறிந்திருந்தால், அந்த எதிர்மறையான பரிந்துரைகளை முழுவதுமாக நிராகரித்திருப்பான், அவன் இதயம் அவன் சொந்த எண்ணங்களாலும் உணர்வுகளாலும் கட்டுப்படுத்தப்படுகின்றன என்பதை அறிந்து அவள் வார்த்தைகளில் கவனம் செலுத்தாமல் இருந்திருப்பான்.

போர் கப்பலின் மேல் தொடுக்கப்படும் தகட்டு அம்புகள் போல அவள் கணிப்பு அவனை காயப்படுத்தாமல் செயலிழந்திருக்கும்.

மற்றவர்களின் பரிந்துரைகளுக்கு எந்த சக்தியுமில்லை நீங்கள் அதை ஏற்றுக்கொள்ளாத வரையில்; அதற்கு உங்கள் எண்ணங்களை

திசை திருப்பாத வரையில். நீங்கள் உங்கள் மனதின் ஒப்புதலை கொடுத்து முதலில் அந்த எண்ணத்தை ஆதரிக்க வேண்டும். அப்பொழுதுதான் அது உங்கள் எண்ணமாகிறது, உங்கள் செயலாகிறது. நினைவில் கொள்ளுங்கள், தேர்வு செய்யும் சக்தி உங்களிடம் உள்ளது. வாழ்க்கையை தேர்வு செய்யுங்கள்! அன்பை தேர்வு செய்யுங்கள்! ஆரோக்கியத்தை தேர்வு செய்யுங்கள்!

சரி என்று முன்னமே தீர்மானித்து விடுவதன் சக்தி

உங்கள் மனது சில தீர்மானங்கள் செய்து விடுகிறது. முக்கூற்று முடிவு என்று இதற்கு அர்த்தம். உண்மை என்று உங்கள் உணர்மனது எந்த அனுமானத்தை ஏற்று கொள்கிறதோ அது ஆழ்மனது செய்யும் முடிவை தீர்வு செய்யும். அதுவும் ஏதேனும் குறிப்பான் கேள்வியோ பிரச்சனையோ எழுந்தால். உங்கள் அனுமானம் உண்மை என்றால் உங்கள் முடிவும் உண்மை தான். கீழ்கண்ட உதாரணத்தைப்போல:

ஒவ்வொரு நற்பண்பும் போற்றத்தகுந்தது; கருணையும் ஒரு நல்ல பண்பு; அதனால் கருணையும் போற்ற தகுந்தது.

மற்றொரு உதாரணம் கீழே குறிப்பிடப்பட்டுள்ளது: வடிவமெடுத்த அனைத்து பொருள்களும் மாற்றங்கள் கண்டு மறைந்து விடும்; எகிப்து பிரமிடுகள் உருவான வடிவங்கள்; அதனால் அவை ஒரு நாள் மறைந்து விடும்.

முதல் கூற்று அனுமானமாக கருதப்படும். சரியான அனுமானத்தை தொடர்ந்தால் தான் சரியான முடிவுக்கு வரலாம். டவுன் ஹால், நியூ யார்க்கில் 1962 மே மாதம் நடந்த மனதின் அறிவியல் பற்றிய என் விரிவுரைகளில் கலந்து கொண்ட ஒரு கல்லூரி பேராசிரியர் என்னிடம் கூறினார், ''என் வாழ்வில் அனைத்தும் தலை கீழாக இருக்கிறது, நான் செல்வம், நண்பர்கள் மற்றும் ஆரோக்கியத்தையும் தொலைத்து விட்டேன். நான் தொடுவதெல்லாம் தவறாக மாறுகிறது.''

நான் அவரிடம் அவரது எண்ணங்களில் ஒரு பெரிய அனுமானத்தை நிறுவ வேண்டும் என்று விளக்கினேன், அதாவது அவரது அளவற்ற ஆழ்மன அறிவு அவரை வழிநடத்தி, ஆணைகள் இட்டு, அவரை ஆன்மீகத்திலும், மனதளவிலும், பொருட்செல்வங்களிலும் சிறப்பாக வைக்கிறதென்று. அப்படிச் செய்தால் அவரது ஆழ்மனது அவரை தானியங்கியாக நல்ல

முதலீடுகள் செய்ய வைத்து, முடிவுகள் எடுக்க வைத்து, அது அவரது உடலையும் குணமாக்கி மன அமைதியை மீட்டுத்தரும் என்றேன்.

இந்த பேராசிரியர் அவர் வாழ்க்கை எப்படி அமைய வேண்டும் என்பது பற்றிய முழு படத்தையும் முறைப்படுத்தி வைத்திருந்தார். அவரது பெரிய அனுமானம் இது தான்: ''ஆழ்மனதின் அளவற்ற அறிவு என்னை அனைத்து வழிகளிலும் வழி காட்டி முன் நடத்தி செல்கிறது. கச்சிதமான சிறந்த ஆரோக்கியம் என்னுடையது, நல்லிணக்கத்தின் சட்டம் என் மனதையும் உடலையும் இயக்குகிறது. அன்பு, அழகு, அமைதி மற்றும் செழிப்பு என்னுடையது. தெய்வீக ஆணை மற்றும் சரியான செயல் என்கிற கொள்கை என் முழு வாழ்க்கையை நிர்வகிக்கிறது. என்னுடைய பெரிய அனுமானம் அழியாத வாழ்க்கை உண்மையை சார்ந்துதான் உள்ளது என்று எனக்குத்தெரியும். என் ஆழ்மனது என் உணர்மனதின் இயல்பான எண்ணங்களைப்பொறுத்தே பதிலளிக்கிறது என்று நான் உணர்கிறேன், நம்புகிறேன்.''

அவர் எனக்கு கீழ்வருமாறு எழுதினார்: ''நான் இந்த வாக்கியத்தை மெதுவாக, அமைதியாக, அன்போடு பல முறை ஒரு நாளில் திரும்ப திரும்ப சொன்னேன். இவை என் ஆழ்மனதில் அடிமட்டத்திற்கு செல்கிறதென்று தெரியும், விளைவுகள் கண்டிப்பாகத் தொடரும். நீங்கள் எனக்கு கொடுத்த நேர்காணலுக்கு நான் நன்றி சொல்ல கடமைப்பட்டிருக்கிறேன், நான் மற்றொன்றையும் சேர்க்க விரும்புகிறேன். என் வாழ்க்கையின் அனைத்து துறைகளும் முன்பை விட சிறப்பானதாக மாறிக் கொண்டிருக்கிறது. இது வேலை செய்கிறது!''

ஆழ்மனது எதை குறித்தும் சர்ச்சை செய்யாது

உங்கள் ஆழ்மனது முழுமையான அறிவுடையது. அதற்கு அனைத்து கேள்விகளுக்கும் விடை தெரியும். அது உங்களை எதிர்த்து வாதாடி பேசாது. அது, ''அதை வைத்து என்னை ஈர்க்க முடியாது,'' என்று கூறாது.

உதாரணத்திற்கு, ''என்னால் இதை செய்ய முடியாது.'' ''நான் இப்பொழுது அதிக வயதானவன்.'' ''நீங்கள் எதிர்பார்ப்பதை என்னால் செய்ய முடியாது.'' ''நான் வாழ்க்கையில் தவறான இடத்தில் பிறந்துவிட்டேன்.'' ''எனக்கு சரியான அரசியல்வாதியை

தெரியாது,'' என்று நீங்கள் சொல்லும்பொழுது, உங்கள் ஆழ்மனதில் எதிர்மறையான எண்ணங்களை விதைக்கிறீர்கள். அதுவும் அதன் படியே நடக்கும். நீங்களே உங்களுக்கு நடக்க வேண்டிய நல்லதை தடுக்கிறீர்கள். அப்படி செய்து உங்கள் வாழ்க்கைக்குள், பற்றாக்குறை, வரம்புகள், ஏமாற்றம் ஆகியவற்றை கொண்டு வருகிறீர்கள்.

உங்கள் உணர்மனதில் தடங்கல்கள், இடையூறுகள், தாமதங்கள் ஆகியவற்றை ஏற்படுத்தும் பொழுது, உங்கள் ஆழ்மனதில் உறையும் அறிவை மறுக்கிறீர்கள். நீங்கள் சொல்ல வருவது என்னவென்றால், உங்கள் ஆழ்மனது உங்கள் பிரச்னையை தீர்க்க முடியாது. இது மனது மற்றும் உணர்ச்சிகளின் நெரிசலுக்கும். பிறகு நோய் மற்றும் மனநிலை சரியில்லாமல் போகும்.

உங்கள் எரிச்சலை கடந்து உங்கள் ஆசைகளை அடைய, தினமும் பல முறை தைரியமாக சொல்லுங்கள்:

''எனது இந்த ஆசையைத் தோற்றுவித்த அளவில்லாத ஞானம் என்னை வழி நடத்தி, என் ஆசைகளை அடைவதற்கான வழியையும் என்முன் விரிக்கிறது. என் ஆழ்மனதின் ஞானம் எனக்கு இப்பொழுது பதிலளிக்கின்றது. என் உள் மனதில் நான் விரும்புவது வெளி உலகில் உண்மையாகிறது. அமைதியும், சமநிலையும், சமத்துவமும் நிலை நிற்கிறது.''

நீங்கள், ''ஒரு வழியும் இல்லை. நான் தொலைந்தேன். இந்த குழப்பத்திலிருந்து விடுபட வழி இல்லை. எனக்கு எங்கும் தடையாகவே உள்ளது,'' என்றெல்லாம் கூறும் பொழுது, ஆழ்மனது உங்களுக்கு பதிலளிப்பதில்லை.

ஆழ்மனது ஒத்துழைக்க வேண்டுமென்றால் சரியான கோரிக்கையை முன் வைத்து, அதன் ஒத்துழைப்பை பெறுங்கள். அது உங்களுக்காக எப்பொழுதும் வேலை செய்து கொண்டே இருக்கிறது. இந்த நிமிடமும் உங்கள் இருதயத் துடிப்பை கட்டுப்படுத்தி, சுவாசத்தையும் சீராக செயல்படுத்தி வருகிறது. உங்கள் விரலில் உள்ள வெட்டு காயத்தை குணப்படுத்துகிறது. அது உங்களைக் காக்க, உங்களுக்காக உழைக்க உங்களை பாதுகாக்க எப்பொழுதுமே முன்வருகிறது. உங்கள் ஆழ்மனதிற்கென்று ஒரு அறிவு உள்ளது, இருந்தாலும் உங்கள் எண்ணங்களை, எண்ண வடிவுகளின் கற்பனைகளை ஏற்கிறது.

ஒரு பிரச்சனைக்கு விடைதேடும் பொழுது, உங்கள் ஆழ்மனம் அதற்கான விடையை தரும். ஆனால் உங்கள் உணர்மனம் சரியாக சிந்தித்து முடிவெடுக்க வேண்டும் என்று எதிர்பார்க்கும்.

ஆழ்மனதில் உள்ள விடைகளை நீங்கள் ஆமோதிக்க வேண்டும். இருந்தாலும் நீங்கள், ''எந்த வழியும் இல்லை; எனக்கு குழப்பமாக உள்ளது; எனக்கு ஏன் விடை கிடைக்கவில்லை?'' என்று நினைக்கும் பொழுது உங்கள் பிரார்த்தனையை நீங்களே பலனற்றதாக்கி விடுகிறீர்கள். நேரத்தை மட்டுமே குறிப்பெடுக்கும் ஒரு போர் வீரன் முன்னேறுவதில்லை.

உழலும் மனச் சக்கிரங்களை நிறுத்தி, கவலைகளை விட்டுவிட்டு அமைதியாக பின்வருமாறு வலியுறுத்துங்கள்: ''எனது ஆழ்மனதிற்கு அனைத்து விடைகளும் தெரியும். அது எனக்கு இப்பொழுது சரியான பதில் அளித்துக்கொண்டிருக்கிறது என்று எனக்கு தெரிவதால், அதன் எல்லா அறிதலுக்கும், அளவில்லா ஞானத்திற்கும் நான் நன்றி கூறுகிறேன். எனது திட நம்பிக்கை ஆழ்மனதின் மகத்துவத்தையும் சக்தியையும் வெளியே கொண்டுவருகிறது. அது அப்படி இருப்பதால் பெரு மகிழ்ச்சி அடைகிறேன்.''

சிறப்பம்சங்களை மீண்டும் ஒரு முறை பார்வையிடலாம்

1. நல்லதை நினைத்தால் நல்லது தொடரும். வினை விதைத்தால் வினை விளையும். நீங்கள், நாள் முழுதும் சிந்திக்கும் எண்ணங்களாகவே மாறிவிடுகிறீர்கள்.
2. ஆழ்மனம் தர்க்கம் செய்வதில்லை. உணர்மனம் கூறுவதை அப்படியே ஏற்கிறது. உண்மையாக இருந்தாலும், ''என்னால் அதை வாங்க முடியாது,'' என்று சொல்லாதீர்கள். வேறு சரியான எண்ணத்தை தேர்ந்தெடுங்கள். ''நான் அதை வாங்குவேன், என் மனதால் நான் அதை ஏற்கிறேன்,'' என்று உறுதி கூறுங்கள்.
3. உங்களிடம் தேர்ந்தெடுக்கும் சக்தியுள்ளது. ஆரோக்கியத்தையும், சந்தோஷத்தையும் தேர்ந்தெடுங்கள். நட்பையும், நட்பின்மையும் உங்களால் தேர்ந்தெடுக்க முடியும். அன்பையும், ஒத்துழைப்பையும், மகிழ்ச்சியையும் தேர்ந்தெடுங்கள். உலகம் அதை பிரதிபலிக்கும். அற்புதமான ஆளுமையை வளர்த்துக் கொள்ள சிறந்த வழி இது.
4. ''வாசலை காக்கும் காவல்காரனை'' போல் வேலை செய்யும் உங்கள் உணர்மனம். அதன் முக்கிய வேலை ஆழ்மனதில்

தவறான படிவங்கள் தங்காமல் பார்த்துக்கொள்வது. நல்லது நடக்கும், இப்போதே நடக்கும் என்று நம்புவதை தேர்ந்தெடுங்கள். தேர்ந்தெடுக்கும் சக்தியே உங்களது வலிமை. சந்தோஷத்தையும், செழிப்பையும் தேர்ந்தெடுங்கள்.

5. மற்றவரது ஆலோசனைகளும், வாக்கியங்களும் உங்களை பாதிக்காது. உங்கள் எண்ணங்களை நிஜமாக்கும் சக்தியை ஒரே சக்தி ஆகும். மற்றவர்கள் கருத்தையும் எண்ணத்தையும் மறுத்து, நல்லதை தேர்ந்தெடுங்கள். மற்றவர்கள் கூறுவதற்கோ, செய்வதற்கோ எதிர்வினை எப்படி இருக்க வேண்டும் என்பதை நீங்களே முடிவு செய்யலாம்.
6. உங்கள் வார்த்தைகளை கவனியுங்கள். ஒவ்வொரு வெற்றுச் சொல்லுக்கும் கணக்கு சொல்ல வேண்டும். ''நான் தோற்றுப் போய்விடுவேன்; வேலையை இழப்பேன்; என்னால் வாடகை பணத்தை கட்ட முடியாது,'' என்று ஒருபொழுதும் கூறாதீர்கள். உங்கள் ஆழ்மனது வேடிக்கை அறியாது. அனைத்தையும் உண்மையாக்கி விடும்.
7. உங்கள் மனம் தீயதல்ல. இயற்கையின் எந்த சக்தியும் தீயதல்ல. நீங்கள் அதை எப்படி பயன்படுத்துகிறீர்கள் என்பதைப்பொருத்தே வெற்றி அமையும். உங்கள் மனதை, வாழ்த்த, குணமாக்க மற்றும் அனைவருக்கும் உத்வேகமூட்டப் பயன்படுத்துங்கள்.
8. ''என்னால் முடியாது'' என்று ஒருபோதும் கூறாதீர்கள், அதற்கு பதிலாக, ''என் ஆழ்மனதின் சக்தியால் எதையும் சாதிப்பேன்,'' என்று கூறுங்கள்.
9. வாழ்க்கையை நிரந்தர உண்மையின் கோணத்திலிருந்து காணத் தொடங்குங்கள். பயம், சிறுமை, அறியாமையின் கோணத்திலிருந்து அல்ல. மற்றவர்கள் உங்களுக்காக சிந்திப்பதை அனுமதிக்காதீர்கள். உங்கள் எண்ணங்களை தேர்ந்தெடுத்து நீங்களே முடிவெடுங்கள்.
10. உங்கள் ஆன்மாவின் (ஆழ்மனம் என்னும் கப்பலின்) தலைவர் நீங்கள். நீயே உங்கள் விதிக்கு அதிபர் உங்கள் கையில் தேர்ந்தெடுக்கும் சக்தி உள்ளது. வாழ்கையை தேர்ந்தெடுங்கள்! அன்பை தேர்ந்தெடுங்கள்! மகிழ்ச்சியை தேர்ந்தெடுங்கள்! ஆரோக்யத்தை தேர்ந்தெடுங்கள்!
11. உங்கள் உணர்மனம் எதை உண்மையென்று நம்பி ஏற்றுக்கொள்கின்றதோ, உங்கள் ஆழ்மனம் அதை ஏற்றுக்

கொண்டு நிஜமாக்கி விடும். தெய்வீக வழிகாட்டுதல், நல்ல அதிர்ஷ்டம், சரியான செயல் மற்றும் உங்கள் வாழ்வின் ஆசிர்வாதங்கள் அனைத்தையும் நம்புங்கள்.

3

அற்புதங்கள் செய்யும் ஆழ்மனதின் சக்தி

உங்கள் ஆழ்மனதின் சக்தி ஏராளம். அது உங்களுக்கு உத்வேகமளித்து வழிநடத்துகிறது. நினைவக களஞ்சியத்திலிருந்து பெயர்கள், சம்பங்கள், உண்மைகள் ஆகியவற்றை உங்களுக்கு வெளிப்படுத்துகின்றது. உங்கள் ஆழ்மனமே உங்கள் இதயத் துடிப்பையும் இரத்த ஓட்டத்தைக் கட்டுப்படுத்துகிறது. செரிமானம், ஜீரணம், கழிவு போன்றவற்றை ஒழுங்குபடுத்துகிறது. நீங்கள் ஒரு ரொட்டித் துண்டை சாப்பிடும்போது, உங்கள் ஆழ்மனம் அதை திசு, தசை, எலும்பு மற்றும் இரத்ததிற்கு சக்தியாக மாற்றுகிறது. இந்த செயல்முறை உலகத்தின் தலை சிறந்த ஞானிக்கே விளங்காத ஒரு உண்மை. உங்களுடைய ஆழ்மனம், அதி முக்கியமான செயல்முறைகளையும், உடல் செயல்பாடுகளையும் கட்டுப்படுத்துவதோடு உங்கள் அனைத்து பிரச்சனைகளுக்கும் உரிய விடைகளையும் அறிந்திருக்கிறது.

உங்கள் ஆழ்மனம் தூங்குவதோ இளைப்பாறுவதோ இல்லை. அது எப்பொழுதுமே வேலை செய்துகொண்டு இருக்கும். உங்கள் ஆழ்மனதின் அற்புத செயல்பாட்டு சக்தியை கண்டறிய, உறங்கும் முன் ஆழ்மனதிடம் ஒரு குறிப்பிட்ட காரியம் நிறைவேற வேண்டும் என்று கூறுங்கள். அந்த காரியம் நடைபெறுவதற்குத் தேவையான சக்தியை ஆழ்மனம் அளித்து அந்த காரியத்தை பூர்த்தி செய்துவிடும் என்பதை கண்டு நீங்கள் திகைப்படைவீர்கள். இந்த உலகம் நகர்வதற்கும் கிரகங்கள் தங்கள் கோட்டில் செல்வதற்கும் வழிகாட்டியாக விளங்கும். சூரியன் பிரகாசிக்க காரணமாக விளங்கும் அந்த எல்லையற்ற ஆற்றலுடன் தொடர்பு

ஏற்படுத்தும் இதுவே சக்தி மற்றும் ஞானத்தின் மூலம்.

உங்கள்லட்சியங்கள், அபிலாஷைகள், பொதுநல உணர்வுகளின் மூலம்தான் உங்கள் ஆழ்மனம். ஆழ்மனதின் மூலமாகத்தான் ஷேக்ஸ்பியர், சராசரி மனிதனிடமிருந்து மறைக்கப்பட்டிருக்கும் மாபெரும் உண்மைகளை அறிந்து கொண்டார். சந்தேகத்திற்கு இடம் இன்றி, ஆழ்மனதிலிருந்து வந்த உந்துதலே கிரேக்க சிற்பி, ஃபிடியாஸை அழகு, ஒழுங்கு, விகிதம் மற்றும் சமச்சீர் வாய்ந்த சிற்பங்களை பளிங்கிலும், வெண்கலத்திலும் சிலையாய் வடிக்கச் செய்தது. இந்த ஆழ்மனம் இத்தாலிய கலைஞர் ரஃபேல் அவர்களை மடோனாஸ் ஓவியத்தை வரையச்செய்து லுட்விக் வான் பீத்தோவனை அவரது சிம்ஃபோனிகளை உருவாக்கச் செய்தது.

1955ம் ஆண்டு இந்தியாவில், ரிஷிகேஷ் என்னும் நகரத்தில், யோகா பல்கலைகழகத்தில் பேச நான் சென்றிருந்தேன். அங்கு, ஒரு அறுவை சிகிச்சை நிபுணரை சந்தித்தேன். அவர், ஈதர் மற்றும் மயக்க மருந்தின் நவீன வழிமுறைகளை உபயோகப்படுத்தப்பட்ட நாட்களுக்கு முன்னிருந்தே, வங்காளத்தில் வேலை செய்து வந்த, ஸ்காட் லேண்ட் நாட்டை சேர்ந்த அறுவை சிகிச்சை நிபுணர் டாக்டர் ஜேம்ஸ் எஸ்டெய்லைப் பற்றி கூறினார். 1843ல் இருந்து 1846 வரையில், டாக்டர் ஜேம்ஸ், 400 அறுவை சிகிச்சைகளை செய்தார். கால், கண், காது, புற்றுநோய் கட்டிகள் நீக்கம், தொண்டை என எல்லா அறுவை சிகிச்சைகளையும் அவர் செய்தார். இதை அவர், மனதை மயக்கத்தில் ஆழ்த்தி, செய்தார். டாக்டர் எஸ்டெய்ல் செய்த அறுவை சிகிச்சைகளில் இரண்டு அல்லது மூன்று சதவிகிதம் நோயாளிகளே மரணமடைந்தனர் என்று அந்த இந்திய டாக்டர் கூறினார். நோயாளிகள் வலியை அறியவில்லை என்றும் அறுவை சிகிச்சை நடந்து கொண்டிருக்கும் பொழுது எந்த சாவும் நடக்கவில்லை என்றார்.

மயக்க நிலையில் இருந்த நோயாளிகளுக்கு, டாக்டர் ஸ்டெய்ல் எந்த விதமான புண்ணோ அதிலிருந்து சீழ் வழியும் நிலைமையோ வராது என்று பரிந்துரைத்தார். நோய்வாய்படுவதன் காரணம் பாக்டீரியா என்னும் ஒரு வகை கிருமி என்று சுட்டிக்காட்டிய லூயி பாஸ்டர், ஜோசப் லிஸ்டர் ஆகியவர்களின் காலத்திற்கு முன்பாக இது நடந்தது என்பதை நீங்கள் நினைவில் வைத்துக்கொள்ளவேண்டும். பொதுவாக தொற்று நோய் இல்லாமல் இருந்ததற்கும் இறப்பு விகிதம் குறைவாக இருந்ததற்கும் முக்கிய காரணம் சந்தேகத்திற்கு இடமில்லாமல், டாக்டர் ஸ்டெய்ல்

அவர்கள் தன் நோயாளின் ஆழ்மனதிற்கு வழங்கிய பரிந்துரை தான் என்று அந்த இந்திய டாக்டர் கூறினார்.

120 வருடங்களுக்கு முன்பே எப்படி ஒரு மருத்துவர், ஆழ்மனதின் சக்தியை அறிந்து பின்பற்றினார் என்பது அதிசயமானது.

இது உங்களை ஆச்சரியத்தில் ஆழ்த்தி, ஆழ்மனதின் பல நிலைகளை கடக்க வல்ல சக்தியைப் பற்றி சிந்திக்க வைக்கின்றதல்லவா? இது அனைத்தும் உங்கள் உள் இருக்கும் சக்தி உங்கள் அறிவிற்கு அப்பாற்பட்டது என்பதை காட்டி, அதை பிரமித்து, ஆச்சரியமாக பார்க்க வைக்கின்றது. புலன்களுக்கு அப்பாற்பட்ட விஷயங்களை அறிந்து கொள்ளும் அதன் திறன், இடம், நேரம், ஆகியவற்றிலிருந்து விடுபட்டு, நம் அனைத்து வலிகளையும் பாதிப்புகளையும் போக்கவல்ல மற்றும் அனைத்து பிரச்சனைகளையும் தீர்க்கக்கூடிய சக்தி எதுவாக இருந்தாலும், அதைப்பற்றி சிறிது சிந்திக்க வைக்கிறது. இவையும் இது போன்ற வேறு பலவும் உங்கள் அறிவுக்கு அப்பாற்பட்டது பல உள்ளது என்பதை வெளிப்படுத்துகிறது. இந்த அனுபவங்கள் அனைத்தும் உங்களுக்கு மகிழ்ச்சி அளித்து உங்கள் ஆழ்மனது வேலை செய்யும் அற்புத விதத்தை நம்ப வைக்கின்றது.

உங்கள் ஆழ்மனமே உங்கள் வாழ்வின் நூல்

உங்கள் ஆழ்மனதில் நீங்கள் விதைக்கும் எண்ணங்கள் நம்பிக்கைகள், கருத்துகள், கொள்கைகள் ஆகியவவை சூழ்நிலைகளா்க, நிகழ்வுகளாக, சம்பவங்களாக எதிர்கொள்கின்றன. உங்களுக்குள் நீங்கள் எழுதுவதை வெளியில் அனுபவிக்கிறீர்கள். உங்கள் வாழ்க்கையில் இரு பக்கங்கள் உள்ளன. புறநிலை, அகநிலை, கண்ணுக்கு புலப்படுவது, கண்களுக்கு புலப்படாதது, எண்ணங்கள் மற்றும் அதன் பிரதிபலிப்பு.

உங்கள் காரணங்களை ஆராயும் அங்கமான மூளை உங்கள் எண்ணங்களை பெறுகிறது.

உங்கள் உணர்மனது அந்த எண்ணத்தை முழுவதுமாக ஏற்றுக்கொண்ட பிறகு அது மனதின் மூளை என்று அழைக்கப்படும் சோலார் ப்ளெக்ஸ்ஸ் என்று இடத்திற்கு அனுப்பப்பட்டு அங்கு அது சதைகொண்டு, உருவம் பெற்று, உங்களது அனுபவமாகிறது. முன்னர் கூறியதைப்போல, ஆழ்மனம் தர்க்கம் செய்வதில்லை. நீங்கள் எழுதுவதை செயலாக்குகிறது. உங்கள் உணர்மனதின்

தீர்மானங்களை முடிவானதாக ஏற்கிறது. இதனால்தான் நீங்கள் வாழ்க்கை என்னும் புத்தகத்தின் மேல் எப்பொழுதும் எழுதிக்கொண்டிருக்கிறீர்கள், ஏனென்றால் உங்கள் எண்ணங்களே உங்கள் அனுபவங்களாகின்றன. அமெரிக்க கட்டுரையாளர் ரால்ஃப் வால்டோ எமெர்சன் கூறியது, ''மனிதன் அவன் முழு நாளில் நினைக்கும் எண்ணங்களே ஆவான்.''

ஆழ்மனதில் இருப்பவைதான் வெளியே தெரிகிறது

இந்த உலகத்தை நகர்த்தக்கூடிய சக்தி உன் ஆழ்மனதில் உள்ளது என்று கூறினார் அமெரிக்க உளவியல் நிபுணர் வில்லியம் ஜேம்ஸ். அளவற்ற ஆற்றலும் அடக்கமுடியாத அளவில் ஞானமும் ஆழ்மனதில் உள்ளது. அது மறைத்து வைக்கப்பட்டிருக்கும் ஊற்றுகளால் பசியாறுகிறது, அதுவே வாழ்க்கையின் சட்டம். உங்கள் ஆழ்மனதில் படியும் விஷயங்கள் பின்னர் இந்த பூமி மற்றும் சொர்கத்தினால் நிஜமாக்கப்படுகிறது.

அதனால் நீங்கள் அதில் ஆக்கபூர்வமான மற்றும் சரியான எண்ணங்களையே பதிவு செய்ய வேண்டும். ஆழ்மனது மற்றும் உணர்மனது ஒன்றோடு ஒன்று தொடர்புடையது என்பதை புரிந்து கொள்ளாதது தான் இந்த உலகத்தில் உள்ள துயரங்களுக்கெல்லாம் காரணம். இந்த இரண்டு கொள்கைகளும், ஒற்றுமையாக, அமைதியோடு ஒருமித்த உணர்வோடு செயல்பட்டால்தான் உங்களிடம் ஆரோக்கியம், மகிழ்ச்சி, அமைதி மற்றும் இன்பம் இருக்கும். உணர்மனமும் ஆழ்மனமும் ஒன்றாக நல்லிணக்கத்துடன் வேலை செய்யும் பொழுது, எந்த வித கருத்து வேறுபாடோ நோயோ அண்டாது.

பல்லாயிரக்கணக்கான காலங்களின் ரகசியம் அதில் அடங்கி இருப்பதாக நம்பப்பட்டதால், ஹெர்மஸ் அவர்களின் சமாதி அதிக எதிர்பார்ப்புடன் திறக்கப்பட்டது. ரகசியம், *எப்படி வெளியேவோ அப்படியே தான் உள்ளேயும்; மேலிருப்பது போல்தான் கீழிருக்கிறது*. வேறு வார்த்தைகளில் கூற வேண்டுமானால், உங்கள் ஆழ்மனதில் எது பதிவாகியிருக்கிறதோ அதுவே வெளி விண்ணின் திரையிலும் உள்ளது. இதே உண்மை தான் மோசஸ், இசையா. இயேசு, புத்தர், சொராஸ்டரார், லாவோட்ஸே மற்றும் அநேக தீர்க்க தரிசிகர்களால் கூறப்பட்டது. நீங்கள் புர அகநிலையில் உண்மை என்று கருதுவதைதான் அனுபவங்களாக, நிலைமைகளாக, நிகழ்வுகளாக உணர்கிறீர்கள். சொர்க்கத்தில்

[உங்கள் சொந்த மனதில்] உள்ளது போல் தான் ***பூமியில்*** [உங்கள் உடல் மற்றும் சுற்றுசூழலில்]. இது தான் வாழ்க்கையின் சிறந்த சட்டம்.

செயலுக்கு எதிர்வினை, நிலையிலிருப்பதும் நகர்வதும் இயற்கையின் அனைத்து நியதிகளிலும் காண்பீர்கள்.

இவை இரண்டும் சமமாக இருக்க வேண்டும். அப்படி இருந்தால் தான் நல்லிணக்கம் மற்றும் சமநிலை இருக்கும். இந்த வாழ்க்கை கொள்கையானது, உங்களுக்குள் ஒரு சீராக நல்லிணக்கத்துடன் நகர நீங்கள் அனுமதிக்க வேண்டும். உள்ளே செல்வதும் வெளியே தள்ளுவதும் சமமாக இருக்க வேண்டும். உங்கள் பதிவும் அதன் வெளிப்பாடும் சமமாக இருக்க வேண்டும். உங்கள் எரிச்சல் அனைத்தும் நிறைவேறாத ஆசைகளினால் தான் வெளிப்படுகிறது.

நீங்கள் எதிர்மறையான, அழிவுபூர்வமான, வஞ்சக எண்ணங்கள்ள கொண்டிருந்தால், உங்களது இந்த எண்ணங்கள் அழிக்கவல்ல உணர்வுகளை உற்பத்தி செய்து, அதை வெளியிட ஒரு வடிகால் தேடும். இந்த உணர்ச்சிகள் எதிர்மறையானதாக இருப்பதால், உங்களுக்கு அடிக்கடி வாய் புண், இதய கோளாறு, பதட்டம் மற்றும் கவலைகளாக இவை வெளிப்படும்.

உங்களைப்பற்றிய உங்கள் தற்போதைய எண்ணம் என்ன? உங்களது ஒவ்வொரு உறுப்பும் அதையே வெளிப்படுத்தும். உங்கள் ஆரோக்கியம், உடல், நிதி நிலைமை, நண்பர்கள் மற்றும் சமூக அந்தஸ்து அனைத்தும், உங்களை பற்றி நீங்கள் கொண்டுள்ள எண்ணங்களாலே பிரதிபலிக்கப்படுகின்றது. ஆழ்மனதில் பதிவு செய்யப்பட்டது உங்கள் வாழ்க்கையின் அனைத்து அங்கத்திலும் வெளிப்படுவதன் உண்மையான அர்த்தம் இது தான்.

நாம் போற்றும் எதிர்மறையான எண்ணங்களால் நம்மை நாமே காயப்படுத்திக்கொள்கிறோம். கோபப்பட்டு, பொறாமைப்பட்டு, பயந்து, பழிவாங்கும் உணர்வு இவற்றாலெல்லாம் உங்களை நீங்களே எவ்வளவு முறை காயப்படுத்திக்கொண்டிருக்கிறீர்கள்? இவை தான் உங்கள் ஆழ்மனதிற்குள் பிரவேசிக்கும் நச்சுப்பொருட்கள். இந்த எதிர்மறையான குணங்களோடு நீங்கள் பிறக்கவில்லை. உங்கள் ஆழ்மனதிற்கு உயிரூட்டும் எண்ணங்களை கொடுத்தால் அங்கு குடியிருக்கும் எதிர்மறையான எண்ண படிவங்கள் துடைக்கப்படும். இப்படி செய்வதை நீங்கள் தொடர்ந்தால், கடந்த காலம் துடைக்கப்பட்டு இனிமேல் நினைவிற்கு வராது.

ஆழ்மனது தோலின் புற்று நோயை குணப்படுத்தும்

ஆழ்மனதின் சக்தியை நம்புவதற்கு போதுமான ஆதாரம் நம் உடல் கோளாறுகளை நாமே குணப்படுத்திக்கொள்வது தான். நாற்பது வருடங்களுக்கு முன், சரும புற்றுநோயை ஸ்தோத்திரங்கள் செய்து குணப்படுத்தினேன். மருத்துவ சிகிச்சையால் அது மேலும் வளராமல் பார்த்துக்கொள்ள முடியவில்லை. மத குரு ஒருவர் பைபிள் 139வது தோத்திரத்தில் அடங்கியுள்ள அர்த்தத்தை எனக்கு விளக்கினார். அது, *என் கருவை உம்முடைய கண்கள் கண்டது; என் அவயவங்களில் ஒன்றாகிலும் இல்லாதபோதே அவைகள் அனைத்தும், அவைகள் உருவேற்படும் நாட்களும், உமது புத்தகத்தில் எழுதியிருந்தது.* அவர் இதில் ''புத்தகம்'' என்பது ஆழ்மனதை குறிக்கும் என்று உணர்த்தினார். அதுவே கண் பார்வைக்கு தெரியாத ஒரு அணுவிலிருந்து, எனது உடலை உண்டாக்குகிறது என்பதை கூறினார். உருவாக்கும் சக்தி கொண்ட ஆழ்மனம் அதை குணப்படுத்தி, முழுமையாக்கும் என்றும் கூறினார்.

அந்த மதகுரு, தன் கைக்கடிகாரத்தை காட்டி, ''இதை செய்தவன் ஒருவன் உண்டு. அந்த கடிகாரம் செய்தவன், அதை செய்வதற்கு முன் அதைப்பற்றிய எண்ணத்தை முதலில் தன் மனதில் கொண்டிருக்க வேண்டும், இந்த கடிகாரம் உண்மையான பொருளாக, ஆவதற்கு முன்பு. அந்த கடிகாரம் வேலை செய்யாமல் போனால் அவனால் அதனை சரிசெய்து விட முடியும்.'' என் நண்பர், என் உடலை உருவாக்கிய எனது ஆழ்மனதும் அந்த கடிகாரத்தை உருவாக்கியவர் போலத்தான். அதற்கும் எப்படி குணப்படுத்தி, பழைய நிலைக்கு உடலை கொண்டு வருவது, முக்கிய உறுப்புக்கள் அனைத்தும் எப்படி வேலை செய்தால் எனக்கு சிறந்த ஆரோக்கியம் இருக்கும் என்பதை அறிந்தது. ஆனால் சரியான ஆரோக்கியம் என்பது என்ன என்ற அறிவை நான் தான் அதற்கு கொடுக்க வேண்டும் என்று விளக்கினார். இதுவே காரணமாகி குணம் ஏற்படும்.

நான் பின்வருமாறு பிரார்த்தனை செய்தேன்: ''என் உடலும் அதில் உள்ள அனைத்து உறுப்புக்களும், என் ஆழ்மனதின் அளவற்ற ஆற்றலால் உருவாக்கப்பட்டது. என்னை எப்படி குணப்படுத்த வேண்டும் என்று அதற்கு தெரியும். அதன் அறிவே என் உறுப்புகள், தசைகள், எலும்புகள் அனைத்தும் எந்த பாணியில் அமைய வேண்டும் என்று முடிவு செய்தது. என்னுள் இருக்கும்

இந்த அளவற்ற ஆற்றலே தற்பொழுது என்னை குணமாக்கி, உள்ளிருக்கும் ஒவ்வொரு அணுவையும் மாற்றி, என் உடலை முழுமையாக, சரியானதாக மாற்றுகிறது. குணம் இப்பொழுது நடைபெற்று கொண்டிருக்கிறது என்று எனக்குத்தெரியும். அதற்கு நான் நன்றி கூறுகிறேன். என்னுள் இருக்கும் இந்த உருவாக்கும் ஆற்றலின் வேலை அற்புதம்.'' நான் தினமும் இரண்டு மூன்று முறை இந்த பிரார்த்தனையை சுமார் ஐந்து நிமிடங்களுக்கு வாய்விட்டு கூறினேன். மூன்று மாதங்களில் என் சருமம் முழுமையாக சரியாகவும் ஆயிற்று.

என் பிரச்சனைகள் அனைத்திற்கும் காரணமான, என் ஆழ்மனதில் ஏற்கனவே பதிந்திருந்த எதிர்மறையான காட்சி களையும், எண்ணங்களையும் இப்படிப்பட்ட உயிரூட்டும், அழகான, முழுமையான, மிகவும் சரியான பரிந்துரைகளால் மாற்றியது தான் நான் செய்தது என்பதை உங்களால் பார்க்க முடியும். உடலில் பிரதிபலிப்பது முதலில் மனதில் உருவாகிறது. மனதில் நல்லதை விதைக்க அது உடலில் முழுமையாக வடிவும் பெறுகின்றது. இதுவே அனைத்து நிவாரணத்திற்கும் ஆதாரம்... *நான் பிரமிக்கத்தக்க அதிசயமாய் உண்டாக்கப்பட்டபடியால், உம்மைத் துதிப்பேன்; உமது கிரியைகள் அதிசயமானவைகள், அது என் ஆத்மாவுக்கு [ஆழ்மனதிற்கு] நன்றாய் தெரியும்.* **பைபிள் தோத்திரம் 139:14.**

உடலின் அனைத்து செயல்பாடுகளையும் ஆழ்மனம் எப்படி கட்டுப்படுத்துகிறது

நீங்கள் படுக்கையில் விழித்துக்கொண்டு படுத்திருந்தாலோ, அல்லது ஆழ்ந்த உறக்கத்தில் இருந்தாலோ, உங்கள் ஆழ்மனமானது சோர்வில்லாமல், களைப்படையாமல், உங்கள் உடலில் உள்ள அனைத்து முக்கிய உறுப்புகளையும், உணர்மனதின் துணை இல்லாமல் இயக்குகிறது. உதாரணத்திற்கு, நீங்கள் தூங்கிக்கொண்டிருக்கும் பொழுது, உங்கள் இதயம் சீராக துடிக்கின்றது, நுரையீரல் ஓய்வு எடுப்பதில்லை, சுவாச செயல்பாட்டில் ரத்தம் பிராணவாயுவை உறிஞ்சுவது போன்ற வேலைகள், நீங்கள் விழித்திருக்கும் சமையத்தில் நடப்பது போலவே நடக்கின்றது.

உங்கள் ஆழ்மனது, உங்கள் செரிமானம், சுரப்பிகளின் வேலை மற்ற மர்ம வேலைகள் எல்லாவற்றையும் கட்டுப்படுத்துகிறது.

நீங்கள் விழித்திருக்கிறீர்களோ, தூங்குகிறீர்களோ, உங்கள் முகத்தில் முடி வளர்ந்து கொண்டே இருக்கும். விஞ்ஞானிகள், சருமம் நாம் தூங்கும் பொழுது அதிக அளவு வியர்க்கிறது என்று கூறுகின்றனர்.

உங்கள் கண்கள், காதுகள் மற்றும் இதர புலன்கள் தூக்கத்திலும் விழிப்போடு இருக்கின்றது. உதாரணத்திற்கு, நம்முடைய பல விஞ்ஞானிகள் தூக்கத்தில் தங்கள் குழப்பமான பிரச்சனைகளுக்கு விடை கண்டுள்ளனர். அவர்கள் அந்த விடைகளை தங்கள் கனவில் கண்டுள்ளனர். அடிக்கடி உங்கள் உணர்மனது, உங்கள் நுரையீரல், வயிறு மற்றும் இதயத்தின் சராசரி வேலைகளில் கவலை, பதட்டம், பயம் மற்றும் உளைச்சல் கொடுத்து தலையிடுகிறது. இது போன்ற எண்ண ஓட்டங்கள், ஆழ்மனது நல்லிணக்கமாக வேலை செய்வதை தடுக்கிறது. நீங்கள் மனதளவில் பாதிக்கப்பட்டிருந்தால், மனதை சலனமில்லாமல் அமைதி அடையச்செய்து, எண்ணங்களின் நடைமுறையை சீராக வைப்பதே சிறந்த வழி.

உங்கள் ஆழ்மனதுடன் பேசி, அமைதி, நல்லிணக்கம், இறை ஆணைப்படி நடந்துகொள்ளுமாறு கூறுங்கள். உங்கள் உடலின் அனைத்து செயல்பாடுகளும் சராசரி நிலைக்கு திரும்பிவிட்டதை நீங்கள் உணர்வீர்கள். உங்கள் ஆழ்மனத்துடன் பேசும் பொழுது முழு அதிகாரத்துடனும் நம்பிக்கையுடனும் பேசுங்கள், அது உங்கள் கட்டளைக்கு அடிபணியும். உங்கள் ஆழ்மனது, உங்கள் வாழ்க்கையை பராமரித்து, உங்கள் ஆரோக்கியத்தை முன்பு இருந்தது போல் சீர்செய்ய விரும்பும். அது உங்கள் குழந்தைகள் மீது அன்பு கொள்ளச்செய்து, வாழ்க்கை மீது பிடிப்பை ஏற்படுத்தும். நீங்கள் தற்செயலாக கெட்டுப்போன உணவை சாப்பிட்டு விட்டீர்கள் என்று கருதுவோம்.

உங்கள் ஆழ்மனதானது, செரிக்காத உணவை அவசரமாக வெளியே கொண்டு வரச்செய்யும். விஷத்தையே நீங்கள் சாப்பிட்டிருந்தாலும் உங்கள் ஆழ்மனதின் மேல் உங்களுக்கு நம்பிக்கை இருந்தால், அதன் அற்புத வேலை செய்யும் திறனில் நம்பிக்கை இருந்தால், அந்த விஷத்தை ஈடுகட்டும் வகையில் செயல்பட்டு உங்கள் ஆரோக்கியத்தை மீட்டுக்கொடுக்கும்.

உங்கள் ஆழ்மனதை உங்களுக்காக வேலை செய்ய வைப்பது எப்படி

நீங்கள் முதலில் உணர வேண்டியது என்னவென்றால் உங்கள் ஆழ்மனது எந்நேரமும் வேலை செய்து கொண்டே இருக்கும்.

நீங்கள் அதை பற்றி எதுவும் செய்கிறீர்களோ இல்லையோ, அது இரவு பகலாக வேலை செய்யும். ஆழ்மனது உங்கள் உடலை வளர்க்கும். ஆனால் அந்த அமைதியான செயல்பாட்டை உங்களால் கேட்கவோ, உணரவோ முடியாது. உங்கள் வேலை உங்கள் உணர்மனதுடன் தான், ஆழ்மனத்துடன் இல்லை. உங்கள் உணர்மனதை சிறந்ததையே நாடும் நல்ல எண்ணங்களை நினைப்பதை பழகிக்கொள்ள செய்யுங்கள், அழகிய, உண்மையான, நியாயமான, நல்ல விஷயங்கள்.

நீங்கள் வழக்கமாக நினைக்கும் எண்ணங்களே உங்கள் ஆழ்மனது வெளிப்படுத்தி, உருவாக்கி கொடுக்கிறது என்கிற உண்மையை அறிந்துகொண்டு, உங்கள் உணர்மனதின் பக்கம் அக்கறை கொள்ள இப்பொழுதே தொடங்குங்கள்.

தண்ணீர், குழாயின் வடிவை ஏற்பது போல் உங்கள் எண்ணங்களின் இயற்கைக்கு ஏற்ப வாழ்க்கை தத்துவம் உங்களுக்குள் பாய்கிறது என்பதை நினைவில் கொள்ளுங்கள். உங்கள் ஆழ்மனத்திற்குள் பாயும் குணமாக்கும் திறன், அமைதியாக, நல்ல ஆரோக்கியமாக, பேரின்பமாக, அளவற்ற செல்வங்களாக உங்களுக்குள் பாய்வதாக நினைத்துக் கொள்ளுங்கள். அதை வாழும் திறனாக, அன்பான துணையாக கருதுங்கள். அது உங்களுக்குள் தொடர்ச்சியாக உத்வேகமளித்து, வளமடையச்செய்து உயிரூட்டுகிறது என்பதை திடமாக நம்புங்கள். அதுவும் அப்படியே நடந்து கொள்ளும். நீங்கள் நம்புவது போலவே நடக்கும்.

சிதைந்த கண் நரம்புகளை சீரமைத்த ஆழ்மனதின் குணமாக்கும் தத்துவம்

ஃபிரான்ஸ் நாட்டு லூர்து மருத்துவ துறையில் காப்பகப்படுத்தப்பட்ட மேடம் பைர் பற்றிய செய்தி பிரபலமானது. அவர் கண் பார்வை இல்லாதவர்; அவரது கண் நரம்புகள் உபயோகமற்றவை. அவர் லூர்துக்கு சென்று குணமாகிய விதம் அற்புத நிகழ்வு தான். நவம்பர் மாதம் 1955ல் *மேக்கால்* என்ற ஒரு பத்திரிகையில் ரூத் கிரான்ஸ்டன் என்கிற ப்ராடெஸ்டன்ட் பெண்மணி இதை புலனாய்வு செய்து பின்வருமாறு எழுதியிருந்தார்: ‘‘லூர்த்தில் அவர் தன் கண் பார்வையை மீண்டும் பெற்றது அதிசயிக்கத்தக்கது, ஏனென்றால் அவரது கண் நரம்புகள் இன்னமும் உயிரற்று, உபயோகமற்றதாகவே உள்ளது. பலமுறை சோதனை செய்து பல

மருத்துவர்கள் கூறியது இது. ஒரு மாதத்திற்கு பிறகு மீண்டும் பரிசோதனை செய்த பொழுது பார்வை சாதாரணமாக ஆகிவிட்டது தெரிய வந்தது. ஆனால், முதலில் மருத்துவ பரிசோதனைகள் படி அவரது கண்கள் 'இறந்த கண்கள்' தான்.'' நான் பல முறை லூர்திற்கு சென்றிருக்கிறேன். இது போன்று பலர் வியக்கத்தக்க வகையில் குணமடைந்ததை பார்த்துள்ளேன். அடுத்த பகுதியில் நாம் விளக்க இருப்பதை போல் பல கிறிஸ்துவ மற்றும் கிறிஸ்துவம் இல்லாத பல ஆலயங்களில் இது போன்ற குணமடைய செய்த சம்பவங்கள் நடக்கிறது என்பதில் சந்தேகம் இல்லை.

நாம் இப்பொழுது சொன்ன மேடம் பைர் அந்த ஆலயத்தின் தண்ணீரினால் குணமடையவில்லை, ஆனால் தன் சொந்த ஆழ்மனதின் ஆற்றலினால், அது தன் நம்பிக்கைக்கு பதில் சொன்னதனால் குணமடைந்தார். அவரது ஆழ்மனதின் குணமாக்கும் தத்துவம் அவளது எண்ணங்களின் இயற்கைக்கு பதிலளித்தது. நம்பிக்கை ஆழ்மனதின் ஒரு எண்ணம். எதையோ உண்மை என்று ஏற்பது என்று அர்த்தம். ஏற்கப்பட்ட எண்ணம் தானாகவே செயலில் இறங்குகிறது. எந்தவித சந்தேகமுமில்லாமல், மேடம் பைர் ஆலயத்திற்கு எதிர்பார்ப்பும் நம்பிக்கையுடனும் சென்றார். அவரது இதயத்தில், அவர் குணமடைவார் என்று தெரிந்து வைத்திருந்தார். அவரது ஆழ்மனதும் அதற்கு ஏற்ப குணமடைய செய்யும் சக்தியை வெளியிட்டது. கண்களை உருவாக்கிய ஆழ்மனதினால் கண்டிப்பாக இறந்த நரம்பிற்கு உயிரூட்ட முடியும். ஒரு முறை உருவாக்கியதை மறுமுறை உருவாகும் சக்தி ஆழ்மனதிற்கு உண்டு. *உங்கள் நம்பிக்கைக்கேற்ப நடக்கும்.*

பூரண ஆரோக்யத்தைப்பற்றிய எண்ணத்தை ஆழ்மனதிற்கு எப்படி தெரிவிப்பது

தெற்கு ஆப்பிரிக்கா, ஜோஹென்னெஸ்பேர்கை சேர்ந்த ஒரு ப்ராடெஸ்டன்ட், எப்படி பூரண ஆரோக்யத்தைப்பற்றிய எண்ணத்தை ஆழ்மனதிற்கு தெரிவிப்பது என்ற முறையை என்னிடம் சொன்னார். அவருக்கு நுரையீரலில் புற்று நோய் இருந்தது.

தன் கையெழுத்தில் அவர் கூறிய முறை பின்வருமாறு: ''ஒரு நாளில் பல முறை நான் மனதளவிலும், உடலளவிலும் முழுமையாக கண்டிப்பாக தளர்வாக இருப்பதை உறுதி

செய்துகொள்வேன். கீழ்வருமாறு பேசி என் உடலை தளர வைப்பேன். 'என் பாதங்கள் தளர்கின்றன, என் கணுக்கால் தளர்கின்றன, என் கால்கள் தளர்வாக இருக்கின்றன, என் வயிற்றின் தசைகள், என் இதயம் மற்றும் நுரையீரல்கள் தளர்வாக உள்ளன, என் தலை மற்றும் என் முழு உடலும் முழுமையாக தளர்வாக உள்ளன.' ஐந்து நிமிடத்திற்கு பிறகு நான் தூக்க மயக்க நிலையில் இருப்பேன். பிறகு பின்வரும் உண்மையை கூறினேன், 'கடவுளின் பரிபூரணம் என் மூலமாக வெளிப்படுகிறது. பரிபூரண ஆரோக்கியம் பற்றிய எண்ணங்கள் என் ஆழ்மனதை நிரப்புகிறது. கடவுள் என்னைப்பற்றி கொண்டுள்ள படம் பரிபூரணமானது. என் ஆழ்மனது கடவுளின் அந்த பரிபூரண ஆரோக்கியத்திற்கு ஏற்றார் போல் என் உடலை மீண்டும் உருவாக்குகிறது.''' இந்த மனிதர் அதிசயிக்கத்தக்க வகையில் குணமடைந்தார். இது தான் பூரண ஆரோக்யத்தைப்பற்றிய எண்ணத்தை ஆழ்மனதிற்கு தெரிவிக்க எளிமையான வழி.

மற்றுமொரு அற்புத வழி, ஓழுக்கம் மற்றும் அறிவியல் முறையில் கற்பனை செய்வது. பக்கவாதத்தில் பாதிக்கப்பட்ட ஒருவரை தன் அலுவலகத்தில் நடந்து, தன் மேஜையை தொட்டு, தொலைபேசியில் பதிலளித்து, குணமடைந்துவிட்டது போல் சாதாரணமாக அனைத்து வேலைகளையும் செய்து கொண்டு வளைய வருவது போல் தெளிவாக கற்பனை செய்து பார்க்குமாறு கூறினேன்.

அவரது எண்ணமும் மனதின் கற்பனை படமும் அவரது ஆழ்மனதால் ஏற்றுக்கொள்ளப்படும் என்று அவருக்கு விளக்கினேன். அவர் அந்த கற்பனையிலேயே வாழ்ந்து தன் அலுவலகத்தில் வாழ்வது போல் உணர்ந்தார்.

அவர் தன் ஆழ்மனதிற்கு சரியான வேலையை கொடுத்து விட்டோம் என்று தெரிந்தது.

அவர் ஆழ்மனதே அந்த படம் பதிவு செய்யப்பட்ட இடம். ஒரு நாள், பல வாரங்களுக்குப்பிறகு அவர் மனதை இந்த படத்திற்கு தயார்படுத்திய பிறகு, அவரது வீட்டின் தொலைபேசி மணி அடித்துக்கொண்டே இருந்தது. அவரது மனைவியும், செவிலிப்பெண்ணும் வீட்டில் இல்லாத சமயம் செய்யப்பட்ட ஏற்பாடு இது.

தொலைபேசி சுமாராக பன்னிரண்டு அடி தூரத்தில் இருந்தது. இருந்தாலும் அவரால் அதை எடுத்து பேச முடிந்தது. அந்த நேரத்தில் அவர் குணமடைந்தார். அவர் மனதில் வடித்து வைத்த

படத்திற்கு அவர் ஆழ்மனம் பதிலளித்து, அவரை குணமடைய செய்தது. இந்த மனிதருக்கு மனதளவில் ஒரு தடங்கல் இருந்தது. அது அவர் மூளை கூறியதை கால்களுக்கு எடுத்து செல்வதிலிருந்து அவரை தடுத்தது; அதனால் அவரால் நடக்க முடியவில்லை. அவர் தன் கவனத்தை தன்னுள் இருக்கும் குணமாக்கும் சக்திக்கு மாற்றியதிலிருந்து அந்த சக்தி அவரது கவனத்தின் மூலம் பாய்ந்து, அவரை மீண்டும் நடக்கச்செய்தது.

நீங்கள் எது ஒன்றையும் பிரார்த்தனையில், நம்பிக்கையோடு கேட்பீர்களோ, அதை நீங்கள் பெறுவீர்கள். **மதாயூ 21:22.**

நினைவில் தக்க வைத்துக்கொள்ள தகுந்த ஆலோசனைகள்

1. உங்கள் ஆழ்மனம் உடலின் முக்கிய செயல்பாடுகளை கட்டுப்படுத்தி உங்கள் பிரச்சனைகள் அனைத்திற்கும் விடைகளை அறிந்தது.
2. உறங்கும் முன் ஒரு கருத்தை உங்கள் ஆழ்மனதிற்கு தந்து, அது மெய்ப்பிக்கப்படும் சக்தியை உங்களுக்கு நீங்களே உறுதி செய்து கொள்ளுங்கள்.
3. உங்கள் ஆழ்மனதில் விதைப்பது நிஜத்தில் விளையும். எனவே, உங்கள் உள் மனதில் வரும் சிந்தனைகளில் கவனம் செலுத்துங்கள்.
4. செயலுக்கேற்ற பலன் என்பது நியதி. எண்ணம் செயலாகிறது, அதற்கான பலன் உங்கள் ஆழ்மனதின் வெளிப்பாடு. எனவே சிந்தனைகளில் கவனம் செலுத்துங்கள்!
5. நிறைவேறாத ஆசைகளே அமைதியின்மைக்குக் காரணம். தடைகள், தாமதங்கள், கஷ்டங்கள் ஆகியவற்றை நினைவு கூர்ந்தால், ஆழ்மனது அதன்படி வழி நடக்கும். இதனால் நீங்களே உங்களுக்கு தடை ஏற்படுத்திக்கொள்கிறீர்கள்.
6. ''எனக்கு இந்த ஆசையைத் தந்த ஆழ்மனம், அதை இப்பொழுது நிறைவேற்றுகிறது,'' என்று கூற ஜீவ சக்தி தடையின்றி பாயும்.
7. கோபம், பொறாமை, ஆத்திரம் ஆரோக்கியத்தைக் கெடுக்கும். பூரண சிந்தனை ஆழ்மனதின் குணப்படுத்தி சக்தியை வெளிப்படுத்தும்.

8. புறமனதில் நல்லதையே நினைக்க பழகிக்கொள்ளுங்கள். ஆழ்மனம் அதை நிஜத்தில் எதிரொலிக்க வைக்கும்.
9. பிரச்சனைகள் நல்லவிதமாக தீர்ந்துவிடுவதாக எண்ணுங்கள். ஆழ்மனம் அதை நிஜமாக்கும்.

4

பண்டைய காலங்களில் மனோதத்துவ முறையில் சிகிச்சை

ஆதி காலத்தில் இருந்தே மனிதர்கள் தங்கள் உடலின் உணர்வுகளை மீட்டு அனைத்து உறுப்புகளையும் இயங்கச்செய்யும், குணமாக்கும் சக்தியானது தன்னுள் எங்கோ இருந்துவந்ததாக நம்பினார்கள். இந்த விசித்திர சக்தியை சில நிபந்தனைகளுக்கு கீழ் செயலாக்கி, மனித துயரங்களை நீக்கிவிட முடியும் என்று நம்பினார்கள். அனைத்து நாடுகளின் வரலாற்றிலும் இதை உறுதிப்படுத்தும் வகையில் அமைந்த அத்தாட்சிகள் உள்ளன.

ஆரம்ப வரலாறு மனிதர்களை தன் வசப்படுத்தி, நல்லதற்காகவோ தீய விஷயங்களுக்காகவோ உபயோகிப்பது மற்றும், நோய் வாய்பட்டவரை குணமாக்க கூடிய இத்தகைய மர்மமான சக்தி, மதகுருக்கள் மற்றும் புனிதத்தன்மை கொண்ட மனிதர்கள் சிலரிடமே இருந்ததாக கூறப்பட்டது. நோய் வாய்பட்டவரை குணமாக்கும் சக்தி நேரடியாக கடவுளிடமிருந்தே பெறப்பட்டது என்றும் இதனை செயலாற்றும் முறை உலகெங்கிலும் உள்ள நாடுகளில் வெவ்வேறு விதமாக இருந்தது என்று நம்பப்பட்டது. பூஜைகள் செய்வது, தாயத்துக்கள், மோதிரங்கள் அணிவது, சிலைகள் மற்றும் படங்களை பூஜிப்பது, கைகளை உபயோகித்து குணமாக்குவது என பல்வேறு உருவங்கள் பெற்றது இந்த சிகிச்சை முறைகள்.

உதாரணமாக கோவில் பூஜாரிகள் பழங்காலத்தில் நோயாளிகளுக்கு மருந்துகள் கொடுத்தும் அவர்களை வசியப்படுத்தும் வகையில் பேசி உறங்க வைத்து, கடவுள் அவர்களை கனவில் வந்து குணப்படுத்துவார் என்றும் கூறினர். பல

நிவாரணங்கள் தொடர்ந்தன. இவை அனைத்தும் ஆழ்மனத்திற்கான ஆலோசனைகளே என்பது வெளிப்படையான உண்மை.

இது போன்ற சில மர்ம சடங்குகளை முடித்தபின், விசுவாசிகள் தங்கள் கனவில் கடவுளை காண்பார்கள். அதாவது அவர்கள் தங்களுக்கு சொல்லப்பட்ட சில விதிமுறைகளை கேட்டு அதன்படி செய்திருந்தால், பல்லிகளை புதைச் செடிகளில் இருந்து எடுக்கப்படும் ஒரு வித பிசின் மற்றும் சில ரசாயனங்களுடன் சேர்த்து, திறந்த வெளியில் பிறையின் ஒளியில் வைத்து நன்றாக பொடி செய்யும் படி சொல்லப்பட்டார்கள். இந்த கோரமான செயல்முறையை பின்பற்றிய பலர் குணமடைந்ததாக சொல்லப்படுகிறது.

இதிலிருந்து தெளிவாக தெரிவது என்னவென்றால், இப்படிப்பட்ட வினோதமான முறையில் உதவும் கருத்துக்களை இந்த மனிதர்கள் தங்கள் ஆழ்மனத்தில் ஏற்றுக் கொண்டு தங்கள் கற்பனைக்கு சக்தி அளிக்கிறார்கள். உண்மையில் இந்த சிகிச்சை முறையில் ஆழ்மனதே குணமாக்கும் வைத்தியர்.

நம்பகமான மருத்துவ திறன் தோல்வியடைந்த பல இடங்களிலும் இந்த பயிற்சியற்ற வைத்தியர்கள் குறிப்பிடத்தக்க விளைவுகளை கண்டுள்ளனர். இது சிந்திப்பதற்கு இடம் தருகிறது. உலகில் உள்ள இத்தகைய சிகிச்சையாளர்கள் எப்படி இந்த நிவாரணங்களை சாத்தியமாக்குகிறார்கள்? இவை அனைத்திற்கும் ஒரு பதில் என்னவென்றால் நோய் வாய்பட்டவரின் குருட்டு நம்பிக்கை அவரது ஆழ்மனதில் உள்ள குணமாக்கும் சக்தியை விடுவிப்பது தான்.

சொல்லப்பட்ட நிவாரணிகளும் அவற்றை செயலாக்கும் முறைகளும், விசித்திரமாகவும் அற்புதமாகவும் நோயாளியின் கற்பனையை தூண்டி அவரை ஒரு உணர்ச்சிபூர்வ நிலைக்கு கொண்டு செல்கின்றன. நோயாளியின் இந்த மனநிலை ஆரோக்கியத்திற்கு பரிந்துரை வழங்க உகந்ததாக இருந்து, ஆழ்மனதாலும், உணர்மனத்தாலும் ஏற்கப்படுகின்றன. அடுத்த பகுதியில் இதைப்பற்றி விளாவாரியாக பார்க்கலாம்.

பைபிள் கூறும் ஆழ்மனதின் பயன்பாடு

நீங்கள் ஜெபம் செய்யும்போது எவற்றை கேட்டுக் கொள்வீர்களோ, அவைகளைப் பெற்று கொள்வோம் என்று விசுவாசியுங்கள், அப்பொழுது அவைகள் உங்களுக்கு உண்டாகும்

என்று சொல்கிறேன். **மார்க் 11:24.**

இந்த வாக்கியத்தில் உள்ள கால வேறுபாட்டை கவனியுங்கள். உத்வேகம் பெற்ற இந்த எழுத்தாளர் நமது ஆசைகள் ஏற்கனவே நிறைவேறிவிட்டதாக நம்பச் சொல்கிறார். அது ஏற்கனவே செயலாக்கப்பட்டு முடிந்துவிட்டது. மேலும், அது எப்படி நடைபெறுகிறது என்பதை உணர்வது மட்டுமே எதிர்காலத்தில் நிகழும் என்று சொல்கிறார்.

இந்த முறையின் வெற்றி, ஒரு எண்ணத்தை, கருத்தை, ஏற்கனவே நம் மனதில் படிந்துள்ள காட்சிகளை உண்மையென்று நாம் ஏற்றுக்கொள்ளும் உறுதியான நம்பிக்கையை அடிப்படையாகக் கொண்டது. மனதின் பகுதியில் ஏதேனும் ஒன்று ஒரு பொருளாக இடம்பெற வேண்டுமானால், அது ஏற்கனவே அங்கு இருப்பதாக நம்புவதன் மூலமே நிகழும்.

இங்கு சில சூட்சம வார்த்தைகளை பயன்படுத்தி சரியாக, ஒரு குறிப்பிட்ட திசையில் ஆழ்மனதின் ஆக்கபூர்வ சக்திகளை செலுத்தி நீங்கள் அடைய விரும்புவதை நிஜ வாழ்வில் பெற உங்கள் ஆழ்மனதில் ஆலோசனைகளை பதிக்கலாம். உங்களுடைய எண்ணம், குறிக்கோள், திட்டம் என்பது ஒருவரின் கையைப் போல, இதயத்தைப் போல மிகவும் உண்மையானது. இந்த பைபிளின் யுத்திப்படி, உங்கள் மனத்திலிருக்கும் நிபந்தனைகள், சூழ்நிலைகள் மற்றும் எதிர்மறையான நிச்சயமற்ற சூழ்நிலையை உருவாக்கக்கூடியவற்றை முழுமையாக வெளியேற்ற வேண்டும். நீங்கள் மனதில் விதைக்கும் விதையின் (எண்ணம்) அமைதி குலையாமல் வளர விட்டால், அது கண்டிப்பாக குறைகள் எதுவும் இல்லாமல் வளர்ந்து பலன் என்னும் பழத்தை கொடுக்கும் என்பது உறுதி.

இயேசு முன்வைத்த ஒரே நிபந்தனை நம்பிக்கை வைக்கவேண்டும் என்பது தான். *நீங்கள் நம்புவதைப் போலவே நடக்கும்* என்று மீண்டும் மீண்டும் பைபிளில் குறிப்பிடப்பட்டுள்ளது. ஒரு விதமான விதையை மண்ணில் விதைத்தால், அதே இன செடி தான் வளரும் என்பதில் உங்களுக்கு நம்பிக்கை உள்ளது. இதுதான், விவசாயத்தில் வளர்ச்சியின் நியதி. ஒரு இன விதையை விதைத்தால் அதே இன செடி தான் வளரும். நீங்கள் சிந்திக்கும் விதம், உங்கள் மனநிலை, ஆழ்மனதின் உறுதி, மேலும் உங்கள் உணர்மனத்தினால் உண்மை என்று ஏற்றுக் கொள்ளப்படும் யோசனைகள் ஆழ்மனத்தில் பதிந்து செயல்பட்டு வெளிப்படும் என்று அறிந்து கொள்வது ஆகியவையே பைபிளில்

நம்பிக்கை என குறிப்பிடப்பட்டிருக்கிறது. நம்பிக்கை என்பது உங்கள் காரண அறிவும், புலன்களும் இல்லை என்று ஏற்க மறுக்கும் விஷயங்களை உண்மையென்று ஏற்றுக்கொள்வதுதான். அதாவது நீங்கள் செய்யவேண்டியது பகுத்தறியும் காரண அறிவை அடைத்து, உங்கள் ஆழ்மன சக்தியை நாடும் மனப்பாங்கை நம்பிக்கையுடன் செயல்படுத்துவதுதான்.

பைபிளின் **மதாயூ 9:28-30** அதிகாரத்தில், இந்த ***யுத்தியை பயன்படுத்தி ஒரு அருமையான நிகழ்வு பதிவு செய்யப்பட்டுள்ளது. அவர் வீட்டிற்கு வந்தபின்பு, அந்தக் குருடர் அவரிடத்தில் வந்தார்கள். இயேசு அவர்களை நோக்கி: இதைச் செய்ய எனக்கு வல்லமை உண்டென்று விசுவாசிக்கிறீர்களா என்று கேட்டார், அதற்கு அவர்கள், ஆம் விசுவாசிக்கிறோம், ஆண்டவரே என்றார்கள். அப்பொழுது, அவர்களுடைய கண்களை அவர் தொட்டு: உங்கள் விசுவாசத்தின்படி உங்களுக்கு ஆகக்கடவது என்றார். உடனே அவர்களுடைய கண்கள் திறக்கப்பட்டது. இதை ஒருவரும் அறியாதபடிக்கு எச்சரிக்கையாயிருங்கள் என்று இயேசு அவர்களுக்குக் கண்டிப்பாய்க் கட்டளையிட்டார்.***

உங்கள் நம்பிக்கை போல் அமையட்டும் என்ற அவரது வாக்கில் அந்த கண் பார்வை இல்லாத மனிதர்களின் ஆழ்மனதை ஒத்துழைக்குமாறு வேண்டுகோள் விடுத்தார் இயேசு. அவர்களது நம்பிக்கை பெரிய எதிர்பார்ப்பு, உள்ளுணர்வு, மன உறுதி, தம் பிரார்த்தனைக்கு பதில் கிடைக்கும் என்றும், ஏதேனும் அற்புதம் நடக்கும் என்பதுதான் அது. இது எல்லா மதத்தினரும் காலங்களால் கௌரவிக்கப்பட்டு உபயோகப்படுத்தும் சிகிச்சைமுறை.

யாரும் அறியாதவாறு என்கிற வார்த்தை மூலமாக இயேசு புதிதாக குணமானவர்கள், அவர்கள் எப்படி குணமடைந்தார்கள் என்பது பற்றி யாருடனும் பகிர்ந்துகொள்ளவேண்டாம் என்று சொன்னது, அவர்கள் நம்பிக்கையற்றவர்களுடைய ஏளனத்திற்கும், விமர்சனங்களுக்கும் ஆளாக நேரிடும் என்பதால் தான். மேலும், தங்கள் ஆழ்மனதிலிருந்து பயம், சந்தேகம் மற்றும் பதற்றம் போன்ற எண்ணங்களை இயேசுவின் கைகளில் கொடுத்து அதனால் தாம் பெற்ற பலன்களை இழக்க நேரிடலாம். ***அதிகாரத்தோடும் வல்லமையோடும் அசுத்த ஆவிகளுக்கும் கட்டளையிடுகிறார். அவைகளும் வெளியேறின.*** **லூக் 4:36.**

நோயாளிகள் யேசுவிடம் வந்தபோது, அவர்களது நம்பிக்கையுடன் ஆழ்மனதின் குணமாக்கும் சக்தியை அவர்

அறிந்ததனால் இருந்த நம்பிக்கையும் ஒன்று சேர்ந்து அவர்களை குணப்படுத்தியது. அவர் கட்டளையிட்டதை உண்மை என்று உள்ளுக்குள் அறிந்திருந்தார். அவரும், அவரிடம் உதவி நாடி வந்தவர்களின் ஆழ்மனதில் பதிந்திருந்த எதிர்மறையான எண்ணங்களை மாற்றி அமைக்கும் சக்தி ஆழ்மனதிற்கு உண்டு என்று அவருக்கு இருந்த அமைதியான உள்ளுணர்வும் பலன் அளித்தது. நோயாளிகளின் ஆழ்மனதிற்கு அவர் விடுத்த கோரிக்கை, அவரது கட்டளை, அத்துடன் அவரது விழிப்புணர்வு, உணர்வு மற்றும் ஆழ்மனதின் சக்தியால் பலன் காண முடியும் என்ற நம்பிக்கையே அவரை அதிகாரத்துடன் பேசவைத்தது.

உலகெங்கும் உள்ள கோவில்களில் நிகழ்ந்த அற்புதங்கள்

அமெரிக்கா, ஜப்பான், இந்தியா, ஐரோப்பா என உலகின் பல்வேறு நாடுகளில் உள்ள கோவில்களில் சிகிச்சைகள் நடந்துள்ளன என்பது அனைவரும் அறிந்த நிரூபிக்கப்பட்ட உண்மை. நான் ஜப்பானில் உள்ள பல கோவில்களுக்கு சென்றுள்ளேன். டைபூட்சு என்னும் இடத்தில் உலக பிரசித்தி பெற்ற கோவில் ஒன்றில், 42 அடி புத்தர் சிலை ஒன்று உள்ளது. கைகள் மடக்கிய நிலையில் உள்ள அந்த சிலையில், அவரது முகம் பரவசத்தில் ஆழ்ந்த நிலையில் இருக்கும். அவருக்கு கிரேட் புத்தர் என்று பெயர்.

இங்கு, சிறியவர்கள், பெரியவர்கள் என்று அனைவரும் வந்து வழிபட்டு அவரது காலடியில் காசு, பழங்கள், அரிசி, ஆரஞ்சு என்று பல வித பொருட்களை காணிக்கையாக வழங்குவதை பார்த்தேன். மெழுகுவர்த்திகள், ஊதுபத்திகள் ஏற்றப்பட்டு, விண்ணப்பங்களை மனிதர்கள் பிரார்த்தனையாக தருவதைப்பார்த்தேன்.

எனக்கு அந்த இடத்தை சுற்றிக்காட்டிய கைட் ஒரு சிறுமி சில மந்திரங்களை முணுமுணுத்து அவரது காலடியில் இரண்டு ஆரஞ்சு பழங்களை காணிக்கையாக வைத்தாள் என்று எனக்கு விளக்கினார். அவள் ஒரு மெழுகுவத்தியையும் ஏற்றினாள். அவள் தன் குரலை இழந்திருந்தாள். அது அந்த கோவிலில் திரும்பி கிடைத்தது. அதற்கு அவள் புத்தருக்கு நன்றி கூறிக்கொண்டிருந்தாள். அவள் சில சடங்குகளை செய்து உண்ணாமல் விரதம் இருந்து சில காணிக்கைகளை கொடுத்தால், புத்தர் அவள் குரலை மீட்டுக்கொடுப்பார் என்ற எளிமையான நம்பிக்கை அவளுக்கு இருந்தது. இவை அனைத்தும் ஒரு எதிர்பார்ப்பை ஏற்படுத்தி,

அவள் மனதை அந்த நம்பிக்கையின் பக்கம் நடத்திச்சென்றது. அவள் ஆழ்மனம் அந்த நம்பிக்கைக்கான பலனை அளித்தது.

இந்த கற்பனை சக்தி மற்றும் கண்மூடித்தனமான நம்பிக்கை இவற்றினால் பலனடைந்த, காச நோயால் பாதிக்கப்பட்ட என்னுடைய உறவினர் பற்றிய கதையை சொல்கிறேன். அவரது நுரையீரல் மிக மோசமாக நோயுற்று இருந்தது. அவர் மகன் அவருக்கு சிகிச்சை அளிக்க முடிவு செய்தான். அவன் மேற்கு ஆஸ்திரேலியாவில் உள்ள பெர்த் நகரத்தில் இருந்த தன் வீட்டிற்கு வந்து அங்கு வாழ்ந்து வந்த தன் தந்தையிடம் ஐரோப்பாவிலிருந்த கோவில்களிலிருந்து திரும்பிய சாமியார் ஒருவரை சந்தித்ததாக கூறினான். அந்த சாமியார் புனித சிலுவையின் ஒரு துண்டை அவனுக்கு விற்றிருந்தார். அவன் அந்த சாமியாருக்கு 500 டாலர்களுக்கு சமமான பணம் கொடுத்ததாக கூறினான்.

இந்த மனிதன் உண்மையிலே நடைபாதையிலிருந்து ஒரு மர துண்டை எடுத்து, ஆசாரியிடம் சென்று அதை ஒரு வளையத்தில் இட்டு, நிஜமானது போல் தோன்றச்செய்தான். அவன் தன் தந்தையிடம் இந்த வளையத்தில் இருந்த சிலுவையை தொட்டதினால் பலர் குணமடைந்திருக்கின்றனர் என்று கூறினான். அவன் தன் தந்தையின் கற்பனைக்கு தீயூட்டியதில் அந்த பெரியவர் அதை அவன் கையிலிருந்து பிடுங்கி தன் நெஞ்சோடு அழுத்தி, அமைதியாக ஒரு பிரார்த்தனை செய்து, உறங்கச் சென்றார். மறு நாள் காலை அவர் குணமடைந்தார். மருத்துவமனை பரிசோதனைகள் அனைத்தும் பொய்த்து போயின.

நடைபாதையிலிருந்து எடுக்கப்பட்ட அந்த மரத்துண்டு அவரை குணப்படுத்தவில்லை என்று உங்களுக்குத்தெரியும்.

அவரது கற்பனை அதிக அளவில் வளர்ந்து அவருக்கு ஒரு நம்பிக்கையான எதிர்பார்ப்பை ஏற்படுத்தி அவர் நல்லவிதமாக குணமடைய வழிவகுத்தது. கற்பனை, நம்பிக்கையுடன் சேர்ந்து குணமடைய செய்தது. அந்த அப்பாவிற்கு அவர் ஏமாற்றப்பட்டார் என்று தெரியாமலே போனது. அவருக்குதெரிந்திருந்தால் அவர் நிலைமை முன்பிருந்த நிலைமைக்கு திரும்பியிருக்கும். அவர் பதினைந்து வருடங்கள் கழித்து 89 வயதில் இறக்கும் சமயம் வரை முற்றிலுமாக குணமாகி நல்ல ஆரோக்கியத்துடன் இருந்தார்.

பிரபஞ்சம் முழுவதும் போற்றப்படும் ஒரு சிகிச்சைமுறை

உலகத்தில் பல வித சிகிச்சை முறைகள், பல நோய்களை குணப்படுத்தும் அற்புதம் அனைவரும் அறிந்த உண்மை. அதனால் இந்த முறைகள் அனைத்திற்கும் அடிப்படையாக ஒரு கரு இருக்க வேண்டும் என்றால் அதுவே நம் ஆழ்மனம். அது குணப்படுத்த பயன்படுத்தும் முறை நம்பிக்கை.

மீண்டும் ஒரு முறை இந்த அடிப்படை உண்மைகளை நினைவு கூறலாம்:

முதலாவது, மனதின் செயல்பாடுகளைக் கொண்டு மனதை ஆழ்மனம், உள்மனம், புறமனம் என வேறுபடுத்துகிறோம்.

இரண்டாவது, ஆழ்மனம் எப்பொழுதும் கருத்துக்களை ஏற்கும் நிலையில் உள்ளது.

மேலும், உங்கள் ஆழ்மனம் உங்களது உடலின் அசைவுகள் மற்றும் உணர்வுகளை நேரடியாக கட்டுப்படுத்துகிறது. நோயின் எந்த அறிகுறியையும் நம்மால் ஆழ்மனதை வசப்படுத்தி, அதில் அதுபற்றிய கருத்தை விதைப்பதால் உண்டாக்க முடியும் என்று நான் கூறுவதை, இந்த புத்தகத்தை படிப்பவர்கள் புரிந்துகொள்வார்கள் என நினைக்கிறேன். உதாரணத்திற்கு வசப்பட்டிருக்கும் ஒரு மனிதனுக்கு சொல்லும் கருத்தினால் அதிக காய்ச்சலோ, குளிர் ஜுரமோ வருவதற்கு வாய்ப்பு உண்டு. பக்கவாதத்தால் பாதிக்கப்பட்ட ஒருவனின் ஆழ்மனதிற்குள் ஒரு கருத்தை விதைத்து, அப்படியே நடக்கும்படி செய்ய முடியும். ஒரு கோப்பையில் நீரை நிரப்பி, அவனது மூக்கின் அருகில் கொண்டு சென்று, ''இதில் மிளகு நிறைந்துள்ளது; முகர்ந்து பாருங்கள்!'' என்று சொன்னால், அந்த மனிதன் தும்மத் தொடங்குவான். அவனை தும்மச் செய்தது எது? கோப்பையிலிருந்த நீரா அல்லது உங்கள் கருத்தா?

ஒரு மனிதன் தனக்கு ஒரு வித புல் வகை ஒப்புக்கொள்ளாது என்றால், ஒரு காகித பூவை அவன் முன் வைத்து, மனம் வசப்பட்ட நிலையில் அந்த பூ அவனுக்கு ஒவ்வாத வகை என்ற கருத்தை விதைக்க, அந்த மனிதனின் உடலில் அதற்கேற்ப அறிகுறிகள் ஏற்படும். இதிலிருந்து நோயின் காரணம் மனதில் இருக்கிறது என்பதை நாம் புரிந்துகொள்ள முடியும். நோயின் சிகிச்சையும் மனதிலேயே செய்யமுடியும்.

எலும்புகளையும் தசைகளையும் இயக்குவதன் மூலம் நோய்

நீக்குதல், உடலியக்கம் மூலம் நோய் நீக்குதல், இயற்கைவழி மருத்துவம் மற்றும் மதங்களின் நம்பிக்கைகளின் மூலம் குணமாக்குதல் என உலகெங்கிலும் பல குறிப்பிடத்தக்க முறைகள் உள்ளன என்பதை நீங்கள் உணரலாம், ஆனால் இதில் அனைத்திலும் குணமாகும் ஆற்றல் ஆழ்மனதிற்கே உண்டு என்பது தெளிவாக தெரிகிறது.

சவரம் செய்து கொள்ளும் பொழுது ஏற்படும் ஒரு காயம் எப்படி தானாக குணமாகிறது என்பதை கவனியுங்கள். அதற்கு மிக சரியாகத்தெரியும்.

மருத்துவர் காயத்திற்கு கட்டுப்போட்டு ''இயற்கை குணப்படுத்தும்!'' என்கிறார். இயற்கை, ஆழ்மனதின் விதிமுறையை குறிக்கிறது. சுயபாதுகாப்பு. இயற்கையின் முதல் விதி தன்னை தானே காத்துக்கொள்வது. உங்களது வலிமையான உள்ளுணர்வு தான் அனைத்து சுய ஆலோசனைகளில் சக்தி வாய்ந்தது.

முற்றிலும் மாறுபட்ட கருத்துக்கள்

உலகத்தில் பல் வேறு தரப்பினர் முன்வைக்கும் பல பிரார்த்தனை சிகிச்சை முறைகளையோ, மத சிகிச்சை முறைகளையோ பரீசீலனை செய்தல் என்பது கடினமானதாகவும் லாபமில்லாததாகவும் இருக்கும். நல்ல பலன்கள் தருவதால் அவரவர்கள் முறையே சரியானது என்று அவர்கள் கூறலாம். இந்த பகுதியில் விளக்கப்பட்டுள்ளதுபோல் அது உண்மையாக இருக்க முடியாது.

பல விதமான சிகிச்சை முறைகள் இருப்பதை நீங்கள் அறிந்திருக்கிறீர்கள். ஆஸ்திரியா நாட்டை சேர்ந்த, பிஃரான்ஸ் அன்டன் மெஸ்மெர் (1734-1815) என்பவர், பாரீஸ் நகரத்தில் காந்தத்தை பிரயோகித்து உடலில் உள்ள நோய்களை அற்புதமாக குணமாக்க முடியும் என்று கண்டுபிடித்தார். அவர் கண்ணாடி மற்றும் உலோகங்கள் கொண்டும் நோய்களை குணமாக்கினார். அவர் இந்த முறை சிகிச்சையை கைவிடுத்து ''மிருக காந்தம்'' என்ற முறையினால் குணப்படுத்தினார். இதில் மருத்துவரிடமிருந்து நோயாளிக்கு பொருள் இடம் மாற்றப்படும் என்று விளக்கினார்.

அது முதல் வசப்படுத்தும் முறைகொண்டு நோயை குணப்படுத்தினார். அந்நாளில் அதற்கு 'மெஸ்மரிசம்' என்று பெயர். மற்ற மருத்துவர்கள் அவர் குணப்படுத்துவது ஆழ்மனதிற்கு அவர் அளிக்கும் பரிந்துரைகள் மூலம் மட்டுமே. வேறு எதனாலும்

இல்லை என்று கூறினார்கள்.

உளவியல் நிபுணர்கள், உளவியலாளர்கள், கரப்பொருத்தர்கள், மருத்துவர்கள், அனைத்து தேவாலயங்கள் போன்ற குழுக்கள் அனைத்துமே ஆழ்மனதில் பொதிந்திருக்கும் உலகளாவிய சக்தியை உபயோகித்து குணமாக்குகிறார்கள். ஒவ்வொருவரும் தங்கள் கோட்பாடு காரணமாகவே நோய்கள் குணமாகிறது என்று கூறலாம். அனைத்து சிகிச்சை முறைகளும் நம்பிக்கை என்று அழைக்கப்படும் ஒரு நிச்சயமான, நேர்மறையான, மனதின் அணுகுமுறை, சிந்திக்கும் முறையால் ஏற்படுகிறது. குணப்படுத்தும் ஆற்றல் என்பது ஒரு நம்பிக்கையான எதிர்பார்ப்பினால் ஏற்படுகிறது. நம்பிக்கையான எதிர்பார்ப்பு ஒரு சக்திவாய்ந்த பரிந்துரையாக ஆழ்மனதில் செயல்பட்டு, குணப்படுத்தும் ஆற்றலை வெளியிடுகிறது.

ஒரு மனிதனின் நோய் குணமாவது மற்றவனின் குணமாகும் விதத்திலிருந்து மாறுபட்டதல்ல. அவனுக்கென்று ஒரு கோட்பாடு இருக்கும். குணமாவதற்கு ஒரே ஒரு முறை தான் உள்ளது, அது நம்பிக்கை. குணமாக்கும் சக்தி ஒன்று தான் உள்ளது அது நமது ஆழ்மனது. நீங்கள் விரும்பும் முறையை, கோட்பாட்டை தேர்ந்தெடுங்கள். உங்களுக்கு நம்பிக்கை இருந்தால், நல்ல பலன் கிடைக்கும்.

பார்செல்சஸ் அவர்களின் கருத்துக்கள்

1493 முதல் 1541 வரை வாழ்ந்த பிரபல இரசவாதியான பிலிபஸ் பார்செல்சஸ் அவரது நாட்களில் ஒரு சிறந்த மருத்துவரும் கூட. அவர் பின்வரும் வார்த்தைகளை கூறும் பொழுது, இப்பொழுது நாம் விஞ்ஞான பூர்வமாக உண்மை என்று உணரும் வார்த்தைகள் அவை என்று நாம் அறிவோம், ''நீங்கள் நம்புவது நிஜமானதாகவோ, பொய்யானதாகவோ இருந்தாலும் நீங்கள் அதே விளைவுகளை தான் காண்பீர்கள். அதனால், நான் புனித பீட்டரை நம்புவது போல் அவரது சிலையையும் நம்பினால் எனக்கு அதே பலன் தான் கிடைக்கும். ஆனால் அது மூடநம்பிக்கை. இருப்பினும் நம்பிக்கை அற்புதங்களை நிகழ்த்தும்; அது உண்மையோ பொய்யோ அதே அற்புதங்களை நிகழ்த்தும்.''

இதே கருத்தை பதினாறாம் நூற்றாண்டில் வாழ்ந்த பார்செல்சஸ் அவர்களின் சமகால இத்தாலிய தத்துவவாதி, பியேட்ரோ போம்பொனாஸி வெளிப்படுத்துகிறார், ''நம்பிக்கை

மற்றும் கற்பனை உருவாக்கும் அனைத்தையுமே நம்மால் எளிதில் நிஜமாக்க முடியும், அந்த பொருளும், உருவாக்க நினைக்கும் நபரும் இந்த இரு குணங்களையும் கொண்டிருந்தால். சில சிகிச்சைகள் போற்றப்படுவதன் காரணம், அதன்மேல் நாம் கொள்ளும் நம்பிக்கையும் கற்பனையும் மட்டுமே. போலி மருத்துவர்களுக்கும் தத்துவவாதிகளுக்கும் இது நன்றாகத் தெரியும். புனிதமானவர்கள் எலும்பு தான் என்றில்லாமல் வேறு எந்த எலும்பை வைத்து சிகிச்சை அளித்தாலும், நோயாளிகளின் நம்பிக்கையால் அது ஒரே பலனைத் தரும். நோயாளிகள் அதை உண்மை என்று நம்புவதால் ஞானிகளின் எலும்பு குணமாக்கும்.''

புனித ஆத்மாக்களின் எலும்பிற்கு குணமாகும் ஆற்றல் இருப்பதாக நீங்கள் நம்பினால் அல்லது புனிதமான ஒரு தண்ணீரானது குணமாக்கும் தன்மை கொண்டது என்று நீங்கள் நம்பினால் உங்கள் ஆழ்மனதிற்கு கொடுக்கப்படும் வலிமையான பரிந்துரைகள் சிறந்த பலன்களை தரும். குணமாக்குவது ஆழ்மனதுதான்.

பெர்ன்ஹெம் அவர்களின் பரிசோதனைகள்

பிரான்ஸ் நாட்டின் நான்சி நகரத்தை சேர்ந்த, 1910 முதல் 1919 வரை வாழ்ந்த மருத்துவ பேராசிரியர் ஹிப்போலிட் பெர்ன்ஹெம், மருத்துவரிடமிருந்து நோயாளிக்கு பரிந்துரைகள் செல்வது ஆழ்மனம் மூலமாகத்தான் என்ற உண்மையை உலகத்திற்கு உணர்த்தினார். அவர் தனது *நோய்நீக்கிகளுக்கான பரிந்துரைகள்* (Suggestive Therapeutics) என்ற புத்தகத்தில், 197வது பக்கத்தில், எந்த வித மருத்துவத்திற்கும் பலன் இல்லாமல் போன, நாக்கில் பக்கவாதத்தால் பாதிக்கப்பட்ட ஒரு மனிதனின் கதையை கூறுகிறார்.

அவன் மருத்துவர் தன்னிடம் அவன் சிகிச்சைக்கான ஒரு புதிய கருவி இருப்பதாகவும் அது கொண்டு அவனை நிச்சயமாக குணப்படுத்தலாம் என்றும் உறுதியளித்தார். அவன் வாய்க்குள் வெப்பமானி ஒன்றை செலுத்தினார். நோயாளியும் தன்னை குணமாக்கும் கருவி அது தான் என்று கற்பனை செய்தான். சில நொடியில் அவனால் தன் நாக்கை சுதந்திரமாக அசைக்க முடிகிறது என்று மகிழ்ச்சியில் கூக்குரலிட்டான்.

மேலும் ஒரு கதை குறிப்பிடும் பொழுது, ''நான்கு வாரங்களாக பேசும் சக்தியை இழந்திருந்த ஒரு இளம் பெண்

என் அலுவலகத்திற்கு வந்திருந்தாள். அவளை முழுதுமாக பரிசோதித்த பிறகு, சில சமயங்களில், மின்சாரம் பாய்ச்சி குணமாக்க முடியும் என்று என் மாணவர்களிடம் கூறினேன். அது ஒரு பரிந்துரையாக இருக்கக்கூடும் என்று நம்பினேன். அதற்கான கருவிகளையும் கொண்டு வரச்சொன்னேன். என் கையை அவள் தொண்டைக்கருகில் கொண்டு சென்று அதை தடவிவிட்டு, 'இப்பொழுது உன்னால் உரத்த குரலில் பேச முடியும்' என்று கூறினேன். ஒரு நொடியில் அந்த பெண்ணை, 'எ,' 'பி' எனும் சில எழுத்துக்களை சொல்லச்சொல்லி, பிறகு 'மரியா' என்று அவள் பெயரையும் சொல்லச்சொன்னேன். அவள் எந்த வித தடங்கலும் இல்லாமல் பேசத்தொடங்கினாள். அவள் தொலைத்த குரலை மீண்டும் பெற்றாள்.''

இங்கு, பெர்ன்ஹெம் நமபிக்கை மற்றும் எதிர்பார்ப்பின் சக்தி ஆழ்மனதில் செயல்படுவதன் சக்தியை காட்டியுள்ளார்.

பரிந்துரையினால் ஒரு புண்ணை தோற்றுவிப்பது

பெர்ன்ஹெம், ஒரு தபால் சீட்டை ஒருவரின் கழுத்துக்கு பின்னால் தடவி விட்டு, அது ஈ ப்ளாஸ்டர் என்று கூறி, அவர் கழுத்தில் ஒருமுறை புண் ஒன்றை ஏற்படுத்தினார். உலகின் பல்வேறு பகுதிகளில் மருத்துவர்கள் தங்கள் பரிசோதனைகள் மற்றும் அனுபவங்கள் மூலம் இதை உறுதி செய்துள்ளனர். இவை அனைத்தும், உடலில் மாற்றங்களை பரிந்துரைகள் மூலம் கொண்டுவரலாம் என்பதில் எந்த சந்தேகமும் இல்லாமல் தெளிவாக்குகிறது.

இரத்தக் கசிவிற்கு காரணம்

ஹட்ஸன்ஸ் *லா ஆஃப் சைக்கிக் ஃபெனோமெனா* (Law of Psychic Phenomena) என்ற புத்தகத்தின் 153வது பக்கத்தில் இந்த தலைப்பை பற்றி கூறும் பொழுது, ''ரத்த உறவும் கசிவும் பரிந்துரையின் பெயரில் நடக்கலாம்.

''டாக்டர் எம் போரு என்பவர், மயக்க தூக்க நிலையில் இருந்த ஒருவருக்கு பின்வரும் பரிந்துரைகளை கூறினார்: 'இந்த மயக்கநிலை பரிந்துரை முடிந்தபிறகு இன்று மாலை நான்கு மணிக்கு நீங்கள் என்னுடைய அலுவலகத்திற்கு வந்து, கைகைகளை கட்டி நாற்காலியில் அமர்ந்து கொண்டிருக்கும்

பொழுது, உங்கள் மூக்கிலிருந்து ரத்தம் கசியும்.' சொல்லப்பட்டது போல் அதே நேரத்தில் அங்கு வந்து அமர்ந்த அந்த இளைஞனின் மூக்கிலிருந்து ரத்தம் கசிந்தது. ''இதே போல் வேறு ஒரு சம்பவத்தில் ஒரு மனிதனின் முழங்கையில், ஒரு கூர்மை இல்லாத ஆயுதத்தால் அவர் அவன் பெயரை வரைந்தார். பிறகு அந்த நோயாளி, தூக்க மயக்க நிலையில் இருந்த பொழுது, 'இன்று மாலை நீ நான்கு மணிக்கு தூங்கச்செல்வாய். அப்பொழுது, நான் வரைந்த இடத்திலிருந்து ரத்தம் வடியும். உன் கையில் உன் பெயர் ரத்தத்தால் எழுதப்பட்டிருக்கும்' என்றார். அவன் அன்று நான்கு மணிக்கு தூங்கும் பொழுது, கண்காணிக்கப்பட்டான். அவனது இடது கையில் பெயர் வரையப்பட்ட இடத்தில் சில துளிகள் ரத்தம் காணப்பட்டது. மூன்று மாதங்களுக்குப்பிறகும் அது மங்கத்துவங்கியிருந்தாலும், அந்த எழுத்துக்களை பார்க்க முடிந்தது.''

நாம் முன்பே குறிப்பிட்ட அடிப்படை அனுமானங்கள் சரியென்று உறுதி செய்யப்படுகின்றன. பரிந்துரைகளுக்கு செவி சாய்கிறது ஆழ்மனது. மற்றும் அது உடல் உறுப்புக்கள் மற்றும் உடலின் நிலையின் மீது முழு கட்டுப்பாடு கொண்டுள்ளது.

பரிந்துரையினால் அசாதாரண நிலைமைகளை ஏற்படுத்த முடியும் மற்றும் *அவன் நினைப்பதே* (ஆழ்மனது) *நடக்கிறது* என்ற உண்மையும் நிதர்சனமாக நிரூபணமாகிறது.

குணமடையச்செய்யும் குறிப்புக்களை மீண்டும் ஒருமுறை பார்க்கலாம்

1. குணப்படுத்தும் சக்தி உங்கள் ஆழ்மனதிலேயே இருக்கிறது என்பதை மீண்டும் மீண்டும் நினைவு படுத்திக்கொள்ளுங்கள்.
2. நம்பிக்கை மண்ணில் விதைக்கப்பட்ட விதை போன்றது. விதைத்ததே விளையும். மனதில் ஒரு கருத்தை (விதையை) விதைத்து கற்பனை உரம் அளித்து பராமரியுங்கள், கருத்து முளைக்கும்.
3. ஒரு புதிய புத்தகத்திற்காக, புது கண்டுபிடிப்பிற்காக, ஒரு புதிய நாடகத்திற்காக உங்கள் மனதில் இருக்கும் கருத்து, உங்கள் நிஜ மனதில் உள்ளது. அதனால்தான் அதை உண்மை என உங்களால் உணரமுடிகின்றது. உங்கள் சிந்தனையின் உண்மை தன்மையை நம்புங்கள், அது நிஜமாகும்.
4. மற்றவர்களுக்காக பிரார்த்தனை செய்யும் பொழுது

உங்கள்ஆழ்மனதின் சக்தி கொண்டு அவரது ஆழ்மனதில் உள்ள எதிர்மறையான நம்பிக்கைகளை களைந்து சிறந்த அற்புத விளைவுகளை கொண்டு வரமுடியும்.

5. பல கோவில்களில் நீங்கள் கேள்விப்படும் அதிசய சிகிச்சைக்கு காரணம், நோயாளியின் கற்பனை மற்றும் நம்பிக்கை ஆழ்மனதில் ஏற்படுத்தும் மாற்றமே ஆகும்.
6. அனைத்து நோய்களும் மனதிலே துவங்குகின்றன. மனதில் அதன் படிவங்கள் இல்லாவிட்டால் உடலில் எதுவுமே கோளாறு வராது
7. நோய்க்கான அறிகுறிகளை மனதில் விதைத்தால் அது உடலில் தென்படும். இது உங்கள் எண்ணங்களுக்கு இருக்கின்ற சக்தியை காட்டுகிறது.
8. சிகிச்சை குணமளிக்க ஒரே ஒரு முறை தான் உள்ளது. அது நம்பிக்கை. குணமாக்கும் சக்தி ஒன்றே. அது உங்கள் ஆழ்மனமே.
9. நீங்கள் நம்பும் பொருள் உண்மையோ, பொய்யோ, நம்பிக்கை பலன் தரும். உங்கள் ஆழ்மனம் உங்கள் எண்ணங்களுக்கு பதிலளிக்கும். நம்பிக்கையையே எண்ணமாகக்கொள்ளுங்கள், அதுவே போதுமானது.

5

நவீன காலத்தில் மனோதத்துவ முறையில் சிகிச்சை

அனைவரும் கண்டிப்பாக உடலின் நிலைமை பற்றியும் மனித விஷயங்கள் குறித்தும் கவலை கொண்டுள்ளனர்.

குணப்படுத்துவது எது? குணப்படுத்தும் சக்தி எங்குள்ளது? இவை அனைவரும் கேட்கும் கேள்விகள். பதில் என்னவென்றால், குணமாக்கும் சக்தி ஒவ்வொருவரின் ஆழ்மனதில் இருக்கிறது என்பது தான். நோயாளியின் மனதின் அணுகுமுறையை பொறுத்து அந்த குணமாக்கும் சக்தியானது வெளியிடப்படுகிறது.

எந்த ஒரு மருத்துவரோ, மதம் சார்ந்த அறிவியலை பயிற்சி செய்பவரோ, உளவியல் நிபுணரோ, உளவியலாளரோ ஒரு நோயாளியை குணப்படுத்தவில்லை. ஒரு பழைய வாக்கு ஒன்று உண்டு, ''டாக்டர் புண்ணுக்கு மறுந்துபோடுகிறார், கடவுள் அவரை குணமாக்குகிறார்.'' நோயாளியின் ஆரோக்கியம் திரும்ப, குணமாக்கும் கோட்பாடு வெளிப்பட, உளவியல் நிபுணரோ, உளவியலாளரோ நோயாளியின் மனதில் இருக்கும் தடைகளை நீக்குகிறார்.

அதுபோலத்தான் அறுவை சிகிச்சை செய்பவர், குணமாக்கும் சக்தி உடலில் சாதாரணமாக பரவ உடலில் உள்ள தடைகளை நீக்குகிறார். எந்த ஒரு மறுத்துவரோ, அறுவை சிகிச்சை நிபுணரோ, மனோதத்துவம் பயில்பவரோ ''தான் அந்த நோயாளியை குணப்படுத்தியதாக'' கூறுவதில்லை. குணமாக்கும் ஒரே சக்தி பல பெயர்களால் அழைக்கப்படுகிறது. இயற்கை, வாழ்க்கை, கடவுள், ஆக்கபூர்வமான அறிவு, ஆழ்மனதின் சக்தி ஆகியவை. முன்னர் கூறியது போல் மனதின், உணர்வுகளின், உடலின்

தடைகளை நீக்கி குணமாக்கும் சக்தியை பரவச்செய்ய பல முறைகள் உள்ளன. உங்களுக்குள் இருக்கும் இந்த குணமாக்கும் சக்தி உங்களாலோ மற்றவராலோ ஒழுங்காக வழிநடத்தப்பட்டால், உங்கள் மனதையோ உடலையோ நோய்களில்லாமல் குணப்படுத்தமுடியும். இந்த கோட்பாடு சாதி மத இன உடல் நிற பாகுபாடுமில்லாமல் அனைவர்கும் வேலை செய்யும். இந்த குணமாக்கும் செயல்முறையில் கலந்துகொள்ள நீங்கள் எந்த குறிப்பிட்ட தேவாலயத்திற்கும் செல்லவேண்டாம். நீங்கள் கடவுள் நம்பிக்கை இல்லாத நாத்தீகவாதியானாலும், உங்கள் ஆழ்மனது உங்கள் உடலின் தீ புண்ணையோ, காயத்தையோ குணமாக்கும்.

நவீன கால மனநல சிகிச்சை செயல்முறை, உங்கள் ஆழ்மனதின் எல்லையற்ற அறிவு மற்றும் சக்தியை அடிப்படையாக கொண்டு உங்களது நம்பிக்கைக்கு தக்கவாறு பதிலளிக்கிறது. மன அறிவியல் பயிற்சியாளரோ, பாதிரியாரோ பைபிளின் கட்டளையை பின்பற்றி ஒரு தடுப்புக்குபின் சென்று கதவை மூடிக் கொள்கிறார். மனதை அமைதியாக்கி, மனதை ஒருமுகப்படுத்தி, உடலை தளர்த்திக்கொண்டு தன்னுள் இருக்கும் அளவற்ற ஆற்றலை குறித்து சிந்திக்கிறார். அவர் தன் மனக்கதவுகளை எல்லா வெளிப்புறத் தோற்றங்களுக்கும் கவனச்சிதறல்களுக்கும் மூடி விடுகிறார். பின்பு மெதுவாகவும் விழிப்புடனும் தன் ஆசையையோ அல்லது வேண்டுதலையோ தனது ஆழ்மனதை நோக்கித் திருப்புகிறார். தனது தேவைக்கு தகுந்தவாறு மனதின் ஆற்றல் தனக்கு விடையளிக்கும் என்பதை உணர்ந்து செயலாற்றுகிறார். *தெரிந்து கொள்ள மிக அற்புதமான விஷயம் இது:* முடிவில் நீங்கள் விரும்புவதை கற்பனை செய்து அதன் நிஜத்தன்மையை உணருங்கள்; அளவற்ற வாழ்க்கை கோட்பாடு உங்கள் உணர்வுத்தேர்வுக்கும் உங்கள் உணர்வு பூர்வமான வேண்டுதல்களும் விடையளிக்கும். உங்களுக்கு கிடைத்துவிட்டதாக நம்புவது உங்களுக்கு கிடைக்கும் என்பதன் அர்த்தம். இதை தான் நவீன மன விஞ்ஞானி, பிரார்த்தனை சிகிச்சையில் பயிற்சி செய்கிறார்.

குணமாக்குதலின் ஒரே செயல்முறை

குணமாக்குதலில் ஒரே ஒரு பிரபஞ்ச விதி தான் அனைத்து ஜீவன்கள் மூலமாகவும் செயல்படுகிறது-நாய், பூனை, மரம், செடி, காற்று, பூமி-இவை உயுருள்ளவை. இந்த விதியே, விலங்குகள்,

மரங்கள், தாதுக்கள் இவைகளுக்குள் உள்ளுணர்ச்சியாகவும், வளர்ச்சி விதியாகவும் செயல்படுகிறது. இந்த வாழ்க்கை தத்துவத்தை பற்றி மனிதன் விழிப்புணர்வோடு அறிந்திருக்கிறான். மேலும் அதனை விழிப்புணர்வுடன் எண்ணற்ற வகையில் தன்னை ஆசிர்வதிக்க திருப்புகிறான்.

பிரபஞ்ச சக்தியை பயன்படுத்த பல்வேறு அணுகு முறைகள், யுக்திகள், முறைகள் உள்ளது. ஆனால் குணமளிப்பதில் ஒரே ஒரு முறைதான் உள்ளது, அதுதான் நம்பிக்கை, ***உங்கள் நம்பிக்கைக்கேற்றார் போல் நிகழ்கிறது.***

நம்பிக்கை எனும் சட்டம்

உலகத்தில் உள்ள அனைத்து மதங்களுக்கும் ஏதோ ஒரு வித நம்பிக்கை இருக்கும், அந்த நம்பிக்கைகளை விளக்க பல வழிகள் உள்ளன. வாழ்வின் நியதி நம்புதல். உ ங்களைப்பற்றி நீங்கள் என்ன நம்புகிறீர்கள்? உங்கள் வாழ்வை பற்றி இந்த ப்ரபஞ்சத்தைப்பற்றி. ***நீங்கள் நம்புவதை போலவே நடக்கிறது.***

நம்பிக்கை உங்கள் மனதின் ஒரு எண்ணம். உங்களுக்கு பழக்கப்பட்ட எண்ணங்களுக்கு ஏற்ப உங்கள் வாழ்க்கையின் அனைத்து பகுதிகளுக்கும் அது ஆழ்மனதின் சக்தியை பரப்புகிறது. பைபிள் எந்த ஒரு சம்பிரதாயத்தையோ, சடங்கையோ, நிறுவனத்தையோ, மனிதனையோ, சூத்திரத்தையோ பற்றி பேசவில்லை. நம்பிக்கை உங்கள் மனதின் ஒரு எண்ணம். உங்களுக்கு பழக்கப்பட்ட எண்ணங்களுக்கு ஏற்ப உங்கள் வாழ்க்கையின் அனைத்து பகுதிகளுக்கும் அது ஆழ்மனதின் சக்தியை பரப்புகிறது. உங்கள் மனதின் நம்பிக்கை உங்கள் மனதின் எண்ணம். *நீ விசுவாசிக்கக் கூடுமானால் ஆகும், விசுவாசிக்கிறவனுக்கு எல்லாம் கூடும்.* **மார்க் 9:23.**

ஏதோ ஒன்று உங்களை காயப்படுத்தும், உங்களுக்கு தீங்கு விளைவிக்கும் என்று நினைப்பது முட்டாள்தனமாகும். எது உங்களை காயப்படுத்தும் என்று நினைக்கிறீர்களோ அது உங்களை காயப்படுத்தாது. உங்கள் மனதில் உள்ள எண்ணம், அந்த நம்பிக்கை தான் அந்த விளைவை கொடுக்கும். உங்களது அனைத்து அனுபவங்களும், செயல்களும், நிகழ்வுகளும், சூழ்நிலைகளும் உங்கள் எண்ணங்களின் பிரதிபலிப்பே.

விஞ்ஞானப்பூர்வமாக திசைதிருப்பப்பட்ட ஆழ்மனது மற்றும் உணர்மனதின் ஒருமித்த செயல்பாடே பிரார்த்தனை வைத்தியமாகும்

உணர்மனதும் ஆழ்மனதும் குறிப்பிட்ட நோக்கத்திற்காக ஒருங்கிணைந்து இசைவுடனும், திறனுடன் செயல்படுவதே பிரார்த்தனை சிகிச்சை ஆகும். அறிவியல் பூர்வமான பிரார்த்தனையில் அல்லது பிரார்த்தனை சிகிச்சையில் நீங்கள் என்ன செய்கிறீர்கள், ஏன் செய்கிறீர்கள் என்பது மிகவும் அவசியமாகிறது.

நீங்கள் குணமளிக்கும் நியதியை நம்புகிறீர்கள். பிரார்த்தனை சிகிச்சை என்பது சில நேரங்களில் மன சிகிச்சையென்றும், அறிவியல் சார்ந்த பிரார்த்தனை என்றும் குறிப்பிடப்படுகிறது.

பிரார்த்தனை சிகிச்சையில் நீங்கள் உணர்வுடன், அனுபவிக்க விரும்பும் ஒரு எண்ணத்தை தேர்ந்தெடுத்து அதை மனதில் படமாக்கி, ஓர் திட்டம் தீட்டுகிறீர்கள். இந்த எண்ணம் அல்லது மனதில் வடித்த படத்தை ஆழ்மனதிற்கு தெரிவிப்பதற்கு உண்டான திறனை உணர்ந்து, உண்மை நிலையில் உணர்வு பூர்வமாய் நடக்கும்படி செய்கிறீர்கள். உங்கள் மனதின் அணுகுமுறைக்கு உண்மையாக இருந்து நீங்கள் பிரார்த்தனை செய்து கொள்வது பலன் தரும். பிரார்த்தனை சிகிச்சை என்பது குறிப்பிட்ட பலனை எதிர்பார்த்து செய்யப்படும் மனதின் செயல்.

பிரார்த்தனை சிகிச்சையால் ஒரு குறிப்பிட்ட பிரச்சனையை தீர்க்க முடிவு செய்கிறீர்கள் என்று எடுத்துக்கொள்வோம். உங்கள் பிரச்சனை, நோய் எதுவோ, அது உங்கள் ஆழ்மனதில் பதிந்துள்ள எதிர்மறையான எண்ணங்களால்தான் என்று உங்களுக்குத் தெரியும். உங்கள் மனதை சுத்தப்படுத்திக்கொண்டால், குணம் பெறலாம். அதனால் நீங்கள் உங்கள் ஆழ்மனத்திற்குள் அனைத்து பிரச்னைகளுக்குமான தீர்வு காண அளவற்ற சக்தியும், திறனும், ஆற்றலும் அடங்கியுள்ளது என்பதனால் அதன் பக்கம் திரும்புகிறீர்கள். இந்த உண்மைகளின் மேல் சிறிது நேரம் கவனத்தை செலுத்தினால் உங்கள் பயம் கரைந்து போகும், தவறான நம்பிக்கைகள் சரிசெய்யப்படும்.

கிடைக்கும் பலனுக்கு நன்றி தெரிவித்து, வழிகாட்டுதல் கிடைக்கும் வறை பிரச்சனையை பற்றி எண்ணாமல், சிறிது இடைவெளிக்குப் பிறகு பிரார்த்தனை செய்கிறீர்கள். நீங்கள் வழிபடும் பொழுது எந்த வித எதிர்மறையான எண்ணத்திற்கும் சக்தி கொடுக்காமல், நிவாரணம் கிடைக்காது என்று ஒரு நொடி

கூட நினைக்க மாட்டீர்கள். மனதின் இந்த அணுகுமுறை ஆழ்மனது மற்றும் உணர்மனதை நல்லிணக்கத்தோடு செயல்படச்செய்து குணமாக்கும் சக்தியை வெளியிடுகிறது.

நம்பிக்கையால் குணமடைதல், அதன் அர்த்தம் மற்றும் கண்மூடித்தனமான நம்பிக்கை எப்படி வேலைசெய்கிறது

இங்கு நாம் நம்பிக்கையால் குணமடைவது என்று சொல்வது பைபிளில் சொல்லப்படும் நம்பிக்கை அல்ல. இது ஆழ்மனதும் உணர் மனதும் இணக்கத்தோடு செயல்படுகிறது என்கிற அறிவே ஆகும். நம்பிக்கையால் குணமடைய செய்பவர் சம்மந்தப்பட்ட சக்திகளின் வலிமையைப்பற்றிய எந்த ஒரு உண்மையான அறிவியல் புரிதலும் இல்லாதவர். அவரிடம் குணமடையச் செய்யும் சக்தி உள்ளது என்று அவர் கூறிக்கொள்ளலாம். நோயாளியின் கண்மூடித்தனமான நம்பிக்கையோ அவரது சக்தியோ அந்த விளைவுகளை கொடுக்கலாம்.

தெற்கு ஆப்ரிக்கா மற்றும் இதர உலக நாடுகளை சேர்ந்த மருத்துவர்கள் பில்லி சூன்யம் மற்றும் மந்திரங்கள் பிரயோகித்து குணமடைய செய்யலாம், அல்லது புனித ஆத்மாக்களின் எலும்பை தொடுவதால் குணமாகலாம், அல்லது உண்மையில் அந்த நோயாளி நம்பும் எதோ ஒரு முறையினால் குணமாகலாம்.

பயம் மற்றும் கவலையிலிருந்து விலகி எதிர்பார்ப்பு மற்றும் நம்பிக்கையில் நகர்த்தும் எந்த முறையும் குணப்படுத்தும். தன் கோட்பாடு தான் சிறந்தது அதனால் தான் குணம் பெறுகிறார்கள் நோயாளிகள் என்று கோருபவர்கள் பலர் உண்டு. அது உண்மையாக இருக்க முடியாது என்று ஏற்கனவே இந்த பகுதியில் விளக்கியுள்ளோம். கண்மூடித்தனமான நம்பிக்கை எப்படி வேலை செய்கிறது என்று விவரிக்க: ஸ்விஸ் நாட்டு மருத்துவர் ஃபிரான்ஸ் அன்டன் மெஸ்மெர் பற்றி நாம் ஏற்கனவே பேசியிருந்தோம். 1776ல் அவர் செயற்கையான காந்தத்தை வைத்து நோய்வாய்ப்பட்டவர்களை தடவி சிகிச்சை அளித்ததாக கூறினார். பிறகு அந்த காந்தங்களை தூக்கி எறிந்துவிட்டு மிருக காந்தம் என்ற கோட்பாட்டை கொண்டு வந்தார். அவர், இந்த காந்தத்திரவம் பிரபஞ்சம் முழுவதும் பரவியுள்ளதென்றும் இது மனித உயிரினத்தில் அதிகம் செயலாற்றுவதாக நம்பினார்.

அவர் இந்த காந்தத்திரவம் அவரிடமிருந்து தன் நோயாளிகளுக்கு சென்று அவர்களை குணப்படுத்துவதாக

கூறினார். மக்கள் அவரை சூழ்ந்து கொள்ள பலர் குணமடைந்தனர்.

பிறகு மெஸ்மெர் பாரிஸ் நகரத்திற்கு குடிபெயர்ந்தார். அவர் எப்படி நோயாளிகளை குணமடைய செய்கிறார் என்பதை ஆராய அரசு ஒரு குழு அமைத்தது. அதில் மருத்துவர்களும் அறிவியல் நிறுவனங்களை சேர்ந்தவர்களும் குழுவினர்களாக இருந்தார்கள். பெஞ்சமின் ஃபிராங்கிளின் அந்த குழுவின் உறுப்பினராக இருந்தார். மெஸ்மெர் கூறியவற்றிலிருந்த உண்மைகளை அந்த குழுவின் அறிக்கைகள் ஒப்புக்கொண்டன ஆனால் அவரது காந்தத்திரவ கோட்பாடு சரி என்று நிரூபணமாக போதிய ஆதாரங்கள் இல்லை என்றும் நோயாளிகளின் கற்பனை திறனாலேதான் அவர்கள் குணமடைகிறார்கள் என்று கூறியது.

இதன் பிறகு சீக்கிரமே அவர் நாடுகடத்தப்பட்டு 1815ல் இறந்து போனார். சிறிது காலத்திற்கு பிறகு மான்செஸ்டர் நகரத்தை சேர்ந்த டாக்டர் பிரைட், டாக்டர் மெஸ்மர் கூறியபடி காந்தத்திரவம் குணப்படுத்தாது என்று பறிந்துறைத்தார். நோயாளிகளை தூக்க, மயக்க நிலைக்கு கொண்டு சென்று அவர்களுக்கு பரிந்துரைகள் செய்யலாம் என்பதை கண்டுபிடித்தார். இந்த நிலையில் மெஸ்மெர் கூறிய காந்தத்தன்மை செயல்புரியலாம் என்றார்.

இந்த நிவாரணங்கள் அனைத்தும் நோயாளிகளின் கற்பனை திறனுடன் அவர்களது ஆழ்மனதிற்கு கொடுக்கப்பட்ட பரிந்துரைகளும் வேலை செய்ததினால் தான் ஏற்பட்டன என்று சந்தேகமின்றி உங்களால் பார்க்க முடியும். இவை அனைத்தையும் கண்மூடித்தனமான நம்பிக்கை என்று கூறலாம் ஏனென்றால் அந்த காலத்தில் எப்படி இவர்கள் குணமடைந்தார்கள் என்பதற்கான புரிதல் இல்லை.

அகநிலை நம்பிக்கை மற்றும் அதன் அர்த்தம்

ஒருவரின் புறநிலை மனது அல்லது உணர்மனதினால் தன் அகநிலை அல்லது ஆழ்மனதையோ அல்லது பிறரது ஆழ்மனதையோ அடக்க முடியும் என்பதை நீங்கள் நினைவுகூறலாம். புறநிலையில் எத்தகைய நம்பிக்கையாக இருந்தாலும், நேரிடையாகவோ அல்லது மறைமுகமாகவோ கொள்ளும் நம்பிக்கையினால், ஆழ்மனம் அதனை ஏற்கும், மேலும் உங்கள் ஆசைகள் நிறைவேறும்.

மனதை குணப்படுத்த தேவைப்படுவது அகநிலை நம்பிக்கையே. அது நாம் புறநிலை மனதில் எதிர்ப்பை நிறுத்தும்போது அடையப்படும்.

ஆனால் சிகிச்சையின் பொழுது உணர்மனம் மற்றும் ஆழ்மனம், இரண்டின் நம்பிக்கையையும் ஒருசேர பெறுவது அவசியம். ஆனால் உங்கள் உடலும் மனதும் தளர்வாக பதற்றமின்றி இருந்தால், கூறப்படும் கருத்துக்களை, பரிந்துரைகளை ஏற்றுக் கொள்ள இவ்விரண்டின் நம்பிக்கையும் ஒன்று சேர்ந்து பெறுவதென்பது அவசியமற்றது. அது போன்று தூக்க நிலைக்குச் சென்று விடும்போது நீங்கள் அகநிலை பதிவுகளுக்கு மறைமுகமாக இணங்கிவிடுவீர்கள்.

சமீபத்தில் நான் ஒரு மனிதனால் கேட்கப்பட்டேன், ''அது எப்படி நான் ஒரு பாதிரியாரால் குணமடைந்தேன்? அவன் என்னிடம் நோய் என்ற ஒன்று பொருள் கிடையவே கிடையாது என்று கூறிய பொழுது நான் அதை நம்பவில்லை.'' முதலில் அம்மனிதன் தன் அறிவை அவமதிப்பதாக உள்ளது என்று நினைத்து அதை ஏற்றுக்கொள்ள முடியாமல் எதிர்த்தார். இதற்கான விளக்கம் எளிமையானது. எதுவும் நினைக்காமல் கூறாமல் இருக்குமாறு இனிமையான வார்த்தைகளால் அமைதியாக்கப்பட்டார். அவரது பாதிரியாரும் எதுவும் செய்யாமல் சொல்லாமல் அமைதியாக இருந்து தனக்குள் இம்மனிதன் பரிபூரணமான ஆரோக்கியத்துடனும் அமைதி, நல்லிணக்கத்துடனும் முழுமையான வாழ்க்கை வாழ வேண்டும் என்று ஒன்றரை மணி நேரம் மீண்டும் மீண்டும் வலியுறுத்திக்கொண்டிருந்தார். அம்மனிதர் அதீத நிவாரணம் பெற்று நல்ல ஆரோக்கியத்தையும் திரும்பப்பெற்றார்.

இதிலிருந்து எளிதாக புரிவது என்னவென்றால் அவரின் அகநிலையின் நம்பிக்கையானது சிகிச்சையின் போது அந்த நபரை செயலற்ற நில்லயில் வைத்திருந்தது. பின்பு, பாதிரியாரின் முழுமையான ஆரோக்கியம் என்ற பரிந்துரை, அந்த நபரின் ஆழ்மனதிற்கு தெரிவிக்கப்பட்டது. இதில் இருவரது அகநிலை மனதும் பரஸ்பர நம்பிக்கை மற்றும் *புரிதலுடன்* இருந்தன.

நோயாளியின் மனதில் சிகிச்சைமுறையை பற்றிய சந்தேகங்கள் எழும்பிய பொழுது அது பகையுணர்வுடன் சுய பரிந்துரைகளாக வெளிப்பட்டன. அந்த பாதிரியார் அதனால் ஊனமுறவில்லை. இந்த தூக்க, மயக்க நிலையில் உணர்மனதின் எதிர்ப்பு மிக குறைவாக ஆகிறது, பலன்கள் தொடர்கின்றன. நோயாளியின் ஆழ்மனது இத்தகைய பரிந்துரைகளால் கட்டுப்படுத்தப்பட்டு அதற்கேற்றவாறு நடந்துகொள்வதால் குணமாவது தொடர்கிறது.

மறைமுகமாக சிகிச்சை செய்வது

நியூ யார்க்கில் வாழும் உங்கள் அம்மாவின் உடல் நலமில்லை என்று லாஸ் ஏஞ்செல்ஸில் வாழும் நீங்கள் அறிகிறீர்கள். உங்கள் அம்மா நீங்கள் இருக்கும் இடத்தில் உடல் அளவில் இருக்கமாட்டார் ஆனாலும் உங்களால் அவருக்காக பிரார்த்தனை செய்ய முடியும். *உள்ளிருந்து வேலை செய்வது தந்தை.*

ஆழ்மனதின் ஆக்கப்பூர்வ நியதி உங்களுக்கு பணிந்து வேலையை செய்யும். உங்களுக்கு அதன் பதில் தன்னிச்சையானது. உங்களுக்குள் ஆரோக்கியத்தையும் இசைவையும் தூண்டுவது தான் உங்கள் சிகிச்சை முறையின் நோக்கம்.

அவ்வாறு தூண்டும் பொழுது அந்த உள் உணர்வானது உங்கள் ஆழ்மனதின் மூலமாக உங்கள் அன்னையின் ஆழ்மனதில் எண்ணத்தை தோற்றுவிக்க தயாராகிறது. ஆரோக்கியம், ஆயுள், முழுமையான வாழ்வு ஆகியவை இந்த பிரபஞ்சத்தின் ஒரே அகநிலை மனதின் மூலம் இயங்கி அகநிலை வாழ்வில் ஓர் செயல்பாட்டு விதியை உருவாக்கி, அன்னையின் உடலில் வெளிப்பட்டு குணமளிக்கிறது.

இந்த மனக்கோட்பாட்டிற்கு நேரம் காலம் என்பது கிடையாது. இதே மனம்தான் உங்கள் அன்னையின் மூலமும் இயங்குகிறது, அவர் எங்கிருந்தாலும் சரி. நேரில் இல்லாதவருக்கான சிகிச்சை அல்லது அருகில் இருப்பவருக்கான சிகிச்சை என்று நிஜத்தில் வேற்றுமை இல்லை. ஏனென்றால் பிரபஞ்சமனமானது எங்கும் வியாபித்து இருப்பதாகும். நீங்கள் ஓர் எண்ணத்தை செலுத்தவோ நிறுத்தவோ முயற்சிக்காதீர்கள். நீங்கள் கொடுக்கும் சிகிச்சை என்பது உணர்வுடன் எண்ணங்களை செலுத்தவதேயாகும். விழிப்புடன் அவ்வாறு செய்யும்போது நீங்கள் ஆரோக்கியம், ஓய்வு, உற்சாகம் போன்றவற்றின் தன்மையாகவே மாறி விடுகிறீர்கள். இந்த தன்மைகளே உங்கள் அம்மாவின் அனுபவத்தில் உயிர்த்தெழுந்து அவருக்கு குணமளிக்கும்.

அருகில் இல்லாமல் தொலைவில் உள்ள ஒருவருக்கு சிகிச்சை அளிப்பதற்கான ஒரு சரியான உதாரணம் கீழே கொடுக்கப்பட்டுள்ளது. சமீபத்தில் லாஸ் ஏஞ்செல்ஸ் நகரத்தில் எங்கள் வானொலி மையத்திற்கு வந்திருந்த ஒரு பெண், நியூ யார்க்கில் உள்ள, இருதய நோயால் பாதிக்கப்பட்ட தன் அம்மாவிற்காக பின் வருமாறு பிரார்த்தனை செய்தார். ‘‘என் அம்மா உள்ள அதே இடத்தில் தான் குணமாக்கும் ஒளியும்

உள்ளது. அவரது உடலின் இந்த நிலை அவரது எண்ணங்களின் பிரதிபலிப்பு, திரையில் ஒளியிடப்படும் நிழலைப்போல. திரையில் வரும் படத்தை மாற்ற நான் அதை ஒளிபரப்பும் நாடாவாக மாற்ற வேண்டும் என்று எனக்குத் தெரியும். என் மனம் தான் அந்த ஒளிபரப்பும் நாடா. இப்பொழுது நான் என் மனதில் முழுமை, நல்லிணக்கம், சரியான ஆரோக்கியம் ஆகியவற்றை தீட்டுகிறேன். என் அம்மாவின் உடல் மற்றும் உறுப்புக்களை படைத்த அளவற்ற குணமாக்கும் சக்தி இப்பொழுது அவரது உடலின் ஒவ்வொரு அணுவிலும் நுழைந்து அமைதி என்னும் ஆறாக ஓடுகிறது. மருத்துவர்கள் தெய்வீக சக்தியால் வழிநடத்தப்படுகிறார்கள், எவரொருவர் என் அம்மாவை தொடுகிறாரோ, சரியானதை மட்டுமே செய்ய வழிநடத்தப்படுகின்றனர். நோய் என்பது இறுதியான உண்மை இல்லை என்று எனக்குத் தெரியும். அப்படி இருந்தால், யாருமே குணமடையமாட்டார்கள். இப்பொழுது நான் அளவற்ற அன்பு மற்றும் வாழ்விற்கு என்னை தயார் செய்துகொண்டு, என் அம்மாவின் உடலில் ஆரோக்கியம், அமைதி மற்றும் நல்லிணக்கம் பிரதிபலிக்க ஆணை இடுகிறேன்.''

மேற்கொண்ட வகையில் அவள் ஒரு நாளில் பலமுறை பிரார்த்தனை செய்தார். அவர் அம்மாவும் சில நாட்களிலேயே, வல்லுனர்கள் ஆச்சரியப்படும் வகையில், குறிப்பிட தக்க அளவில் மீண்டு வந்தார். அவர்கள் அந்த பெண்மணியின் சிறப்பான நம்பிக்கையையும், கடவுளின் சக்தியையும் மெச்சினார்.

முடிவாக, அந்த மகளின் மனதில் வந்து, ஆக்கபூர்வ சக்தியின் நியதியை செயலில் ஆற்றி, அகநிலை வாழ்க்கையில் அவள் மூலமாக அவள் அம்மாவின் உடலில் முழுமையான ஆரோக்கியம் மற்றும் நல்லிணக்கத்தையும் உருவாக்கியது.

ஆழ்மனதில் இயக்கச்செயலை விடுவிப்பது

உளவியல் நிபுணரான என் நண்பர் அவரது ஒரு நுரையீரல் பாதிக்கப்பட்டதாக கூறினார். கதிர்வீச்சு மற்றும் ஆய்வுகள் காசநோய் உள்ளதாக காட்டியது. இரவு உறங்கச்செல்லும் முன் அவர் அமைதியாக தனக்குத்தானே கூறிக்கொள்வார், ''என் நுரையீரலுக்குள் இருக்கும் ஒவ்வொரு அணுவும், நரம்பும், தசையும், சதையும், இப்பொழுது முழுமையானதாகவும், தூய்மையானதாகவும், சரியானதாகவும் ஆகிக்கொண்டிருக்கிறது. என் முழு உடலிலும் ஆரோக்கியமும், நல்லிணக்கமும்

திரும்புகின்றது.''

இது அவரது சரியான வார்த்தைகள் இல்லை, ஆனால் அவர் நம்பியவற்றை உறுதி செய்கின்றன. ஒரு மாதத்தில் முழுமையான குணம் தொடர்ந்தது. அதை தொடர்ந்து எடுக்கப்பட்ட கதிர்வீச்சு பரிசோதனைகள் அவர் முழுவதுமாக குணமடைந்ததாக காட்டியது. அவர் முறையை தெரிந்துகொள்ள விரும்பினேன், அதனால் அவர் தினமும் தூங்குவதற்கு முன் கூறிய வார்த்தைகளை கேட்டேன். இதோ அவர் விடை, ''ஆழ்மனதின் இயக்கச்செயல், நீங்கள் தூங்கும் நேரம் முழுவதும் தொடர்கிறது. அதனால், நீங்கள் தூங்கப்போகும் முன்னர் உங்கள் ஆழ்மனதிற்கு ஒரு நல்ல வேலை கொடுங்கள்.'' இது ஒரு நல்ல விடை. நல்லிணக்கம் மற்றும் முழுமையான ஆரோக்யத்தைப்பற்றி நினைக்கும் பொழுது, அவர் தனது பிரச்னையை குறிப்பிடவில்லை.

உங்கள் நோய்க்கு ஒரு பெயரிடுவதை நிறுத்துங்கள் என்று நான் உறுதியாக பரிந்துரைக்கிறேன். அந்த நோய்கள் உங்கள் பயம் மற்றும் அதற்கு நீங்கள் கொடுக்கும் கவனம் ஆகியவற்றால் மட்டுமே வளர்கிறது. உளவியல் நிபுணர் கூறியது போல் மனதின் அறுவை சிகிச்சை நிபுணர் ஆகிவிடுங்கள். இறந்த மரத்திலிருந்து வெட்டப்படும் கிளைகளைப்போல் உங்கள் பிரச்சனைகளும் வெட்டி எறியப்படும்.

நீங்கள் தொடர்ந்து உங்கள் வலிகளுக்கும் அதற்கான அறிகுறிகளுக்கும் பெயர் கொடுத்து கொண்டே இருந்தால், இயக்க செயலை முடக்கி விடுகிறீர்கள். அதன் பொருள், உங்கள் ஆழ்மனதிலிருந்து குணமாக்கும் சக்தி வெளியிடப்படாது.

மேலும், உங்கள் சொந்த மனதின் நியதி படி, இந்த கற்பனைகள் உருவம் கொள்ளும். ***அதைதான் நான் பெரிதும் அஞ்சுகிறேன்.*** உங்கள் மனதை வாழ்க்கையின் உண்மைகள் கொண்டு நிரப்பி, அன்பின் ஒளியில் முன்னேறுங்கள்.

உங்கள் ஆரோக்கியத்திற்கு உதவும் சில குறிப்புக்கள்

1. உங்களை எது குணமாக்குகிறது என்பதை அறிந்து கொள்ளுங்கள். ஆழ்மனதிற்கு கொடுக்கப்படும் சரியான ஆணைகள் உங்கள் உடலை குணப்படுத்தும் என்பதை உணருங்கள்.
2. உங்கள் ஆசைகளை உங்கள் ஆழ்மனதின் பக்கம் திருப்பி விடுவதற்கான ஒரு நல்ல திட்டத்தை உருவாக்குங்கள்.

3. நீங்கள் விரும்பும் முடிவை கற்பனை செய்து அது நிஜமாக இருந்தால் எப்படி உணர்வீர்களோ அப்படி உணருங்கள். அதை பின்பற்றுங்கள். சிறந்த பலன்கள் தொடரும்.
4. நம்பிக்கை என்பது என்ன என்று முடிவு செய்யுங்கள். நம்பிக்கை என்பது நீங்கள் உங்கள் மனதில் உருவாக்கும் ஒரு எண்ணம் என்பதை அறிந்து கொள்ளுங்கள்.
5. உங்களை காயப்படுத்தும், சோர்வாக்கும் எதையும் நம்புவது மூடத்தனம். முழுமையான ஆரோக்கியம், செழிப்பு, அமைதி, செல்வம் மற்றும் தெய்வீக வழிகாட்டுதலின் மீது நம்பிக்கை வையுங்கள்.
6. நீங்கள் எப்பொழுதுமே சிறந்த உன்னதமான எண்ணங்களை சிந்திப்பதை பழக்கமாக கொள்ளுங்கள்.
7. பிரார்த்தனையின் சக்தியை உங்கள் வாழ்க்கையில் பிரயோகம் செய்யுங்கள். ஒரு திட்டம், எண்ணம், மனதின் படம் ஆகியவற்றை தெரிந்தெடுத்து உணர்ச்சிபூர்வமாக அந்த எண்ணத்துடன் இணைந்திடுங்கள். அந்த மனதின் அணுகுமுறைக்கு உண்மையாக இருங்கள், உங்கள் பிரார்த்தனைக்கு விடை கிடைக்கும்.
8. உங்களுக்கு குணமாக்கும் சக்தியை நம்பிக்கை மூலம் நீங்கள் பெறலாம், உங்கள் ஆழ்மனதும் உணர்மனதும் ஒருங்கிணைந்து வேலை செய்கின்றன என்று அதன் அர்த்தம். இதை எப்பொழுதுமே நினைவில் கொள்ளுங்கள். நம்பிக்கை புரிதலால் ஏற்படுகிறது.
9. கண்மூடித்தனமான நம்பிக்கை என்பது சம்பந்தப்பட்ட சக்திகளின் வலிமையின் எந்தவித அறிவியல் புரிதலும் இல்லாமல் விளைவுகள் பெறுவது தான்.
10. நோயால் பாதிக்கப்பட்டிருக்கும் உங்கள் அன்பிற்கு பாத்திரமானவர்களுக்காக பிரார்த்தனை செய்ய கற்றுக்கொள்ளுங்கள். உங்கள் மனதை நிலையாய் நிறுத்தி, ஆரோக்கியம், ஆயுள், முழுமை ஆகியவற்றை பற்றிய சிந்தனைகள் கொண்டால் பிரபஞ்ச அகநிலை மனதோடு இணைந்து செயல் புரிந்து, உணரப்பட்டு உங்கள் அன்பானவர்கள் மனதில் உயிர்த்தெழும்.

6

மனதின் சக்திகொண்டு குணமாக்க சில நடைமுறை யுக்திகள்

ஒரு பொறியாளரிடம், பாலம் கட்டவோ அல்லது இயந்திரங்கள் செய்வதற்கான செயல்முறை மற்றும் தொழில் நுட்பங்கள் இருக்கும். பொறியாளரைப் போலவே, உங்களுடைய மனமும், உங்கள் வாழ்க்கையை ஆட்சி செய்ய, நிர்வகிக்க மற்றும் வழிகாட்டி நடத்தவும் பல நுட்பங்களை கொண்டிருக்கும். அந்த வழிமுறைகளும், நுட்பங்களும் முதன்மையானது என்பதை நீங்கள் உணர வேண்டும்.

கோல்டன் கேட் பாலம் கட்டும் பொழுது, கணிதத்தில் காணப்படும் கொள்கைகள், அழுத்தங்கள் மற்றும் விகாரங்கள் அனைத்தும் அதன் தலைமை பொறியாளருக்கு புரிந்திருந்தது. இரண்டாவதாக, நீருக்கு மேல் ஒரு சிறந்த பாலத்தின் படத்தையும் அவர் மனதில் முன்பே கற்பனை செய்து வைத்திருந்தார். மூன்றாவதாக, முயற்சி செய்து சாத்தியம் என்று நிரூபிக்கப்பட்ட சில வழிமுறைகளை பயன்படுத்தி, பாலத்தை வாகனங்கள் ஓட்ட தயார் நிலைக்கு கொண்டு வந்தார். இதுபோலவே, உங்களுடைய பிரார்த்தனைகள் நிறைவேறுவதற்கும் சில வழிமுறைகள் மற்றும் நுட்பங்கள் உண்டு. உங்களுடைய பிரார்த்தனை நிறைவேறியது என்றால், அது நிறைவேற்றப்பட்டதற்கு ஒரு விஞ்ஞான முறை இருக்கிறது. எதுவுமே அதிர்ஷ்டத்தால் மட்டுமே நடக்காது. சட்டம் மற்றும் ஒழுங்கு முறைகள் கொண்ட உலகம் இது. இந்த அத்தியாயத்தில், உங்களுடைய ஆன்மீக வாழ்க்கையை வெளிப்படுத்தி வளர்த்துகொள்வதற்கான பல பயிற்சி முறைகளை காணலாம். உங்களுடைய பிரார்த்தனைகள், வானிலே நின்று

விடும் காற்றடைக்கப்பட்ட பலூன் போல இருக்கக்கூடாது. அவைகள், ஏதோ ஒரு இடத்திற்கு சென்று, உங்களுடைய வாழ்வில் எதையேனும் நிறைவேற்ற வேண்டும்.

நாம் பிரார்த்தனைகளை ஆராய முற்படும் பொழுது அதில் பல்வேறு விதமான அணுகுமுறை உள்ளது என்பதை கண்டுபிடிக்கிறோம். மத சார்புடைய சேவைகளில் கூறப்பட்ட சடங்குகளை நாம் இந்த பகுதியில் கருதமாட்டோம். நமது கூட்டுப்பிரார்தனையில் இதற்கு முக்கிய இடம் உண்டு. நாம் தனி மனிதர்களாக செய்யும் பிரார்த்தனை முறைகளை பற்றி பார்ப்போம் ஏனெனில் அது நமக்கும் மற்றவருக்கும் உதவுகிறது.

நாம் அடைய விரும்பும்' ஒன்றை பற்றிய ஒரு எண்ணத்தை, அதற்கான ஒரு செயல்முறையை உருவாக்குவதே பிரார்த்தனை. ஆன்மாவின் உண்மையான ஆசை அது. உங்கள் விருப்பமே உங்கள் பிரார்த்தனை. உங்களது ஆழ்ந்த தேவைகளிலிருந்து வெளிவந்து, வாழ்க்கையில் நீங்கள் விரும்புவதை வெளிப்படுத்துகிறது. *நீதி வேண்டுமென்று பசித்து தாகித்திருப்போர் ஆசீர்வதிக்கப்பட்டவர்கள்: ஏனென்றால் அவை நிறைவேறும்.* அமைதி, நல்லிணக்கம், ஆரோக்கியம், மகிழ்ச்சி மற்றும் இதர ஆசீர்வாதங்களுக்கான வாழ்க்கையின் பசியும் தாகமும்தான் நிஜத்தில் பிரார்த்தனை.

ஆழ்மனதில் எண்ணங்கள் விதைப்பதற்கான வழிமுறை

உணர்த்மனது கூறும் விருப்பத்தை ஆழ்மனதிற்கு மாற்றுவது தான் இது. பகல் கனவு காண்பது போன்ற ஒரு நிலையில் தான் இது சிறப்பாக நடக்கும். உங்கள் ஆழ்மனதில் அளவற்ற ஆற்றலும் சக்தியும் இருப்பதை அறிந்துகொள்ளுங்கள். உங்களுக்கு என்ன தேவையோ அதை அமைதியாக இருந்து சிந்தித்து பாருங்கள்; அது இந்த நொடியிலிருந்து கனிந்து வருவதை பாருங்கள். மோசமான இருமலும், புண்பட்ட தொண்டையை கொண்ட ஒரு சிறுமியை போல் இருங்கள். அவள் தெளிவாக, மீண்டும் மீண்டும் கூறினாள், ''அது இப்பொழுது கடந்து போகிறது. அது இப்பொழுது கடந்து போகிறது.'' ஒரு மணி நேரத்தில் அது கடந்து போனது. முழுமையான எளிமையுடனும், அப்பாவித்தனமாகவும் இந்த அணுகுமுறையை உபயோகியுங்கள்.

உங்கள் ஆழ்மனது உங்கள் செயல் திட்டத்தை ஏற்றுக்கொள்ளும்

உங்களுக்காகவும் உங்கள் குடும்பத்திற்காகவும் நீங்கள் ஒரு புதிய வீட்டை கட்டுகிறீர்கள் என்றால், அதன் செயல் திட்டத்தை வரைபடமாக வடிவமைக்க மிகவும் ஆவலுடன் இருப்பீர்கள்; வீட்டை கட்டும் கட்டிட தொழிலாளிகள், உங்களது செயல்திட்டத்தின் படியே வேலை செய்ய வேண்டும் என்பதில் நீங்கள் கவனமாக இருப்பீர்கள். நீங்கள் கவனமாக இருந்து, சிறந்த மரம், சிறந்த எஃகு, ஏன் அனைத்தையுமே சிறந்ததாக தான் வாங்குவீர்கள். உங்கள் மனதில் இருக்கும் வீட்டுத்திட்டம், மகிழ்ச்சி மற்றும் செழிப்பிற்கான செயல் திட்டம் உங்கள் மனதில் இருக்குமே, அதை குறித்து என்ன செய்யப்போகிறீர்கள்? உங்கள் வாழ்வில் வரும் அனைத்து அனுபவங்களும் உங்கள் மனதில் இயற்கையாக நீங்கள் கட்டிய கோட்டையை பொறுத்துத்தான் அமையும்.

உங்கள் மனதில் உங்கள் வாழ்க்கைக்கான செயல் திட்டம், கவலை, பயம், பதற்றம், பற்றாக்குறை, இயலாமை, சந்தேகம், குறைகள் காண்பது போன்ற உணர்வுகளால் ஆனதாக இருந்தால் நிஜ வாழ்விலும் அதிக உழைப்பு, பதற்றம், வரையறைகள், அனைத்து விதமான வரம்புகள் என்று தான் அமையும். நீங்கள் விழித்திருக்கும் ஒவ்வொரு மணி நேரமும் உங்கள் மனதில் நீங்கள் கட்டும் அணுகுமுறை மற்றும் செயல்திட்டமே உங்கள் வாழ்வின் அடித்தளமாகவும், நீடித்து நிலைப்பதாகவும் அமையும். உங்கள் வார்த்தை அமைதியாகவும் தலைமறைவாகவும் இருக்கிறது, இருந்தாலும் அது நிஜமானது.

நீங்கள் எப்பொழுதும் மனக்கோட்டை கட்டிக்கொண்டே இருக்கிறீர்கள். உங்கள் எண்ணமும், மனதில் நீங்கள் காணும் காட்சியும், உங்கள் செயல்திட்டத்தை பிரதிபலிக்கும். ஒவ்வொரு மணி நேரமும், ஒவ்வொரு நொடியும், நீங்கள் ஒளிமயமான ஆரோக்கியமும், வெற்றியும், மகிழ்ச்சியும் உங்கள் எண்ணங்கள் மூலமாக, நீங்கள் ஏற்றுக்கொள்ளும் நம்பிக்கைகள் மூலமாக, மீண்டும் மீண்டும் உங்கள் மனத்திரையில் கொண்டுவரலாம். சதாசர்வகாலமும் நீங்கள் கட்டிவரும் இந்த அரண்மனை, இந்த கோட்டையே உங்கள் ஆளுமை, இந்த தடத்தில் உங்கள் அடையாளம், இந்த பூமியில் உங்கள் முழு வாழ்க்கை கதை.

ஒரு புதிய செயல் திட்டத்தை உருவாக்குங்கள்; தற்பொழுது

நல்லிணக்கம், மகிழ்ச்சி, அமைதி நிலவுவதாக உணர்ந்து அதை கட்டுங்கள். இந்த எண்ணங்களில் தோய்ந்து, அதை உண்மையாக்க கோரினால், உங்கள் ஆழ்மனது அந்த் செயல்திட்டத்தை ஏற்றுக்கொண்டு அதை நிஜவாழ்வில் உங்களுக்காக உருவாக்கும். *பலன்களால் நீங்கள் அவற்றை அறிவீர்கள்.*

உண்மையான பிரார்த்தனையின் பின் இருக்கும் கலையும் அறிவியலும்

''அறிவியல்'' என்ற வார்த்தைக்கு ஞானம் என்று அர்த்தம், ஒருங்கிணைக்கப்பட்டு, திட்டமிட்டபடி ஏற்பாடு செய்யப்படும் ஒன்று.

உண்மையான பிரார்த்தனையின் அறிவியலையும் கலையையும் பற்றி சிந்திப்போம். ஏனென்றால், இதுவே வாழ்வின் அடிப்படை குறிக்கோள்களை நிர்வகித்து, உங்கள் வாழ்வில் மட்டும் இல்லாமல் இவற்றை உண்மையாக உபயோகிக்கும் ஒவ்வொரு மனிதனின் வாழ்விலும் அது செயல்படும் விதம் என்ன என்று பார்ப்போம். கலை என்பது நீங்கள் உபயோகிக்கும் நுணுக்கம், நுட்பம் அல்லது செயல்முறை. அறிவியல் என்பது உங்களுடைய ஆக்கபூர்வமான மனப்படத்தின் அல்லது சிந்தனையின் திட்டவட்டமான பதில் ஆகும்.

கேளுங்கள், அப்பொழுது உங்களுக்குக் கொடுக்கப்படும்; தேடுங்கள், அப்பொழுது கண்டடைவீர்கள்; தட்டுங்கள் அப்பொழுது உங்களுக்குத் திறக்கப்படும். **மதேயு 7:7.**

இங்கு நீங்கள் கேட்டது கொடுக்கப்படும் என்று உங்களுக்கு சொல்லப்படுகிறது. நீங்கள் தட்டும்பொழுது திறக்கப்படும், நீங்கள் தேடுவது உங்களுக்கு கிடைக்கும். இந்தப் பாடம் மனது மற்றும் ஆன்மீக நியதிகளை குறிக்கிறது. உங்கள் ஆழ்மனதின் அளவற்ற ஆற்றலிலிருந்து உணர்மனதிற்கு எப்பொழுதும் நேரடியான பதில் இருக்கும். நீங்கள் ரொட்டி கேட்டால், கல் கிடைக்காது. உங்களுக்கு கிடைக்கவேண்டுமானால், நீங்கள் *நம்பிக்கையுடன்* கேட்கவேண்டும். உங்கள் மனது எண்ணத்திலிருந்து பொருளுக்கு நகர்கிறது. மனதில் முதலில் ஒரு வடிவம் இருந்தால் மட்டுமே அதனால் நகர முடியும், ஏனென்றால் அதற்கு எதை நோக்கி நகர்வதென்று தெரியாது. உங்கள் மனதின் செயலான பிரார்த்தனை, ஆழ்மனது அதில் தன் வேலையை காட்டி, நிஜமாக உருவாக்குவதற்கு முன்னர், ஒரு படமாக உங்கள் மனதால்

ஏற்றுக்கொள்ளப்படவேண்டும். உங்கள் மனது ஏற்றுக் கொள்ளக் கூடிய நிலைக்கு, சச்சரவில்லாத ஒரு உடன்படிக்கைக்கு நீங்கள் வரவேண்டும்.

இந்த சிந்தனை, சந்தோஷ உணர்வோடும் அமைதியோடும் சேர்ந்து இருந்து உங்களுடைய விருப்பம் பூர்த்தி அடைவதை எதிர்பார்க்க வேண்டும். உண்மையான பிரார்த்தனை கலை மற்றும் அதன் பின்னிருக்கும் அறிவியலின் அடிப்படை, உங்கள் உணர்மனது நகர்ந்து, அளவற்ற ஞானமும் சக்தியும் கொண்ட உங்கள் ஆழ்மனதிடமிருந்து ஒரு சரியான பலனை பெற்றுத்தரும் என்ற முழு நம்பிக்கை தான். இந்த முறையை பயன்படுத்தினால் உங்கள் பிரார்த்தனைகளுக்கு பதில் கிடைக்கும்.

விரும்பியதை மனக்கண்ணில் காட்சியாக காண்பது

ஒரு கருத்தை வகுப்பதற்கான எளிமையான மற்றும் வெளிப்படையான வழி அதனை மனக்கண்ணில் காட்சியாக பார்ப்பது, அது நிஜமான ஒன்றாக உயிருடன் இருப்பது போன்று தெளிவாக பார்ப்பதேயாகும். வெளி உலகில் ஏற்கனவே இருப்பதையே உங்கள் கண்களால் பார்க்க முடியும்; அது போன்று உங்கள் மனக்கண்கள் கொண்டு காண்பது அங்கு ஏற்கனவே உள்ள உங்கள் மனதின் கண்ணுக்குத் தெரியாத நிஜங்கள். உங்கள் மனதில் இருக்கும் எந்த ஒரு படமும், நீங்கள் அடைய விரும்புவது ஆனால் அதற்கான எந்த சாட்சியங்களும் பார்க்கப்படாதது. உங்கள் கற்பனையில் நீங்கள் வகுப்பது, *உங்கள் உடலின் உறுப்புக்கள் எவ்வளவு நிஜமோ அவ்வளவு நிஜமானது*. உங்களது அந்த மனதின் படத்தின் மேல் நீங்கள் நம்பிக்கை வைத்தால் அது ஒரு நாள் இந்த புற உலகில் நிஜமாகவே தோன்றும். இப்படி சிந்திக்கும் செயல்முறை உங்கள் மனதில் சில பதிவுகளை ஏற்படுத்தும்; இவையே பின்னர் நிஜ வாழ்வில் உண்மைகளாகவும் அனுபவங்களாகவும் வெளிவருகின்றன.

கட்டிட மேஸ்திரி, அவருக்கு வேண்டிய கட்டிடத்தை மனதில் காட்சியாக காண்பார்; முடிந்த கட்டிடம் எப்படி இருக்க வேண்டும் என்று அவர் விரும்புகிறாரோ, அப்படி அதை பார்ப்பார். அவர் காட்சியும் எண்ணங்களின் செயல் முறையும் பிளாஸ்டிக் அச்சாக மாறி அதிலிருந்து கட்டிடம் வெளிவருகிறது-அழகானதாகவோ, அசிங்கமானதாகவோ, சிறியதாகவோ, விண்ணைத்தொடும் அளவிற்கு உயரமானதாகவோ. காகிதத்தில் வரைந்த வரைபடம்

போல் மனதில் அதன் உருவம் கணிக்கப்படுகிறது. இறுதியில், மேஸ்திரியும் அவரது பணியாளர்களும் தேவையான பொருட்களை சேகரித்து, கட்டிடம் முன்னேறி, அந்த சிற்பி மனதில் கண்ட பதிவங்கள் போல் திடமான, கட்டிடமாக முடிந்து நிற்கிறது.

நான் மேடை பேச்சின் முன் இந்த மனதால் காணும் யுக்தியை உபயோகிப்பேன். என் எண்ணங்களின் காட்சிகளை என் ஆழ்மனதிற்கு தெரிவிக்க தோதாக, மன சக்கிரங்களை அமைதியாக்குவேன்.

பிறகு, ஆண்களும் பெண்களும் முழு அரங்கத்தின் நாற்காலிகளை நிரப்பியிருப்பதாகவும், அவர்கள் ஒவ்வொருவரும் அவர்களுக்குள் இருக்கும் அளவற்ற குணமாக்கும் சக்தியைப்பற்றி அறிந்து அதனால் உத்வேகம் பெற்றவர்களாக இருப்பதாய் நான் கற்பனை செய்துகொள்வேன். அவர்கள் விடுபட்டவர்களாக, மகிழ்ச்சியாக பொலிவுடன் திகழ்வதாக பார்ப்பேன்.

இந்த எண்ணத்தை என் மனதில் கற்பனை செய்த பிறகு, அதை அப்படியே தக்கவைத்துக்கொண்டு, ஆண்களும் பெண்களும், ''நான் குணமடைந்துவிட்டேன்,'' ''நான் அற்புதமாக உணர்கிறேன்,'' ''நான் இந்த கணத்தில் குணம் பெற்றேன்,'' ''நான் மாறிவிட்டேன்,'' என்றெல்லாம் கூறுவதாக கற்பனை செய்வேன். ஒவ்வொருவரின் உடலிலும் மனதிலும் அன்பு, முழுமை, அழகு, பூரணத்துவம் நிறைவுற்று இருப்பதாக பத்து நிமிடங்கள் வரை இந்த உணர்வை மனதில் நிறுத்திக்கொள்வேன். இதன் விழிப்புணர்வு வளர்ந்து என் மனதில் அவர்கள் ஒவ்வொருவரும் தங்கள் ஆரோக்கியத்தையும் மகிழ்ச்சியையும் பிரகடனப்படுத்துவதாக என்னால் கேட்க முடியும்; பிறகு அந்த முழு படத்தையும் வெளியிட்டுவிட்டு மேடைக்குச் செல்வேன். பெரும்பாலான ஞாயிறன்று சிலர் தங்கள் பிரார்த்தனைகளுக்கு விடை கிடைத்ததாக கூறுவார்கள்.

மனதில் திரைப்படமாக காணும் முறை

சீனர்கள், ''ஒரு படம் ஆயிரம் வார்த்தைகளுக்கு சமம் என்று கூறுவார்கள்.'' அமெரிக்க உளவியல் நிபுணர்களின் தந்தையாக போற்றப்படும் வில்லியம் ஜேம்ஸ் மனதில் காணப்படும் எந்த ஒரு காட்சியும் நம்பிக்கையின் ஆதரவு இருந்தால் ஆழ்மனதால் நிஜமாக மாற்றப்படும் என்னும் உண்மையை வலியுறுத்துகிறார். *நான் அப்படி தான், அப்படி ஆகிவிடுவேன் என்பது போல் நடந்துகொள்.*

பல வருடங்களுக்கு முன்பு நான் மத்திய மேற்கு மாநிலங்களில் விரிவுரைகள் கொடுத்துக்கொண்டிருந்த சமயம், அங்கேயே ஏதோ ஒரு இடத்தில் நிரந்திரமாக குடியேறினால், அங்கு அக்கம்பக்கம் உள்ளவர்களுக்கு உதவியாக இருக்கும் என்று விரும்பினேன். நான் தொலைதூரம் பயணம் செய்தேன், இருந்தாலும் அந்த ஆசை என் மனதைவிடவில்லை. ஒரு நாள் மாலை நான் வாஷிங்டன் நகரத்தில் ஸ்போக்கன் என்ற இடத்தில் ஒரு விடுதியில் ஒரு இருக்கையில் முழுவதுமாக ஓய்வெடுத்துக்கொண்டிருந்த பொழுது, என் கவனத்தை நகர விடாமல், அமைதியான செயலற்ற முறையில் ஒரு பெரிய கூட்டத்தில் பின்வருமாறு பேசுவதாக கற்பனை செய்தேன். ''இங்கு இருக்க மிகவும் மகிழ்ச்சி அடைகிறேன்; இந்த சிறந்த வாய்ப்பிற்காக நான் பிரார்த்தனை செய்திருக்கிறேன்.'' மனக்கண்ணில் கற்பனை பார்வையாளர்களை நிஜமாக பார்த்தேன். அதன் நிஜத்தன்மையை என்னால் உணர முடிந்தது. நான் ஒரு நடிகனை போல், திரைப்படமாக அந்த நாடகத்தை கண்டேன். இந்த மனப்படத்தை என் ஆழ்மனதிற்கு தெரிவித்ததினால், அது தன் வழியில் இந்த சம்பவத்தை நிஜமாக மாற்றிவிடும் என்று திருப்தியடைந்தேன். அடுத்த நாள் காலை தூங்கி எழுந்தவுடன், ஒரு வித அமைதியையும், திருப்தியையும் உணர்ந்தேன். சில நாட்களிலேயே, மத்திய மேற்கில் ஒரு நிறுவனத்தை எடுத்து நடத்த கோரி ஒரு தந்தி வந்தது. நானும் அதன்படியே செய்தேன். அதை நான் பலவருடங்களுக்கு மிகவும் சந்தோஷமாக அனுபவித்தேன்.

இங்கு கூறப்பட்ட முறை ''மனதில் திரைப்படமாக காணும் முறை'' என்று அழைக்கப்பட்டு பலரின் வரவேற்பையும் பெற்றது. மக்கள் இந்த அற்புதமான முறையை பயன்படுத்தி பலன்கள் கண்டதாக என்னுடைய வானொலி நிகழ்ச்சிகள் மற்றும் வாராந்திர பொது மேடை பேச்சின் பொழுது பலர் என்னிடம் கூறியுள்ளனர். தங்கள் வீடு மற்றும் சொத்தை விற்க விரும்புபவர்கள் ஒரு தொகையை சரியானது என்று முதலில் தங்களை திருப்திபடுத்திக்கொள்ளுமாறு பரிந்துரைக்கிறேன். பிறகு அளவற்ற ஆற்றலானது அந்த சொத்தை மிகவும் விரும்பி, அதன் மூலம் செழிப்படையக்கூடிய ஒருவரை ஈர்க்கும் என்று கூறுகிறேன். இதை செய்து முடித்த பிறகு அவர்கள் தங்கள் மனதை அமைதியாக்கி, இந்த எண்ணங்களை விட்டுவிட்டு தூக்க, மயக்க நிலைக்கு சென்று மனதின் முயற்சியை குறைக்கவேண்டும் என்று ஆலோசனை சொல்கிறேன். பிறகு காசோலையை கையில் வாங்கிவிட்டது போல் மகிழ்ச்சி அடையும் உணர்வை மனதில்

படமாக்கி, அதற்காக நன்றி கூறி, மனதில் கண்ட திரைப்படத்தின் இயற்கைத்தன்மையை உணர்ந்தபடியே உறங்கவேண்டும். அது புறவாழ்வில் நடந்த நிஜமாக கருதவேண்டும், ஆழ்மனது இதை படிவங்களாக ஏற்று, வாங்குபவரையும், விற்பவரையும் ஒன்று சேர்க்கும். நம்பிக்கையின் ஆதரவுடன் இந்த மனதில் பதிந்த படமானது நிஜமாக உருவெடுக்கும்.

போதுவா (Baudoin) முறை

பிரான்ஸ் நாட்டு ரூசோ நிறுவனத்தில் பேராசிரியர் சார்லஸ் போதுவா. அவர் ஒரு அபார உளவியல் நிபுணர் மற்றும் நியூ நான்சி ஸ்கூல் ஆஃப் ஹீலிங் என்ற நிறுவனத்தில் ஆய்வு இயக்குனராக இருந்தார். 1910ல் அவர் ஆழ்மனதில் சிறந்த முறையில் விஷயங்கள் பதிவு செய்ய, அனைத்து முயற்சிகளும் மிகவும் குறைவாக இருக்கும் ஒரு தூக்க, மயக்க நிலையே சிறந்தது என்று கற்றுக்கொடுத்தார். பிறகு ஒரு அமைதியான, செயலற்ற ஆனால் புரிந்துகொள்ளுதலுடன் இருக்கும் வகையில் ஒரு பிம்பமாக தன் எண்ணத்தை ஆழ்மனதிற்கு எடுத்து சொல்லுவார்.

அவரது முறை கீழ்வருமாறு: ''ஆழ்மனதில் ஒரு எண்ணத்தை விதைக்க எளிமையான வழி, அந்த எண்ணத்தை ஒருங்கிணைத்து நினைவில் சுலபமாக பதிவு செய்ய, ஒரு சுருக்கமான சொற்றொடராக கூட்டி, தாலாட்டு போல் மீண்டும் மீண்டும் அதனை கூறுவது.''

பல வருடங்களுக்கு முன் லாஸ் ஏஞ்சல்ஸ் நகரத்தை சேர்ந்த ஒரு இளம் பெண் ஒரு உயிலினால், கசப்பான குடும்ப வக்காளத்து ஒன்றில் போராட வேண்டியதாயிற்று. அவளது கணவர் முழு சொத்தையும் அவள் பெயருக்கு எழுதிவிட்டு இறந்து போயிருந்தார். அவரது முதல் திருமணத்தில் பிறந்த குழந்தைகள் அந்த உயிலை உடைக்க கடினமாக சண்டையிட்டனர். போதுவா முறை அவளுக்கு விளக்கப்பட்டதும், அவள் செய்தது இது தான்: அவள் தன் உடலை தளர்த்தி ஒரு நாற்காலியில் அமர்ந்து தூக்க நிலைக்கு சென்று, தன் கருத்தை ஒருங்கிணைத்து ஆறு வார்த்தைகள் கொண்ட சொற்றொடராக மாற்றி தன் நினைவகத்தில் சுலபமாக பொரித்தாள். ''தெய்வீக ஆணைப்படி இது முடிவடைகிறது.'' இந்த வார்த்தைகள் மூலம் ஆழ்மனதின் சட்டத்தின் படி வேலை செய்யும் அளவற்ற ஆற்றலானது நல்லிணக்க கொள்கையின் மூலம் நல்லதொரு தீர்வை கொடுக்கும். அவள் இந்த முறையை தினமும் இரவில் தொடர்ந்து

பத்து நாட்களுக்கு செய்தாள். அவள் தூக்க நிலைக்கு வந்த பிறகு, மெதுவாக, மெல்லிய குரலில் உணர்ச்சிபூர்வமாக பின்வருமாறு கூறுவாள், ''தெய்வீக ஆணைப்படி இது முடிவடைகிறது.'' இதையே மீண்டும் மீண்டும் கூறுவதால் உள்ளுக்குள் ஒரு வித அமைதியும் சலனமற்ற நிலையம் ஏற்படும்; பிறகு வழக்கம் போல் உறங்க சென்றாள்.

பதினோராம் நாள் காலை மேலே கூறிய முறையை உபயோகித்த பின்னர், ஒரு வித நல்லுணர்வுடன் எழுந்தாள், அந்த வேலை முடிந்தது என்ற நம்பிக்கையுடன். அன்றே அவள் வக்கீல் அவளை அழைத்து, எதிர்க்கட்சியினர் மற்றும் அவர்களது வக்கீல், சமாதான உடன்படிக்கைக்கு வர விரும்புவதாக கூறினார்.

ஒரு நல்லிணக்க உடன்படிக்கையை அடைந்து, வக்காளத்து முடிவடைந்தது.

தூங்கும் நுட்பம்

ஒரு தூக்க, மயக்க நிலையை அடைவதால் முயற்சி குறைகிறது. உணர்மனது பெரும்பாலும் தூக்க நிலைக்கு சென்று விடுகிறது. இதற்கு காரணம் என்னவென்றால் நம் ஆழ்மனதானது நாம் தூங்கச்செல்வதற்கு சிறிது நேரத்திற்குமுன்பும், தூங்கி எழுந்தவுடனும்தான் அதிகம் வெளி வர துடிகிறது. இந்த நிலையில், எதிர்மறையான எண்ணங்கள் உங்கள் ஆசையை நடுநிலைப்படுத்தி, உங்கள் ஆழ்மனது அவற்றை ஏற்றுக்கொள்ளாதிருக்கச்செய்வதை தடுக்கலாம்.

அழிவை ஏற்படுத்தும் ஏதேனும் ஒரு பழக்கத்தை நீங்கள் விட்டுவிட விரும்புவதாக நினைப்போம். ஒரு நல்ல சௌகரியமான நிலையில் அமர்ந்து உங்கள் உடலை தளர்த்தி அசைவற்ற நிலையில் வைத்துக்கொள்ளுங்கள். தூக்க நிலைக்கு சென்று மீண்டும் மீண்டும் ஒரு தாலாட்டு போல், ''நான் இந்த பழக்கத்திலிருந்து முழுமையாக விடுபட்டுவிட்டேன்; அமைதி மற்றும் நல்லிணக்கமே என்னை ஆள்கிறது,'' என்று சொல்லிப்பழகுங்கள். மேலே கூறப்பட்டதை மெதுவாக, மெல்லிய குரலில் அன்போடு ஐந்து அல்லது பத்து நிமிடங்களுக்கு, இரவிலும் பகலிலும் மீண்டும் மீண்டும் கூறுங்கள். ஒவ்வொரு முறையும் இந்த வார்த்தைகளை நீங்கள் கூறும் பொழுது இதன் உணர்ச்சி மதிப்பு அதிகரிக்கிறது. எதிர்மறையான பழக்கத்தை தொடர வேண்டும் என்ற ஆசை மேலோங்கும் பொழுது இந்த

முறையை உங்களுக்கு நீங்களே உரக்க சொல்லுங்கள். இதன் அர்த்தம், உங்கள் ஆழ்மனதிற்குள் ஏற்றுக்கொள்ளச்சொல்லி ஒரு எண்ணத்தை விதைக்கிறீர்கள், அதனால் குணமடைவது தொடர்கிறது.

"நன்றி" சொல்லும் நுட்பம்

பைபிளில் பால் கூறுகிறார், நாம் நம் வேண்டுதல்களை போற்றுதலோடும் நன்றி உணர்வோடும் தெரியப்படுத்தவேண்டும் என்று. இந்த எளிய பிரார்த்தனை முறையை சில அசாதாரண பலன்கள் தொடர்கிறது. நன்றியுள்ள இதயம் ஆக்கபூர்வமான ஒரு பிரபஞ்சத்திற்கு மிக அருகாமையில் உள்ளது. இது எண்ணற்ற ஆசிர்வாதங்களை செயல் மற்றும் விளைவு என்ற பிரபஞ்ச விதி மூலமாக நமக்கு பொழிகிறது.

உதாரணத்திற்கு, ஒரு தந்தை தன் மகனுக்கு அவன் கல்லூரி படிப்பை முடித்தவுடன் ஒரு கார் வாங்கித்தருவதாக சத்தியம் செய்கிறார். அந்த மகன் இன்னும் அந்த வண்டியை பெறவில்லை இருந்தாலும் அதற்காக மகிழ்ச்சி அடைகிறான், நன்றி உணர்வோடு இருக்கிறான், அது ஏற்கனவே கிடைத்துவிட்டது போல். அவன் தந்தை தன் சத்தியத்தை நிறைவேற்றுவார் என்று அவனுக்குத்தெரியும், அதனால் புற நிலையில் அது இன்னமும் கிடைக்கவில்லை என்றாலும், அவன் நன்றியோடும் மகிழ்ச்சியோடும் இருக்கிறான். அவன் அதை மனதில் நன்றியுடனும் மகிழ்ச்சியுடனும் பெற்றுக்கொண்டுவிட்டான்.

திரு ப்ரோக் அவர்கள் இந்த நுட்பத்தை பயன்படுத்தி சிறப்பான பலன்கள் எப்படி அடைந்தார் என்பதை நான் எடுத்துக்காட்டுகிறேன். அவர், "பண பாக்கி அதிகரித்துக்கொண்டே போகிறது, எனக்கு வேலையும் இல்லை. எனக்கு மூன்று குழந்தைகள் இருக்கிறார்கள், பணம் இல்லை. நான் என்ன செய்வது?" என்றார். மூன்று வாரங்களுக்கு தொடர்ந்து ஒவ்வொரு இரவும், காலையும், "நன்றி தந்தையே, என் செல்வங்களுக்கு," என்றார். இதை அமைதியாக, ஒய்வாக, நன்றி உணர்ச்சி மனதை ஆதிக்கம் செய்யும் வரை கூறினார். அவர் தன்னுள் இருக்கும் அளவற்ற சக்தி மற்றும் ஆற்றலிடம் பேசுவது போல் கற்பனை செய்து இப்படி கூறினார். கண்டிப்பாக அவரால் அந்த ஆற்றலையும் சக்தியையும் பார்க்க முடியாது. ஆன்மீக கருத்துடன் செல்வத்தின் படம் தான் முதல் காரணம், அவருக்கு தேவையான பணம், பதவி மற்றும் உணவை

தரும் என்ற அறிவுடன் இதைப்பார்த்தார். அவர் எண்ணம்-உணர்வு எந்தவித தடையுமில்லாமல் அவற்றை கொடுக்கக்கூடியது. ''உங்களுக்கு நன்றி தந்தையே,'' என்று திரும்பத் திரும்ப சொல்வதன் மூலம், மீண்டும் மீண்டும் அவருடைய மனமும் இதயமும் ஏற்றுக் கொள்ளும் பக்குவத்திற்கு உயர்கின்றது. மனதில் பயம், சிந்தனை குறைபாடு, ஏழ்மை மற்றும் துன்பம் வரும்போதும், மேலும் அடிக்கடி தேவைப்படும்பொழுதெல்லாம் ''உங்களுக்கு நன்றி தந்தையே,'' என்று சொல்வார். நன்றி மனப்பான்மையை நிலைநிறுத்துவதன் மூலம், அவருடைய மனதை செழுமையாக மாற்றி சீரமைக்க முடியும் என்று அவருக்குத் தெரியும்.

இந்த பிரார்த்தனையின் தொடர் மிகவும் சுவாரஸ்யமாக இருக்கும். மேற்கூறியபடி பிரார்த்தனை செய்த பின் இருபது வருடங்களாக தான் பார்க்காத முன்னாள் முதலாளியை பார்த்தார்.

அந்த மனிதர் இவனுக்கு 500 டாலர்கள் கடனாக பணமும், பதவியும் கொடுப்பதாக கூறினார். இன்று, திரு ப்ரோக் அவர்கள் தான் பணிபுரியும் நிறுவனத்தின் வைஸ் ப்ரெசிடெண்ட். சமீபத்தில் அவர் என்னிடம் கூறியது, '''நன்றி தந்தையே' என்று சொல்வதன் அற்புதத்தை நான் மறக்க மாட்டேன். அது எனக்கு அற்புதங்கள் செய்துள்ளது.''

உறுதிமொழி முறை

உண்மையை நாம் எந்த அளவிற்குப் புரிந்து கொண்டிருக்கிறோம் என்பதைப் பொறுத்தே உறுதிமொழியின் பலன் வெளிப்படுகிறது. ''*பலனில்லாமல் விரயமாக திரும்பத் திரும்ப சொல்லப்படும் பிரார்த்தனை வீணானது.*'' உறுதியின் சக்தி, நிச்சயமான நேர்மறை எண்ணங்களை புத்திசாலித்தனமாக பயன்படுத்துவதில்தான் உள்ளது. உதாரணமாக, ஒரு சிறுவன் மூன்றுடன் மூன்றை கூட்டி கரும்பலகையில் ஏழு என்று எழுதுகிறான். அந்த ஆசிரியர் கணித முறைப்படி மூன்றுடன் மூன்று சேர்த்தால் ஆறு என்று உறுதியாக கூறுவார்; ஆகையால், அச்சிறுவன் அந்த எண்ணை மாற்றி விடுவான். அந்த ஆசிரியர் கூறியதால் மூன்றுடன் மூன்று சேர்ந்து ஆறு உருவாகுவதில்லை, அது ஏற்கனவே கணித உண்மையினால் உருவாக்கப்பட்டது. கணித உண்மையே அந்த சிறுவனை கரும்பலகையில் விடையை மாற்றி எழுத காரணமானது. நோயுற்றிருப்பது அசாதாரணமானது; ஆரோக்கியமாக இருப்பது சாதாரணமானது. உங்களுடைய இருப்பின் உண்மை

ஆரோக்கியமே ஆகும். ஆரோக்கியம், ஒற்றுமை மற்றும் அமைதியை உறுதி செய்யும்பொழுதும், இவைகள் உங்களுடைய இருப்பில் காணப்படும் பிரபஞ்சத்தின் கொள்கை என்பதை உணரும்பொழுதும், உங்களுடைய நம்பிக்கை மற்றும் உறுதியான புரிதலை பொறுத்து உங்களுடைய ஆழ்மனதின் எதிர்மறை உதாரணங்களை நீங்கள் மாற்றி அமைப்பீர்கள்.

வாழ்க்கையின் கொள்கைகளுக்கு நீங்கள் கட்டுப்படுவதை பொறுத்துத்தான் இந்த உறுதிமொழி முறையில் பலன்கள் காண்பீர்கள். ஒரு நிமிடம் கணித கொள்கை இருப்பதாகவும் குறை ஒன்றும் இல்லை என்றும்; உண்மையின் கொள்கை இருப்பதாகவும் ஆனால் நேர்மையின்மை என்று இல்லை என்றும் வைத்துக்கொள்வோம்.

ஆற்றலுக்கு கொள்கை உள்ளது அறியாமைக்கு இல்லை; நல்லிணக்க கொள்கை உள்ளது வேற்றுமைக்கு இல்லை. ஆரோக்கியத்திற்குக்கு கொள்கை உள்ளது நோய்க்கு இல்லை, நிறைவுக்கு கொள்கை உள்ளது ஏழ்மைக்கு இல்லை.

இங்கிலாந்தில் ஒரு மருத்துவமனையில் பித்தப்பை கற்கள் நீக்கப்பட வேண்டி இந்த எழுத்தாளரின் சகோதரி அனுமதிக்கப்பட்ட பொழுது இந்த முறை தேர்ந்தெடுக்க பட்டது. வழக்கமான கதிர்வீச்சு மற்றும் ஏனைய மருத்துவமனை பரிசோதனைகளை பொறுத்தே நிலைமை விளக்கப்பட்டது.

அவள் தனக்காக பிரார்த்தனை செய்து கொள்ளும்படி என்னிடம் கேட்டுக்கொண்டாள். நாங்கள் 6,500 மைல் தூரத்தில் இருந்தாலும் நேரம் மற்றும் இடம் அறியாதது மனதின் கொள்கை. அளவற்ற ஞானம் எல்லா இடத்திலும் முழுவதுமாக உள்ளது. எனக்கு தோன்றிய அனைத்து அறிகுறிகளையும் முற்றிலுமாக பின்னிழுத்து கொண்டேன். நான் உறுதிமொழி ஒன்றை கூறினேன்: ‘‘இந்த பிரார்த்தனை என் சகோதரி காதரினுக்காக. அவள் எந்த பதட்டமும் இல்லாமல் தளர்வாக, சமமாக, அமைதியாக, அமைப்புக்கலையாமல் இருக்கிறாள். அவள் உடலை உருவாக்கிய, அவள் ஆழ்மனதின் உள்ளிருக்கும் ஆற்றல் இப்பொழுது ஒவ்வொரு நரம்பு, சதை, அணு, எலும்பு ஆகியவற்றை, அவள் மனதில் ஏற்கனவே பதிந்துள்ள சிறந்த முறைக்கு திரும்புகின்றது. அமைதியாக, மெதுவாக உள்ளேயிருந்த சிதைந்த எண்ணப்பதிவுகளை நீக்கி, கரைத்து, வாழ்க்கை கொள்கையின்படி தன் உடலின் ஒவ்வொரு அனுவிலும் ஆயுளும், முழுமையும், அழகும் பெறுகிறாள். இப்பொழுது அவள் குணமாக்கும் நல்ல

எண்ணங்களை பெற, தனக்குள் அது ஆறாக பெருகி ஓடி முழுமையான ஆரோக்கியத்தையும் அமைதியும் பெற தயாராக உள்ளாள். அன்பெனும் பெருங்கடல் அவளுள் ஓடி அமைதியை தந்து, அனைத்து சிதைந்த அருவருப்பான காட்சிகளையும் கழுவி விடுகிறது.''

மேல் கூறியதை ஒரு நாளில், பல முறை உறுதிப்படுத்தி, இரண்டு வார முடிவில் என் சகோதரி பரிசோதனைகள் மேற்கொண்ட பொழுது, குறிப்பிடத்தக்க முன்னேற்றம் இருந்தது. கதிர்வீச்சு சோதனையிலும் நோய் நீங்கி விட்டதாக காட்டியது.

இதற்கு எதிராகவே சான்றுகள் அமைந்தாலும் தளராமல் உண்மையாக *உறுதிபடுத்துவதன்* மூலம் உங்களுடைய பிரார்த்தனைக்கு பலன் கிடைக்கும். உங்கள் எண்ணம் உறுதிப்படுத்துவதை மட்டுமே செய்யும். நீங்கள் எதையாவது மறுக்கும்போது கூட மறுப்பை உறுதிப்படுத்துகிறீர்கள்.

ஒரு உறுதிமொழியை மீண்டும் மீண்டும் கூறுவதாலும், நீங்கள் சொல்வதை ஏன் சொல்கிறீர்கள் எதற்காக சொல்கிறீர்கள் என்பதை அறிந்தால், மனது விழிப்புணர்வுடன் இருந்து அதை உண்மை என்று ஏற்றுக்கொள்கிறது. ஆழ்மனதில் உங்களை திருப்திப்படுத்தும் வகையில் ஒரு எதிர்வினை கிடைக்கும் வரையில் உண்மைகளை மீண்டும் மீண்டும் கூறுங்கள்.

விவாதம் செய்யும் நுட்பம்

விவாதிக்கும் முறை தான் இந்த வழியாகும். மனம் மற்றும் ஆன்மீக சிகிச்சையில் முன்னோடியாக திகழ்ந்த, மேய்னை சார்ந்த டாக்டர். ஃபினியஸ் பார்க்ஹாஸ்ட் க்விம்பி அவர்களின் வழிமுறையிலிருந்து இம்முறை கொண்டு வரப்பட்டது. இவர் நூறு ஆண்டுகளுக்கு முன்பு, மெய்னிலுள்ள பெல்ஃபஸ்டில் வாழ்ந்து மருத்துவ பயிற்சி செய்து வந்தார். *தி க்விம்பி மேனுஸ்க்ரிப்ட்ஸ்* என்ற புத்தகம், 1921ல் நியூ யார்க் நகர்த்திலுள்ள தாமஸ் குரோவேல் கம்பெனியால் வெளியிடப்பட்டு ஹோராசியோ டிரெஸ்ஸர் அவர்களால் திருத்தப்பட்டது. இந்த புத்தகம் உங்கள் நூலகத்திலும் கிடைக்கும். அவரது பிரார்த்தனை சிகிச்சையால் நோயாளிகளுக்கு கிடைத்த குறிப்பிடத்தக்க பலன்களைப் பற்றிய செய்தித்தாள்களில் பதிவானதை இந்த புத்தகம் வழங்குகிறது.

க்விம்பி பைபிளில் பதிவு செய்யப்பட்ட பல குணமாக்கும் முறைகளை உபயோகித்தார். சுருக்கமாக சொல்லவேண்டும்

என்றால், க்விம்பியினால் உபயோகப்படுத்தப்பட்ட விவாத முறை ஆன்மீக வாதங்கள் கொண்டது. ஒரு நோயாளிக்கு அவன் நோயின் காரணம் அவன் மனதில் இருக்கும் தவறான நம்பிக்கைகள், பயங்கள் மற்றும் எதிர்மறையான பதிவுகளால்தான் என்று நம்ப வைத்தார். உங்கள் மனதில் முதலில் தெளிவாக காரணங்களை ஆராய்ந்த பிறகு, அந்த நோயாளிக்கு அந்த நோய் ஏற்பட காரணம், ஆழ்மனதில் பதிந்திருக்கும் சிதைந்த மற்றும் எதிர்மறையான எண்ணங்கள் அவரது உடலில் உருவாவதால் தான் என்று விளக்கம் அளியுங்கள். வெளிப்புற சக்தி மற்றும் காரணங்களால் அது நோயாக உருவம் கொண்டுள்ளது, அதனை மாற்ற எண்ணங்களை மாற்றினால் போதுமானது. அனைத்து நோய்களும் குணமாக அடிப்படை காரணம் நம்பிக்கையில் ஏற்படும் மாற்றம்தான் என்பதை நோயாளிக்கு விளக்குங்கள். மேலும், இந்த ஆழ்மனதே உடலையும் அதில் உள்ள ஒவ்வொரு உறுப்பையும் உருவாக்குகிறது; அதனால், அதில் ஏற்ப்டும் எந்த கோளாறையும் அதுவே குணமாக்கும், அது இந்த கணத்திலும் தன் வேலையை செய்து கொண்டிருக்கிறது என்பதை சுட்டிக்காட்டுங்கள். உங்கள் மனதின் நீதிமன்றத்தில் இந்த நோய் மனதின் நிழல் என்றும், அதில் பதிந்துள்ள ஆரோக்கியமற்ற காட்சி களால்தான் உருவானது என்றும் விவாதம் செய்யுங்கள்.

உங்கள் உடலின் அனைத்து உறுப்புக்களையும், கனகச்சிதமாக உருவாக்கிய, உங்களுக்குள் இருக்கும் குணமாக்கும் சக்தியின் தரப்பில் வாதாட அனைத்து ஆதாரங்களையும் சேகரியுங்கள். பிறகு உங்களுக்காகவோ உங்கள் தரப்பில் இருக்கும் நோயாளிக்கு சாதகமாக வாக்களியுங்கள். நோயாளியை நம்பிக்கை மற்றும் ஆன்மீக புரிதல் கொண்டு விடுதலை செய்யுங்கள். உங்களது மனதின் மற்றும் ஆன்மீகத்தின் சாட்சிகள் ஏராளம்; ஒரே ஒரு மனது இருப்பதால், நீங்கள் உண்மை என்று உணர்வது நிஜமாகும். இந்த செயல் முறையே, 1849 முதல் 1869 வரை வாழ்ந்த டாக்டர் க்விம்பி உபயோகித்தார்.

முழுமையான முறை நவீன ஒலி அலைவரிசை உபயோகித்து குணப்படுத்துவதை போன்றது

உலகெங்கும் பலர் இவ்விதமான பிரார்த்தனை சிகிச்சையை பயிற்சி செய்து பல அற்புதமான பலன்களை அடைந்துள்ளனர். முழுமை சிகிச்சை முறையை உபயோகிப்பவர் முதலில்

நோயாளியுடைய பெயர், உதாரணத்திற்கு ஜான் ஜோன்ஸ் என்றால் முதலில் அவர் பெயரை குறிப்பிட்டுவிட்டு பிறகு கடவுளை பற்றி நினைத்து ஆனந்தம் மிக்கவர், பரந்த அன்பு கொண்டவர், எல்லையற்ற ஆற்றலை உடையவர், எல்லா சக்தியும் வாய்ந்தவர், தெளிந்த ஞானம் உடையவர், பூர்த்தியான ஒற்றுமையை அளிப்பவர், விவரிக்க முடியாத அழகு உடையவர் மற்றும் குற்றம் குறையற்றவர் போன்ற அவருடைய தன்மையையும் கருணையையும் அமைதியாகவும், மௌனமாகவும் நினைப்பார். அமைதியாக இவ்வாறு நினைப்பதால், சுய சிந்தனையிலிருந்து முன்னேற்றம் அடைந்து ஆன்மீக சிந்தனைக்குள் நுழைகிறார். சில நேரங்களில் எல்லையற்ற கடவுளின் கடல் போன்ற அன்பானது பிரார்த்தனை செய்யப்படும் ஜான் ஜோன்ஸ் மனதிலும் உடம்பிலும் தேவையற்ற அனைத்தையும் கரைத்து விடும். கடவுளின் எல்லா சக்தியும் அன்பும் ஜான் ஜோன்ஸ் மேல் உள்ளது என்பதை அவர் உணர்வார். அவரை சங்கடப்படுத்திய, துக்கப்படுத்திய அனைத்தும் எல்லையற்ற கடல் போன்ற அன்பாலும், வாழ்க்கையாலும் சமநிலையை அடைந்து விடுகிறது. இந்த முறையை பிரசித்தி பெற்ற லாஸ் ஏஞ்சல்ஸ் மருத்துவர் ஒருவரால் ஒலி அலைக்கு ஒப்பிட்டு விளக்கப்பட்டது. ஒலி அலைகளை உடலில் எந்த பகுதிக்கும் செலுத்த கூடிய, அதி வேகமாக நகரக்கூடிய இயந்திரம் ஒன்று அவரிடம் உள்ளது. இந்த ஒளி அலைகளை கட்டுப்படுத்தலாம், மேலும் உடலில் இருக்கும் மூட்டுப்பகுதிகளில் சேகரிக்கும் கால்ஷியத்தை கரைப்பதிலும், பல பிரச்சனை தரக்கூடிய உடல் நோய்களை நீக்கி குணமளிப்பதிலும் இது குறிப்பிடத்தக்க பலனை அளித்துள்ளது என்று என்னிடம் கூறினார். ***கடவுளின் தன்மையை மற்றும் கருணையை சிந்திப்பதன் மூலம் நம்முடைய விழிப்புணர்வை உயர்த்தலாம்.*** இதனால் ஒற்றுமை, ஆரோக்கியம் மற்றும் அமைதி இவற்றிற்கான ஆன்மீக மின் அலைகளை நாம் உருவாக்குகிறோம். பல குறிப்பிடத்தக்க சிகிச்சை பலன்கள் இந்த பிரார்த்தனை யுத்தியை பயன்படுத்துவதால் ஏற்படுகிறது.

உடல் ஊனமுற்றவர் நடக்கிறார்

முழுமை முறையை பயன்படுத்தி சிகிச்சையளித்த, டாக்டர் ஃபினியஸ் பார்க்ஹாஸ்ட் க்விம்பி அவர்களைப் பற்றி இந்த அத்தியாயத்தில் முன்பே பேசியிருக்கிறோம். அவர்தான் உண்மையிலேயே உளவழி உடற்கோளாறு (psychosomatic)

மருத்துவத்தின் தந்தையும் முதல் உளநிலை ஆய்வாளரும் ஆவார். நோயாளியின் பிரச்சினை, வலிகள் மற்றும் கஷ்டங்கள் இவற்றை ஆராய்ந்து கண்டறியும் திறமை கொண்டவர்.

ஓர் முடவனை குணப்படுத்தியது பற்றி க்விம்பியின் கையெழுத்துப் பிரதி ஒன்றில் பதிவு செய்யப்பட்ட சுருக்கமான விவரம் பின்வருமாறு: படுத்த படுக்கையாக இருந்த, வயதான, முடமான பெண் ஒருத்தியை சந்திக்க க்விம்பி அழைக்கப்பட்டிருந்தார். அவள் குறுகிய் கோட்பாடுகளால் கட்டுண்டிருந்தாள். அவளால் நிமிர்ந்து நிற்கவோ, நகரவோ இயலாமல் போனது. பயம் மற்றும் அறியாமையின் கல்லறையில் அவள் வாழ்ந்து கொண்டிருந்தாள். மேலும் பைபிள் வார்த்தைகளை அப்படியே நம்பியதால், அது அவளை அச்சுறுத்தியது. க்விம்பி ''இந்த கல்லறையில் இறைவனின் சக்தி குடி கொண்டுள்ளது, அது அவளை கட்டுகளிலிருந்து விடுவித்து மரணத்திலிருந்து உயிர்த்தெழச் செய்கிறது,'' என கூறினார்.

பைபிளில் உள்ள சில பத்திகளை விவரிக்க சொல்லி பிறரை அவள் கேட்பாள். அதற்கான பதில் ஒரு கல் என்று சொல்லப்பட்ட பொழுது, அவளிடம் மேலும் விடைகளுக்கான பசி உருவாகியது. அவள் படித்துக் கொண்டிருந்த பைபிள் பத்தியின் அர்த்தத்தை தெளிவாக பார்க்க முடியாத காரணத்தால் பதட்டத்தாலும், பயத்தாலும் அவளது மனம் தெளிவற்றும் தேக்கமடைந்தும் காணப்பட்டதை டாக்டர் க்விம்பி பார்த்தார். அவளது இந்த கனமான கறைபடிந்த உணர்வே அவளது உடலிலும் பிரதிபலித்தது. முடிவில் அதுவே பக்கவாதத்தில் முடியும்.

அந்த நேரத்தில், குவிம்பி அவளை நோக்கி பைபிள் வரிகளுக்கான அர்த்தத்தை கேட்டார்: *சிறிது நேரத்திற்கு நான் உன்னுடன் இருப்பேன், பிறகு என்னை இங்கு அனுப்பியவரிடம் சென்று விடுவேன். நீ என்னை தேடலாம், ஆனால் என்னை பார்க்க முடியாது; நான் இருக்கும் இடத்திற்கு உங்களால் வர முடியாது.* **ஜான் 7:33-34.** இயேசு சொர்கத்திற்கு சென்றுவிட்டார் என்று அர்த்தம் கொள்ளுவதாக அவள் பதிலளித்தாள். *அவளுடன் சிறிது நேரம் இருந்து*, என்ற வரிகளுக்கான அர்த்தம் அவளுடைய அறிகுறிகள், உணர்வுகள் மற்றும் அவற்றின் விளைவுகளுடன் இருந்து அவளுக்கு விவரித்தார் என்பதே என்று க்விம்பி கூறினார். அதாவது, அந்த தருணத்தில் அவள் மேல் இறைவன் கருணையும் இரக்கமும் கொண்டிருந்தார். க்விம்பி உடனடியாக *அவருடைய மனதிற்குள் பயணம் செய்து*, உயர்வான தெய்வீக

கோட்பாடுகளை பற்றி ஆழமாக சிந்தித்தார். அதாவது, நோயுற்றவர் மீது செயலாற்றும் ஆயுள், ஆற்றல், நல்லிணக்கம், இறை சக்தி பற்றி சிந்தித்தார். அதனால்தான் அவர் அந்த பெண்மணியிடம் இப்படி கூறினார். ''குறுகலான உங்களுடைய மனதால் நம்பிக்கை தடை செய்யப்படுகிறது. நான் நல்ல ஆரோக்கியமாக இருக்கிறேன். ஆதலால் நான் எங்கு போகிறேனோ, அங்கு உன்னால் வரமுடியாது.'' இந்த பிரார்த்தனை மற்றும் விளக்கம் உடனடியாக ஒரு உணர்வை அவளுள் ஏற்படுத்தி, அவளுடைய மனதில் ஒரு மாற்றத்தை கொண்டு வந்தது. அவள் ஊன்றுகோல் இல்லாமலேயே நடந்தாள்! இதுவே அவருடைய சிகிச்சையில் மிகவும் விசேஷமான ஒன்று என்று க்விம்பி கூறினார். அவள் முதலில் இறந்து போனது போன்ற தவறான நம்பிக்கையில் இருந்தாள். அவளை அவளது வாழ்விற்கு அல்லது சத்தியத்திற்கு எடுத்து வருவதென்பது அவ அவளுக்குள் இருந்த இயேசுவுடன் ஒப்பிட்டார்; இது அவள் மேல் சக்திமிகு உணர்வை ஏற்படுத்தியது. அவள் ஒப்புக்கொண்ட சத்தியமே அவளுக்கு தேவதை. அதுவே அறியாமை, பயம் மற்றும் மூடநம்பிக்கை போன்ற தடை கற்களை அகற்றியது. மேலும் இறைவனின் குணமளிக்கும் சக்தியே அவளை முழுமையாக்குகிறது என்று விளக்கிக் கூறினார்.

ஆணையிடும் முறை

நாம் கூறும் வார்த்தையின் பின்னால் உள்ள உணர்விலும் நம்பிக்கையிலும் தான் சக்தி உள்ளது. இந்த உலகத்தை நகர்த்தும் சக்தியே நம் வார்த்தைக்கு பின் நின்று நம் நம்பிக்கையையும் உறுதிமொழியையும் வளர்க்கும். சக்திக்கு சக்தி கூட்டுவதை முயற்சிக்காதே; அதனால் மனதளவில் போராட்டம், கட்டாயம், மனதில் மல்யுத்தம் இருக்கக்கூடாது.

ஒரு இளம் பெண் ஆணை முறையை உபயோகித்து தன்னை தொல்லைபடுத்திய ஒரு இளைஞனை விட்டு விலக முயற்சித்தாள். அவள் பின்வருமாறு கூறினாள்: ''நான் விடுவிக்கிறேன்... தெய்வத்திடம். அவர் எங்கும் வ்யாபித்திருக்கிறார். நானும் சுதந்திரமாக இருக்கிறேன் அவனும் சுதந்திரமாக இருக்கிறான். என் வார்த்தைகள் அளவற்ற மனதிடம் சென்று இதை உண்மையாக்க வேண்டும். அது அப்படியே.'' அன்றிலிருந்து அவன் மறைந்து விட்டதாகவும், காணப்படவில்லை என்றும் கூறினாள், ''அவனை இந்த பூமி விழுங்கியது போல்

உள்ளதாக.'' மேலும் சொன்னாள். *நீங்கள் ஆணையிட வேண்டும். அது உங்களுக்காக நடத்தப்படும். உன் ஆசையின் மேல் ஒளி பாயும்.* **ஜாப் 22:28.**

அறிவியல் உண்மையால் உங்களுக்கு கிடைக்கும் நன்மை

1. மனதின் பொறியாளராக இருந்து முயற்சி செய்து நிரூபிக்கப்பட்ட யுத்திகளை பயன்படுத்தி உங்கள் வாழ்க்கையை பெரியதாகவும், பிரம்மாண்டமாகவும் நிர்மாணித்து கொள்ளுங்கள்.
2. உங்களுடைய ஆசையே உங்களுடைய பிரார்த்தனை. உண்மையாகவே உங்கள் ஆசை நிறைவேறியதாக உணர்ந்து, நிஜமாக நடப்பதாக உங்கள் மனப்படத்தில் காணுங்கள். அப்பொழுது உங்களது பிரார்த்தனை நிறைவேற்றப்பட்டதன் சந்தோஷத்தை அனுபவிப்பீர்கள்.
3. உறுதியாக மனதின் அறிவியலின் உதவியுடன், சுலபமான வழியில் பொருளை அடைய விரும்புங்கள்.
4. மறைந்திருக்கும் ஆழ்மனதில் நீங்கள் சிந்திக்கின்ற எண்ணங்கள் மூலம் உங்களால் பிரகாசமான ஆரோக்கியம், வெற்றி, மற்றும் மகிழ்ச்சியை அடைய முடியும்.
5. ஆழ்மனதின் எல்லையற்ற ஆற்றலுக்கும் உணர்மனதிற்கும் தொடர்புள்ளதை அறிவியல் பூர்வமாக உங்களுக்கு நீங்களே நிரூபித்துக் கொள்ளும் வரை பரிசோதனை செய்யுங்கள்.
6. உங்களுடைய ஆசை நிச்சயமாக நிறைவேறுவதை மனதால் சந்தோஷத்தையையும், அமைதியையும் உணருங்கள். உங்களுடைய மனதில் இருக்கும் படம் எதுவானாலும், அதுவேதான் நம் நம்பிக்கைக்கான பொருளின் சாரமும், நாம் பார்க்காததற்கான சான்றும் ஆகும்.
7. ஒரு மனப்படம், ஆயிரம் வார்த்தைகளின் மதிப்பு கொண்டது. நம்பிக்கையின் பலத்தில் நீங்கள் பார்க்கும் காட்சி நிஜமாக மாறும்.
8. எல்லா முயற்சிகளையும், மனதை கட்டாயப்படுத்துவதையும் பிரார்த்தனையின்போது தவிர்க்கவும். உங்கள் பிரார்த்தனை நிச்சயம் நிறைவேறி விடும் என்று தெரிந்து கொண்டு, தூக்க, மயக்க நிலைக்குச் செல்ல உங்களுக்கு நீங்களே தாலாட்டு பாடிக்கொள்ளுங்கள்.

9. நன்றியுள்ள இதயம் ஆக்கபூர்வமான இந்த பிரபஞ்சத்திற்கு மிக அருகாமையில் உள்ளது என்பதை நினைவில் வைத்து கொள்ளுங்கள்.
10. அது அப்படித்தான் என்பதே உறுதிப்படுத்துவது. அந்த மனப்பாங்கை உண்மையாக கடைப்பிடித்து வந்தால், அனைத்து எதிர்ப்புக்களையும் கடந்து கடைப்பிடித்தால் உங்கள் பிரார்த்தனைக்கு பதில் கிடைக்கும்.
11. கடவுளின் அன்பு மற்றும் மகிமையை நினைத்து, நல்லிணக்கம், ஆரோக்கியம் மற்றும் அமைதி போன்ற மின் அலைகளை உருவாக்குங்கள்.
12. நீ உண்மை என்று கருதி ஆணையிடுவது எதுவோ அது நிஜமாகும். எனவே நல்லிணக்கம், ஆரோக்கியம், அமைதி மற்றும் நிறைவு ஆகியவற்றிற்காக ஆணையிடு.

7

ஆழ்மனது வாழ்வை நோக்கி போகிறது

உங்கள் மனநலம் 90 சதவீதத்திற்கும் மேலாக உங்கள் ஆழ்மனத்தில் உள்ளது. எனவே இந்த அற்புத சக்தியை உபயோகிக்க தவறும் ஆண்களும் பெண்களும் குறுகிய வரம்பிற்குள் வாழ்கிறார்கள். உங்கள் ஆழ்மனதின் செயல் முறை எப்பொழுதும் வாழ்க்கையை நோக்கி ஆக்கபூர்வமாக இருக்கும். உங்கள் ஆழ்மனம் உங்கள் உடலை வளர்த்து அதன் முக்கியமான செயல்பாடுகளை கவனித்துக் கொள்கிறது. அது 24 மணிநேரமும் ஓய்வில்லாமல் வேலை செய்கிறது. அது எப்பொழுதுமே உங்களுக்கு உதவி செய்து உங்களை ஆபத்திலிருந்து காப்பாற்றுகிறது.

எல்லையற்ற வாழ்க்கையுடனும், விரிவான ஞானத்துடனும் தொடர்பில் உள்ளது உங்கள் ஆழ்மனம். அதன் உள்ளுணர்வும், கருத்துகளும் வாழ்வை நோக்கியே உள்ளது. பெரிய ஆசைகள், உத்வேகங்கள், உந்துதல்கள், உன்னதமான எதிர்காலத்திற்கான கனவு காட்சிகள் அனைத்தும் ஆழ்மனதிலிருந்தே உற்பத்தியாகிறது. உங்களுடைய ஆழ்ந்த நம்பிக்கைகளை பற்றி நீங்கள் பகுத்தறிந்து வாதிட முடியாது; ஏனெனில் அவை உங்கள் காரண அறிவிலிருந்து வருவதில்லை. அவை உங்கள் ஆழ்மனதிலிருந்தே வெளிப்படுகிறது. உங்கள் ஆழ்மனம் உங்களிடம் உள்ளுணர்வு, உந்துதல், கருத்துக்கள் மூலமாக பேசுகிறது. அது எப்பொழுதுமே உங்களை உயரவும், மேம்பட வளரவும், முன்னேறவும், துணிச்சலுடன் செயல் படவும் மேல் நோக்கி முன்னேறி உயரங்களை எட்டவும் சொல்கிறது.

மற்றவர்களிடம் அன்பாய் நடக்க உந்துதலும், மற்றவர்கள்

வாழ்வை காப்பற்றுவதும் உங்கள் ஆழ்மனதின் ஆழத்திலிருந்தே வருகிறது. உதாரணத்திற்கு ஏப்ரல் 18, 1906 அன்று சான்ஃபிரான்ஸிஸ்கோ என்னும் இடத்தில் நிலநடுக்கம் மற்றும் தீ விபத்தின் பொழுது பாதிக்கப்பட்டு, பல வருடங்கள் படுக்கையில் முடங்கி கிடந்தவர்கள் எழுந்து நின்று, சில வியக்கத்தக்க தைரியமான செயல்களை செய்தனர். எப்பாடுபட்டாலும் மற்றவர்களை காப்பாற்ற வேண்டும் என்ற தீவிரமான ஆசை அவர்களுள் இருந்ததால் அவர்கள் ஆழ்மனமும் அதற்கு வழிவகுத்தது. சிறந்த கலைஞர்கள், கவிஞர்கள், இசை அமைப்பாளர்கள், எழுத்தாளர்கள், பேச்சாளர்கள் தங்கள் ஆழ்மனதுடன் ஒத்து போய் உத்வேகம் பெறுகிறார்கள். உதாரணத்திற்கு, ராபர்ட் லூயி ஸ்டீவென்சன் உறங்கச்செல்லும் முன் தான் தூங்கும்போது கதைகள் உண்டாக்க தன் ஆழ்மனதை தயார் படுத்தினார். அவரது வங்கி கணக்கில் பணம் குறைந்திருக்கும் போது, தன் ஆழ்மனதிடம் சிறந்த, நன்கு விற்பனை செய்யப்படக்கூடிய விறுவிறுப்பான கதையை கொடுக்கும் படி கூறுவது அவருக்கு பழக்கமானது. ஒரு தொடர்கதைபோல அவருடைய உள் மனம் கதைகளை கொடுத்துக்கொண்டிருந்தது. உங்கள் உணர்மனதிற்கு தெரியாத பெரிய ஞானபூர்வ விஷயங்களை உங்கள் ஆழ்மனது உங்களிடம் எப்படி தெரிவிக்கிறது என்று இது காட்டுகிறது.

மார்க் ட்வைன் இந்த உலகத்திடம் பல முறை, தான் அனேக நேரங்களில் வேலை செய்ததில்லை என்று ஒப்புக்கொண்டுள்ளார்.

அவரது நகைசுவை உணர்வும் சிறந்த எழுத்துக்களும் அவர் தன் ஆழ்மனதில் இருந்த தீராத வளத்தை தட்டி எழுப்பியதால் தான்.

மனதின் வேலைகளை உடல் எப்படி சித்தரிக்கிறது

உங்கள் ஆழ்மனதும் உணர்மனதும் ஒன்றோடு ஒன்று எப்படி தொடர்பு கொண்டுள்ளதோ அப்படித்தான் அதனோடு தொடர்புடைய நரம்புகளும் தொடர்பில் உள்ளன. எப்படி உணர்மனதின் ஒரு அங்கமாக முதுகெலும்பு இருக்கிறதோ அப்படிதான் ஆழ்மனதின் ஒரு அங்கமாக அனுதாபம். முதுகெலும்பின் மூலமாக தான் ஐம்புலன்களும் வேலை செய்து நம் உடலின் அசைவுகளை கட்டுப்படுத்துகிறது.

இந்த அமைப்பு மூளையில் இருக்கும் நரம்புகளால் உங்கள் உணர்மனதின் செயலை காட்டுகிறது. அனுதாப

அமைப்பை நாம் சில சமயங்களில் தன்னிச்சையாக இல்லாமல் செயல்படும் அமைப்பு என்கிறோம். அது வயிற்றின் பின்புறம் உள்ள சோலார் ப்ளெக்ஸ்ஸ் என்ற தசையில் உள்ள ஒரு வித பொருளில் அமைந்துள்ளது. அதனை வயிற்றின் மூளை என்று கூட அழைப்போம். அதுவே உடலின் முக்கிய உறுப்புக்கள் செயல்படுவதற்கு தன்னிச்சையாக இல்லாமல் செய்யப்படும் வேலைகளுக்கு ஆதரவு அளிக்கும்.

இந்த இரண்டு அமைப்புக்களும் சேர்ந்தோ தனித்தனியாகவோ, ஆனால் ஒற்றுமையாக செயல்படலாம். நீதிபதி தாமஸ் ட்ரோவ்ர்டு (*மனதின் அறிவியல் பற்றிய எடின்பர்க் விரிவுரைகள்*, (நியூ யார்க்: ராபர்ட் மேக் பிரைட் அண்ட் கோ 1909)) கூறுகிறார், ''தன்னார்வ அமைப்பின் வழியே செல்கிறது வேகாஸ் நரம்பு. அதன் மூலம் நாம் பேச்சு சம்பந்தப்பட்ட உறுப்புக்களை கட்டுப்படுத்துகிறோம்; பிறகு அது தொண்டை பகுதி வழியே கிளைகளாக பிரிந்து இதயம் மற்றும் நுரையீரலுக்குள் செல்கிறது; முடிவில் உதரவிதானத்தை வந்தடையும் பொழுது வெளி பூசல் மறைந்து அனுதாப அமைப்புடன் இணைந்து இரண்டையும் ஒன்று சேர்த்து மனிதனை ஒன்றாக்குகிறது.

''இது போல் மூளையின் வெவ்வேறு இடங்கள், புறநிலை மற்றும் அகநிலை செயல்பாடுகளுடன் தங்களது சம்பந்தத்தை காட்டுகிறது. பொதுவாக சொல்லவேண்டுமென்றால், மூளையின் முன் பாகத்தை புறநிலை செயல்களுக்கும், பின் பாகத்தை அகநிலை செயல்களுக்கும் ஒதுக்கலாம். நடுவில் இருக்கும் இடமோ இரண்டின் குணாதிசயங்களையும் கொள்ளும்.''

மனது மற்றும் உடலின் தொடர்பை எளிய முறையில் பார்க்க வேண்டுமென்றால், உணர்மனது ஒரு சிந்தனையை கைப்பற்றி அதற்கேற்ற அசைவுகளை தன்னார்வ அமைப்பிற்கு கொடுக்கிறது. இதனால் தன்னார்வமற்ற அமைப்பின் நரம்புகளில் ஒரு வித மின்சாரம் பாய்ந்து அந்த சிந்தனையை கையாள ஆக்கபூர்வ சக்தி கொண்ட ஆழ்மனதிடம் தருகிறது. இப்படித்தான் எண்ணங்கள் பொருட்கள் ஆகின்றன.

உங்கள் உணர்மனதில் எழும் ஒவ்வொரு எண்ணமும் உண்மையாக ஏற்றுக்கொள்ளப்பட்டு மூளை மூலமாக ஆழ்மனதின் மூளையான சோலார் ப்ளெக்ஸிற்கு தசைகளாக மாறி இந்த உலகில் நிஜ வடிவம் பெற அனுப்பப்படுகிறது.

உங்கள் உடலை கவனித்துக்கொள்ள ஒரு அறிவாற்றல் உள்ளது

கண்கள், காதுகள், இதயம், குடல், சிறுநீர் பை, போன்ற உறுப்புக்களின் அமைப்பையும் அணுக்களின் அமைப்பையும் நீங்கள் படித்தீர்களானால், இவை அனைத்திலும் அணுக்களின் கூட்டணி உள்ளது என்றும், இவை ஒன்றாக சேர்ந்து அந்த உறுப்பு செயல்பட தேவையான திறனை ஒருங்கிணைத்து அதற்கென ஒதுக்கப்பட்ட வேலையை ஏற்று, உணர்மனதின் ஆலோசனைபடி செயலாற்றுகிறது.

ஒரே ஒரு அணு மட்டுமே கொண்ட ஒரு உயிரினத்தை பற்றிய ஒரு கவனமான படிப்பு, சிக்கலான உங்கள் உடலுக்குள் என்ன நடக்கிறது என்பதை காட்டுகிறது. ஓரணு ஜீவன்களுக்கு உறுப்புக்கள் இல்லை என்றாலும், அடிப்படை வேலைகளான அசைவு, ஊட்டம், சீரழிவு மற்றும் நீக்குதல் ஆகியவை மனதின் சில செயல்பாடுகள் மற்றும் அதன் எதிர்வினைகள் தான் என்பதற்கான சான்றை கொடுக்கிறது. நீங்கள் தொந்திரவு செய்யாமல் விட்டால் தானே கவனித்துக்கொள்ளும் ஒருவித ஆற்றல் உங்கள் உடலுக்கு இருப்பதாக சிலர் கூறுகின்றனர். அது உண்மை தான், ஆனால் கடினம் என்னவென்றால், நம் வெளிப்புற தோற்றத்தை பொறுத்துத்தான் ஐம்புலன்கள் கொடுக்கும் சான்றை இடைமறிக்கிறது உணர்மனது. இது தவறான நம்பிக்கைகள், பயங்கள் மற்றும் கருத்துக்களுக்கு வழி வகுக்கிறது. எப்பொழுதெல்லாம் பயம், பொய்யான நம்பிக்கை மற்றும் எதிர் மறையான எண்ணங்கள் உங்கள் ஆழ்மனதின் மனோதத்துவ ரீதியான உணர்வு ரீதியான நிந்தனைகளை பதிவு செய்கிறதோ, அப்பொழுதெல்லாம் வேறு வழியில்லாமல் ஆழ்மனது தனக்கு கொடுக்கப்பட்ட திட்ட வரைபடபடியே செயல்படுகிறது.

ஆழ்மனது தொடர்ந்து பொது நலனுக்காகவே வேலை செய்கிறது

உங்களுக்குள் இருக்கும் அகநிலை சுயமானது, எப்பொழுதுமே பொது நன்மைக்காக தொடர்ந்து பணிபுரிகிறது. இதனால் அனைத்தின் பின்னரும் ஒரு நல்லிணக்க கொள்கை பிரதிபலிக்கிறது. உங்கள் ஆழ் மனதிற்கு தனக்கென்று ஒரு விருப்பம் உண்டு. அது உண்மையானது. நீங்கள் அதை குறித்து

எந்த வேலையும் செய்யாவிட்டாலும், அது இரவு பகலாக வேலை செய்கிறது. அது உங்கள் உடலை வளர்க்கும், ஆனால் அது வளர்ப்பதை உங்களால், பார்க்கவோ, கேட்கவோ, உணரவோ முடியாது, ஏனென்றால் அது ஒரு அமைதியான செயல்முறை. உங்கள் ஆழ்மனதிற்கு தனக்கென்று ஒரு வாழ்க்கை உள்ளது, அது எப்பொழுதும் நல்லிணக்கம், ஆரோக்கியம் மற்றும் அமைதியை நோக்கி நகர்கிறது. எப்பொழுதுமே உங்கள் மூலமாக வெளிப்பட நாடும் ஒரு தெய்வீக விதிமுறை.

உள்ளமைந்திருக்கும் நல்லிணக்க கொள்கையுடன் மனிதன் எப்படி குறுக்கிடுகிறான்

சரியாகவும், அறிவியல் பூர்வமாகவும் சிந்திக்க நமக்கு ''உண்மை'' தெரிந்திருக்க வேண்டும். உண்மையை அறிந்துகொள்வதென்பது எப்பொழுதும் அளவில்லா சக்தியுடனும் வாழ்வை நோக்கி நகரும் ஆழ்மனதுடன் நல்லிணக்கத்தில் இருப்பது தான். நல்லிணக்கத்தில் இல்லாத ஒவ்வொரு எண்ணமும் செயலும், அறியாமையில் இருந்தாலும் சரி அல்லது கற்பனையில் இருந்தாலும் சரி, அது எல்லாவிதமான முரண்பாடுகளிலும் தடைகளிலும் கொண்டு விடும்.

விஞ்ஞானிகள் 11 மாதங்களுக்கு ஒரு முறை நீங்கள் புது உடம்பு ஒன்றை வளர்ப்பதாக சொல்கிறார்கள்; அதனால் உடலளவில் 11 மாதங்கள் தான் உங்கள் வயது. பயம், கோபம், பொறாமை இவற்றால் உங்கள் உடலுக்கு நீங்களே பழுது ஏற்படுத்திக் கொண்டால் அதற்காக உங்களைத்தவிர வேறு யாரையும் சாடுவதற்கில்லை. நீங்கள் உங்கள் எண்ணங்களின் கூட்டுக்கலவையே. நீங்கள் உங்கள் மனதில் எதிர்மறையான எண்ணங்களும், கற்பனைகளையும் வளர்த்து கொள்ளாமல் உங்களால் இருக்க முடியும். இருட்டை விட்டு வெளியே வர ஒரே வழி வெளிச்சம்; குளிரை வெற்றி கொள்ளும் வழி வெப்பம்; எதிர்மறை எண்ணங்களை வெற்றி கொள்ளும் வழி அதற்கு மாற்றாய் நேர்மறையான எண்ணங்களை வளர்த்து கொள்வதே. நல்லதை உறுதி செய்தால் கெட்டது மறைந்து விடும்.

ஆரோக்கியம், ஆயுள் மற்றும் வலிமை பெற்றிருப்பது ஏன் சாதாரணமானது- நோயுற்று இருப்பது ஏன் அசாதாரணமானது

இந்த உலகத்தில் பிறக்கும் சராசரி குழந்தை நல்ல ஆரோக்கியத்துடனும் அணைத்து உறுப்புக்களும் நன்றாக வேலை செய்து கொண்டிருக்கும் நிலையில் உள்ளது. இது தான் சாதாரண நிலை. நாம் ஆரோக்கியத்துடனும், நீண்ட ஆயுளுடனும் வலிமையுடனும் இருக்க வேண்டும். சுயத்தை பராமரிக்கும் உணர்ச்சியே இயற்கையாகவே உங்களிடம் அமைந்த வலிமையான உள்ளுணர்வு. அதில் அதிக சக்தி வாய்ந்த, எப்பொழுதும் நிறைந்திருக்கும், உண்மையால் இயங்கும் இயற்கை குணம் உள்ளது. எனவே மனதின் எண்ணங்கள், கருத்துக்கள், நம்பிக்கைகள் ஆகியவை உங்களுக்குள் ஏற்கனவே உள்ள வாழ்க்கை விதியுடன் நல்லிணக்கமாக இருக்கும் பொழுது இவை தலைசிறந்த சக்தியுடன் வேலை செய்யும் என்பது தெளிவாகிறது. உங்களுக்குள் இயற்கையாகவே உள்ள வாழ்க்கை கோட்பாடுகள் உங்களை எப்பொழுதும் எல்லா சமயங்களிலும் தற்காத்து பாதுகாக்க பார்க்கிறது. இதிலிருந்து நம் இயல்பிற்கு மாறானதை உருவாக்குவதைக் காட்டிலும் இயல்பான சூழ்நிலையை மீண்டும் கொண்டு வருவது என்பது மிகவும் எளிமையானது என்று தெரிகிறது.

நோயுற்றிருப்பது அசாதாரண நிலைமை; அதன் பொருள் நீங்கள் வாழ்க்கையின் ஓட்டத்திற்கு புறம்பாக எதிர்மறையான எண்ணங்களோடு போகிறீர்கள். வாழ்வின் விதிமுறையை வளர்ச்சியின் விதிமுறை; இயற்கை முழுவதும் இந்த விதியின் செயல்பாட்டிற்கு மௌனமாக தொடர்ந்து வளர்ச்சி விதி மூலம், தன்னை வெளிப்படுத்தி நிரூபிக்கிறது. எங்கே வளர்ச்சியும் வெளிப்பாடும் இருக்கிறதோ அங்கே வாழ்க்கை இருக்க வேண்டும்; எங்கு வாழ்க்கை இருக்கிறதோ அங்கே நல்லிணக்கம் இருக்க வேண்டும். எங்கு நல்லிணக்கம் இருக்கிறதோ அங்கே தான் சரியான ஆரோக்கியம் இருக்கிறது.

ஆழ்மனதின் ஆக்கப்பூர்வ கொள்கையுடன் ஒருங்கிணைந்து உங்கள் எண்ணம் இருந்தால், உங்களுக்குள் அமைந்திருக்கும் நல்லிணக்கத்துடன் உடன்பாட்டில் இருக்கிறீர்கள். நல்லிணக்க கொள்கையுடன் ஒத்துப்போகாத எண்ணங்களுக்கு நீங்கள் ஆதரவு கொடுத்தால், இந்த எண்ணங்கள் உங்களுடன் ஒட்டிக்கொண்டு

உங்களை துன்புறுத்தி, கவலைகள் கொடுத்து, முடிவில் நோயில் கொண்டுவிடும்; அது தொடர்ந்தால், மரணமும் ஏற்படலாம்.

நோய் குணமடைவதற்கு உங்கள் ஆழ்மனதின் ஆயுள் சக்திகளை அதிக அளவில் உங்கள் அமைப்பில் முழுவதுமாக பாய விடவேண்டும். உங்கள் நரம்பு, சுரப்பிகள் மற்றும் உடல் தசைகளை கட்டுப்படுத்தி கழிவை வெளியேற்றும் உறுப்புக்களை சிதைக்கும் பயம், கவலை, பதற்றம், பொறாமை, வெறுப்பு மற்றும் இதர அழிவுபூர்வ எண்ணங்களை நீக்குவதால் முடியும்.

பாட் நோய் குணமடைந்தது

1917 மார்ச் மாதம் வெளிவந்த மாத இதழான *நாட்டிலஸில்*, முதுகெலும்பின் காச நோயான பாட் (Pott) நோயால் பாதிக்கப்பட்டிருந்த ஒரு சிறுவன் எப்படி குறிப்பிடத்தக்க நிவாரணம் அடைந்தான் என்று ஒரு கட்டுரை வந்திருந்தது. இந்தியானாபாலிஸை சேர்ந்த பிரெட்ரிக் எலியாஸ் ஆண்டிரூஸ் அவனது பெயர். அவன் இப்பொழுது மிசௌரி கான்சாஸ் நகரத்தில் உள்ள யூனிட்டி ஸ்கூல் ஆஃப் க்ரிஸ்டியனிட்டியில் ஒரு பாதிரியார். அவன் மருத்துவர் அவனை குணப்படுத்த முடியாது என்று கூறிவிட்டார். அவன் பிரார்த்தனை செய்ய தொடங்கினான். கைகள் மற்றும் முட்டியால் தவழ்ந்த அவன், நல்ல வலிமையுடன் நேராக நின்று நடக்கக்கூடியவனாக மாறினான். அவன் தனக்கு வேண்டிய மன குணங்களை உள்ளிழுத்து கொண்டு தன் உறுதிமொழியை தானே உருவாக்கினான்.

அவன் ஒவ்வொரு நாளும் மீண்டும் மீண்டும் பல முறை இதை கூறினான், ''நான் முழுமையாக, சரியாக, வலிமையாக, சக்திவாய்ந்தவனாக, அமைதியானவனாக, அன்பானவனாக, நல்லிணக்கம் கொண்டவனாக, மகிழ்ச்சியானவனாக இருக்கிறேன்.'' விடாமுயற்சியுடன் இந்த பிரார்த்தனை இரவில் கடைசி வார்த்தைகளாகவும், காலையில் முதல் வார்த்தைகளாகவும் வெளிவந்தன. அவன் அன்பு மற்றும் ஆரோக்கியத்தை பற்றிய எண்ணங்களை அனுப்பி மற்றவருக்காகவும் பிரார்த்தனை செய்தான். இந்த மனப்பான்மை மற்றும் பிரார்த்தனை செய்யும் விதம் பன்மடங்காக அவனுக்கு திரும்ப கிடைத்தது. அவன் நம்பிக்கையும் விடாமுயற்சியும் பெரிய ஈவுத்தொகையை கொடுத்தது. பயம், ஆத்திரம், பொறாமை இவன் கவனத்தை ஈர்த்த பொழுது உடனடியாக அவன் மனதை தன் உறுதிமொழியின்

பக்கம் திருப்பி விடுவான். அவனுடைய இந்த பழகிப்போன வழக்கமான எண்ணங்களுக்கு ஆழ்மனது பதிலளித்தது. இது தான் பைபிள் வாசகத்தின் அர்த்தம். *நீ உன் வழி செல், உன் நம்பிக்கை உன்னை முழுமையாக்குகிறது*. **மார்க் 10:52.**

ஆழ்மனதின் சக்தியின் மேல் நம்பிக்கை கொள்வது எப்படி உங்களை முழுமையாக்குகிறது

ஆழ்மனதின் குணமாக்கும் சக்தியை பற்றிய என்னுடைய விரிவுரைகளுக்கு வந்து ஒரு இளைஞனுக்கு கண்களில் ஒரு பெரிய பிரச்சனை இருந்தது. மருத்துவர் அறுவை சிகிச்சை அவசியம் என்று கூறியிருந்தார். அவன் தனக்குத்தானே சொல்லிக்கொண்டான், ''என் ஆழ்மனது என் கண்களை உருவாக்கியது. அதனால் அது அதனை குணப்படுத்த முடியும்.''

தினமும் இரவு படுக்கும் முன் தூக்க, மயக்க நிலைக்கு இணையான ஒரு தியான நிலைக்கு சென்றான். அவன் கவனம் சிதறாமல் அந்த கண் மருத்துவர் மீதே இருந்தது. அவன் அந்த மருத்துவர் தன் கண் முன் இருப்பது போல் நினைத்து அவர் கூறுவதாக கற்பனை செய்தான், ''ஒரு அற்புதம் நிகழ்ந்திருக்கிறது!'' இதையே மீண்டும் மீண்டும் ஒவ்வொரு இரவும் தூங்கும் முன் ஐந்து நிமிடங்கள் கேட்டான். மூன்று வாரங்களின் முடிவில் மீண்டும் அவனை முன்பு பரிசோதனை செய்திருந்த அந்த கண் மருத்துவரிடம் சென்றான். அவர் இவனிடம், ''இது ஒரு அற்புதம்!'' என்றார். என்ன நடந்தது? இந்த மனிதன் மருத்துவரை கருவியாக கொண்டு ஆழ்மனதில் ஒரு எண்ணத்தை பதிவு செய்தார். மீண்டும் மீண்டும் வலியுறுத்துதலின் மூலம், நம்பிக்கை மற்றும் எதிர்பார்ப்பின் மூலம் அவன் தன் ஆழ்மனதில் ஒரு பதிவு செய்தான். அவன் ஆழ்மனது அவன் கண்களை உருவாக்கியது; அதனுள் தான் சரியான வடிவம் இருந்தது. அது உடனே குணமடைய செய்ய தொடங்கியது. ஆழ்மனதின் சக்தியின் மேல் நம்பிக்கை கொள்வது எப்படி உங்களை முழுமையாக்குகிறது என்பதற்கு இது மற்றுமொரு உதாரணம்.

நினைவில் கொள்ள வேண்டிய குறிப்புகள்

1. உங்கள் ஆழ்மனது உங்கள் உடலை வளர்த்து 24 மணி நேரமும் வேலை செய்கிறது. உங்கள் எதிர்மறையான எண்ணங்களால் வாழ்வை வளமாக்கும் அதனுடைய வடிவங்களில் நீங்கள் குறுக்கிடுகிறீர்கள்.
2. தூங்குவதற்கு முன் பிரச்சனைகளுக்கு விடை காணும் வேலையை உங்கள் ஆழ்மனதிற்கு கொடுத்து ஊக்கமுட்டுங்கள். அது உங்களுக்கு விடையளிக்கும்.
3. உங்களுடைய எண்ணங்களை கவனமாக பாருங்கள். உங்களால் உண்மை என ஏற்றுக் கொள்ளப்பட்ட ஒவ்வொரு எண்ணமும் உங்கள் மூளையால் வயிற்றுப் பகுதிக்கு செலுத்தப்படும். உங்கள் வயிற்றில் உள்ள ஆழ்மனதின் மூளை அதை உண்மையாக இந்த உலகத்தில் உருகொள்ள செய்கிறது.
4. ஒரு புது வரைபடத்தை உங்கள் ஆழ்மனதிற்கு கொடுப்பதன் மூலம் உங்களை நீங்களே புதுப்பித்துக் கொள்ளலாம்.
5. உங்கள் ஆழ்மனம் வாழ்வை நோக்கி உள்ளது. உங்கள் வேலை உங்கள் உணர்மனதுடன் தான். உங்கள் ஆழ்மனதிற்கு உண்மையின் ஆதாரங்களை புகட்டுங்கள். உங்கள் ஆழ்மனம் எப்பொழுதுமே உங்கள் வழக்கமான எண்ணங்களுக்கு பதிலளிக்கிறது.
6. நீங்கள் ஒவ்வொரு 11 மாதத்திலும் ஒரு புது உட்லை உருவாக்குகிறீர்கள். உங்கள் எண்ணங்களை மாற்றுவதன் மூலம் உங்கள் உடலை மாற்றியமைத்துக் கொள்ளுங்கள்.
7. ஆரோக்கியமாக இருப்பது இயல்பானது. நோயுற்றிருப்பது இயல்பிற்கு புறம்பானது. இது நல்லிணக்க விதிக்கு உள்ளடங்கியது.
8. பொறாமை, பயம், கவலை, பதற்றம் முதலிய எண்ணங்கள் உங்கள் நரம்புகளையும் சுரப்பிகளையும் பாதித்து உங்களுக்கு எல்லா விதமான மனோ மற்றும் உடல் வியாதியையும் வரவழைக்கிறது.
9. நீங்கள் தொடர்ந்து எதை விழிப்புணர்வுடன் உறுதிபடுத்தி, உண்மை என்று உணர்கிறீர்களோ அதுவே உங்கள் மனதிலும், உடலிலும் மற்றும் பிற விஷயங்களிலும் உருவம் எடுக்கிறது. நல்லதை உறுதிப்படுத்தி மகிழ்ச்சியை வாழ்விற்குள் நுழையுங்கள்.

8

நீங்கள் விரும்பும் பலன்களை பெறுவது எப்படி

தோல்விக்கான முக்கிய காரணங்கள் இவை: நம்பிக்கையின்மையும் அதிக முயற்சியும். ஆழ்மனது வேலை செய்யும் விதத்தை புரிந்துகொள்ளாமல் பலர் தங்களது பிரார்த்தனையின் பலன்களை தானே தடுத்து விடுகின்றனர். உங்கள் மனம் வேலை செய்யும் விதத்தை அறிந்தால் உங்கள் நம்பிக்கையின் அளவு கூடும். ஒரு எண்ணத்தை உங்கள் ஆழ்மனது ஏற்றுக்கொண்ட உடனே அதை நடைமுறை படுத்த துவங்குகிறது. ஆழ்ந்த மனதின் ஆன்மீக விதிமுறைகளை நகர்த்தி தன் வலிமைமிக்க வளங்களை, நாம் நினைத்ததை சாதிக்க உபயோக படுத்துகிறது. இந்த விதி நல்ல மற்றும் தீய எண்ணங்களுக்கும் பொருந்தும். அவற்றை எதிர்மறையாக உபயோகித்தால், பிரச்சனை, தோல்வி மற்றும் குழப்பங்களை கொண்டு வரும்.

அதை ஆக்கபூர்வமாக உபயோகித்தால் அது சுதந்திரம் மற்றும் மன அமைதியை தந்து வழிநடத்தும்.

உங்கள் எண்ணங்கள் ஆக்கபூர்வமானதாகவும், நேர்மறையான தாகவும், அன்பானதாகவும் இருந்தால் சரியான விடை கிடைப்பதை தவிர்க்க முடியாது.

இதிலிருந்து தோல்வியை தவிர்க்க நீங்கள் செய்யவேண்டிய ஒரே விஷயம் உங்கள் சிந்தனைகள் அல்லது கோரிக்கைகளை ஏற்க, உங்கள் ஆழ்மனதை உண்மையை உணர செய்வது ஒன்றே. உங்கள் மனதின் விதி மீதமுள்ளதை செய்யும். உங்கள் நம்பிக்கையை கோரிக்கை மீது திருப்ப், உங்கள் ஆழ்மனம் அதனை பெற்றுக்கொண்டு பதில் கொடுக்கும்.

மனதை வற்புறுத்தினால் எப்பொழுதுமே முடிவுகள் தோல்வியாகவே அமையும்-உங்கள் ஆழ்மனம் வற்புறுத்தலுக்கு பதிலளிக்காது, அது உங்கள் நம்பிக்கை அல்லது உணர்மனது ஏற்றுக்கொள்வதை பொறுத்து பதிலளிக்கும்.

பலன்கள் பெறாமல் போவதற்கு கீழே கொடுக்கப்பட்டுள்ள வாக்குகளும் காரணமாக இருக்கலாம்: ''விஷயங்கள் இன்னமும் கேவலமாக ஆகிக்கொண்டிருக்கிறது.'' ''எனக்கு பதிலே கிடைக்காது.'' ''இதிலிருந்து வெளிவர எந்த வழியும் தெரியவில்லை.'' ''நம்பிக்கை இல்லாத நிலைமை.'' ''என்ன செய்வதென்று எனக்குத்தெரியவில்லை.'' ''எனக்கு ஒரே குழப்பமாக உள்ளது.'' இது போன்ற வாக்குகளை உபயோகிக்கும் பொழுது, உங்கள் ஆழ்மனதிடமிருந்து எந்த பதிலும் ஒத்துழைப்பும் கிடைக்காது. நேரம் குறிக்கும் சிப்பாய் போல நீங்கள் முன்னேறுவதுமில்லை, பின்னால் போவதுமில்லை; வேறு வார்த்தைகளில், நீங்கள் எங்கும் போய் சேர்வதில்லை.

நீங்கள் ஒரு வண்டிக்குள் ஏறி, ஐந்து நிமிடங்களுக்குள் அதன் ஓட்டுனருக்கு ஐந்தாறு வெவ்வேறு விதமான ஆணைகளை இட்டால், அவன் குழம்பிப்போய் உங்களை எங்குமே கூட்டிச்செல்ல மறுப்பான்.

உங்கள் ஆழ்மனதுடன் வேலை செய்வதும் இது போன்று தான். உங்கள் மனதில் தெளிவான எண்ணம் இருக்க வேண்டும். சலிப்படைய செய்யும் நோயிலும் ஒரு தீர்வு இருப்பதாக ஒரு திட்டவட்டமான முடிவிற்கு வரவேண்டும். உங்கள் ஆழ்மனதிற்குள் இருக்கும் அளவற்ற ஆற்றலுக்கே விடைகள் தெரியும். உங்கள் உணர் மனதில் தெளிவான திட்டவட்டமான முடிவிற்கு நீங்கள் வந்தவுடன், உங்கள் மனதும் உறுதி செய்துகொள்கிறது, உங்கள் நம்பிக்கையை போல் நடக்கிறது.

சுலபமாக செய்து முடிக்கலாம்

ஒரு முறை, தன் வீட்டு உலையை சரி செய்ய வந்த ஒருவன் இருநூறு டாலர்கள் கேட்டதற்கு ஒரு வீட்டின் உரிமையாளர், அவனை கடிந்து கொண்டார். அவனும், ''நான் மாற்றிய ஆணிக்கு ஐந்து டாலர்கள், அதில் என்ன தவறு நிகழ்ந்திருக்கிறது என்பதை அறிந்து செயல்பட்டதற்கு நூற்றி தொண்ணூற்றி ஐந்து டாலர்கள் என்றான்.''

அது போல தான் உங்கள் ஆழ்மனமும், தலை சிறந்த, அனைத்து

ஞானமும் கொண்ட ஒரு மாஸ்டர் மெக்கானிக். அதற்கு உங்கள் உடல் மற்றும் அதன் உறுப்புகள், உங்கள் வாழ்க்கை பிரச்சனைகள், அனைத்தையும் தீர்க்கும் அறிவு உள்ளது. நல்ல ஆரோக்கியம் வேண்டும் என்று ஆழ்மனதிற்கு ஆணை இடுங்கள், ஆழ்மனது அதை செயல்படுத்தும். ஆனால் நீங்கள் இதை கூறிவிட்டு பதட்டம் எதுவும் இல்லாமல் ஓய்வாக இருக்கவேண்டும். ''சுலபம் செய்து காட்டும்.'' எப்படி நடக்கும் என்ற விளக்கங்களுக்கு செல்லாதீர்கள், முடிவாக என்ன தேவையோ, வேண்டுமோ, விருப்பமோ, அதை மட்டும் தெரிந்து கொள்ளுங்கள். உங்கள் பிரச்சனைக்கான நல்ல மகிழ்ச்சியான தீர்வை உணருங்கள், அது ஆரோக்கியமாக இருந்தாலும் சரி, பணமாக இருந்தாலும் சரி, வேலைவாய்ப்பை பற்றியதாக இருந்தாலும் சரி. மோசமான நோயிலிருந்து குணமடைந்த பின்னர் எப்படி உணர்ந்தீர்கள் என்று மட்டும் நினைவு படுத்திக்கொள்ளுங்கள். உங்கள் ஆழ்மனதின் வெளிப்பாட்டின் உரைகல் உங்கள் உணர்ச்சி தான் என்பதை மனதில் நிறுத்திக்கொள்ளுங்கள். உங்கள் புது எண்ணம் முடிவடைந்தது போல், வருங்காலத்தில் இல்லாமல் தற்பொழுது நடந்துகொண்டிருப்பதாய் உணருங்கள்.

எதிரியை ஊகிக்காதீர்கள், கற்பனை திறனை உபயோகியுங்கள், மனதின் திடத்தை அல்ல

உங்கள் ஆழ்மனதை உபயோகிப்பதில் நீங்கள் எதிரியை ஊகிப்பதில்லை, மனோதிடத்தை உபயோகிப்பதில்லை. முடிவையும், சுதந்திரத்தையும் கற்பனை செய்கிறீர்கள். உங்கள் பகுத்தறிவு குறிக்கிடுவதை பார்ப்பீர்கள், ஆனால், அற்புதங்கள் நடக்கும் என்ற நம்பிக்கையில் குழந்தை போல் விடாப்பிடியாக இருங்கள். குறையோ, நோயோ இல்லாமல் உங்களை நீங்கள் படமாக்கி கொள்ளுங்கள். நீங்கள் மிகவும் ஆசைப்படும் அந்த சுதந்திர உணர்வை கற்பனை செய்யுங்கள். குழப்பங்கள் மற்றும் சிகப்பு நாடாக்களை இந்த செயல் முறையிலிருந்து நீக்கி விடுங்கள். எளிமையான வழியே சிறந்தது.

கட்டுக்கோப்பாக கொண்டுசெல்லப்படும் கற்பனை எப்படி அற்புதங்கள் புரிகிறது

உங்கள் ஆழ்மனதிலிருந்து பதிலை வரவழைக்க அற்புதமான வழி ஒழுக்கமான அல்லது விஞ்ஞான பூர்வமான கற்பனையே. முன்பு சுட்டிக்காட்டியது போல், உங்கள் ஆழ்மனதே உங்கள் உடலை வளர்த்து அதன் முக்கிய பணிகள் அனைத்தையும் நிறைவேற்றுகிறது.

பைபிள் கூறுகிறது, *நீங்கள் நம்பிக்கையுடன் எதுவொன்றை பிரார்த்தனையில் கேட்கிறீர்களா, அதை நீங்கள் பெறுவீர்கள்.* நம்பிக்கை என்பது ஒன்றை உண்மை என்று ஏற்றுக்கொள்வது, அல்லது அந்த நிலையில் வாழ்வது. அதே மனப்பான்மையில் வெகுகாலம் நீடித்தால் உங்கள் பிரார்த்தனைக்கு விடை கிடைத்ததற்கான மகிழ்ச்சியையும் அனுபவிப்பீர்கள்!

பிரார்த்தனையில் வெற்றி காண மூன்று படிகள்

வழக்கமான செயல் முறை கீழ்வருமாறு:

1. பிரச்சனையை ஒரு முறை பாருங்கள்.
2. ஆழ்மனது மட்டுமே அறிந்த தீர்வின் பக்கம் திரும்புங்கள்.
3. அது நடந்து விட்டதாக ஆழமான தீர்மானத்திற்கு வந்து ஓய்வெடுங்கள்.

''குணமடைந்தால் நன்றாக இருக்கும் என்று நினைக்கிறன்.'' ''அப்படி நடக்கும் என்று நம்புகிறேன்,'' என்றெல்லாம் சொல்லி உங்கள் பிரார்த்தனையை வலுவற்றதாக ஆக்காதீர்கள். செய்யப்படவேண்டிய வேலையை பற்றிய உணர்வே ''உங்கள் முதலாளி.'' நல்லிணக்கம் உங்களுடையது. ஆரோக்கியம் உங்களுடையது என்று அறிந்து கொள்ளுங்கள். ஆழ்மனதின் அளவற்ற குணப்படுத்தும் ஆற்றலின் வாகனமாகி புத்திக்கூர்மையுடன் திகழுங்கள். ஆரோக்கியத்தை பற்றிய உங்கள் எண்ணத்தை உங்கள் ஆழ்மனதிற்கு கொடுங்கள்; நடக்கும் என்ற உறுதி ஏற்படுகிற வரையில்; பின்னர் ஓய்வெடுங்கள். அதிலிருந்து உங்கள் கைகளை நீக்கி விடுங்கள். அந்த நிலைமையை பார்த்து சொல்லுங்கள், ''இதுவும் கடந்து போகும்.'' ஓய்வாக இருப்பதன் மூலம், உங்கள் ஆழ்மனதிற்கு இயக்க ஆற்றல் கொடுத்து அதை பொருட்தன்மைக்கு கொண்டு வருகிறீர்கள்.

எதிர் விளைவுச் சட்டம், பிரார்த்தனைக்கு எதிர்மறையாக விளைவுகள் உண்டாவது ஏன்

நாற்பது வருடங்களுக்கு முன் அமெரிக்கா வந்த ஃபிரான்ஸ் நாட்டு மனோதத்துவ நிபுணர், எதிர் வினை சட்டத்தை பின்வருமாறு விளக்கியுள்ளார்: ''உங்கள் ஆசைகளும், உங்கள் கற்பனைக்கிடையிலும் முரண்பாடு இருக்கும் பொழுது கற்பனையே லாபமடைகிறது.''

உதாரணத்திற்கு, உங்களை தரையில் ஒரு பலகையில் நடக்கச்சொன்னால் கேள்வி கேட்காமல் செய்வீர்கள். இப்பொழுது இதே பலகையை தரையில் இருந்து 20 அடி மேலே இரண்டு சுவர்களுக்கு நடுவில் காற்றில் வைக்கப்பட்டிருந்தால், நீங்கள் அதில் நடப்பீர்களா? அதில் நடக்க வேண்டும் என்ற உங்கள் விருப்பத்தை உங்கள் கற்பனை கீழே விழுந்து விடுவோம் என்ற அச்சத்தில் எதிர்வினையாக்கி, அது நடைபெறாமல் செய்துவிடும்.

மனதின் முயற்சி தானாகவே தோற்கடிக்கப்பட்டு, ஆசைப்பட்டதற்கு மாறான விஷயத்தையே எப்பொழுதும் நடக்க செய்யும். முடியாது, வலிமையில்லை என்ற எண்ணங்கள் உங்கள் மனதில் ஆதிக்கம் செலுத்தும்; ஆதிக்கம் செய்யும் எண்ணமே ஆழ்மனதை கட்டுப்படுத்தும். இரண்டு முரண்பாடான கருத்துக்களில் உங்கள் ஆழ்மனது பலமான கருத்தினையே ஏற்றுக்கொள்ளும். முயற்சி அதிகமில்லாமல் கிடைக்கும் வழிதான் சிறந்தது.

நீங்கள், ''நான் குணமடைய விரும்புகிறேன் ஆனால் எனக்கு கிடைக்க வில்லை;'' ''நான் இவ்வளவு கடுமையாக முயற்சி செய்கிறேன்;'' ''பிரார்த்தனை செய்ய என்னை நானே வற்புறுத்துகிறேன்;'' ''என்னிடம் இருக்கும் மனதிடம் அனைத்தையும் உபயோகப்படுத்துகிறேன்,'' என்றெல்லாம் சொன்னால், உங்கள் முயற்சியில் தான் தவறிருக்கிறது என்பதை நீங்கள் புரிந்து கொள்ளுவேண்டும்.

உங்கள் மனதிடத்தை பிரயோகப்படுத்தி ஆழ்மனதை கட்டாயப்படுத்தாதீர்கள். அத்தகைய முயற்சிகள் தோல்வியை தழுவும் விதி கொண்டது, மேலும் பிரார்த்தனைக்கு முரண்பாடான பலன் தான் கிடைக்கும்.

கீழே குறிப்பிடப்பட்டுள்ளது ஒரு பொதுவான அனுபவம். மாணவர்கள், பரீட்சையில் அமர்ந்து வினாத்தாளை பார்க்கும் பொழுது, படித்தது அனைத்தும் மறந்து விட்டது போல் தோன்றும்.

அவர்கள் மனம் வெற்றாக மாறி, ஒரு சம்பந்தப்பட்ட எண்ணம் கூட தோன்றாது.

எவ்வளவு அதிகமாக பல்லை கடித்து தன் மனோதிடத்தை அழைக்கிறார்க்ளோ, அவ்வளவுக்கவ்வளவு விடைகள் அவர்களை விட்டு ஓடும். ஆனால், அவர்கள் பரீட்சை அறையை விட்டு வெளியேறியவுடன், மனதின் அழுத்தம் குறைந்து, தளர்வானவுடன், அனைத்து விடைகளும் மடைதிறந்தது போல் அவர்கள் மனதை தேடி வரும்.

நினைவுபடுத்திக்கொள்ள தன்னை தானே வலியுறுத்தியது தான் அவர்கள் தோல்விக்கான காரணம். இது எதிர்விளைவு சட்டத்திற்கு ஒரு எடுத்துக்காட்டு, இங்கு நீங்கள் விரும்பியதற்கு நேர் மாறாக நடக்கிறது.

ஆசை மற்றும் கற்பனைக்கு நடுவில் ஏற்படும் முரண்பாட்டில் சமரசம் வேண்டும்

மன வலிமையை உபயோகிப்பது என்பது எதிர்ப்பு உள்ளது என்பதை முன்னமே தீர்மானித்துவிட்டது போலாகும். எப்பொழுது உங்கள் மனம் ஒரு பிரச்சனையை கையாளும் வழிமுறையில் கவனத்தை குவிக்கிறதோ, அப்பொழுது அதன் கவனம் தடைகளில் இருப்பதில்லை. **மதாயு 18:19** கூறுகிறார், *உங்களில் இரண்டு பேர் தாங்கள் வேண்டிக் கொள்ளப்போகிற எந்தக் காரியத்தைக் குறித்தாகிலும் பூமியிலே ஒருமனப்பட்டிருந்தால், பரலோகத்திலிருக்கிற என் பிதாவினால் அது அவர்களுக்கு உண்டாகும் என்று உங்களுக்குச் சொல்லுகிறேன்.* யார் இந்த இரண்டு பேர்? ஒரு காரணம், ஆசை மற்றும் கற்பனையில் உங்கள் உணர்மனதும் ஆழ்மனதும் ஒருங்கிணைந்து இருக்க வேண்டும். மனதின் இரண்டு பகுதியிலும் முரண்பாடில்லாமல் இருக்கும்பொழுது உங்கள் பிரார்த்தனைக்கு பதில் கிடைக்கும். ஒப்புதல் அளிக்கும் இரண்டு, நீங்கள் மற்றும் உங்கள் விருப்பமாக இருக்கலாம். உங்கள் சிந்தனை மற்றும் உங்கள் உணர்வாக இருக்கலாம், உங்கள் கருத்து மற்றும் உங்கள் உணர்ச்சியாக இருக்கலாம், உங்கள் ஆசை மற்றும் உங்கள் கற்பனையாக இருக்கலாம். உங்கள் ஆசைகள் மற்றும் கற்பனைக்கு நடுவில் முரண்பாடு ஏற்படாமல் இருக்க ஒரு தூக்க, மயக்க நிலையை அடைவது அவசியம். அதில் முயற்சியின் தேவை மிகக்குறைவு. பெரும்பாலான உணர்மனது தூக்கத்தில் இருக்கிறது. உங்கள்

ஆழ்மனதிற்குள் ஆலோசனைகள் விதைக்க நல்ல சமயம் தூங்குவதற்கு முன்னர் தான். இது ஏனென்றால், ஆழ்மனது தலைதூக்குவது இந்த சமயத்திலும், தூங்கி எழுந்த உடனும்தான்.

உங்கள் ஆசைகளை சமன்படுத்தி உங்கள் ஆழ்மனது அவற்றை ஏற்றுக்கொள்ளாமல் தடை செய்யும் எதிர்மறையான எண்ணங்கள் அந்த நேரத்தில் இருக்காது. ஆசை நிறைவேறிவிட்டது போன்ற உணர்வை உண்மை என்று கற்பனை செய்து, சாதித்ததனால் வரும் சுகத்தை உணரும் பொழுது, ஆழ்மனது அந்த ஆசையை நிறைவேற்றும்.

பெரும்பாலான சான்றோர்கள் தங்கள் குழப்பங்களையும், தடுமாற்றங்களையும், சிக்கல்களையும், பிரச்சனைகளையும் தங்களின் கட்டுப்பாட்டில் உள்ள, இயக்கம் மற்றும் ஒழுங்குபடுத்தப்பட்ட கற்பனை மூலம் தீர்க்கின்றனர். அவர்கள் எதை உண்மை என்று கற்பனை செய்து உணர்கிறார்களோ அது அவர்களால் *செயல்படுத்தப்படுகிறது*. பின்வரும் நிகழ்ச்சி ஒரு இளம்பெண் எப்படி தன்னுடைய ஆசைக்கும் கற்பனைக்கும் இடையே உள்ள முரண்பாட்டிலிருந்து வெளி வந்தாள் என்பதை தெளிவாக கூறும். அவள் தன்னுடைய சட்ட சிக்கலுக்கு ஒரு இணக்கமான தீர்வை விரும்பினாள். ஆனால் அவளுடைய கற்பனை தோல்வி, இழப்பு, திவால் மற்றும் வறுமையை பற்றியே தொடர்ந்து இருந்தது. இது ஒரு சிக்கலான வழக்கு. அது தொடர்ந்து தீர்வில்லாமல் ஒத்திவைக்கப்பட்டுக் கொண்டு இருந்தது.

என்னுடைய ஆலோசனைப்படி, அவள் தினமும் இரவில் உறங்கும் முன் ஒரு தூக்க. மயக்க நிலைக்கு சென்று, தன் வழக்கிற்கு மகிழ்ச்சிகரமான முடிவு கிடைத்துவிட்டதாக கற்பனை செய்து, தன்னால் முடிந்த வரை அதை உணர்ச்சிபூர்வமாகவும் பார்த்தாள். அவளது மனதில் இருக்கும் காட்சி, அவளது இதயத்தின் ஆசையாக இருக்கவேண்டும் என்பதையும் அவள் அறிந்திருந்தாள். தூங்குவதற்கு முன் அவள் வக்கீல் அவளிடம் முடிவை பற்றி விவரமாக கூறுவது போல் கற்பனை செய்தாள். அவள் அவரிடம் கேள்விகள் கேட்க அவரும் அதற்கு விடைகள் அளிப்பார். அவர், அவளிடம், ''சிறந்த இணக்கமான தீர்வு கிடைத்து விட்டது. இந்த வழக்கு நீதிமன்றத்திற்கு வெளியே தீர்வு கண்டது,'' என்று மீண்டும் மீண்டும் கூறுவார். பகலில் அச்சுறுத்தும் எண்ணங்கள் வந்தால், அவள் தன் மனதின் திரைப்படத்தை, கை கால் அசைவுகளுடன், ஒலியுடன் காண்பாள். அவரது குரல், புன்னகை

மற்றும் செய்கைகளை அவளால் சுலபமாக காண முடிந்தது. இந்த காட்சியை அவள் பல முறை மனதில் ஓட்டியதில் ரயில் தண்டவாளம் போன்ற ஒரு அகநிலை பதிவு ஒன்று ஏற்பட்டது. சில வாரங்கள் முடிந்தவுடன் அவள் வக்கீல் அவள் உண்மை போன்று உணர்ந்து கற்பனை செய்தது போலவே நிஜத்தில் நடந்ததாக கூறினார்.

இதையே தோத்திரம் எழுதுபவர் பின்வருமாறு கூறியது. ***என் கற்பாறையும் மீட்பருமான ஆண்டவரே! என் வாயின் சொற்கள் உமக்கு ஏற்றவையாய் இருக்கட்டும்: என் உள்ளத்தின் எண்ணங்கள் உமக்கு உகந்தவையாய் இருக்கட்டும்.*** **பைபிள் தோத்திரம் 19:14.**

மீண்டும் நினைவுகூற தகுந்த சில சிந்தனைகள்

1. வற்புறுத்தல் அல்லது அதிக முயற்சி உங்கள் பதட்டம் மற்றும் பயத்தைக் கூட்டி உங்கள் தீர்வை தடை செய்கிறது. எளிமையே சிறந்த வழி.
2. உங்கள் மனம் ஓய்வாக இருந்து ஒரு யோசனையை நீங்கள் ஏற்கும்போது, உங்கள் ஆழ்மனம் அந்த கருத்தை செயல்பாட்டில் இறக்கும்.
3. பாரம்பரிய வழிகளை விடுத்து சுதந்திரமாக திட்டமிடுங்கள். ஒவ்வொரு பிரச்சனைக்கும் ஒரு தீர்வும் பதிலும் எப்பொழுதுமே உண்டு என்பதை தெரிந்து கொள்ளுங்கள்.
4. உங்கள் இதயத் துடிப்பு, உங்கள் நுரையீரலின் சுவாசம் அல்லது உடலின் எந்தப்பகுதியின் செயல்பாடுகள் குறித்தும் உங்கள் மனதில் அதிக கவலை வேண்டாம். உங்கள் ஆழ்மனதின் பக்கம் பலமாக சாய்ந்து தெய்வீகமான சரியான செயல் நடக்கிறது என்று அடிக்கடி கூறிக்கொள்ளுங்கள்.
5. ஆரோக்கியமான உணர்வு ஆரோக்கியத்தை உண்டாக்கும். சுபீட்சமான உணர்வு செல்வத்தை உண்டாக்கும். நீங்கள் எப்படி உணர்கிறீர்கள்?
6. கற்பனையே உங்களது மிகவும் சக்திவாய்ந்த ஆசிரியர். நல்லனவற்றையும் சிறப்பானவற்றையும் பற்றி மட்டுமே கற்பனை செய்யுங்கள். நீங்கள் உங்களை கற்பனையில் எப்படி பார்க்கிறீர்களோ அப்படியே ஆகின்றீர்கள்.
7. தூக்கநிலையில் ஆழ்மன மற்றும் உணர்வு மனதிற்கு இடையே உள்ள மோதலை தவிர்க்கும். தூங்குவதற்கு முன்னால்

மீண்டும் மீண்டும் உங்கள் விருப்பம் பூர்த்தியாவதை கற்பனை செய்யுங்கள். அமைதியாக தூங்கி மகிழ்ச்சியில் விழித்திடுங்கள்.

9

ஆழ்மனதின் சக்தியை செல்வங்கள் பெற எப்படி உபயோகிப்பது

உங்களுக்கு பண பிரச்சனை இருந்தால், செலவுகளை சமாளிப்பது கடினமாக இருந்தால், உங்கள் ஆழ்மனதில் உங்களிடம் அளவிற்கு அதிகமாகவே உள்ளது என்று நம்பவில்லை என்று அர்த்தம். வாரத்தில் சில மணிநேரங்களே வேலை செய்து பணம் சம்பாதிக்கும் பல ஆண்களையும், பெண்களையும் உங்களுக்கு தெரியும். அவர்கள் போராடவோ, கடினமாகவோ உழைக்கவில்லை. செல்வந்தராக ஒரே வழி நெற்றி வேர்வை சிந்த உழைப்பதுதான் என்ற எண்ணத்தை கைவிடுங்கள். அது அப்படி இல்லை; அதிக முயற்சி இல்லாமல் வாழ்வது தான் சிறந்தது. உங்களுக்கு பிடித்ததை செய்யுங்கள், அதில் கிடைக்கும் மகிழ்ச்சிக்காக, சுகத்திற்காக.

வருடத்திற்கு 75,000 டாலர்கள் சம்பாதிக்கும் லாஸ் ஏன்ஜில்ஸில் இருக்கும் ஒருவரை நான் அறிவேன். சென்ற வருடம் ஒன்பது மாத கப்பல் பயணம் செய்து உலகின் பல்வேறு அழகான இடங்களை பார்வையிட்டார். அவர் என்னிடம், தான் அந்த அளவு மதிப்புடையவர், தகுதி உடையவர் என்று தன் ஆழ்மனதை நம்பவைத்ததாக கூறினார்.

அவரது நிறுவனத்தில் வாரத்திற்கு நூறு டாலர்கள் சம்பாதிக்கும் பலருக்கு, தொழில் பற்றி அதிகம் தெரியும் மற்றும் அவர்களால் அதனை சமாளிக்க முடியும் என்றும், ஆனால், அவர்களிடம் எந்த ஒரு லட்சியமோ, ஆக்கப்பூர்வ எண்ணங்களோ இல்லை. ஆழ்மனதின் அற்புதங்களிலும் அவர்களுக்கு நாட்டம் இல்லை என்று கூறினார்.

செல்வச்செழிப்பு மனதில் உள்ளது

ஒவ்வொரு தனிமனிதனின் ஆழ்மனதில் இருக்கும் சாதாரண நம்பிக்கை தான் செல்வ செழிப்பு. ''நான் லட்சாதிபதி, நான் லட்சாதிபதி,'' என்று கூறுவதில் நீங்கள் லட்சாதிபதியாகிவிட முடியாது. செல்வ செழிப்பை பற்றி, நிறைவை பற்றி உங்கள் மனதில் ஒரு எண்ணத்தை நீங்கள் வளர்ப்பீர்கள்.

கண்ணுக்கு புலப்படாத ஆதரவு

மக்களின் மிகப்பெரிய பிரச்சனை, அவர்கள் கண்களுக்கு புலப்படாத துணைகள் இல்லாமல் இருப்பது தான். வியாபாரம் விழும்பொழுது, பங்குச் சந்தை இறக்கம் அல்லது முதலீட்டில் நஷ்டம் வரும்பொழுது அம்மனிதர்கள் உதவி எதுவும் இல்லாதவர்கள் போல காணப்படுவர். ஆழ்மனதின் ஆற்றலை திறமையாக பயன்படுத்த முடியாததே இது போன்ற நிலைமைக்குக் காரணம். ஆழ்மனதின் அளவற்ற சக்தியைப் பற்றிய விழிப்புணர்வு அவர்களுக்கு இல்லை.

ஏழ்மை மனதை கொண்டவன் வறுமையான சூழ்நிலைகளையே பார்க்கிறான். மாறாக, வளமையான மனதை உடையவன், தான் விரும்பும் அனைத்தையும் காண்கிறான். மனிதன் எப்பொழுதும் வறுமையிலேயே வாட வேண்டும் என்பதில்லை. வளமும், தேவையானவையும் பெற்று, மேலும் நிறைய எஞ்சும் விதமாகவும் பெறலாம். நம் வார்த்தைகளுக்கு நமது மனதின் வேண்டாத எண்ணங்களை மாற்றி, நல்ல எண்ணங்களை ஏற்படுத்தும் சக்தி உண்டு.

செல்வத்தை உணர்ந்து வாழ சிறந்த வழி

இந்த பகுதியை படிக்கும் பொழுது, ''எனக்கு செல்வமும் வெற்றியும் வேண்டும்,'' என்று கூறலாம். இது தான் நீங்கள் செய்ய வேண்டியது: ஒரு நாளைக்கு மூன்று அல்லது நான்கு முறை, ஐந்து நிமிடங்களுக்கு மீண்டும் மீண்டும், ''செல்வம்-வெற்றி'' என்று கூறுங்கள். இந்த வார்த்தைகளுக்கு அதீத சக்தி உண்டு. இவை உங்கள் ஆழ்மனதின் உள்ளிருக்கும் சக்தியை குறிக்கிறது. உங்களுக்குள் இருக்கும் நிறைவான சக்தியின் மீது உங்கள் மனதின் நங்கூரத்தை பாய்ச்சுங்கள்; அப்படிச் செய்யும் பொழுது,

நிலைமையும் சூழ்நிலையும் அதற்கேற்ப உங்கள் வாழ்க்கையில் அமையும். நீங்கள், ''நான் செல்வந்தன்'' என்று சொல்லவில்லை. உங்களுக்குள் இருக்கும் நிஜமான சக்தியில் வாழ்கிறீர்கள். ''செல்வம்'' என்ற வார்த்தையை சொல்லும் பொழுது உங்கள் மனதில் எந்த வித முரண்பாடும் இல்லை. செல்வத்தைப்பற்றிய எண்ணங்களை சிந்திக்க சிந்திக்க அந்த உணர்வில் வாழ துவங்குவீர்கள்.

செல்வத்தை பற்றிய உணர்வு செல்வத்தை வளர்கிறது. இதை எந்நேரமும் மனதில் நிறுத்திக்கொள்ளுங்கள். உங்கள் ஆழ்மனது வங்கி போன்றது. உலகளாவிய நிதி நிறுவனம். அதில் நீங்கள் எதை முதலீடு செய்தாலும் அது பெருகி வளர்கிறது, செழிப்பானாலும் சரி, வறுமையானாலும் சரி. செல்வத்தை தேர்ந்தெடுங்கள்.

செல்வத்தை பற்றிய உங்கள் உறுதிமொழி ஏன் தோற்றுப்போகிறது

கடந்த முப்பத்தி ஐந்து வருடங்களாக நான் பலரிடம் பேசியுள்ளேன். வழக்கமான புகார்தான், ''நான் பல வாரங்களாக மாதங்களாக, 'நான் செல்வச்செழிப்புடன் இருக்கிறேன்,' என்று சொல்லிப்பார்த்தேன், ஒன்றும் நடக்கவில்லை.'' அவர்கள் ''நான் செல்வச்செழிப்புடன் இருக்கிறேன்,'' சொல்லும்பொழுது தனக்குத்தானே பொய் சொல்லிக்கொள்வதாக உணர்ந்தார்கள் என்று கண்டுபிடித்தேன்.

ஒரு மனிதர் என்னிடம், ''நான் சோர்வடைகிறவரை, நான் செழிப்பாக உள்ளேன் என்று சொல்லிப்பார்த்தேன். இப்பொழுது நிலைமை இன்னும் மோசமாகி விட்டது. அந்த வாக்கியத்தை நான் சொன்ன பொழுது அது உண்மையில்லை என்று எனக்குத்தெரியும்.'' அவர் வார்த்தைகள் வெளியிலிருந்து வந்ததால் அவரது உணர்மனது அதை நிராகரித்து அதற்கு நேர்மாறான விளைவு ஏற்பட்டது.

மனதளவில் ஒரு விவாதத்தை தொடங்கக்கூடியதாக இல்லாவிட்டால் உங்கள் உறுதிமொழி வெற்றி பெறும்; இந்த மனிதனது வார்த்தைகள் குறைபாட்டை சுட்டிக்காட்டியதால், விஷயம் மோசமாகி நேர் எதிர்மறையான விளைவை ஏற்படுத்தியது. நீங்கள் உண்மை என்று உணர்வதை உங்கள் ஆழ்மனது ஏற்றுகொள்ளும், வெற்றான வார்த்தைகளையோ

வாக்கியங்களையோ அல்ல. மேலோங்கியிருக்கும் எண்ணத்தையே ஆழ்மனது ஏற்றுக்கொள்கிறது.

மனதின் பூசல்களை எப்படி தவிர்ப்பது

இது கடினம் என்று நினைப்பவர்களுக்கு அதை வெல்ல பின்கூறப்பட்டுள்ள வழி சிறந்தது. இந்த வாக்கியத்தை அடிக்கடி, குறிப்பாக உறங்கச்செல்லும் முன் பல முறை கூறவும்: ''இரவும் பகலும் எனக்கு ஆர்வம் இருக்கும் அனைத்து துறைகளிலும் நான் செழிப்பாக இருக்கிறேன்.'' இந்த உறுதிமொழி எந்த விதமான சர்ச்சையையும் உங்கள் மனதில் கொண்டு வராது ஏனென்றால் உங்களது உணர் மனதில் இருக்கும் பண பற்றாக்குறையை இது உறுதி செய்கிறது.

விற்பனையும் நிதி நிலைமையும் மோசமாக இருந்த ஒரு தொழிலதிபர் மிகவும் கவலையில் இருந்தார். அவரை என் அலுவலகத்தில் உட்காரச்செய்து, அமைதியாக இருக்க சொல்லி, இந்த வாக்கியத்தை மீண்டும் மீண்டும் கூறுமாறு சொன்னேன்: ''என் விற்பனை நாளுக்கு நாள் தேறி வருகிறது.'' இந்த வாக்கியம் உணர்மனது மற்றும் ஆழ்மனதின் ஒத்துழைப்பை பெற்றது; விளைவு தொடர்ந்தது.

நிரப்பப்படாத காசோலையில் கையெழுத்திடாதீர்கள்

''புழக்கத்தில் அதிக பணம் இல்லை.'' ''பற்றாக்குறை இருக்கிறது.'' ''அடகு வைத்ததனால் நான் என் வீட்டை இழந்துவிடுவேன்,'' போன்ற வாக்கியங்களை கூறும்பொழுது நீங்கள் நிரப்பப்படாத காசோலையில் கையெழுத்திடுவது போலாகும். வருங்காலத்தை பற்றி முழுக்க முழுக்க நீங்கள் பயத்தில் இருந்தால், எதிர்மறையான நிலைமைகளை உங்கள் பக்கம் ஈர்ப்பது போலாகும், காலி காசோலையில் கையெழுத்திடுவது போலாகும். உங்கள் ஆழ்மனது அந்த பயத்தையும் எதிர்மறையான வாக்கியத்தையும் எடுத்துக்கொண்டு, அதை உங்கள் வேண்டுகோளாக எடுத்துக்கொண்டு, தடைகள், நேரம் தாழ்த்துவது, ப்ற்றாக்குறை, வரம்புகள் ஆகியவற்றை உங்கள் வாழ்க்கையில் கொண்டு வந்துவிடும்.

உங்கள் ஆழ்மனது உங்களுக்கு கூட்டு வட்டி தருகிறது

எவனொருவனிடம் செல்வம் உள்ளதாக உணர்வு உள்ளதோ, அவன் செல்வம் கூடும்; எவனொருவனிடம் பற்றாக்குறைக்கான உணர்வு உள்ளதோ அவன் பற்றாக்குறை அதிகரிக்கும். உங்கள் ஆழ்மனதில் சேர்க்கப்படுவது அதிகரித்து பன்மடங்காக பெருகுகிறது. ஒவ்வொரு நாளும் விழித்ததும், செழிப்பு, வெற்றி, செல்வம் மற்றும் அமைதிக்கான எண்ணங்களை ஆழ்மனதில் சேர்த்திடுங்கள். இந்த எண்ணங்களில் மனதை நிறுத்துங்கள். அதை கொண்டு உங்கள் மனதை சுருசுருப்பாக வைத்திருங்கள். இந்த ஆக்கபூர்வமான எண்ணங்கள் உங்கள் ஆழ்மனதில் தனக்கென்று இடம் பிடித்து செழிப்பை கொண்டு வரும்.

ஏன் எதுவும் நடக்கவில்லை

நீங்கள் சொல்வது எனக்கு கேட்கிறது, ''ஓ, நான் அதை செய்தேன் இருந்தாலும் எதுவும் நடக்கவில்லை.'' உங்களது பயத்தினால் உங்கள் உறுதிமொழி பலன் இல்லாமல் போனது. மண்ணில் ஒரு விதை விதைத்தபின் நீங்கள் அதை தோண்ட மாட்டீர்கள். அது வேர் விட்டு வளர விடுங்கள்.

உதாரணத்திற்கு, நீங்கள் சொல்கிறீர்கள், ''என்னால் இந்த பணத்தை கட்ட முடியாது,'' என்று.

அதற்கு மேல் செல்லும் முன், ''என்னால்...'' என்று துவங்கியவுடன் ஆக்கபூர்வ வாக்கியமாக அதை மாற்றி அமையுங்கள், ''இரவு பகலாக நான் எல்லா வழிகளிலும் செழிப்படைகிறேன்.''

செல்வத்தின் உண்மையான ஆதாரம்

உங்கள் ஆழ்மனதில் சிறந்த புதிய எண்ணங்களுக்கு குறைவில்லை. அதனுள் எண்ணற்ற எண்ணங்கள், உணர்மனத்திற்கு பாய்ந்து, எண்ணற்ற வழிகளில் உங்கள் சட்டை பையில் காசை நிரப்ப தயாராக உள்ளது. பங்கு சந்தை உயர்ந்தாலும் தாழ்ந்தாலும், அன்னிய செலாவணி மதிப்பில் உயர்ந்தாலும் தாழ்ந்தாலும், இந்த செயல்முறை உங்கள் மனதில் தொடரும்.

உங்கள் செல்வம் பங்கு சந்தையிலோ, உங்களிடம் உள்ள

பத்திரங்கள் மீதோ அல்லது வங்கி கணக்கில் கையிருப்பின் மேலோ சார்ந்திருப்பதில்லை; இவை வெறும் அறிகுறிகளே. நிச்சயமாக தேவையானவை, உபயோகமானவை ஆனால் வெறும் அறிகுறிகளே.

நான் இங்கு வலியுறுத்த விரும்பும் விஷயம் என்னவென்றால், நீங்கள் உங்கள் ஆழ்மனதை செல்வம் உங்களுடையது, அது உங்கள் வாழ்வில் புழக்கத்தில் உள்ளது என்று நம்ப வைத்தால், நிச்சயமாக அதை நீங்கள் ஏதேனும் ஒரு வடிவில் தப்பாமல் அடைவீர்கள்.

வரவு செலவை சமாளிப்பது கடினமாக இருப்பதன் உண்மையான காரணம்

வரவு செலவை சமாளிக்க எப்பொழுதுமே முயற்சி செய்வதாக சிலர் கூறுவார்கள். தங்கள் செலவுகளுக்கு பணம் அடைக்க அவர்கள் போராடுவது ஏன்? அவர்களது உரையாடல்களை கேட்டிருக்கிறீர்களா?

பல முறை அவர்கள் உரையாடல் இது போன்று இருக்கும். அவர்கள் எப்பொழுதும், வாழ்க்கையில் வெற்றி கண்டவர்களை குறை கூறுவதை பழக்கமாக கொண்டிருப்பார்கள். ''அவன் திருந்தமாட்டான்; அவன் அயோக்கியன்; ஏமாற்றுகிறான்,'' என்று சொல்லக்கூடும். அதனால்தான் அவர்கள் வாழ்க்கையில் பற்றாக்குறை இருக்கிறது; அவர்கள் எதை விரும்புகிறார்களோ அதையே பழிக்கிறார்கள். அவர்களை விட செல்வந்தர்களாக இருப்பவர்களைப் பற்றி அவர்கள் குறை கூறுவது அவர்களது பொறாமை படும் குணத்தால் தான். செல்வம் உங்களை விட்டு சீக்கிரமே சிறகை விரித்து பறந்து செல்ல ஒரே வழி உங்களை விட அதிக செல்வம் உள்ளவர்களை பழிப்பது தான்.

செல்வத்தின் வழியில் பொதுவான தடைக்கற்கள்

பலரது வாழ்க்கையிலும் செல்வத்தின் பற்றாக்குறைக்கான காரணம் ஒரே ஒரு உணர்ச்சி தான். இதை பெரும்பாலானோர் கடினமான முறையில் கற்கிறார்கள். அது பொறாமை. உதாரணத்திற்கு உங்கள் போட்டியாளர் வங்கியில் அதிக பணம் வைப்பு நிதியாக கட்டுவதை பார்த்தால், உங்களிடம் சிறிதளவு பணமே இருந்தால்,

அது உங்களை பொறாமை பட செய்கிறதா? இந்த உணர்ச்சியை அடக்க உங்களுக்கு நீங்களே, ''அற்புதம்! அவன் செழிப்பாக இருப்பதில் நான் மகிழ்ச்சி அடைகிறேன். அவன் செல்வம் மேன்மேலும் வளர வாழ்த்துகிறேன்,'' என்று கூறிக்கொள்ளுங்கள்.

பொறாமை எண்ணங்களை வளர்த்துக்கொள்வது அழிவை கொடுக்கும் ஏனென்றால் அது உங்களை எதிர்மறையான இடத்தில் நிறுத்துகிறது; அதனால் செல்வம் உங்கள் *பக்கம் இல்லாமல்* உங்களை விட்டு விலகி செல்கிறது. மற்றவர்களிடம் இருக்கும் செல்வச்செழிப்பை பார்த்து நீங்கள் எரிச்சலுற்றால், உடனே அவர்கள் இன்னும் அதிகம் பெற வேண்டும் என்ற வாழ்த்தை உண்மையாக உங்கள் மனதில் நிறுத்துங்கள். இது உங்கள் எதிர்மறையான எண்ணங்களை சமன்படுத்தி உங்கள் பக்கம் அதிக அளவு செல்வம் பாய ஆழ்மனதின் சட்டம் வழிவகுக்கும்.

செல்வத்தை அடைவதில் உள்ள தடையை உங்கள் மனதிலிருந்து நீக்குதல்

தீய வழியில் பணம் சேர்ப்பவர்களை பற்றி நீங்கள் கவலைப் பட்டால், இன்றுடன் அந்தக் கவலையை விட்டு விடுங்கள். அப்படிப்பட்ட மனிதர்கள், மனதின் சக்தியை தவறாகப் பயன்படுத்துகின்றனர் என்பதை நீங்கள் அறிவீர்கள்; அவர்களின் மனோதர்மமே அவர்களைக் கவனித்துக் கொள்ளும். கவனத்தில் கொள்லுங்கள். அவர்களை பொறாமை கொண்டு விமர்சனம் செய்யாதீர்கள். பொறாமையின் தீமைகளை ஏற்கனவே பார்த்துள்ளோம். நினைவில் கொள்ளவும்: நமது செல்வத்திற்கு முக்கிய தடைக்கல் நம் மனமே. பிறருடன் நல்ல முறையில் அன்புடன் பழகுவதால் அந்தத் தடைக்கல்லை உடைத்தெறியலாம்.

தூக்கத்தில் செல்வத்தை வளருங்கள்

தூங்கச்செல்லும் முன் பின்வரும் யுக்தியை பயிலுங்கள். மீண்டும் மீண்டும், ''செல்வம்'' என்ற வார்த்தையை அமைதியாக, சுலபமாக, உணர்வுபூர்வமாக கூறுங்கள். ஒரு தாலாட்டுபோல் இதை மீண்டும் மீண்டும் செய்யுங்கள். ''செல்வம்'' என்ற ஒரே வார்த்தையை வைத்து நீங்கள் தூங்க தாலாட்டு பாடுங்கள். பலனை கண்டு நீங்கள் ஆச்சரியப்படவேண்டும்.

செல்வம் ஒரு பனிமலை சரிவது போல் அபரிமிதமாக

உங்களை நோக்கி பாய வேண்டும். ஆழ்மனதின் மந்திர சக்தியை எடுத்துக்காட்ட இது மற்றுமொரு உதாரணம்.

மனதின் பலத்தால் உங்களுக்கு சேவை செய்து கொள்ளுங்கள்

1. சுலபமான வழியில் தவறாத ஆழ்மனதின் துணையோடு செல்வத்தை அடைய முடிவு செய்யுங்கள்.
2. செல்வத்தை அடைய வேர்வையை சிந்தி உழைத்தால், கல்லறையில்தான் பணக்காரன் ஆகலாம். கடின உழைப்பும் போராடலும் தேவையில்லை.
3. செல்வம் ஆழ்மனதின் நம்பிக்கை. செல்வத்தை பற்றிய மனப்பான்மையை வளர்த்துக்கொள்ளுங்கள்.
4. பெரும்பாலானோரின் பிரச்சனை கண்ணுக்கு புலப்படாத ஆதரவு இருப்பதில்லை.
5. தூங்குவதற்கு முன் ''செல்வம்'' என்ற சொல்லை மெதுவாக, அமைதியாக ஐந்து நிமிடம் திரும்பத் திரும்ப கூறுங்கள். அதன் விளைவாக ஆழ்மனம், செல்வத்தை உங்கள் அனுபவத்தில் உணர வைக்கும்.
6. செல்வத்தைப் பற்றிய உணர்வு தான் செல்வத்தை உருவாக்கும். இதை எப்போதும் மனதில் கொள்ளுங்கள்.
7. உங்களின் உணர்மனமும் ஆழ்மனமும் ஒன்றிணைந்து செயல்படவேண்டும். உங்கள் ஆழ்மனம் நீங்கள் உண்மையாக நிஜம் என்று உணர்வதைத் தான் ஒப்புக்கொள்ளும். மேலோங்கி நிற்கும் எண்ணத்தைத்தான் ஆழ்மனம் ஏற்றுக்கொள்கிறது. எனவே உங்களின் மேலோங்கிய எண்ணம் *செல்வமாக* இருக்கட்டும்; *வறுமை* அல்ல.
8. செல்வம் குறித்து மனதில் எழும் எந்த முரண்பாட்டையும், ''இரவும் பகலும் எனக்கு ஆர்வம் இருக்கும் அனைத்து துறைகளிலும் நான் செழிப்பாக இருக்கிறேன்,'' என்று மனதில் திரும்பத்திரும்பச் சொல்லி வெற்றி கொள்ளலாம்.
9. ''என்னுடைய விற்பனை நாள்தோறும் வளர்கிறது; நானும் தினந்தோறும் முன்னேறுகிறேன்; எனது செல்வம் தினமும் வளர்கிறது,'' என்ற வார்த்தைகளை திரும்பத் திரும்பக் கூறி உங்கள் வணிகத்தைப் பெருக்கலாம்.
10. ''போதுமானது இல்லை; பற்றாக்குறை நிலவுகிறது'' போன்ற வார்த்தைகளை கூற வேண்டாம். அது காலி காசோலையில்

கையெழுத்திடுவதற்கு சமம். இவ்வாறு கூறுவது துன்பங்களை பெரிதாக்கி, நஷ்டங்களை பலமடங்காக்கிவிடும்.

11. சுபிட்சம், செல்வம், வெற்றி ஆகிய எண்ணங்களை ஆழ்மனதில் விதையுங்கள், அதிலிருந்து பிற்காலத்தில் அபரிமித விளைச்சலைப் பெறலாம்.
12. முதலில் சாத்தியம் என்று ஏற்றக்கொண்ட உறுதியான எண்ணங்களை, சிறிது நேரம் கழித்து மனதால் மறுக்கக்கூடாது. இது நமது முந்தைய நல்லெண்ணங்களைப் பயனற்றதாக்கி விடும்.
13. செல்வத்தின் உண்மையான ஊற்று, உங்கள் மனதில் எழும் கருத்துக்களே. பலகோடி மதிப்பிலான கருத்துக்கள் உங்கள் மனதில் இருக்கிறது. உங்களது ஆழ்மனம் நீங்கள் கேட்பதையே உங்களுக்கு கொடுக்கும்.
14. பொறாமையும், அசூயையும் செல்வத்தின் போக்கிற்கு பெரும் தடைகள். பிறருடைய முன்னேற்றத்தில் மகிழ்ச்சி அடையுங்கள்.
15. உங்கள் மனமே செல்வச்செழிப்பிற்கு தடையாக இருக்கிறது. பிற மனிதர்களிடம் அன்புடன் பழகுவதன் மூலம் அந்தத் தடையை தகர்த்து எறியுங்கள்.

10

பணக்காரராக இருப்பது உங்கள் உரிமை

பணக்காரராக இருப்பது உங்கள் உரிமை. நீங்கள் இங்கு அனைத்து வளங்களுடன் மகிழ்ச்சியாக, சுதந்திரமாக வாழ்வதற்காக இருக்கிறீர்கள். அதனால் நீங்கள் உங்கள் வாழ்க்கையை முழுமையாகவும், மகிழ்ச்சியாகவும், செழிப்பாகவும் வாழ்வதற்கு தேவையான பணத்தை கொண்டிருக்க வேண்டும். நீங்கள் இங்கு வளர்ந்து, விரிவடைந்து, ஆன்மீகத்திலும், பொருட் செல்வத்திலும், மனதளவிலும் மலர்வதற்காக இருக்கிறீர்கள். உங்களை நீங்கள் முழுமையாக மேம்படுத்திக்கொள்ள மற்றும் வெளிப்படுத்திக்கொள்ள உங்களுக்கு முழு உரிமையும் உண்டு. உங்களை நீங்கள் அழகாலும் ஆடம்பரத்தாலும் சூழ்ந்து கொள்ளவேண்டும்.

ஆழ்மனதின் செல்வங்கள் இருக்கும் பொழுது, தேவை போதும் என்ற எண்ணத்துடன் ஏன் நிம்மதியடைய வேண்டும்? இந்த பகுதியில் பணத்தோடு தோழமை கொள்வது எப்படி என்று கற்றுக்கொள்ளலாம். உங்களிடம் எப்பொழுதுமே தேவையைவிட அதிகம் இருக்க வேண்டும். பணக்காரராக இருப்பதற்கான உங்கள் ஆசை, வாழ்க்கையை மகிழ்ச்சியாக, முழுமையாக வாழத் தான். இது அண்டத்தின் வலியுறுத்தல். இது நல்லது மட்டுமல்ல, மிகவும் நல்லது.

பணம் ஒரு குறியீடு

பணம் பறிமாற்றம் செய்வதன் ஒரு குறியீடு. இது உங்களுக்கு தேவைப்பட்டவைகளிலிருந்து சுதந்திரம் மட்டுமில்லாமல், அழகு, ஆடம்பரம், மிகுதி மற்றும் சீர்படுத்தலும் தான். இது நாட்டின் நிதி ஆரோக்கியத்தை மட்டுமே குறிக்கும். உங்கள் உடலில் இரத்த ஓட்டம் சீராக இருக்கும் பொழுது நீங்கள் ஆரோக்கியமாக இருக்கிறீர்கள். உங்கள் வாழ்வில் பணத்தின் ஓட்டம் சீராக இருக்கும் பொழுது உங்கள் நிதி நிலைமை ஆரோக்கியமாக இருக்கிறது. மக்கள் பணத்தை அதிக அளவில் சேர்த்து, பயத்தில் அதனை பூட்டி வைத்து வாழ்ந்துகொண்டிருப்பது பொருளாதார நோய். பணம் பல நூற்றாண்டுகளாக பல வடிவங்கள் எடுத்து பரிமாற்றத்தின் மாத்தியமாக இருந்துள்ளது. உப்பு, மணி, பல்வேறு வகையான ஆபரணங்கள் போன்று. ஆரம்ப காலத்தில் ஒரு மனிதனின் செல்வம் அவனிடமிருந்த கால்நடையை வைத்து நிர்ணயிக்கப்பட்டது. இப்பொழுது நாம் நாணயம், காசோலைகள் போன்றவற்றை உபயோகிக்கிறோம், ஏனென்றால் நம்மால் நம் வீட்டில் இருக்கும் ஆடுகளை எடுத்துக்கொண்டு சுத்த முடியாது.

செல்வத்திற்கான ராஜ வழியில் எப்படி நடப்பது

உங்கள் ஆழ்மனதின் சக்தியை பற்றி அறிந்திருப்பதே ஆன்மீக, மன மற்றும் நிதி நிலைமையில் செல்வந்தராக ராஜ வழி. மனதின் சட்டங்களை அறிந்த மாணவனுக்கு பொருளாதார நிலைமை, பங்கு சந்தை ஏற்றத்தாழ்வு, அழுத்தம், போர் மற்றும் இதர நிலைமைகளையும் சூழ்நிலைகளையும் பற்றி கண்டிப்பாக தெரிந்திருக்கும். பணம் எந்த வடிவத்தை எடுத்துக்கொண்டாலும் அவனுக்கு அதிகப்படியாகத்தான் இருக்கும். இது எதனால் என்றால், அவன் தன் ஆழ்மனதிற்கு செல்வத்தை பற்றிய எண்ணத்தை சொல்லியிருக்கிறான் அதனால் அவன் எங்குஇருந்தாலும் அவனுக்கு அது கிடைத்துக்கொண்டே இருக்கும். அவன் பணம் தன் வாழ்வில் நல்ல புழக்கத்தில் இருப்பது மட்டுமில்லாமல் எப்பொழுதுமே அதிகபட்சமாகத்தான் இருக்கும் என்றும் தன்னை தானே சமாதானப்படுத்திக்கொண்டிருக்கிறான். ஜெர்மனி நாட்டில் முதலாம் உலகப்போருக்கு பின்னர் அந்த நாட்டின் நாணயமான மார்க் தன் மதிப்பை இழந்தது போல் நாளை நம் அரசின் நிதி நிலைமை சீரழிந்தாலும், அவனால் மீண்டும் அந்த பணத்தை,

அது எந்த வடிவத்தில் இருந்தாலும், அதை தன் வாழ்விற்குள் ஈர்த்துக்கொள்ளமுடியும்.

உங்களிடம் ஏன் அதிக பணம் இல்லை

இந்த பகுதியை படித்துக்கொண்டே நீங்கள், ''இப்பொழுது கிடைப்பதை விட அதிக சம்பளத்திற்கு தகுதியானவன் நான்,'' என்று கூறலாம். பெரும்பாலானவர்களுக்கு சரியான சம்பளம் கொடுக்கப்படுவதில்லை என்று நான் நம்புகிறேன். அதன் முக்கிய காரணம் அவர்கள் மெதுவாகவோ அல்லது பொதுவிலோ அதை நிந்திப்பது தான். அவர்கள் பணத்திற்கு அடிமையாவது அனைத்து தீமைகளுக்கும் அடிப்படை காரணம் என்று கூறுவது தான்.

அவர்கள் பணத்தை ''அழுக்கான நிதி'' மற்றும் ''பணத்தின் அன்பே எல்லா தீமைகளுக்கும் மூலமாகும்'' என்று கருதுகிறார்கள்.

அவர்கள் செழிப்பாக இல்லாததற்கு மற்றுமொரு காரணம், ஏழ்மையில் ஒரு நற்பண்பு இருப்பதாக அவர்கள் ஆழ்மனதில் ஒரு எண்ணம் ஒளிந்துகொண்டிருப்பதுதான். இந்த ஆழ்மனதின் பதிவு, குழந்தை பருவத்தின் ஆரம்ப நாட்களில் எடுத்த பயிற்சி, மூடநம்பிக்கை அல்லது புனித நூல்களில் எழுதப்பட்ட விஷயங்களை தவறாக புரிந்துகொண்டிருப்பதுதான்.

பணமும் சமநிலை வாழ்க்கையும்

ஒரு முறை ஒரு மனிதன் ''என்னிடம் சல்லிக்காசு கூட இல்லை. எனக்கு பணம் பிடிக்காது. அனைத்து தீமைகளுக்கும் அது தான் அடிப்படை காரணம்,'' என்று கூறினான்.

இந்த வாக்கியங்கள் குழம்பிய ஒரு பைத்தியக்கார மனநிலையை உணர்த்துகிறது. மற்றவை எல்லாவற்றையும் விடுத்து பணத்தை மட்டும் விரும்பினால், அது உங்களை, சமநிலை இழந்த ஒருபக்கவாதியாக ஆகிவிடும். நீங்கள் இங்கு உங்களுக்கு அளிக்கப்பட்ட அதிகாரத்தை புத்திசாலித்தனமாக பிரயோகிக்க வேண்டும். சிலர் அதிகாரத்திற்காக ஏங்குவார்கள், சிலர் பணத்திற்கு. உங்கள் மனதை பணத்தை நோக்கி செலுத்தி, ''எனக்கு வேண்டியதெல்லாம் பணம் தான்; என் கவனம் அனைத்தையும் பணம் சேர்ப்பதில் செலவிட போகிறேன்; வேறு எதுவும் ஒரு பொருட்டு அல்ல,'' என்று கூறினால், உங்களுக்கு பணமும் பெரிய அதிர்ஷ்டமும் கிட்டலாம். ஆனால் நீங்கள் இங்கு சமநிலையான

வாழ்க்கை வாழ்வதற்கு இருக்கிறீர்கள் என்பதை மறந்துவிட்டீர்கள். உங்களது மற்ற பசிகளான மனநிம்மதி, நல்லிணக்கம், மகிழ்ச்சி, அன்பு மற்றும் சிறந்த ஆரோக்கியம் ஆகியவற்றையும் திருப்தி படுத்த வேண்டும். பணத்தை மட்டுமே குறிக்கோளாக கொள்வது தவறான தேர்வு. அது மட்டும் தான் உங்களுக்கு வேண்டியது என்று நீங்கள் நினைத்தீர்கள், ஆனால் அனைத்து முயற்சிகளுக்குப் பின்னர் பணம் மட்டும் தான் உங்கள் தேவை இல்லை என்பதை கண்டுகொண்டீர்கள்.

நீங்கள் வாழ்வில் உண்மையான நிலைமை, அழகு, பதுங்கியுள்ள திறமைகளை வெளிகொண்டுவருவது, மற்றவர்களது வாழ்க்கை நலமானதாக ஆக்கவும், அவர்களை வெற்றி பெற செய்வதையும் விரும்புகிறீர்கள். உங்களது ஆழ்மனதின் சட்டங்களை அறிந்துகொள்வதன் மூலம், நீங்கள் ஒரு லட்சமோ, பல லட்சங்களோ பெறலாம், அதை நீங்கள் விரும்பினால். அதுமட்டுமில்லாமல் மன நிம்மதி, நல்லிணக்கம், ஆரோக்கியம், முழுமையான வெளிப்பாடு ஆகியவற்றையும் பெறலாம்.

ஏழ்மை ஒரு மனநோய்

ஏழ்மையில் எந்த நற்பண்பும் இல்லை; ஏனைய மன நோய்கள் போல் அதுவும் ஒன்று. நீங்கள் உடலளவில் நோயுற்றிருந்தால், உங்களிடம் ஏதோ தவறாக உள்ளது என்று நினைப்பீர்கள். நிலைமையை சீர் செய்ய உதவி நாடுவீர்கள். அதுபோலவே, உங்கள் வாழ்வில் எப்பொழுதும் பணம் புழக்கத்தில் இல்லை என்றால் உங்களிடம் ஏதோ மிகவும் தவறாக உள்ளது.

வாழ்க்கையின் கொள்கை உந்துவது, வளர்ச்சியை நோக்கி, விரிவை நோக்கி, அளவற்ற செல்வங்களை நோக்கி. நீங்கள் இங்கு கிழிந்த ஆடையில், ஒரு எளிய சிறு குடிசையில், பட்டினியாக வாழ இருக்கவில்லை. நீங்கள் மகிழ்ச்சியாக, வெற்றிகரமாக, செழிப்பாக இருக்கவேண்டும்.

நீங்கள் ஏன் எப்பொழுதுமே பணத்தை பழிக்கக்கூடாது

பணத்தைப்பற்றிய அனைத்து விசித்திரமான மூட நம்பிக்கைகளிலிருந்தும் உங்கள் மனதை சுத்தம் செய்யுங்கள். எப்பொழுதுமே பணத்தை தீமை என்றும் அழுக்கு என்றும் பார்க்காதீர்கள். நீங்கள் அப்படி செய்தால், அதை நீங்கள்

சிறகெடுத்து உங்களிடமிருந்து தூர பறக்க செய்கிறீர்கள். நீங்கள் பழிப்பதை இழந்து விடுவீர்கள் என்பதை ஞாபகத்தில் வைத்துக்கொள்ளுங்கள். நீங்கள் கடுமையாக விமர்சனம் செய்வதை உங்களால் ஈர்க்க முடியாது.

பணத்தை பற்றிய சரியான நோக்கம் கொள்வது

உங்கள் அனுபவத்தில் பணத்தை பன்மடங்காக பெருக்க, நீங்கள் உபயோகப்படுத்தக்கூடிய ஒரு எளிய முறை. ஒரு நாளில் கீழ்கண்ட வரியை பலமுறை கூறுங்கள், ''எனக்கு பணம் பிடிக்கும், நான் அதை மிகவும் விரும்புகிறேன், அதை புத்திசாலித்தனமாக உபயோகிக்கிறேன், ஆக்கபூர்வமாக, நியாயமாக. பணம் என் வாழ்வில் சதாசர்வகாலமும் புழக்கத்தில் உள்ளது. அதை மகிழ்ச்சியுடன் செலவிடுகிறேன், அது என்னிடம் பன்மடங்காக திரும்பி வருகிறது. அற்புதமான முறையில் அது நல்லது. அந்த நல்ல பணமானது என் பக்கம் பனிமலை சரிவது போல் பாய்ந்து வருகிறது. அதை நான் நலத்திற்காக பயன்படுத்துகிறேன். எனக்கிருக்கும் நல்லவை அனைத்திற்கும், என் மனதின் செல்வத்திற்கும் நான் நன்றி கூறுகிறேன்.''

அறிவியல் பூர்வமாக சிந்திப்பவர் பணத்தை எப்படி பார்ப்பார்

உதாரணத்திற்கு, நீங்கள் தங்கம், வெள்ளி, செப்பு, எஃகு, அல்லது இரும்பை மண்ணில் பார்த்தீர்கள் என்று வைத்து கொள்வோம், இவற்றை தீயவை என்று சொல்வீர்களா? அனைத்து தீயவையும் மனிதனின் இருண்ட புரிதல், அவன் அறியாமை அல்லது வாழ்வைப்பற்றிய தவறாக புரிந்துகொள்ளுதலிலிருந்தும் தன் ஆழ்மனதை தவறாக பயன்படுத்துவதிலிருந்து வருகிறது. ஏனென்றால் அவன் வேறு ஏதேனும் வகையான உலோகத்தை பரிமாற்ற முறைக்கு வைத்துக்கொள்ளலாம் என்று நினைக்கிறான். நாம் காகிதத்தால் ஆன பணம், காசோலைகள், வெள்ளி மற்றும் நிக்கல் ஆகியவற்றை பயன்படுத்துகிறோம், நிச்சயமாக இவை தீயனவை இல்லை. இயல்பியல் மற்றும் வேதியல் நிபுணர்கள் ஒரு உலோகத்திலிருந்து மற்றொன்று அதன் அணுவுக்குள் எலெக்ட்ரோன்கள் எவ்வளவு வேகமாக நகர்கின்றது என்பதை பொறுத்தே அதன் வேற்றுமை அமைந்துள்ளது என்பதை

அறிவார்கள். ஒரு சக்திவாய்ந்த சைக்ளோட்ரான் மூலம் அணுக்களை செலுத்தி ஒரு உலோகத்தை மற்றொன்றாக மாற்ற அவர்களால் முடியும். சில நிபந்தனைகளின் கீழ் தங்கம் மெர்குரியாக மாறுகிறது. வருங்காலத்தில், நம் விஞ்ஞானிகள் தங்கம், வெள்ளி மற்றும் இதர உலோகங்களை செயற்கையாக வேதியல் பரிசோதனை கூடங்களில் உருவாக்குவார்கள் என்று நம்புகிறேன். அதற்கான செலவு இப்பொழுது நம்மை தடுக்கலாம் ஆனால் அது சாத்தியம். எந்த ஒரு புத்திசாலியான மனிதனும் இந்த எலெக்ட்ரான், நியூட்ரான், புரோட்டான் மற்றும் ஐசோடோப் எனப்படும் அணுவுக்குள் இருக்கும் பொருள்களில் தீமையும் காண்பார்கள் என்று என்னால் கற்பனை கூட செய்து பார்க்க முடியவில்லை.

உங்கள் சட்டை பைக்குள் இருக்கும் காகிதத்தில் இவை வெவ்வேறு விதமாக அமைக்கப்பட்டிருக்கிறது. அவர்களது எண்ணிக்கையும் நகரும் விகிதமும் மாறுபட்டிருக்கும்.

உங்கள் சட்டை பைக்குள் இருக்கும் காகிதம் வெள்ளியிலிருந்து அப்படி மட்டும் தான் மாறுபட்டிருக்கிறது.

உங்களுக்கு தேவையான பணத்தை எப்படி ஈர்ப்பது

பலவருடங்கள் முன் ஆஸ்திரேலியாவில் மருத்துவராகவும், அறுவை சிகிச்சை நிபுணராகவும் விரும்பிய ஒரு இளைஞனை சந்தித்தேன், அவனிடம் பணம் இல்லை. அவனிடம், எப்படி மண்ணில் புதைக்கப்பட்ட ஒரு விதை, தான் மலர்வதற்கு தேவையான அனைத்தையும் தன பக்கம் ஈர்த்துக்கொள்கிறதோ, அது போன்று நாமும் அதனிடமிருந்து ஒரு பாடத்தை கற்று, தேவையான எண்ணங்களை நம் ஆழ்மனதில் பதிவு செய்ய வேண்டும் என்று கூறினேன். தன் செலவுகளுக்கு இந்த இளைஞன் மருத்துவர்களின் அலுவலகங்கள் மற்றும் அவர்கள் அறையின் ஜன்னல்கள் ஆகியவற்றை சுத்தம் செய்து பணம் சம்பாதித்தான். ஒவ்வொரு நாளும் தான் தூங்க செல்லும் முன் தன் அறையின் சுவற்றில், கொட்டை எழுத்துக்களில் தன் மருத்துவ சான்றிதழ் தொங்கவிடப்பட்டது போல் கற்பனை செய்து கொள்வான் என்று என்னிடம் கூறினான். அவன் வேலை செய்த இடத்தில் இத்தகைய சான்றிதழ்களை அவன் துடைத்து மின்னச்செய்து மாட்டுவான். அதனால் தன் பெயர் பொறிக்கப்பட்ட ஒரு சான்றிதழை கற்பனை செய்வது அவனுக்கு கடினமாக இல்லை, அந்த காட்சியை

அவனால் அங்கு அப்படியே மேம்படுத்த முடிந்தது.

அவன் மனதில் கண்ட இந்த காட்சியை நான்கு மாதங்களுக்கு, ஒவ்வொரு நாள் இரவும் வலியுறுத்தியதால், நிச்சயமான விளைவுகள் தொடர்ந்தன. இதன் தொடர்கதை மிகவும் சுவாரசியமானது. ஒரு மருத்துவருக்கு இவனை மிகவும் பிடித்ததினால் இவனுக்கு அவசர கால சிகிச்சை, கருவிகளை கிருமி நாசனம் செய்வது, ஊசிகள் குத்துவது மற்ற இதர வேலைகளிலும் பயிற்சி கொடுத்து இவனை தன் பணியில் துணையாக அமர்த்தினார். பிறகு அந்த மருத்துவர் அவனை தன் சொந்த செலவில் மருத்துவம் படிக்க வைத்தார். இன்று இந்த இளைஞன், கனடா நாட்டில் மாண்ட்ரீல் நகரத்தில் ஒரு பிரபல மருத்துவர்.

இவன் தன் ஆழ்மனதை உபயோகப்படுத்தி ஈர்ப்பது எப்படி என்பதை கண்டுகொண்டான். பழமையான விதியை இயக்கினான், ''முடிவை காண முடிந்தால் அதை செயலாக்கும் வழிகளை நீங்கள் வரவழைத்து விட்டீர்கள்.'' இந்த விஷயத்தில் *முடிவு*, மருத்துவர் ஆவது.

அந்த இளைஞனால் நிஜத்தில் ஒரு மருத்துவராக இருப்பதை பார்க்க, கற்பனை செய்ய மற்றும் உணர முடிந்தது. அவன் இந்த எண்ணத்துடன் வாழ்ந்து, அதற்கு போஷாக்களித்து, அன்பை பொழிந்து, அது ஆழ்மனதின் பல நிலைகளுக்குள் ஊடுருவி, அதை நிஜமாக மாற்றுவதற்கான அனைத்து தேவைகளையும் ஈர்த்தது. அதனால் அவன் கனவு நிறைவேறியது.

ஏன் சிலருக்கு சம்பள உயர்வு கிடைப்பதில்லை

நீங்கள் ஒரு பெரிய நிறுவனத்தில் வேலை செய்து கொண்டு, அங்கு உங்களுக்கு குறைவான சம்பளம் கொடுக்கப்படுகிறது, அங்கு உங்கள் வேலை பெரிதாக பாராட்டப்படுவதில்லை, நீங்கள் அதிக சம்பளம் மற்றும் போற்றுதலுக்கு தகுதியானவர் என்று மெல்லமாக உங்கள் மனதில் நினைத்து கொண்டிருந்தால், நீங்கள் உங்களை அறியாமலேயே அந்த நிறுவனத்துடன் உங்கள் தொடர்பை துண்டித்துக் கொண்டு வருகிறீர்கள். நீங்கள் ஒரு விதியை செயலுக்கு கொண்டு வருகிறீர்கள். உங்கள் மேலாளர் உங்களிடம், ''உங்களை வேலையிலிருந்து விடுவிக்க வேண்டியிருக்கிறது,'' என்று கூறுவார். நிஜத்தில் நீங்களைதான் உங்களை அந்த வேலையிலிருந்து விடுவித்து கொண்டீர்கள். உங்கள் மனநிலையை உறுதி செய்ய அந்த மேலாளர் ஒரு கருவி மட்டுமே. இது செயல்

மற்றும் எதிர்வினை நியதியின் ஒரு எடுத்துக்காட்டு. உங்கள் எண்ணம் செயல், உங்கள் ஆழ்மனதின் பதிலே, எதிர்வினை.

செல்வங்களை அடைவதில் வரும் தடைகளும் தடங்கல்களும்

சில மனிதர்கள் இப்படி கூற நீங்கள் கேட்டிருக்கலாம், ''அந்த மனிதன் பெரிய சதிகாரன்.'' ''அவன் நேர்மையற்ற முறைகளில் பணம் சம்பாதிக்கிறான்.'' ''அவன் போலியான மனிதன்.'' ''அவனிடம் ஒன்றுமில்லாத பொழுதிலிருந்தே எனக்கு அவனைத்தெரியும்.'' ''அவன் ஒரு வஞ்சகன், திருடன், பணம் சுரண்டுபவன்.'' இப்படி பேசும் மனிதனைப்பற்றி நீங்கள் ஆராய்ந்தால், அவன் ஏதோ ஒரு உடல் கோளாறினாலோ அல்லது நிதி பிரச்னையினாலோ தவித்துக்கொண்டிருப்பவன் என்று கண்டறிவீர்கள். ஒரு வேளை அவன் முந்தைய கல்லூரி நண்பர்கள் அவனைவிட அதிக சாதனைகள் புரிந்து, வெற்றிபடிக்கட்டில் முன்னேறி இருக்கலாம். இப்பொழுது அவர்களது வெற்றி அவனுக்கு கசப்பானதாகவும், பொறாமையை தூண்டுவதாகவும் இருக்கலாம். பல தருணங்களில் இதுதான் அவனது வீழ்ச்சிக்குக் காரணமாக இருக்கும். தன் சக மாணவர்களை பற்றி எதிர்மறையாக நினைத்து அவர்களது செல்வத்தை பழிப்பவர்களை, அவர்கள் வேண்டி விரும்பும் செல்வங்கள் ஓடிவிடும். தான் எதை வேண்டுகிறோமோ அதையே நிந்திக்கிறான்.

இரு வழியில் பிரார்த்தனை செய்கிறான். ஒரு பக்கம், ''செல்வம் என்னை நோக்கி பாய்கிறது,'' என்கிறான், மறு மூச்சில், அமைதியாகவோ அல்லது சாதமாகவோ, ''அவனிடம் உள்ள செல்வத்தை நான் வெறுக்கிறேன்,'' என்கிறான்.

மற்றவர்களில் செல்வத்தை கண்டு மகிழ்ச்சி அடைவதை குறிக்கோளாக கொள்ளவேண்டும்.

உங்கள் சேமிப்பை காத்துக்கொள்ளுங்கள்

சேமிப்புகள் குறித்த அறிவு வேண்டும் என்று நீங்கள் நாடினால், அல்லது உங்கள் கையிருப்பு ஸ்டாக் மற்றும் உறுதிச்சான்றிதழ்கள் பற்றிய கவலை உங்களுக்கு இருந்தால், அமைதியாக பின்வருமாறு கூறுங்கள், ''அளவற்ற ஆற்றலானது என் அனைத்து நிதி குறித்த விவகாரங்களை கவனமாக கண்காணிக்கின்றது, நான் செழிப்புடன்

இருக்க தேவையானவற்றை அது பார்த்துக்கொள்ளும்.'' இதை அடிக்கடி செய்யுங்கள்; உங்கள் சேமிப்புகள் விவேகமானதாக ஆகிவிட்டதை நீங்கள் காண்பீர்கள். அதற்கும் மேலாக, நீங்கள் நஷ்டத்திலிருந்து காக்கப்படுவீர்கள், ஏதேனும் நஷ்டம் வரும் முன்னே கையிருப்பு பங்குகளை விற்றுவிட அது உங்களுக்கு அறிவுறுத்தும்.

எதையும் கொடுக்காமல் எதையுமே பெறமுடியாது

பெரிய கடைகளில், பொருட்கள் திருட்டு போகாமல் இருக்க கண்காணிப்பாளர்களை வேலைக்கு சேர்த்திருப்பார்கள்.

அவர்கள் தினமும், ஒன்றுமே கொடுக்காமல் எதையேனும் எடுத்து செல்ல வரும் பலரை பிடிப்பார்கள். அப்படி திரிடுபவர்கள் மனதளவில் பற்றாக்குறை மற்றும் வரம்புகளுடன் வாழ்கிறார்கள். தங்கள் வாழ்விலிருந்து அமைதி, சுதந்திரம், நேர்மை, நம்பிக்கை, நாணயம் நல்லுணர்வு மற்றும் உறுதியை திருடி விடுகிறார்கள்.

அதற்கும் மேல், தங்களின் நற்குணங்களை இழப்பது, சமுதாயத்தில் அந்தஸ்து, கௌரவம் மற்றும் மன நிம்மதி போன்ற இழப்புகளை தம் பக்கம் ஈர்த்துக்கொள்கின்றார்கள். இவர்கள் தங்கள் மனம் எப்படி வேலை செய்கிறது என்பதைப்பற்றிய அறிவு மற்றும் அதைப்பற்றிய நம்பிக்கையை தொலைத்தவர்கள். அவர்கள் தங்கள் ஆழ்மனதின் சக்தியை அழைத்து அது சிறந்த வெளிப்பாட்டை தூண்டுகிறது என்று நம்பி கேட்டுக்கொண்டால், அவர்களுக்கு நிரந்தர விநியோகமும் வேலையும் இருக்கும். பின் உண்மையாக, நேர்மையாக, விடாமுயற்சியுடன் அவர்கள் வேலை செய்தால் அவர்கள் தங்களுக்கு நற்பெயரும் சமூகத்தில் நல்லதொரு அந்தஸ்தையும் பெறுவார்கள்.

உங்களது நிரந்தர பண புழக்கம்

உங்கள் ஆழ்மனதின் சக்தியையும், உங்கள் எண்ணங்களின் ஆக்கபூர்வ சக்தி அல்லது மனதின் காட்சியை அறிவது தான், சுதந்திரம், செழுமையயான வாழ்வு மற்றும் நிரந்தர வழங்கல்களும் தரும். உங்கள் மனதில் இருக்கும் மிகுதிகளை ஏற்றுக்கொள்ளுங்கள். உங்கள் மனம் ஏற்றுக் கொள்ளுதல் மற்றும் செல்வத்தின் எதிர்பார்ப்பு, தனக்கென்ற கணிதமும் வெளிப்படுத்தும் விதமும் கொண்டது. செழுமையான வாழ்க்கையை நீங்கள் மனதளவில்

ஏற்றுக்கொண்டால், மிகுதி தன்னால் உங்கள் வாழ்வில் வரும்.

இதுவே உங்கள் தினசரி உறுதிமொழியாக இருக்கட்டும்; உங்கள் இதயத்தில் எழுதிக்கொள்ளுங்கள், ''நான் என் மனதின் அளவற்ற செல்வங்களுடன் ஒன்றிவிட்டேன். செல்வச்சிறப்புடன், மகிழ்ச்சியாக, வெற்றிகரமாக இருப்பது என் உரிமை. பணம் என் பக்கம் சுதந்திரமாக, அளவுக்கு அதிகமாக, முடிவில்லாமல் பாயும். என் தகுதியைப்பற்றி நான் எப்பொழுதும் உணர்வுடன் இருக்கிறேன். எனக்கு திறன்கள் பலவாறாக உள்ளது. நான் அற்புதமாக நிதி நிலைமையில் ஆசீர்வதிக்கப்பட்டுள்ளேன். இது அற்புதமானது!''

உங்கள் செல்வத்தை மேன்மேலும் உயர்த்த சில வழிகள்

1. பணக்காரராக இருப்பது உங்கள் உரிமை என்று தைரியமாக கோருங்கள். உங்கள் ஆழ்மனம் அந்த கோரிக்கையை மதிக்கும்.
2. சுலபமாக காலம் தள்ள பணம் இருந்தால் மட்டும் போதாது. நீங்கள் விரும்பும் அனைத்து செயல்களையும் செய்வதற்கும் அதுவும் எப்பொழுது விரும்புகிறோமோ அப்பொழுதே செய்வதற்குமான பணம் உங்களுக்குத் தேவை. இதனை அடைவதற்கு உங்கள் ஆழ்மனதின் செல்வங்களை அறிந்துகொள்ளுங்கள்.
3. உங்கள் பொருளாதாரம் ஆரோக்கியமாக இருந்தால் உங்கள் வாழ்க்கையில் பணம் சுதந்திரமாக வளைய வரும். பணத்தைப் பார்க்கும் பொழுது கடல் அலையை பார்ப்பதுபோல பாருங்கள். கடல் அலைகள் என்றுமே குறைவதில்லை. கடல் அலையைப் போன்றே செல்வத்தைப் பார்த்தால் உங்களுக்கு அது மிகையாகக் கிடைக்கும். கடலின் ஏற்றத்தில் அலையின் ஓட்டம் நிலையாக இருக்கும். கடல் அலை ஒன்று ஓய்ந்தாலும் திரும்ப வருவது உறுதி. அது போல தான் செல்வமும்.
4. உங்களுடைய ஆழ்மன சட்டத்தை அறிந்து கொண்டீர்களானால் உங்களுக்கு எப்பொழுதும் எந்த உருவிலாவது பணம் வந்துகொண்டே இருக்கும்.
5. பலர் சம்பாதிப்பது அவர்கள் அன்றாட வரவு செலவிற்கே சரியாக இருப்பது, அவர்கள் பணத்தை கண்டனம் செய்வதனால் தான். நீங்கள் எதை நிந்தித்தாலும் அது

இறக்கை முளைத்து உங்களிடமிருந்து பறந்து விடும்.

6. பணத்தை ஒருபொழுதும் இறைவனாக்காதீர்கள். அது ஒரு குறியீடு மட்டுமே. உண்மையான செல்வம் என்பது என்றுமே உங்கள் மனதில் இருக்கிறது என்பதை நினைவில் கொள்ளுங்கள். இங்கு ஒரு சமநிலையில் வாழ்வதற்காக வந்திருக்கிறீர்கள்-உங்களுக்கு தேவையான அனைத்து பணத்தையும் அடைவது என்பதும் இதில் ஒன்றுதான்.

7. பணமே குறியாக இருக்காதீர்கள். செல்வம், சந்தோஷம், அமைதி, உண்மையான வெளிப்பாடு, அன்பு ஆகியவற்றை மிளிரச் செய்யுங்கள். உங்கள் ஆழ்மனம் இந்த அனைத்து வெளிப்பாடுகளிலும் வட்டியுடன் உங்களுக்கு திரும்பத்தரும்.

8. ஏழ்மையில் எந்த நற்பண்பும் இல்லை. அது மனதின் ஒரு நோய். அதனால் உடனே உங்களை இந்த மனத்தின் முரண்பாடு மற்றும் நோயுற்ற மனநிலையிலிருந்து குணப்படுத்திக் கொள்ளவும்.

9. நீங்கள் ஒரு எளிய குடிசையில, கந்தல் துணி அணிந்து, பசியுடன் அலைவதற்காக வாழ்வில்லை. நீங்கள் செழிப்பான நிலையில் வாழவே வந்திருக்கிறீர்கள்.

10. ''நான் பணத்தை வெறுக்கிறேன்,'' ''பணம் இழிவானது'' போன்ற வாக்கியங்களை என்றுமே பயன்படுத்தாதீர்கள். நீங்கள் எதை நிந்திக்கிறீர்களோ அதை இழந்துவிடுவீர்கள். இதில் நல்லது கெட்டது என்பது ஏதுமில்லை. ஆனால் அவ்வாறு நல்லது கெட்டது என்று பிரித்துப் பேசினால், அதுவே உண்மையாகிவிடும்.

11. அடிக்கடி பின்வருமாறு கூறுங்கள், ''பணம் எனக்குப் பிடிக்கும். நான் அதை சாமர்த்தியமாகவும், உறுப்படியாகவும், ஆக்கபூர்வமாகவும் பயன்படுத்துவேன். நான் இதை சந்தோஷத்துடன் விட்டுக்கொடுத்தால், அதன் பலன் பன்மடங்காக திரும்பி வரும்.''

12. செப்பு, எஃகு, தகரம், தாமிரம், ஈயம் அல்லது இரும்பு இவற்றை நாம் மண்ணிலிருந்து எடுக்கிறோம். எல்லா தீமையும் அறியாமையினால் மட்டுமின்றி, மனதின் சக்தியைத் தவறாகப் பயன்படுத்துவதால் ஏற்படுகிறது.

13. நீங்கள் இறுதியில் அடைய விரும்புவதை உங்கள் மனதில் படம் பிடித்துப்பார்த்தால் அது உங்கள் ஆழ்மனது அதை செயலாக்கி முழுமையடையச் செய்ய உதவும்.

14. ஒன்றுமே கொடுக்காமல் எதையும் பெறவேண்டும் என்ற

எதிர்ப்பார்ப்பை உடனே நிறுத்துங்கள். இலவச மதிய உணவு என்று ஒன்றுமே இல்லை. நீங்கள் பெறுவதற்கு முன் கொடுக்கவேண்டும். உங்கள் இலட்சியத்தின் மேல் கவனம் கொண்டிருந்தால், உங்கள் ஆழ்மனம் உங்கள் எண்ணத்திற்கு துணை போகும். செல்வத்திற்கான சாவி, உங்கள் ஆழ்மன விதியின் செயல்பாட்டிலும், அதில் செழிப்பிற்கான எண்ணத்தை பதிய வைப்பதிலுமே இருக்கிறது.

11

வெற்றிகளில் உங்கள் கூட்டாளியாக செயல்படும் உங்கள் ஆழ்மனது

வெற்றி என்பது வெற்றிகரமான வாழ்வு. இந்த சமதளத்தில் நீண்ட காலம் நீடிக்கும் அமைதி, மகிழ்ச்சி, ஆனந்தம் ஆகியவை வெற்றி என்பதாகும். இந்த குணங்களின் அனுபவம் தான் இயேசு கூறிய நிரந்தர வாழ்வு. அமைதி, நல்லிணக்கம், நேர்மை, பாதுகாப்பு மற்றும் மகிழ்ச்சி போன்ற வாழ்வின் உண்மையான பொருட்களை அளக்க முடியாது. மனிதனின் ஆழ்ந்த சுயத்திலிருந்து இவை வருகின்றன. இந்த குணங்களை பற்றி தியானம் செய்வதில் ஆழ்மனதில் புதையல்களை நம்மால் கட்ட முடியும். அங்கு தான் *துரு பிடிக்காமல் செல் அரிக்காமல், திருடர்கள் திருடாமலும் இருப்பார்கள்.* **மதாயூ 6:20.**

வெற்றிக்கு மூன்று படிகள்

வெற்றிக்கான மூன்று படிக்கட்டுக்களை பற்றி நாம் கலந்துரையாடுவோம்: வெற்றிக்கான முதல் படி, நீங்கள் செய்ய விரும்புவது என்னவென்று தெரிந்து, பிறகு அதை செய்யுங்கள். வெற்றி என்பது நீங்கள் செய்யும் வேலையை விரும்புவது. ஒரு மனிதன் உளவியல் நிபுணராக இருந்தால், அதற்கான சான்றிதழை வாங்கி சுவற்றில் தொங்க விடுவது மட்டும் போறாது; அவன் காலத்திற்கு ஏற்றார் போல மேலும் அதைப்பற்றி படித்து, அறிய கருத்தரங்குகளில் கலந்துகொண்டு, மனதின் செயலை அறிந்துகொள்ள வேண்டும். வெற்றிகரமான உளவியல் நிபுணர், மருத்துவமனைகளுக்கு சென்று தற்போதைய அறிவியல்

சம்மந்தப்பட்ட கட்டுரைகளையும் படிப்பார். வேறு வார்த்தைகளில் சொல்ல வேண்டும் என்றால், மனித குலத்தின் கஷ்டங்களை நீக்குவதற்கான சமீபத்திய மற்றும் அதிநவீன வழிகளை பற்றி அறிந்துகொள்கிறார். ஒரு வெற்றிகரமான மருத்துவர் அல்லது உளவியல் நிபுணருக்கு, தன் நோயாளிகளின் மேல் அதிக அக்கறை இருக்க வேண்டும். ''முதல் படியை எப்படி செயலாக்குவது? என்ன செய்ய வேண்டும் என்று எனக்குத்தெரியவில்லை,'' என்று சிலர் கேட்கலாம். அப்படிப்பட்ட நேரத்தில் வழிகாட்டுதலுக்காக இப்படி பிரார்த்தனை செய்யலாம்: ''என் வாழ்வில் என் உண்மையான நிலையை அளவற்ற ஆற்றல் கொண்ட என் ஆழ்மனது எனக்கு காட்டுகிறது.'' இந்த பிரார்த்தனையை அமைதியாக, மௌனமாக, நேர்மறை எண்ணங்களுடன், அன்புடன் உங்கள் ஆழ்மனதிடம் திரும்பத்திரும்ப கூறவும். நீங்கள் நம்பிக்கையுடன் இதை தொடர்ந்து செய்தால், பதில் உங்களை நோக்கி ஒரு உள்ளுணர்வாக, ஒரு பாதையில் இட்டு செல்லும் நோக்கமாக வரும். அது ஒரு தெளிவுடன், அமைதியுடன், மௌனமான உள் விழிப்புணர்வாக உங்கள் பக்கம் வரும்.

வெற்றிக்கு இரண்டாவது வழி, ஏதேனும் ஒரு குறிப்பிட்ட துறையை எடுத்து அதில் மற்றவர்களை விட அதிக அறிவு பெறுவது. உதாரணத்திற்கு ஒரு இளைஞன் வேதியலை தன் தொழிலாக தேர்வு செய்கிறான் என்று வைத்துக்கொள்வோம், அவன் அதில் இருக்கும் பல்வேறு கிளைகளில் ஒன்றை தேர்வு செய்யவேண்டும். அவன் தேர்வு செய்த சிறப்பு துரைக்கு அவன் தன் நேரத்தையும் கவனத்தையும் முழுவதுமாக செலுத்த வேண்டும். அந்த துறையை பற்றி அறிவதற்கு என்னவெல்லாம் உள்ளதோ அவை அனைத்தையும் கற்க அவன் தேவையான ஆர்வம் கொள்ளவேண்டும்; முடிந்தால் மற்றவர்களை விட அவனுக்கு அதிகம் தெரிந்திருக்க வேண்டும். இந்த இளைஞன் தன் வேலையில் மிக அதிக ஆர்வமும், உலகத்திற்கு தொண்டு புரியும் ஆசையும் கொண்டிருக்க வேண்டும். *உங்களில் எவன் சிறந்தவனோ, அவன் உங்கள் வேலையாள் ஆகட்டும்.* ''எப்படியும் வாழ்ந்தால் போதும்'' என்று எண்ணும் மனிதனை விட அணுகுமுறையில் இவன் மாறுபட்டவன். ''எப்படியோ வாழ்வதென்பது'' உண்மையான வெற்றியல்ல.

மனிதனின் நோக்கம் உயர்ந்ததாகவும், உன்னதமானதாகவும், பொதுநலன் உடையதாகவும் இருக்கவேண்டும். அவன் மற்றவர்களுக்கு சேவை செய்ய வேண்டும். தன் அப்பத்தை

தண்ணீரில் போடுகிறான். அது அவனுக்கு திரும்பி வந்து சேரும்.

மூன்றாவது மிக முக்கியமானது. நீங்கள் செய்ய விரும்புவது உங்களுடைய வெற்றியாக மட்டும் இருக்கக்கூடாது. உங்கள் ஆசை சுய நலமானதாக இருக்கக்கூடாது; அது மனித குலத்திற்கு நன்மை செய்வதாக இருக்க வேண்டும். ஒரு முழு வட்டமாக அந்த பாதை அமைய வேண்டும்.வேறு வார்த்தைகளில் சொல்ல வேண்டுமென்றால், உங்கள் எண்ணம் உலகத்தை ஆசீர்வதிக்கும் வகையில் அல்லது உலகத்தோருக்கு சேவையாக அமைய வேண்டும். அப்பபோழுதுதான் அது உங்களிடம் ஒருங்கிணைந்ததாக திரும்ப வரும். உங்களுக்கு மட்டுமே நன்மை அளிக்க வேண்டுமென்றால் அது முழுதாக மூடப்பட்ட வட்டமாக அது இருக்காது. அதனால் உங்கள் வாழ்வில் நீங்கள் மின்சார தாக்குதல் ஏற்படுவது போல் குறைகளையும் நோய்களையும் அனுபவிக்க நேரிடும்.

உண்மையான வெற்றியின் அளவுகோல்

சிலர் கூறலாம், ''ஆனால், திரு ஜேம்ஸ் தவறான எண்ணெய் விற்று பெரிய சொத்து சேர்த்தார்,'' என்று. ஒரு மனிதன் குறைந்த நேரத்திற்கு வெற்றிபெற்றது போல் தோன்றலாம் ஆனால் அவன் இத்தகைய தகாத முறைகளினால் சம்பாதித்த பணம் இறக்கை கட்டி பறந்து விடும். நாம் மற்றவரிடமிருந்து திருடும் பொழுது, நம்மிடமிருந்தே திருடுகிறோம். ஏனென்றால் நம் மனநிலை பற்றாக்குறை, வரம்புகள் கொண்டதாகவும் அது நம் உடலில், இல்லற வாழ்வில் மற்ற விஷயங்களில் வெளிவர துவங்கும். நாம் நினைப்பது மற்றும் உணர்வதையே உருவாக்குகிறோம். நாம் எதை நம்புகிறோமோ அதையே உருவாக்குகிறோம். ஒரு மனிதன் ஏமாற்றி சொத்து சம்பாதித்திருந்தாலும் அவன் வெற்றிபெற்றவன் இல்லை; மன நிம்மதி இல்லாமல் வெற்றி இல்லை. ஒரு மனிதன் சேர்த்த சொத்திற்கு என்ன மதிப்பு, அவனால் நிம்மதியாக, குற்ற உணர்ச்சி இல்லாமல் இரவில் உறங்க முடியாவிட்டால்? எனக்கு லண்டன் நகரத்தை சேர்ந்த ஒரு மனிதனை தெரியும். அவன் என்னிடம் தான் செய்த செயல்களைப்பற்றி கூறியிருந்தான். அவன் வழிப்போக்கர்களின் சட்டை பையிலிருந்து திருடி நிறைய சொத்து சேர்த்திருந்தான். அவனிடம் கோடையில் தங்க ஃபிரான்ஸ் நாட்டில் ஒரு வீடும் மற்ற காலங்களுக்கு இங்கிலாந்தில் ராஜ வாழ்க்கை வாழ ஒரு வீடும் இருந்தது. ஸ்காட்லாந்து யார்ட்

எனப்படும் அந்நாட்டு போலீசாரால் எப்பொழுது வேண்டுமானால் சிறையிடப்படலாம் என்று பயந்து கொண்டே வாழ்ந்தான். எந்நேரமும் இருந்த பயத்தாலும், குற்ற உணர்ச்சியாலும், அவனுள் பல பிரச்சனைகள் இருந்தன. அவன் தவறு செய்து விட்டான் என்று அவனுக்குத் தெரியும். அவனுடைய குற்ற உணர்ச்சி அனைத்து வித பிரச்சனைகளையும் அவன் பக்கம் ஈர்த்தது. அதன் பிறகு அவன் தானாக காவல்காரர்களிடம் சரண் அடைந்து சிறைக்கும் சென்று வந்தான். சிறையிலிருந்து விடுபட்ட பின்னர் அவன் உளவியல் மற்றும் ஆன்மீக ஆலோசனை பெற்று புது மனிதனாக மாறினான். அவன் வேலைக்கு சென்று நேர்மையானவனாய், சட்டத்தை மதித்து நடப்பவனாய் வாழ்ந்தான். அவன் எதை செய்ய விரும்புகிறான் என்பதை அறிந்து மகிழ்ச்சி அடைந்தான். வெற்றிகரமான மனிதன் தன் வேலையை விரும்பி தன்னை முழுவதுமாக வெளிப்படுத்துவான். வெற்றி அடைவது சொத்து சேர்ப்பதில் மட்டுமில்லை, அதை விட பெரிய எண்ணங்கள் கொண்டு அதன் படி வாழ்வதாகும். வெற்றிகரமான மனிதனிடம் மனது மற்றும் ஆன்மீகத்தை பற்றிய சிறந்த புரிதல் இருக்கும். இன்றைய பெரிய தொழிலதிபர்கள் பலர் தங்கள் வெற்றிக்கு ஆழ்மனதை சரியான முறையில் உபயோகப்படுத்த தெரிந்தவர்கள்.

எண்ணெய் வியாபாரி ஃபிளாக்லேர் பற்றி சில வருடங்கள் முன்பு ஒரு கட்டுரை வெளியிடப்பட்டது. அவரது வெற்றியின் ரகசியம் தன்னுடைய ஒவ்வொரு ப்ரொஜெக்ட்டையும் முடிவடைந்த நிலையில் காட்சியாக பார்க்க முடிந்ததுதான் என்று அவர் ஒப்புக்கொண்டார். உதாரணத்திற்கு அவர் கண்கள் மூடிய நிலையில் ஒரு பெரிய எண்ணெய் தொழிற்சாலை, சக்கரங்களில் ஓடும் ரயில்கள், அதன் விசில் சத்தம், புகை ஆகியவற்றை கற்பனை செய்தார். தான் வேண்டியது நடந்து விட்டது என்று பார்த்த திருப்தியில், அவர் ஆழ்மனது அதை நிஜமாக்கியது. உங்களால் ஒரு விஷயத்தை புற நிலையில் தெளிவாக கற்பனை செய்ய முடிந்தால், உங்களுக்கு தெரியாத வழிகளில் தம் அற்புத சக்தியால் உங்கள் ஆழ்மனது அதை நடைமுறைபடுத்த தேவையான செயல்களை செய்யும்.

உங்கள் வெற்றிக்கான இந்த மூன்று வழிகளை நினைக்கும் பொழுது உங்கள் ஆழ்மனதின் ஆக்கபூர்வ சக்தியை நீங்கள் மறக்கக்கூடாது. வெற்றிக்கு நீங்கள் வகுக்கும் திட்டத்தில் பின்னாலிருக்கும் சக்தி இது தான். உங்கள் எண்ணம் ஆக்கப்பூர்வமானது. எண்ணம் உணர்ச்சியுடன் இணையும்

பொழுது, ஒரு நம்பிக்கையாக மாறி, *நீங்கள் நம்புவதுபோல் உங்களுக்கு நடக்கின்றது.* **மதாயூ 9:29.**

உங்களுக்குள் இருக்கும் இந்த வலிமைவாய்ந்த சக்தியைப்பற்றிய உங்கள் அறிவு உங்களது அனைத்து ஆசைகளையும் நிறைவேற்ற தகுந்த நம்பிக்கையையும் அமைதியையும் தருகிறது. நீங்கள் எந்த துறையில் இருப்பவராக இருந்தாலும், ஆழ்மனதின் சட்டங்களை கற்றிருக்க வேண்டும். உங்களது மனதின் சக்தியை எப்படி செயல் படுத்துவது என்று நீங்கள் அறிந்திருந்தால், உங்களால் உங்களை, உங்கள் திறமைகளை முழுமையாக வெளிப்படுத்த முடிந்தால், நீங்கள் வெற்றிக்கான பாதையில் நிச்சயமாக இருக்கிறீர்கள். நீங்கள் கடவுள் நம்பிக்கையுடன் இருந்தால், இயற்கையாகவே கடவுள் உங்களுடன் இருப்பார். அவர் உங்கள் பக்கம் இருக்க யார் உங்களுக்கு எதிராக இருக்க முடியும்? இந்த புரிதல் இருந்தால் இந்த பூமியிலும் சொர்கத்திலும் உங்கள் வெற்றியை பின்னிழுத்துப்பிடிக்க எந்த ஒரு சக்தியாலும் முடியாது.

அவன் எப்படி தன் கனவை நினைவாக்கினான்

ஒரு திரைப்பட நடிகர் சிறுவனாக இருந்த போது, தாம் கொஞ்சமாகத்தான் படித்ததாகவும், ஆனால் ஒரு நாள் வெற்றிகரமான நடிகராக கனவு கண்டதாகவும் என்னிடம் கூறினார். புல் வெட்டும் பொழுதும், பசுக்களை வீட்டை நோக்கி விரட்டும் பொழுதும், அவற்றை பால் கறக்கும் பொழுதும், ''நான் என் பெயரை பெரிய விளக்கு ஒளியில் பெரிய திரை அரங்கில் எப்பொழுதும் கற்பனை செய்து பார்ப்பேன். இதை நான் பல வருடங்கள் நினைத்துப்பார்த்தேன், இறுதியில் வீட்டை விட்டு ஓடும் வரையில். சினிமாவில் சில அதிகப்படி வேலைகள் செய்தேன், பிறகு ஒரு நாள் என் பெயரை பெரிய விளக்குகளில் பார்த்தேன், சிறுவனாக இருந்த பொழுது பார்த்தது போல்!'' பிறகு அவர் தொடர்ந்து, ''கற்பனை செய்வது வெற்றியை கொண்டுவரும் என்பதை நான் அறிந்தேன்,'' என்றார்.

அவரது கனவான மருந்து கடை நிஜமானது

முப்பது வருடங்களுக்கு முன்பு வாரத்திற்கு நாற்பது டாலர்கள் மற்றும் விற்பனைக்கான சிறப்பு சலுகை என சம்பாதித்த ஒரு இளம் மருந்துகடைக்காரரை எனக்குத்தெரியும். ''இருபத்தி ஐந்து வருடங்களுக்கு பின்னால், நான் ஓய்வூதியம் வாங்கி ஓய்வு பெறுவேன்,'' என்று அவர் என்னிடம் கூறினார். நான் இந்த இளைஞனிடம் சொன்னேன், ''நீங்கள் ஏன் உங்கள் சொந்த கடையை வைக்கக்கூடாது? இந்த இடத்திலிருந்து கிளம்புங்கள். உங்கள் பார்வையை உயர்த்துங்கள்! உங்கள் குழந்தைகளுக்காக கனவு காணுங்கள். உங்கள் மகன் டாக்டராக விரும்பலாம், உங்கள் மகள் பெரிய இசை அமைப்பாளராக விரும்பலாம்.''

அவர் பதில், அவரிடம் பணம் இல்லை என்பதுதான்! தான் நினைத்ததை உண்மை என்று நம்ப முடிந்தால் அதை அவரால் நிஜமாக்க முடியும் என்பதை உணர தொடங்கினார். இலட்சியத்தை நோக்கி அவரது முதல் படி, அவருக்கு லாபகரமாக அமையக்கூடியது, அவரது ஆழ்மனதின் சக்தியை பற்றிய விழிப்புணர்வு துவங்கியதுதான். அவரது இரண்டாவது படி, ஒரு எண்ணத்தை வெற்றிகரமாக தன் ஆழ்மனதிற்கு தெரிவிக்க முடிந்தால், அந்த ஆழ்மனதானது, அதை எப்படியாவது நிஜமாக்கி விடும் என்பது.

அவரும் தன் சொந்தக்கடையில் இருப்பதாக கற்பனை செய்ய தொடங்கினார். அவர் மனதில் மருந்து பாட்டில்களை அடுக்கி வைப்பது, மருந்துகளை மருத்துவரின் ஆலோசனைப்படி விநியோகம் செய்வது, மற்றும் தம் கடையில் வேலை செய்யும் பலர் வாடிக்கையாளர்களை கவினித்துக்கொள்ளுவது என்பது போன்ற காட்சிகளை கற்பனை செய்தார்.

அதுமட்டுமில்லாமல், வங்கியில் பெரிய தொகை கையிருப்பதாகவும் கற்பனை செய்து பார்த்தார். மனதளவில் அந்த கடையில் அவர் வேலை செய்தார். ஒரு நல்ல நடிகரை போல் அந்த பாத்திரத்தமாகவே மாறிவிட்டார். ***அதுவாக நடியுங்கள். அதுவாகவே ஆவீர்கள்.*** இந்த மருந்துக்கடை வியாபாரி இந்த வேடத்தில் தன்னை முழுவதுமாக நிறுத்திக்கொண்டு, அசைந்து, நகர்ந்து, அந்தக் கடை தன்க்கு சொந்தமானது போலவே நடித்தார்.

இதை தொடர்ந்து நடந்தது சுவாரஸ்யமான ஒன்று. அவர் தன் வேலையிலிருந்து விடுவிக்கப்பட்டார். ஒரு பெரிய செயின் ஸ்டோரில் வேலை கிடைத்து மேலாளராகி, பின்னர் அந்த

மாவட்டத்துக்கே மேலாளர் ஆனார். தன் சொந்த கடைக்கு கட்ட வேண்டிய மூலத்தொகையை கட்டினார்.

தம் கடைக்கு, ''ட்ரீம் பார்மஸி'' என்று பெயரிட்டார். ''அது நான் கற்பனை செய்தது போல் அச்சு அசலாக இருந்தது,'' என்றார். தன் துறையில் அனைவரும் பாராட்டும்படி பிரபலமான வெற்றிகண்டார், தான் விரும்பியதை செய்து மகிழ்ச்சியாக இருந்தார்.

தொழிலில் ஆழ்மனதை உபயோகப்படுத்துவது

சில வருடங்கள் முன்பு ஒரு தொழிலதிபர் கூட்டத்திற்கு ஆழ்மனதின் சக்தி பற்றியும் கற்பனை பற்றியும் ஒரு விரிவுரை தொகுத்து வழங்கினேன். இந்த விரிவுரையை கெத் (Goethe) எப்படி தன் கற்பனையை விவேகத்துடன் பயன்படுத்தி கஷ்டங்களை எதிர்கொண்டார் என்று விளக்கினேன்.

அவர் சுயசரிதையை எழுதியவர்கள் அவர் எப்படி ஒரு நாளின் பல மணிநேரங்களை அமைதியாக கற்பனை உரையாடல்களில் செலவழித்தார் என்று சுட்டிக்காட்டுகின்றனர். அவர் மேற்கொண்ட விதம் எப்பொழுதுமே தன் எதிர் நாற்காலியில் தன் நண்பன் தன் கேள்விகளுக்கெல்லாம் சரியான விதத்தில் பதில் அளிப்பது போன்று கற்பனை இருக்கும். வேறு வார்த்தைகளில், அவருக்கு ஏதேனும் பிரச்சனை பற்றிய கவலை என்றால் அவர் நண்பன் அதற்கான சரியான பதிலை அளிப்பது போன்றும், வழக்கமாக இது சரியான ஏற்ற தாழ்வுகள் கொண்ட குரல் மற்றும் கை அசைவுகளோடும் இருக்கும். பொதுவாக இதை அவர் தெளிவாக நிஜம் போன்று கற்பனை செய்தார்.

ஒரு விரிவுரையில் உட்கார்ந்து கொண்டிருந்தவர்களில் ஒருவர் பங்கு சந்தையில் பணிபுரிபவர். அவர் கெத் மேற்கொண்ட விதத்தை பின்பற்ற துவங்கினார். அவர் மனதில் வங்கியில் பணிபுரியும், தனக்கு சிறந்த விவேகமான தீர்மானங்கள் எடுக்க முடியும், சரியான பங்குகளையே வாங்குவதாகவும் எப்பொழுதுமே தன்னை போற்றும் நண்பர்களில் ஒருவருடன் இந்த மனதில் கற்பனை உரையாடல்களை மேற்கொள்வார். இந்த கற்பனை உரையாடலை தன் மனதில் ஒரு நம்பிக்கையாக பதிவு செய்யும் வரை நாடகமாக காண்பார்.

இந்த பங்கு சந்தைக்காரரின் கட்டுப்பாடான கற்பனையும், அவர் தனக்குத்தானே உள்ளுக்குள் பேசிக்கொள்வதும்,

அவரது லட்சியமான தன் வாடிக்கையாளர்களின் சேமிப்புகளை பாதுகாப்பதற்கு ஒத்துப்போயிற்று. வாழ்க்கையில் அவரது முக்கிய குறிக்கோள் தன் வாடிக்கையாளர்களுக்கு பணம் பெற்றுத்தருவது. அவர்களுக்கு நிதி நிர்வாகம் செய்வது பற்றி விவேகமான ஆலோசனைகள் வழங்குவதுதான். அவர் இன்னமும் தன் ஆழ்மனதை தன் தொழிலுக்கு பயன்படுத்துகிறார். அவர் தனது முயற்சியை மேற்கொள்ளும் துறையில் அற்புத வெற்றியையும் காண்கிறார்.

பதினாறு வயதான சிறுவன் தன் தோல்வியை வெற்றியாக மாற்றுகிறான்

உயர் நிலை பள்ளியில் படிக்கும் ஒரு இளம் சிறுவன் என்னிடம் கூறினான், ''நான் மிகவும் குறைந்த மதிப்பெண்கள் பெறுகிறேன். என் நினைவாற்றல் என்னை கைவிட்டுவிடுகிறது. எனக்கு என்ன விஷயம் என்று தெரியவில்லை.'' இந்த சிறுவனின் அணுகுமுறை மட்டுமே தவறு என்பதை நான் புரிந்துகொண்டேன். அவன் தன் சகமாணவர்கள் மற்றும் ஆசிரியர்கள் மேல் கொண்டுள்ள வெறுப்பு தான். அவனுக்கு தன் ஆழ்மனதை எப்படி உபயோகிப்பது என்றும் எப்படி படிப்பில் வெற்றி பெறுவது என்றும் நான் கற்றுக்கொடுத்தேன்.

அவன் சில உண்மைகளை பல முறை ஒரு நாளில் உறுதிமொழியாக கூறினான், குறிப்பாக இரவு தூங்கச்செல்லும் முன் மற்றும் காலையில் எழுந்தவுடனும். ஆழ்மனதில் ஒரு எண்ணத்தை விதைக்க இதுவே சிறந்த நேரம். அவன் பின்வருமாறு உறுதிமொழி கூறினான்: ''என் ஆழ்மனது நினைவாற்றலின் களஞ்சியம் என்பதை நான் உணர்கிறேன். நான் என் ஆசிரியர்கள் கூற கேட்டதையும், நான் படித்ததையும் தக்க வைத்துக்கொள்கிறது. எனக்கு சிறந்த நினைவாற்றல் உள்ளது, தேர்வு நேரங்களில் எனக்கு தெரிய வேண்டியவை அனைத்தையும், எழுதியவையானாலும், வாயால் கூறப்பட்டவையாக இருந்தாலும் அதை என் ஆழ்மனது எனக்கு தக்க சமயத்தில் வெளிப்படுத்தும். நான் என்னுடன் படிக்கும் மாணவர்கள் மற்றும் என் ஆசிரியர்களிடம் அன்பையும் நல்லிணக்கத்தையும் வெளிப்படுத்துகிறேன். என் மனமார்ந்த வாழ்த்துக்களை அவர்களுக்கு அளிக்கிறேன்.''

இந்த இளைஞன் முன்பு எப்பொழுதும் இல்லாத சுதந்திரத்தை இப்பொழுது அனுபவிக்கிறான். இப்பொழுது

''சிறந்த'' மதிப்பெண்கள் பெறுகிறான். அவன் எப்பொழுதும் தன் அம்மாவாலும் ஆசிரியர்களாலும் போற்றப்படுவது போல் கற்பனை செய்கிறான்.

வாங்குவதிலும் விற்பனையிலும் எப்படி வெற்றி காண்பது

வாங்குவதிலும் விற்பதிலும் உங்கள் உணர்மனது தான் துவக்கும் விசை என்றும் ஆழ்மனது அதன் இயந்திரம் என்று ஞாபகத்தில் வைத்துக்கொள்ளுங்கள். அது தன் வேலையை செய்ய இயந்திரத்தை துவக்க வேண்டும். ஆழ்மனதின் சக்தியை விழிக்க செய்யும் டைனமோ தான் உணர்மனது என்பதை நீங்கள் உணர வேண்டும். இதன் முதல் படி, தெளிவான உங்கள் ஆசையை, எண்ணத்தை ஒரு மனதின் படத்தை தெரியப்படுத்த, ஆழமான உங்கள் மனதை அமைதியாக, அசைவற்று கவனம் சிதறாமல் இருக்கச்செய்யவேண்டும். அமைதியாக ஓய்வாக இருக்கும் இந்த மனநிலையில் வெளியிலிருந்து செலுத்தப்படும் தேவையற்ற தவறான கருத்துக்கள் தடுக்கப்படும். உங்கள் எண்ணங்களின் ஏற்றுக்கொள்ளும் தன்மை சிறந்ததாக இருக்கும். அதுமட்டுமில்லாமல், இந்த அமைதியான ஈர்க்கும் பண்பு கொண்ட மனதால் முயற்சி என்பது குறைவாக இருக்கும்.

அடுத்தபடியாக, நீங்கள் ஆசைப்படுவதில் உள்ள நிஜத்தை கற்பனை செய்ய தொடங்குங்கள். உதாரணத்திற்கு, நீங்கள் ஒரு வீடு வாங்க விரும்பலாம், உங்களது ஓய்வு நிலையில் பின்வருமாறு உறுதிமொழி எடுத்திடுங்கள்: ''என் ஆழ்மனதின் அளவற்ற ஆற்றலானது மிகவும் விவேகமானது. அது எனக்கு, பொருத்தமான, நல்ல இடத்தில், சிறந்த அற்புத சூழ்நிலையில், என் அனைத்து தேவைகளையும் பூர்த்திசெய்யும் விதமாகவும், என் சம்பளத்திற்கு ஏற்றதாகவும் உள்ள ஒரு வீட்டை எனக்கு காட்டும். இப்பொழுது நான் என் வேண்டுகோளை என் ஆழ்மனதின் பக்கம் திருப்புகிறேன், அது என் வேண்டுகோளின் இயற்கைக்கு ஏற்ப பதிலை அளிக்கும். ஒரு விவசாயி வளர்ச்சியின் நியதிகளை நம்பி, எப்படி ஒரு விதையை பூமியில் விதைக்கிறானோ, அப்படி இந்த வேண்டுகோளை நிச்சயமான நம்பிக்கையுடன் வெளியிடுகிறேன்.''

உங்கள் பிரார்தனைக்கான விடை ஒரு விளம்பரம் மூலமாகவோ, ஒரு நண்பனின் மூலமாகவோ, நீங்கள் பெறலாம். அல்லது நீங்கள் விரும்புவதை போன்றே சரியான ஒரு வீட்டிற்கு

நீங்கள் வழிகாட்டப்படலாம். நீங்கள் விரும்புவதை அடைய பல வழிகள் உள்ளன. நீங்கள் முக்கியமாக ஒரு ஞானத்தை பெற்றிருக்க வேண்டும், பதில்கள் எப்பொழுதுமே கிட்டும், ஆனால் நீங்கள் உங்கள் ஆழ்மனதின் செயல் திறன் மீது நம்பிக்கை கொண்டிருக்க வேண்டும்.

நீங்கள் ஒரு வீட்டையோ, நிலத்தையோ, அல்லது தனிப்பட்ட சொத்தையோ விற்க விரும்பலாம். ஆர்லாண்டோ நகரத்தில் இருந்த என் சொந்த வீட்டை நான் எப்படி விற்றேன் என்று நான் தனிமையில் சொத்து விற்பனை ஆலோசகர்களிடம் கூறியுள்ளேன். பலரும் நான் உபயோகித்த யுக்தியையே கையாண்டார்கள் அதுவும் குறிப்பிட தக்க சீக்கிர விளைவுகள் பெற்றனர். என் வீட்டின் தோட்டத்திற்கு முன்னால் நான் ஒரு குறிப்பை வைத்தேன், ''விற்பனைக்கு சொந்தக்காரரிடமிருந்து.'' அடுத்த நாள் தூங்கச் செல்லும் பொழுது எனக்கு நானே கூறிக்கொண்டேன். ''நீ உன் வீட்டை விற்று விட்டால் என்ன செய்வாய்?'' என் கேள்விக்கு நானே பதில் சொன்னேன், ''அந்த குறிப்பை எடுத்து குப்பை தொட்டியில் போடுவேன்.'' நான் என் கற்பனையில், அந்த குறியீட்டை பெயர்த்து எடுத்து என் தோள்களில் சுமந்து சென்று, குப்பை தொட்டியில் தூக்கி போட்டுவிட்டு, விளையாட்டாக, ''இனி நீ எனக்குத் தேவையில்லை!'' என்று சொன்னேன். நான் உள்ளே திருப்திபட்டுக்கொண்டேன், முடிந்து விட்டது என்ற நினைப்புடன். அடுத்த நாளே ஒருவர் எனக்கு 1000 டாலர்கள் கொடுத்து விட்டு, ''இந்த குறியீட்டை எடுத்து விடுங்கள்,'' என்று கூறினார்.

உடனே நான் அந்த குறியீட்டை கீழே இழுத்து குப்பை தொட்டியில் போட்டேன். வெளி செயலானது உள் செயலுக்கு அடிபணிந்தது. இதை ஒன்றும் புதிதில்லை. *உள்ளிருப்பது போல் வெளியே*, ஆழ்மனதில் பதிந்த காட்சிக்கு ஏற்றார் போல் வெளியே புர வாழ்க்கையில் அமைகிறது. உள்ளிருப்பதையே வெளியே பிம்பமாக காண்கிறோம். உள் செயலை வெளி செயல் தொடர்கிறது.

வீடுகள், நிலங்கள், அல்லது வேறு எந்த விதமான அசையா சொத்தையும் விற்பதில் மற்றொரு சிறந்த வழிமுறையை நாம் பார்ப்போம்.

மெதுவாகவும், உணர்ச்சியுடனும், பின்வருமாறு கூறுங்கள்: ''அளவற்ற ஆற்றலானது இந்த வீட்டை வாங்குபவரை என்னிடம் ஈர்க்கச்செய்கிறது. எந்த தவறுகளும் செய்யாத ஆழ்மனதின் இந்த ஆக்கபூர்வ சக்தி சரியான வாங்குபவரை என்னிடம் கொண்டு

சேர்க்கும். வாங்குபவர் வேறு பல வீடுகளை பார்க்கலாம், ஆனால் அவர் வாங்க விரும்புவது என்னுடைய வீடு தான் ஏனென்றால் அவருக்குள் இருக்கும் அளவற்ற ஆற்றலானது அவரை என்னிடம் வழி காட்டும். வாங்குபவர் சரியென்று தெரியும், நேரம் சரியென்று தெரியும், விலையும் சரியென்று தெரியும். அதைப்பற்றிய அனைத்தும் சரியானதே. தெய்வீக ஆணை படி என் ஆழ்மனதின் அலைகள் எங்கள் இருவரையும் ஒன்று சேர்க்கும் முயற்சியில் உள்ளது.

அது அப்படித்தான் என்று எனக்குத்தெரியும்.'' ஒன்றை நினைவில் கொள்ளுங்கள். நீங்கள் எதை நாடுகிறீர்களோ அதுவும் உங்களை நாடுகிறது, நீங்கள் எப்பொழுது ஒரு வீடோ சொத்தையோ விற்க முயற்சி செய்கிறீர்களோ, அந்த அளிப்பை பெற்றுக்கொள்ள ஒருவர் இருப்பார். உங்கள் ஆழ்மனதின் சக்தியை சரியாக உபயோகித்தால், உங்கள் மனதை எல்லா விதமான போட்டி மற்றும் பதட்டத்திலிருந்து நீக்கி விடுகிறீர்கள்.

தனக்கு வேண்டியதை பெறுவதில் எப்படி வெற்றிகண்டாள்

என் வகுப்புகளுக்கும் விரிவுரைகளுக்கும் வழக்கமாக வரும் இளம் பெண் ஒருத்தி இருந்தாள். அவள் நாளொன்றுக்கு மூன்று முறை பேரூந்து மாற்ற வேண்டியிருந்தது; ஒவ்வொரு முறையும் வகுப்புக்கு வர அவளுக்கு ஒன்றரை மணி நேரம் எடுத்தது. ஒரு முறை எப்படி ஒருவனுக்கு கார் வேண்டியிருந்தது, எப்படி அவன் அதை பெற்றான் என்று விளக்கியிருந்தேன்.

என் விரிவுரையில் நான் சொல்லியிருந்தது போல் அவள் வீட்டிற்கு சென்று சோதனை ஒன்றை மேற்கொண்டாள். என் வழிமுறையை பயன்படுத்தியதை குறித்து அவள் எழுதிய கடிதத்தின் ஒரு பகுதி, அவள் அனுமதியுடன் பிரசுரம் செய்கின்றேன்: அன்புள்ள டாக்டர் மர்ஃப்பி: இப்படித்தான் நான் என் கேடிலாக் காரை பெற்றேன்-தவறாமல் விரிவுரைகளுக்கு வர ஒன்று தேவைப்பட்டது. என் கற்பனையில் நான் நிஜமாக காரில் செல்வதற்கு ஏற்றார் போல ஒரு வழிமுறையை செய்தேன். நான் ஒரு கார் விற்பனை நிலையத்திற்கு சென்றேன். அங்கிருந்த விற்பனையாளர்களில் ஒருவர் என்னை ஒரு முறை அந்த காரில் சுற்றிக் காட்டினார். நானும் சிறிது தூரம் வண்டியை ஓட்டினேன். நான் அந்த வண்டியை மீண்டும் மீண்டும் என்னுடையதாக

கருதினேன்.

நான் வண்டியில் ஏறி, அதை ஒட்டி, அதன் மேல் உள்ள துணியை தடவுவது போன்ற மனதின் கற்பனையை அப்படியே இரண்டு வாரங்களுக்கு வைத்திருந்தேன். கடந்த வாரம் உங்கள் விரிவுரைக்கு என் கேடிலாக்கில் வந்தேன். இங்கில்வுட் என்ற இடத்தில் இருந்த என் மாமா இறந்து போனார். அவர் எனக்கு தன் எஸ்டேட் மற்றும் கேடிலாக்கை விட்டுச் சென்றார்.

பல சிறந்த நிர்வாகிகள் மற்றும் தொழிலதிபர்கள் பயன்படுத்திய ஒரு வெற்றிகரமான யுக்தி

பல பிரசித்தி பெற்ற தொழிலதிபர்கள் அமைதியாக ஒரு வார்த்தையை மீண்டும் மீண்டும் கூறுவார்கள் அதை அவர்கள் நிஜமாக அடையும் வரை. அது, ''வெற்றி'' என்பதாகும். வெற்றி என்ற எண்ணத்தில் வெற்றியின் அனைத்து அம்சங்களும் இருக்கின்றன. அதுபோல், நீங்கள் இப்பொழுது ''வெற்றி'' என்ற வார்த்தையை மறுபடியும் மறுபடியும் உங்களுக்குள்ளே நம்பிக்கையுடன் கூறக்கூற, அதை உண்மையென்று உங்கள் ஆழ்மனது ஏற்றுக்கொண்டு உங்கள் ஆழ்மனது வெற்றியடைய உங்களை வற்புறுத்தும்.

உங்களது வெளிப்புற நம்பிக்கைகள், உறுதி மொழிகள், பதிவுகள் ஆகியவற்றை வெளியிட நீங்கள் வற்புறுத்தப்படுகிறீர்கள். வெற்றி என்பது உங்களுக்கு எப்படி தோன்றுகிறது? எந்த சந்தேகமும் இல்லாமல் நீங்கள் உங்கள் இல்லற வாழ்க்கை, பிற உறவு முறைகள் ஆகியவற்றில் வெற்றியை விரும்புகிறீர்கள். நீங்கள் தேர்ந்தெடுத்த தொழிலில் நீங்கள் சிறந்து விளங்க விரும்புகிறீர்கள். அழகிய வீடு மற்றும் சந்தோஷமாகவும் சௌகர்யமாகவும் வாழ்வதற்கு தேவையான பணத்தை விரும்புகிறீர்கள். உங்கள் பிரார்த்தனை வாழ்வில் உங்கள் ஆழ்மனதின் சக்தியை அணுகி வெற்றி பெற விரும்புகிறீர்கள்.

வாழ்வின் தொழிலில் இருப்பதாலும் நீங்கள் தொழிலதிபர் என்று கூறலாம். நீங்கள் எப்பொழுதுமே செய்ய ஏங்குவதை செய்வது போல் கற்பனைசெய்யுங்கள், நீங்கள் பெற விரும்பும் பொருட்களை பெறுவது போன்றும் கற்பனை செய்யுங்கள். கற்பனை திறன் உள்ளவராக ஆகுங்கள்; வெற்றி நிலைமையில் உள்ள உணர்வில் மனதளவில் பங்குபெறுங்கள். அதை ஒரு பழக்கமாக்கி கொள்ளுங்கள். ஒவ்வொரு நாளும் இரவில்

வெற்றிபெற்றது போன்ற உணர்வுடன் தூங்கச்செல்லுங்கள், மிகவும் திருப்தியாக. அப்படி செய்யும் போது உங்கள் ஆழ்மனதில் வெற்றியென்னும் விதையை விதைத்து விடுவீர்கள். வெற்றிபெறவே பிறந்ததாக நம்புங்கள், நீங்கள் பிரார்த்திக்கும் பொழுதே அற்புதங்கள் நிகழும்!

லாபம் தரும் சில குறிப்புகள்

1. வெற்றியென்றால் வெற்றிகரமாக வாழ்வது. நீங்கள் அமைதியாக, சந்தோஷமாக, மகிழ்வுடன், செய்ய விரும்புவதை செய்தால் நீங்கள் வெற்றிபெற்றவர்.
2. நீங்கள் எதை செய்ய விரும்புகிறீர்கள் என்று கண்டுபிடியுங்கள். உங்களுக்கு தெரியவில்லை என்றால் வழிகாட்டுதலை நாடுங்கள். உங்களுக்கு அது நிச்சயம் கிடைக்கும்.
3. நீங்கள் தேர்ந்தெடுத்த உங்களின் குறிப்பிட்ட துறையில் சிறப்படையுங்கள். மற்றவர்களை விட அதைப்பற்றிய அதிக அறிவை நீங்கள் பெற்றுக்கொள்ளுங்கள்.
4. வெற்றிபெற்றவர் சுயநலவாதியாக இருக்க மாட்டார். அவர் மனித குலத்ததிற்கு சேவையாற்றுவார்.
5. மன நிம்மதி இல்லாமல் உண்மையான வெற்றி என்பது இல்லை.
6. வெற்றிபெற்ற ஒருவர் ஆழமான உளவியல் மற்றும் ஆன்மீக புரிதலோடு இருப்பார்.
7. நீங்கள் ஒரு நோக்கத்தை தெளிவாக கற்பனை செய்ய முடியுமானால், உங்கள் ஆழ்மனதின் அற்புத செயலாற்றும் சக்தி உங்களுக்கு தேவையானவற்றை அளிக்கும்.
8. உங்கள் எண்ணம் உணர்வுடன் இணையும்போது அது நம்பிக்கையாக மாறுகிறது. ***மேலும் உங்கள் நம்பிக்கைக்கேற்ப அது உங்களுக்கு நிகழ்த்தப்படுகிறது.***
9. தொடர்ந்து கற்பனை செய்கின்ற சக்தியானது உங்களின் அதிசய செயலாற்றும் ஆழ்மன சக்தியை தூண்டுகிறது.
10. உங்கள் வேலையில் பதவி உயர்வை எதிர்பார்த்தால் உங்கள் முதலாளி, மேற்பார்வையாளர் மற்றும் உங்கள் அன்பானவர்கள் உங்களது பதவியுயர்வுக்கு பாராட்டுகின்றனர் என கற்பனை செய்யுங்கள். அதை மிகவும் உண்மையாக செய்யுங்கள். வார்த்தைகள், செய்கைகள் அனைத்தையும் உண்மையில் உணருங்கள். இதை தொடர்ந்து

செய்து வரும்போது உங்களது மனம் முழுவதுமாக அந்த எண்ணம் பற்றிக் கொள்வதால் உங்களது பிரார்த்தனை விடையளிக்கப்பட்டதை மகிழ்வோடு அனுபவிப்பீர்கள்.

11. உங்கள் ஆழ்மனம் ஓர் நினைவுப் பெட்டகம். சரியான நினைவுத் திறனுக்கு தொடர்ந்து உறுதி கூறுங்கள்: ''எல்லையற்ற ஆழ்மன அறிவு நான் அறிய வேண்டியவற்றை எல்லா நேரங்களிலும் எல்லா இடங்களிலும் வெளிக்கொண்டு வந்துவிடும்,'' என்று நம்புங்கள்.

12. நீங்கள் ஒரு மனை, நிலம் அல்லது அசையா சொத்துக்களை விற்க வேண்டியிருந்தால், மெதுவாகவும், அமைதியாகவும், உணர்வுபூர்வமாகவும், ''எல்லையற்ற அறிவு எனக்காக மனை வாங்குபவரை ஈர்க்கும்,'' என உறுதி கூறுங்கள். இந்த விழிப்புணர்வை தக்க வைத்துக் கொள்வதால், ஆழ்மனதின் ஆழமான அலைகள் உங்கள் தேவைகளை நிஜமாக்கிவிடும்.

13. வெற்றி என்ற எண்ணத்தில் வெற்றியின் அனைத்து அம்சங்களும் இருக்கின்றன. அதுபோல், நீங்கள் இப்பொழுது ''வெற்றி'' என்ற வார்த்தையை மறுபடியும் மறுபடியும் உங்களுக்குள்ளே நம்பிக்கையுடன் கூறக்கூற, அதை உண்மையென்று உங்கள் ஆழ்மனது ஏற்றுக்கொண்டு உங்கள் ஆழ்மனது வெற்றியடைய உங்களை வற்புறுத்தும்.

12

ஆழ்மனதை விஞ்ஞானிகள் உபயோகப்படுத்துகின்றனர்

பல விஞ்ஞானிகள் ஆழ்மனதின் உண்மையான முக்கியத்துவத்தை உணர்ந்துள்ளனர். எடிசன், மார்க்கோனி, கேட்டரிங், பாயின்கேர், ஐயின்ஸ்ட்டின் மற்றும் பலர் தங்கள் ஆழ்மனதை உபயோகித்துள்ளனர். அது நவீன விஞ்ஞானத்திலும் தொழிற்சாலையிலும் அவர்களது சிறந்த சாதனைகளுக்கான ''உள்ளுணர்வை'' அவர்களுக்கு அளித்தது. ஆழ்மனதின் சக்திகளை செயலாக்குவதில் தான் அனைத்து விஞ்ஞான மற்றும் ஆராய்ச்சியாளர்களுக்கும் அவர்களது வெற்றியை நிர்ணையிக்கும் என்று ஆராய்ச்சி கூறுகிறது.

ஃபிரெடெரிக் வோன் ஸ்ட்ராடோனிட்ஸ் என்ற பிரபல வேதியல் நிபுணர் எப்படி தன பிரச்னையை தீர்க்க தன் ஆழ்மனதை பயன்படுத்தினார் என்பதற்கு ஒரு எடுத்துக்காட்டு பின்வருமாறு: பென்சீன் ஃபார்முலாவின் ஆறு ஹைட்ரஜன் மற்றும் ஆறு கார்பன் அணுக்களை மாற்றி அமைக்க வெகு காலமாக மிகவும் கஷ்டப்பட்டார். அந்த விஷயத்தை தீர்க்க முடியாமல் எப்பொழுதும் குழப்பத்தில் இருந்தார். சோர்ந்து போய் தன் வேண்டுகோளை முழுவதுமாக ஆழ்மனதின் பக்கம் திருப்பினார். அதன் பின்பு உடனே, லண்டன் நகரத்தில் பஸ் ஏறவிருந்த பொழுது, பாம்பு திரும்பி தன் வாலை கடித்துக்கொள்வது போல் அவரது ஆழ்மனது உணர்மனதிற்கு ஒரு நொடியில் மின்னலாய், ஒரு நினைவை கொடுத்தது.

அவரது ஆழ்மனதிலிருந்து வந்த இந்த பதில், பென்சீன் ரிங் என்று அழைக்கப்பட்ட அணுக்களை மாற்றி அமைக்கும்

முறையை பற்றிய வெகுநாளாக பதில் அளிக்கப்படாமல் இருந்த கேள்விக்கான விடையை அளித்தது.

தனிச்சிறப்புப்பெற்ற ஒரு விஞ்ஞானி எப்படி தன் புதிய கண்டுபிடிப்புகளை முன்வைத்தார்

நிகோலா டெஸ்லா என்பவர் அற்புதமான புதிய கண்டுபிடிப்புகளை கொண்டு வந்த மின்சார துறை விஞ்ஞானி. புதிய கண்டுபிடிப்பிற்கான ஒரு நினைவு அவர் மனதில் தோன்றியவுடன் அதை அவர் கற்பனையில் வளர்ப்பார், அவர் ஆழ்மனதினால் அதை மீண்டும் ஒரு உருவாக வடிவமைத்து நிஜ உலகில் அதனை தயாரிக்க தேவையானவற்றை உணர்மனதிற்கு அது தெரியப்படுத்தும்.

அமைதியாக இருந்து முன்னேற்றத்திற்கான ஒவ்வொரு வழியையும் சிந்தித்து, தவறுகளை அறிந்து, அதை செய்யும் நிபுணர்களுக்கு சிறந்த ஒரு பொருளை கொடுக்க அவரால் முடிந்தது.

''எந்த வித மாற்றமும் இல்லாமல் நான் நினைத்த வகையிலேயே நான் தயாரித்த பொருள் அமைந்தது. இந்த இருபது வருடங்களில் ஒரு விதிவிலக்கு,'' என்றார்.

இயற்கை வழி மருத்துவம் பழகுபவர் எப்படி தன் பிரச்சனையை தீர்த்துக்கொண்டார்

ஆகாஸ்சிஸ் என்ற பேராசிரியர், தனிசிறப்புப்பெற்ற அமெரிக்க இயற்கைவழி மருத்துவர், தூங்கும் போது சளைக்காமல் அவர் ஆழ்மனது ஆற்றும் செயல்களை கண்டுபிடித்தார். பின்வருவதை அவரது விதவை மனைவி தன் பிரபல கணவரைப்பற்றி கூறியது. 'கல்லில் பதிந்திருந்த ஒரு மீனின் உருவத்தை தெளிவாக புரிந்துகொள்ள இரண்டு வாரங்கள் வரை போராடினார். களைத்துப் போய் குழப்பத்துடன் தன்வேலையை ஒதுக்கி மனதிலிருந்தும் அதை ஒதுக்கினார். சிறிது நாட்களில் ஒரு முறை இரவு அவர் தூக்கம் கலைந்து எழுந்தவுடன், தன் உறக்கத்தில் அந்த மீன் தன்னுடைய அனைத்து உறுப்புக்களுடன் காணப்பட்டதாக கூறினார். அந்த எண்ணத்தை நினைவில் நிறுத்த முயற்சி செய்த போது அது தப்பித்து விட்டது. இருப்பினும் மறு நாள் ஜார்டின் டே பிளாண்ட்ஸ்ஸிற்கு அதிகாலையில் சென்ற பொழுது, புதுமையாக

எதையேனும் காண நேரிடும், அது தம்மை சரியான வழிக்கு இட்டுச்செல்லும் என்று நினைத்தார். ஆனால் எப்பொழுதும் போலவே இருந்தது. மறு நாள் இரவு மீண்டும் அந்த மீனை பார்த்தார், ஆனால், இப்பொழுதும் திருப்திகரமான விளைவு இல்லை. அவர் எழுந்த போது அது அவர் நினைவை விட்டு நீங்கி விட்டது. மூன்றாம் நாளும் அதே போன்ற அனுபவம் கிடைக்கும் என்று நம்பிய அவர், உறங்கும் முன் தன் படுக்கைக்கு அருகில் ஒரு காகிதமும் எழுதுகோல் ஒன்றையும் வைத்தார்.

''அதே போன்று, காலை நேரத்தில் அந்த மீன் அவர் கனவில் மீண்டும் வந்தது, முதலில் குழப்பமாக ஆனால் கடைசியில் அதன் உயிரியல் குணாதிசியங்கள் தெளிவாக தெரிந்தது. இன்னமும் அரை குறை கனவில், முழுமையான கருமை நிறத்துடன் இருந்தது. உடனே அந்த வடிவத்தை அருகில் தான் வைத்திருந்த காகிதத்தில் வரைந்தார். காலையில், அவர் இரவில் வரைந்த இந்த படத்தில் அந்த மீனின் அச்சு தெளிவாக பதிந்திருந்தது. ஜார்டின் டே பிளாண்ட்ஸ்ஸிற்கு உடனே விரைந்து சென்று அந்த கல்லின் மேல் பகுதியை உளியால் செதுக்க தொடங்கினார். அதன் கீழ்தான் அந்த மீனின் உருவம் மறைந்திருந்தது. அதை முழுவதுமாக வெளிப்பட செய்தவுடன் அது அவரது கனவுடனும் வரைபடத்துடனும் ஒத்துப்போனது, மற்றும் அது எந்த வகையானது என்று வகைபடுத்த ஏதுவாக இருந்தது.''

நீரிழிவு நோய் பிரச்னையை ஒரு திறமையான மருத்துவர் எப்படி சமாளித்தார்

சில வருடங்களுக்கு முன் ஒரு பத்திரிகையின் பதிப்பு ஒன்றில் இன்சுலின் கண்டுபிடிப்பின் ஆரம்பத்தை பற்றி அதில் குறிப்பிடப்பட்டிருந்தது. அந்த கட்டுரையின் சாராம்சம் இதுதான்.

நாற்பது வருடங்களுக்கு முன்போ, அதற்கு முன்னரோ, டாக்டர் ஃபிரெட்ரிக் பான்டிங், கனடா நாட்டை சேர்ந்த ஒரு மருத்துவர் மற்றும் அறுவை சிகிச்சை நிபுணர், நிரிழிவு நோயால் ஏற்படும் பாதிப்புகளை குறித்து தன் கவனத்தை செலுத்தியிருந்தார். அந்த சமயத்தில் மருத்துவத்தில் இந்த நோயை தடுக்க வழிகள் ஏதும் இல்லை. இதைப்பற்றி டாக்டர் பான்டிங் அகில உலக மருத்துவ கட்டுரைகளையெல்லாம் ஆராய நீண்ட நேரம் செலவழித்தார்.

ஒரு நாள் இரவு அவர் சோர்வடைந்து தூங்கிவிட்டார். அவர் தூங்கிக்கொண்டிருக்கும் பொழுது அவர் ஆழ்மனது அவரிடம்

நாய்களின் சீர்குலைந்த கணையக்குழாயிலிருந்து மிச்சத்தை எடுக்குமாறு அறிவுறுத்தியது. இது தான் லட்சக்கணக்கான மக்களுக்கு உதவிய இன்சுலின் கண்டுபிடிப்பிற்கு துவக்கம். இந்த பிரச்சனையைப்பற்றி வெகு நேரம் தீர்வு வேண்டி அவர் உணர்மனதில் அசை போட்டார், அதற்கேற்ப அவர் ஆழ்மனதும் பதிலளித்தது.

எப்பொழுதுமே ஒரு பிரச்சனைக்கு ஒரே இரவில் தீர்வு கிடைக்காது. விடை சில காலம் வரை வராமல் இருக்கலாம். இதனால் மனம் தளராதே. இந்த பிரச்னையை தினமும் ஆழ்மனதிடம் தெரிவியுங்கள், இதுவரை அதுபற்றி சொல்லாதது போல்.

இந்த கால தாமதத்திற்கு ஒரு காரணம் இதை பெரிய பிரச்சனையாக நீங்கள் பார்பதாகக்கூட இருக்கக்கூடும். இதை தீர்க்க வெகு நேரமாகும் என்று நீங்கள் நம்பலாம். உங்கள் ஆழ்மனது நேரத்திற்கும் இடத்திற்கும் அப்பாற்பட்டது. உங்களிடம் இப்பொழுது விடை உள்ளதாக நம்பி உறங்க செல்லுங்கள். விடையை வருங்காலத்தில் வருவதாக பார்க்காதீர்கள். விளைவின் மீது நம்பிக்கை வையுங்கள். இந்த புத்தகத்தை படித்துக்கொண்டிருக்கும் இந்த தருணத்தில் உங்களுக்கும் சரியான விடை கிடைக்கும் என்பதில் உறுதிகொள்ளுங்கள்.

பிரபல விஞ்ஞானியும் மருத்துவருமான ஒருவர் எப்படி ரஷ்யா நாட்டு கூடாரத்திலிருந்து தப்பி வந்தார்

டாக்டர் லோதக்ஸ் வோன் ப்ளேன்க் ஸ்மிட்ட், ராக்கெட் சொசைடியின் உறுப்பினர் மற்றும் மின்னணு தொழில்நுட்பத்தின் ஆராய்ச்சியாளர், ரஷ்ய சிறையிலிருந்து கொடூரமான காவலாட்களிடமிருந்து தப்பி வெளியேற, எப்படி தன் ஆழ்மனதை உபயோகித்தார் என்று பின்வரும் கட்டுரையில் அதன் சாராம்சத்தை கொடுத்துள்ளார். ''ரஷ்ய நாட்டில் ஒரு கரி சுரங்கத்தில் நான் போர் கைதியாக இருந்தேன். என்னை சுற்றி பல கைதிகள் அந்த சிறைச்சாலை சுற்றுசுவருக்குள் இறந்ததை பார்த்தேன். கொடூரமான காவலாளிகள், திமிரான அதிகாரிகள், கூர்மையான புத்திசாலித்தனத்துடன் இயங்கும் அதிகாரிகள் ஆகியவர்கள் எங்களை கண்காணித்தார்கள்.

ஒரு சிறு மருத்துவ பரிசோதனைக்கு பிறகு ஒவ்வொருவருக்கும் சிறிது கரி எடுக்க வேண்டும் என்று பொறுப்பு கொடுக்கப்பட்டது.

எனக்கு நாள் ஒன்றிற்கு முன்னூறு பவுண்ட் கொடுக்கப்பட்டது. அப்படி ஒரு நாள் ஒருவர் தனக்கு கொடுக்கப்பட்ட அளவை எட்ட முடியவில்லை என்றால், அவரது உணவு குறைக்கப்பட்டது. சிறிது காலத்தில் அவர் மயானபூமியில் ஓய்வு எடுத்துக்கொண்டிருந்தார்.

''நான் தப்பிப்பதில் கவனம் எடுக்கத்தொடங்கினேன். என் ஆழ்மனது எப்படியாவது ஒரு வழியை கண்டுபிடிக்கும் என்று எனக்குத்தெரியும். ஜெர்மனியில் என் வீடு இடிந்துவிட்டது; குடும்பம் அழிந்துவிட்டது; என் அனைத்து நண்பர்களும் முன்னால் உடன் வேலை செய்த சக தொழிலாளர்கள் அந்த முகாமில் போர் கைதிகளாகவோ, அல்லது போரில் இறந்தோ போய் விட்டனர். ''எனக்கு லாஸ் ஏஞ்செல்ஸ் செல்ல வேண்டும். அதற்கான வழியை நீ கண்டுபிடிப்பாய், என்று என் ஆழ்மனதிடம் சொல்லிவிட்டேன்.'' நான் ஏற்கனவே லாஸ் ஏஞ்செல்ஸ் நகரத்தை பார்த்திருந்ததால் அங்குள்ள சாலைகள் மற்றும் கட்டிடங்களை எனக்கு ஞாபகம் இருந்தது. ''ஒவ்வொரு நாளும் அந்த சாலைகளில், போருக்கு முன் பெர்லின் நகரத்தில் நான் சந்தித்த ஒரு அமெரிக்க பெண்ணுடன் (இன்று அவள் என் மனைவி) நடப்பது போல் கற்பனை செய்தேன். என் கற்பனையில் நாங்கள் ஒன்றாக பஸ்ஸில் சென்றோம், கடைகளுக்கு சென்றோம், உணவகங்களில் சாப்பிட்டோம். தினமும் இரவில் நான் கற்பனையில் லாஸ் ஏஞ்செல்ஸ் நகரத்தின் சாலைகளில் என் வாகனத்தை ஓட்டுவதாக பார்த்தேன். இவை அனைத்தையும் தெளிவாக நிஜம் போன்று நிலைக்கச்செய்தேன். என் மனதில் பதிந்த இந்த படங்கள் அனைத்தும் சிறையின் வெளியே காணப்பட்ட மரம் போன்று உண்மையாகவும் இயற்கையாகவும் இருந்தது.

''ஒவ்வொரு நாள் காலையும் அந்த சிறைசாலையின் தலைமை காவலாளி அனைத்து கைதிகளையும் நிற்க வைத்து கணக்கெடுப்பார். அவர் 'ஒன்று, இரண்டு, மூன்று,' என்று துவங்கி பதினேழு என்று என்னுடைய எண்ணை அழைக்கும் பொழுது நான் வரிசையிலிருந்து தள்ளி நின்றேன். அதற்குள் அந்த காவலாளி ஒரு நிமிடத்திற்காக வெளியில் அழைக்கப்பட்டார். அவர் திரும்பியதும் தவறாக அடுத்த கைதியை பதினேழிலிருந்து துவங்கினார். மாலையில் அந்த குழு திரும்பியவுடன், ஆட்களின் எண்ணிக்கை அதுவாகவே இருந்தது. நான் இல்லாததை யாரும் கவனிக்கவில்லை, அதை கண்டுபிடிக்க வெகு நாட்கள் ஆகும்.

''நான் முகாமிலிருந்து வெளியே வந்து இருபத்தி நான்கு மணிநேரம் நடந்தேன். அதையாரும் கண்டுபிடிக்கவில்லை. மறு

நாள் ஆள் நடமாட்டம் இல்லாத ஒரு நகரத்தில் ஓய்வெடுத்தேன். நான் மீன் பிடித்தும், உணவிற்காக வன விலங்குகளை கொல்வதுமாக வாழ முடிந்தது. முடிவாக ஒரு நாள் போலந்து செல்லும் வரை போலந்து நாட்டிற்கு கரி எடுத்துச்செல்லும் ரெயிலில் இரவுகளில் பிரயாணம் செய்தேன். நண்பர்களின் உதவியோடு ஸ்விட்ஸர்லாந்து நாட்டின் லூசெர்ன் நகரத்தை அடைந்தேன்.

''லூசெர்ன் நகர பேலஸ் விடுதியில் ஒரு நாள் மாலை நான் அமெரிக்க நாட்டை சேர்ந்தார் ஒருவர் மற்றும் அவர் மனைவியுடன் பேசிக்கொண்டிருந்தேன். அவர் என்னிடம் கலிஃபோர்னியாவில் உள்ள தன் வீட்டிற்கு விருந்தாளியாக வர முடியுமா என்று கேட்டார். நானும் ஒப்புக்கொண்டேன். லாஸ் ஏஞ்செல்ஸ் நகரத்தில் வந்திறங்கியவுடன், நான் சிறையில் இருந்த பொழுது தெளிவாக கற்பனை செய்திருந்த சாலைகள் வழியே என்னை அழைத்து சென்றார் ஒரு ஓட்டுனர். நான் அடிக்கடி மனதில் பார்த்த கட்டிடங்களை நேரில் பார்த்து அடையாளம் கண்டுகொண்டேன். நான் ஏற்கனவே லாஸ் ஏஞ்செல்ஸ் நகரில் வாழ்ந்தது போன்று தோன்றியது. நான் என் இலக்கை அடைந்து விட்டேன்.

''ஆழ்மனதின் சக்திகளை கண்டு நான் அதிசயப்படாமல் இருக்க மாட்டேன். உண்மையில், நாம் அறியாத வழிகள் அதற்கு உண்டு.''

தொல் பொருள் ஆராய்ச்சியாளர்கள் பழங்கால காட்சிகளை எவ்வாறு மீண்டும் உருவாக்கினர்

இந்த விஞ்ஞானிகளுக்கு நடந்தவை அனைத்தின் ஞாபகமும் ஆழ்மனதிற்கு உண்டு என்பதை அறிவார்கள். பழமையான இடிபாடுகள் மற்றும் புதை படிவுகள் ஆகியவற்றை படிக்கும் பொழுது, தங்கள் கற்பனை உணர்வு மூலம், அவர்களது ஆழ்மனது அவர்களுக்கு அந்த காட்சிகளை மீண்டும் அமைத்துத்தருகிறது. இறந்த காலமானது உயிர்த்தெழுந்து குரல் கொடுக்கிறது. இந்த பழமை வாய்ந்த கோயில்கள் மற்றும் மட்பாண்டங்கள், கருவிகள், பழங்காலத்து வீட்டு சாதனங்கள் ஆகியவற்றை படித்து பாஷை எதுவும் இல்லாத காலத்தை பற்றி விஞ்ஞானிகள் நமக்கு சொல்வார்கள். ஒருவருக்கு ஒருவர் முக்கல்கள், முனகல்கள் மற்றும் சைகை மூலம் தொடர்பு கொண்டனர்.

விஞ்ஞானிகளின் சிதறாத கவனம் மற்றும் ஒழுக்கமான கற்பனை அமைதியாக இருக்கும் ஆழ்மனதின் சக்தியை

எழுப்பி, புராதன கோவில்களின் மேற்கூரையை துணியால் மூடி அதை சுற்றி தோட்டம், குளம் மற்றும் நீர்வீழ்ச்சி ஆகியவற்றை உருவாக்க அவனுக்கு உதவுகிறது. புதை படிவுகள் துணி உடுத்தி கண்கள் தசைகளுடன் நடந்து பேசுகின்றன. இறந்த காலம் நிகழ் காலமாக மாறுகிறது. மனதில் நேரம் இடம் என்று ஒன்று இல்லை என்பதை காண்கிறோம். ஒழுக்கம், கட்டுப்பாடு, மற்றும் திசை கொடுக்கப்பட்ட கற்பனையின் மூலம் எக்காலத்திலும் சிறந்த விஞ்ஞானிகள் மற்றும் ஊக்குவிக்கும் சிந்தனையாளர்களை நாம் துணையாக பெறலாம்.

உங்கள் ஆழ்மனதிடமிருந்து வழிகாட்டுதல் பெறுவது எப்படி

''கடினமான முடிவு'' என்று நீங்கள் சொல்லக்கூடிய நிலைமை ஏற்படும் போது, அல்லது ஒரு பிரச்சனைக்கு உங்களால் தீர்வு காண முடியாத போது, உடனே ஆக்கபூர்வமாக சிந்திக்க தொடங்குங்கள். நீங்கள் பயம் மற்றும் கவலையுடன் இருந்தால், நீங்கள் உண்மையில் யோசிப்பதில்லை. உண்மையான சிந்தனை பயத்திலிருந்து விடுதலை பெற்றது.

எந்த ஒரு விஷயத்தை பற்றியும் வாழிகாட்டுதல் பெற ஒரு எளிமையான யுக்தி: மனதை அமைதிப்படுத்தி உடலை அசை வற்ற நிலையில் வைத்துக்கொள்ளுங்கள். உடலை ஓய்வெடுக்க செல்லுங்கள்; அது உங்களுக்கு அடிபணிய வேண்டும். அதற்கு எந்த விருப்பும், சுய உணர்வும், புத்திக்கூர்மையும், முயற்சியும் கிடையாது. உங்கள் உடலானது உணர்ச்சி வட்டு, அதில் உங்கள் நம்பிக்கைகள் பதிவு செய்யப்படுகின்றன.

உங்கள் கவனத்தை நகர்த்துங்கள்; பிரச்சனையின் தீர்வில் உங்கள் கவனத்தை வையுங்கள். அதை உங்கள் உணர்மனதால் தீர்க்கப்பாருங்கள். சிறப்பான தீர்வால் எப்படி மகிழ்ச்சி அடைவீர்கள் என்று சிந்தியுங்கள்.

சரியான விடை கிடைத்தால் எப்படி உணர்வீர்களோ அப்படி உணருங்கள். உங்கள் மனது இந்த நிலையில் அமைதியாக ஓய்வெடுக்கட்டும்; பிறகு உறங்கி விடுங்கள். தூங்கி எழும் பொழுது, விடை இல்லாவிட்டால் வேறு எதையாவது செய்யத்தொடங்குங்கள். வேறு ஏதேனும் செய்யும் பொழுது இதற்கான விடை உங்கள் மனதில் திடீரென்று எழலாம். ஆழ்மனதிடமிருந்து வழிகாட்டுதல் பெறுதலில், எளிமையான

வழியே சிறந்தது. இது ஒரு எடுத்துக்காட்டு: ஒரு முறை பரம்பரை சொத்தான விலைமதிக்க முடியாத ஒரு மோதிரத்தை தொலைத்துவிட்டேன். எங்கு தேடியும் அது கிடைக்கவில்லை. இரவில், மற்றவர்களுடன் பேசுவது போல் ஆழ்மனதுடன் பேசினேன். உறங்கச்செல்லும் முன், அதனிடம், ''உனக்கு அனைத்து விஷயங்களும் தெரியும், மோதிரம் எங்கு இருக்கிறது என்றும் தெரியும். அதை நீ எனக்கு காட்டிக்கொடு,'' என்றேன்.

காலையில் திடீரென்று எழுந்தேன், ''ராபர்ட்டை கேள்!'' என்ற வார்த்தைகள் காதில் ரீங்காரமிட்டது.

ஒன்பது வயதான சிறுவன் ராபெர்ட்டிடம் கேட்பதா என்று விசித்திரமாக இருந்தது; இருந்தாலும், உள்ளுணர்வின் குரலை பின்பற்றினேன். ராபர்ட் கூறினான், ''ஓ, ஆமாம், மற்ற சிறுவர்களுடன் விளையாடும் போது தோட்டத்திலிருந்து அதை எடுத்தேன். என் அறையில் உள்ள மேஜையில் வைத்தேன். அதற்கு மதிப்பு எதுவும் உள்ளதாக நான் நினைக்கவில்லை. அதனால் அதுபற்றி எதுவும் கூறவில்லை.'' நீங்கள் நம்பினால் ஆழ்மனது உங்களுக்கு விடையளிக்கும்.

அவன் ஆழ்மனது அவன் தந்தையின் உயில் இருந்த இடத்தை வெளிப்படுத்தியது

என் விரிவுரைகளை கேட்க வரும் ஒரு இளைஞனுக்கு இந்த அனுபவம் ஏற்பட்டது. அவன் தந்தை இறந்து விட்டார். உயில் ஒன்றும் விட்டுச்செல்லவில்லை. இருப்பினும், அவன் தங்கை அவர்களது அப்பா ஒருமுறை அவளிடம் தான் அனைவருக்கும் நியாயமான உயில் ஒன்றை எழுதியிருப்பதாக கூறியிருந்ததாக சொன்னாள். அது இருக்கும் இடத்தை கண்டுபிடிக்க செய்த ஒவ்வொரு முயற்சியும் தோல்வியடைந்தது.

தூங்கும் முன் அவன் தன் ஆழ்மனதிடம் பேசினான்: ''இந்த வேண்டுகோளை நான் ஆழ்மனதின் பக்கம் திருப்புகிறேன். அதற்கு இந்த உயில் எங்குள்ளது என்று தெரியும், அதை என்னிடம் வெளிப்படுத்தும்.'' பிறகு அந்த வேண்டுகோளை ஒரு வார்த்தையில் சுருக்கி, ''விடை,'' என்று தாலாட்டு போல் மீண்டும் மீண்டும் கூறினான். அவன் தன்னைத்தானே ''விடை'' என்ற வார்த்தையினால் தாலாட்டினான்.

மறுநாள் காலை அந்த மனிதனுக்கு லாஸ் ஏஞ்செல்ஸில் உள்ள ஒரு வங்கிக்கு செல்ல அதிகமான உந்துதல் ஏற்பட்டது. அங்கு

சென்றதில், அவன் தனது அப்பாவின் பெயரில் ஒரு பாதுகாப்பு பெட்டகம் இருப்பதாய் அறிந்தான். அதிலிருந்த பொருட்கள் அவன் பிரச்சனையை தீர்ந்துவிட்டது.

நீங்கள் உறங்கப்போகும் பொழுது உங்கள் எண்ணங்கள், உங்களுக்குள் இருக்கும் சக்திவாய்ந்த செயலற்ற நிலையை தட்டி எழுப்பும். உதாரணத்திற்கு, நீங்கள் உங்கள் வீட்டை விற்பதா வேண்டாமா, பங்கு சந்தையில் ஒரு நிறுவனத்தின் பங்கை வாங்குவதா வேண்டாமா, கூட்டாளியுடன் உறவை முறித்துக்கொள்வதா, லாஸ் ஏஞ்செல்ஸ் நகரத்திலேயே தங்கி விடுவதா அல்லது நியூ யார்க் செல்வதா, தற்பொழுதிருக்கும் குத்தகையை விட்டுவிட்டு புதிதாக ஒன்றை எடுக்க வேண்டுமா என்று வியக்கிறீர்களா? இதை செய்யுங்கள்: அமைதியாக சாய்வு நாற்காலியிலோ, உங்கள் அலுவலகத்தில் மேஜை மேலோ உட்காருங்கள். உலகளாவிய சட்டமான ஒவ்வொரு செயலுக்கும் எதிர்மறை ஒன்று உண்டு என்பதை நினைவில் கொள்ளுங்கள்.

செயல் உங்கள் எண்ணம். எதிர்வினை உங்கள் ஆழ்மனதின் பதில்.

ஆழ்மனது எதிர்வினையும் அனிச்சலும் உடையது; அதன் இயற்கை அதுதான். அது திரும்பிவரும், வெகுமதிகள் அளிக்கும், திருப்பி அளிக்கும். அதுதான் தொடர்பின் சட்டம். அது தொடர்பு கொள்வதன் மூலம் பதில் அளிக்கும். சரியான செயல் எது என்று நீங்கள் சிந்திக்கும் பொழுது உங்களுக்கு அதற்கு எதிர்வினையான பதிலும் அனுபவமும் தானாக வரும். அது தான் உங்கள் ஆழ்மனதின் பதில் அல்லது வழிகாட்டுதல் ஆகும்.

வழிகாட்டுதலை நாடும் பொழுது, நீங்கள் அமைதியாக அமர்ந்து சரியான செயல் பற்றி சிந்தித்தால் உங்கள் ஆழ்மனதிற்குள் புதைந்திருக்கும் அளவற்ற ஆற்றலை உபயோகப்படுத்த துவங்குகிறீர்கள் என்று அர்த்தம். அங்கிருந்து, உங்கள் செயல் உங்களுக்குள் இருக்கும் விவேகத்தால் திசைப்படுத்தப்பட்டு கட்டுப்படுத்தப்படுகிறது. உங்கள் முடிவு சரியானதாக இருக்கும். சரியான செயலாகத்தான் இருக்கும் ஏனென்றால் நீங்கள் சரியானவற்றை செய்யும் கட்டாயத்தில் இருக்கிறீர்கள். நான் *கட்டாயம்* என்ற வார்த்தையை உபயோக படுத்துவது ஏனென்றால் ஆழ்மனதின் சட்டம்தான் கட்டாயம்.

வழிகாட்டுதலின் ரகசியம்

வழிகாட்டுதலின் ரகசியம் அல்லது சரியான செயலின் ரகசியம் என்னவென்றால், சரியான விடைக்கு உங்களை நீங்கள் மனதளவில் அர்ப்பணித்துக்கொள்வது, உங்களுக்குள் அதற்கான பதில் கிடைக்கும் வரை. பதில் ஒரு உணர்வு, ஒரு உள்ளுணர்வு, உள்ளுக்குள் ஒரு விழிப்புணர்வு, உங்களுக்கு தெரியும் என்று நீங்கள் அறிவது. சக்தி உங்களை பயன்படுத்தும் வரை நீங்கள் சக்தியை உபயோகித்துளீர்கள். உங்களுக்குள் அகநிலை விவேகமாக வேலை செய்யும் வரை நீங்கள் ஒரு தவறான அடியையோ, தோல்வியையோ பார்க்க முடியாது. உங்கள் அனைத்து வழிகளும் இனியதாகவும் அனைத்து பாதைகளும் அமைதியானதாகவும் இருப்பதை காண்பீர்கள்.

நினைவில் கொள்ள வேண்டிய குறிப்புகள்

1. ஆழ்மனம் எல்லா பெரிய விஞ்ஞானிகளின் வெற்றியையும் அற்புதமான சாதனைகளையும் தீர்மானம் செய்துள்ளது என்பதை ஞாபகத்தில் வைத்து கொள்ளுங்கள்.
2. விழிப்புணர்வுடன் கூடிய கவனமும், பக்தியையும் ஒரு பிரச்சனைக்கு கொடுக்கும்போது, உங்கள் ஆழ்மனது தேவையான எல்லா தகவல்களையும் சேகரித்து அதை உணர்மனதிற்கு வழங்குகிறது.
3. நீங்கள் ஒரு பிரச்சனைக்கு தீர்வு பற்றி யோசித்திருந்தால் அதனை பாரபட்சமின்றி தீர்க்க பாருங்கள். எல்லா தகவல்களையும் ஆராய்ந்தும் அடுத்தவர்களிடமிருந்தும் பெறுங்கள். விடை வரவில்லை என்றால், உறங்கும் முன் உங்கள் ஆழ்மனதின் பக்கம் அதைத் திருப்புங்கள். பதில் எப்பொழுதும் கிடைக்கும். அது என்றுமே தோற்பதில்லை.
4. உங்களுக்கு எப்பொழுதும் ஒரு இரவிலேயே விடை கிடைத்து விடாது. விடியல் வரும் வரையோ அல்லது நிழல் ஓடும் வரையோ மீண்டும் மீண்டும் ஆழ்மனதின் பக்கம் பிரச்சனையை திருப்புங்கள்.
5. நீங்கள்தான் பிரச்சனை பெரியது என்று கருதி விடையை தாமதப்படுத்துகிறீர்கள். உங்கள் ஆழ்மனதிற்கு பிரச்சனை தெரியாது. தீர்வு மட்டுமே தெரியும்.
6. உங்களிடம் இப்பொழுதே விடை உள்ளது என்று நம்புங்கள்.

விடையின் சந்தோஷத்தை உணருங்கள். மற்றும் உங்களிடம் சரியான விடை இருந்தால் எப்படி உணர்வீர்களோ அதை இப்பொழுதே உணருங்கள். உங்கள் ஆழ்மனம் உங்கள் உணர்விற்கு பதில் கொடுக்கும்.

7. நம்பிக்கையும் விடாமுயற்சியும் கொண்ட எந்த மனப்படமாக இருந்தாலும், ஆழ்மனதின் அற்புத செயல்திறனால் உண்மையாகும். ஆழ்மனதின் சக்தியை நம்புங்கள். நீங்கள் வேண்டும் விதமே அற்புதங்கள் நடக்கும்.

8. உங்கள் ஆழ்மனம் உங்கள் நினைவகம். உங்கள் ஆழ்மனதில் உங்கள் சிறுவயது அனுபவங்கள் பதிவாகியுள்ளன.

9. விஞ்ஞானிகள் பண்டைய கோயில்கள், புதைபடிவுகள் மேல் தியானம் செய்து கடந்த காட்சிகளை மீண்டும் அவர்கள் உயிர்ப்பிக்க செய்கிறார்கள். அவர்களின் ஆழ்மனம் அவர்கள் உதவிக்கு வருகிறது.

10. தூங்கும் முன் உங்கள் வேண்டுதலை ஆழ்மனதின் பக்கம் திருப்புங்கள். அதனை நம்புங்கள். விடை கிடைக்கும். அதற்கு அனைத்தும் தெரியும். அனைத்தையும் பார்க்கும். ஆனால் நீங்கள் அதை சந்தேகப்படவோ கேள்வி கேட்கவோ கூடாது.

11. செயல் உங்கள் எண்ணம், விளைவு உங்கள் ஆழ்மனத்தின் பிரதிபலிப்பு. உங்கள் எண்ணங்கள் விவேகமானதாக இருந்தால் உங்கள் செயல்களும் முடிவுகளும் அறிவுள்ளதாக இருக்கும்.

12. வழிகாட்டுதல் ஒரு உணர்வாக, ஒரு உள் விழிப்புணர்வாக வருகிறது. இதனால் உங்களுக்கு தெரியும் என்பது உங்களுக்கு தெரியும். அது ஒரு உள்தன்மையின் தொடுஉணர்வு. அதனை பின்பற்று.

13

உங்கள் ஆழ்மனதும் தூக்கத்தின் அற்புதங்களும்

நீங்கள் உங்கள் வாழ்நாளின் மூன்றில் ஒரு பங்கு அதாவது ஒவ்வொரு இருபத்தி நான்கு மணிநேரத்தில் எட்டு மணிநேரத்தை தூங்கி கழிக்கிறீர்கள். இது வாழ்க்கையின் தவிர்க்க முடியாத சட்டம். இது மிருக மற்றும் தாவர இனங்களுக்கும் பொருந்தும். தூக்கம் ஒரு தெய்வீக சட்டம். பல பிரச்சனைகளுக்கான தீர்வு நாம் கட்டிலில் ஆழ்ந்து தூங்கும் பொழுது கிடைக்கிறது. பலரும் நீங்கள் பகலில் சோர்வடைந்து போவதால் உங்கள் உடலுக்கு ஓய்வு கொடுக்க நீங்கள் உறங்கி விடுகிறீர்கள் என்றும் இது நீங்கள் உறங்கும் பொழுது சீர் செய்யும் முறை என்று கூறுகிறீர்கள். எதுவுமே தூக்கத்தில் ஓய்வெடுக்காது. உங்கள் இதயம், நுரையீரல், இதர முக்கிய உறுப்புக்கள் நீங்கள் தூங்கும் போது வேலை செய்கிறது. உறங்கும் முன் சாப்பிட்டால் உணவு ஜீரணமாகி அனைத்து உறுப்புக்களுக்கும் தள்ளப்படுகிறது ; அது மட்டுமில்லாமல் உங்கள் தோல் வியர்வையை சேகரிக்கும், உங்கள் நகமும் முடியும் வளர்வதை தொடரும். உங்கள் ஆழ்மனது ஓய்வெடுப்பதுமில்லை உறங்குவதுமில்லை. அது எப்பொழுதுமே துடிப்பாக இருக்கும். அனைத்து முக்கிய சக்திகளையும் கட்டுப்படுத்தும். குணமாக்கும் செயல்முறை மிக துரிதமானதாக நடைபெறும் ஏனென்றால் உங்கள் உணர்மனதிடமிருந்து எந்த தலையீடும் இல்லை. குறிப்பிடதக்க பதில்கள் உங்களுக்கு உங்கள் உறக்கத்தில் கிடைக்கிறது.

நாம் ஏன் உறங்குகிறோம்

டாக்டர் ஜான் பிகலோ, தூக்கத்தை பற்றிய பிரபல ஆய்வாளர் (டாக்டர் ஜான் பிகலோ, தூக்கத்தின் மர்மம் (நியூ யார்க் மற்றும் லண்டன்: ஹார்பர் ப்ரதர்ஸ், 1903)), இரவில் நீங்கள் தூங்கும் போது உங்கள் கண்களின், காதுகளின், மூக்கின், நாக்கின் சுவை மொட்டுக்களின் நரம்புகள் மற்றும் உங்கள் மூளையின் நரம்புகள் துடிப்பாக இருக்கும் என்பதை செய்து காட்டுகிறார். நாம் உறங்குவதன் முக்கிய காரணம் என்னவென்றால் ''நம் ஆன்மாவின் உன்னதமான பகுதி நம் உயரிய இயற்கையோடு ஒன்று சேர்ந்து கடவுளின் முன்னறிவுடனும் விவேகத்துடனும் பங்குபெறும்,'' என்கிறார்.

டாக்டர் பிகலோ, ''என் படிப்புகளின் விளைவுகள், அவசியம் என்று கருதப்படும் சில வேலைகளும் செயல்களும் தூக்கத்தின் நோக்கமில்லை என்ற நம்பிக்கையை பலப்படுத்தியது மட்டுமில்லாமல் என் மனதிற்கும் ஒன்றை தெளிவாக்கியுள்ளேன். ஒருவன் தூக்கத்தின்போது உலகியல் நடவடிக்கைகளிலிருந்து பிரிக்கப்படுவது என்பது அவனது சமச்சீர் மற்றும் சரியான ஆன்மீக முன்னேற்றத்திற்கு இன்றியமையாதது,'' என்று மேலும் சொல்கிறார்.

பிரார்த்தனை, ஒரு விதமான தூக்கம்

உங்கள் உணர்மனது ஒரு நாளில் எரிச்சல், பூசல் மற்றும் விவாதங்களில் ஈடுபடுகிறது. உங்கள் ஆழ்மனதின் ஞானத்துடன் மௌனமாக இணைந்து புறவுலகில் இருந்து அவ்வப்பொழுது விலகி இருப்பது அவசியம். உங்கள் வாழ்வின் எல்லா காலகட்டங்களிலும் உங்கள் ஆழ்மனதின் வழிகாட்டலில், வலிமை இவற்றை பெறமுற்படும்பொழுது நீங்கள் உங்கள் தினசரி வாழ்வின்சிரமங்களை சமாளித்து உங்கள் பிரச்சனைகளுக்கு தீர்வு காண்பீர்கள்.

இப்படி நீங்கள் அன்றாட வாழ்க்கை இரைச்சல் மற்றும் குழப்பத்திலிருந்து தொடர்ந்து சுயநினைவோடு விலகுவது என்பது தூக்கம் போலத்தான், அதாவது நீங்கள் புலன் உலகிற்கு தூங்கி, ஞானம் மற்றும் ஆழ்மனதின் சக்திக்கு விழிப்படைகிறீர்கள்.

தூக்கமின்மையின் திடுக்கிடச் செய்யும் விளைவுகள்

தூக்கமின்மை உங்களுக்கு எரிச்சல் மற்றும் மன அழுத்தத்தை ஏற்படுத்தக் கூடும். நேஷனல் அஸோஸியேஷன் ஃபார் மெண்டல் ஹெல்த்தை சார்ந்த டாக்டர் ஜார்ஜ் ஸ்டீவன்சன், சொல்கிறார், ''எல்லா மனிதர்களுக்கும் ஆரோக்கியமாக வாழ குறைந்தபட்சம் ஆறு மணிநேர தூக்கம் அவசியம் என்று சொல்ல முடியும். பெரும்பாலானவர்களுக்கு கூடுதலாக வேண்டும். யாரெல்லாம் இதைவிட குறைவாக தூங்கி காலத்தை ஓட்டலாம் என்று நினைக்கிறார்களோ அவர்கள் தங்களை தாங்களே ஏமாற்றிக் கொள்கிறார்கள்.''

தூக்கத்தின் செயல்முறை மற்றும் தூக்கமின்மையின் தன்மையை ஆராய்ச்சி செய்யும் மருத்துவ ஆராய்ச்சி அறிஞர்கள், ஒருவர் மன நல முறிவிற்கு முன் கடுமையான தூக்க மின்மையில் அவதிப்பட்டிருப்பார் என்று சுட்டிக்காட்டுகின்றனர்.

ஞாபகம் வைத்துக் கொள்ளுங்கள். தூக்கத்தின்பொழுது நீங்கள் ஆன்மீக சக்தி பெறுகிறீர்கள் மற்றும் சந்தோஷமாக வாழ்வதற்கும் உற்சாகமாய் இருப்பதற்கும் போதிய தூக்கம் அவசியம்.

உங்களுக்கு அதிக தூக்கம் அவசியம்

''உங்களுக்கு இன்னமும் அதிக தூக்கம் தேவைபடுகிறதோ,'' என்ற கட்டுரையில், *த ரீடர்ஸ் டைஜஸ்ட்* பத்திரிகையில் ராபர்ட் ஓ பிரையன், தூக்கத்தைப்பற்றிய பின்வருமாறு அறிக்கையிடுகிறார்: ''வால்டர் ரீட் இராணுவ ஆராய்ச்சி நிறுவனம், வாஷிங்டன் டிசியில் கடந்த மூன்று வருடங்களாக ஆராய்ச்சிகள் நடந்துள்ளது -நூற்றுக்கும் மேற்பட்ட இராணுவ வீரர்கள் மற்றும் சிவிலியன் தொண்டர்கள்-தொடர்ந்து நான்கு நாட்கள் வரை விழித்திருக்க செய்யப்பட்டனர். ஆயிரக்கணக்கான சோதனைகள் அவர்கள் நடத்தை மற்றும் ஆளுமையின் மீது தூக்கமின்மையின் விளைவுகள் அளவிடப்பட்டது. இந்த சோதனையின் முடிவுகள் விஞ்ஞானிகளுக்கு ஆச்சரியப்படும் விதமாக தூக்கம் எனும் புதிருக்குள் புதிய நுண்ணறிவை கொடுத்துள்ளது. ''சோர்வான மூளை, தூக்கத்திற்கு ஏங்குகிறது என்று வெளிப்படையாக தெரிகிறது. அது தூக்கம் கிடைப்பதற்கு எதையும் தியாகம் செய்யும். தூக்கத்தை இழந்த ஒரு சில மணி நேரம் கழித்து, சிறு தூக்கம், ஒரு மணி நேரத்திற்கு மூன்று அல்லது நான்கு முறை

ஏற்படுகிறது. இதை இடைவெளிகள் அல்லது மைக்ரோ ஸ்லீப் என்கிறோம். உண்மையாக தூக்கத்தைப் போலவே கண் இமைகள் மூடி, இதயத் துடிப்பு குறைந்தது. ஒவ்வொரு இடைவெளியும் ஒரு நொடி மட்டுமே நீடித்தது. சில நேரங்களில் இடைவெளிகள் பிரமையாக இருந்தன; சிலசமயம் படங்களாலும், கனவுகளாலும் நிரப்பப் பட்டிருந்தன. தூக்கமின்மையின் நேரம் அதிகரிக்க அதிகரிக்க, இடைவெளிகள் அடிக்கடி ஏற்பட்டு கூடுதலான நேரம் நீடித்தது. இவர்கள் இடியின் நடுவில் ஒரு விமானம் ஓட்டிக்கொண்டிருந்தாலும் கூட இந்த இரண்டு மூன்று மைக்ரோ தூக்கத்தை தடுத்திருக்க முடியாது. கார் ஓட்டிக்கொண்டிருக்கும்போது தூங்கிய பலர் இதற்கு சாட்சி சொல்லுவார்கள். உங்களுக்கும் இது நடக்கக்கூடும். ''தூக்கமின்மையின் மற்றொரு திடுக்கிடும் விளைவு அது மனித நினைவாற்றலையும், உணர்தலையும் தாக்குவது தான். தூக்கமின்மையின் ஆராய்ச்சிக்கு உட்பட்ட பலர் அவர்கள் செய்ய வேண்டிய பணி தொடர்பான தகவலை நெடுநேரம் தக்க வைத்துக் கொள்ள முடியவில்லை. அவர்கள் நிறைய நடவடிக்கைகளை மனதில் இருத்தி வேலை பார்க்க வேண்டிய சந்தர்ப்பங்களில் எப்படி ஒரு பைலட் காற்றின் வேகம், உயரம், பாதை சறுக்கலில் பாதுகாப்பாக தரை இறங்க வேண்டிய தருணம், இப்படி பல காரணிகளை ஒரே சமயத்தில் மனதில் கொண்டு இயங்குவாரோ, அப்படிப்பட்ட சூழ்நிலைகளில் தூக்கமின்மை ஆராய்ச்சிக்கு உட்பட்டோர் குழப்பங்களுக்கு ஆளாகின்றனர்.''

தூக்கம் ஆலோசனையை கொண்டுவரும்

நான் வானொலியில் பேசுவதை வழக்கமாக கேட்டு வந்த லாஸ் ஏஞ்ஜெல்ஸை சேர்ந்த ஒரு இளம் பெண், தற்போதைய சம்பளத்தைப் போல இரண்டு மடங்கு பெறக்கூடிய ஒரு லாபகரமான வேலை நியூ யார்க்கில் அளிக்கப்பட்டதாக கூறினாள். அவள் இதை எடுத்துக் கொள்வதா வேண்டாமா என்று முடிவெடுக்க முடியாமல் தூங்குவதற்கு முன் இப்படி பிரார்த்தனை செய்தார்: ''என் ஆழ்மனதின் ஆக்கபூர்வ சக்திக்கு எனக்கு எது சிறந்தது என்பதை அறியும். அதனுடைய போக்கு வாழ்வை நோக்கியே உள்ளது. மேலும் அது சரியான முடிவை எனக்கு வெளிப்படுத்தும். என்னையும் சம்பந்தப்பட்ட மற்றவர்கள் அனைவரையும் அது ஆசிர்வதிக்கும். நான், எனக்கு பதில் கிடைக்கும் என்ற நம்பிக்கையுடன் நன்றி கூறுகிறேன்.''

அவள் தூங்கும்முன், இந்த எளிய பிரார்த்தனையை ஒரு தாலாட்டு போல மீண்டும் மீண்டும் செய்தாள். இந்த வாய்ப்பை ஏற்கக்கூடாது என்று தொடர்ந்து அவளது உள்ளுணர்வு காலையிலிருந்து அவளிடம் கூறிக்கொண்டிருந்தது. அவள் இந்த வாய்ப்பை ஏற்கவில்லை. தொடர்ந்து வந்த நிகழ்ச்சிகள் அவளுடைய உள்ளுணர்வை உறுதிபடுத்தும் விதமாய் இருந்தது. ஏனென்றால், அவளுக்கு வேலை வாய்ப்பு ஏற்படுத்தி கொடுப்பதாக சொன்ன அந்த நிறுவனம், சில மாதங்களிலேயே திவால் ஆனது.

உணர்மனது பாரபட்சமில்லாமல் அறிந்த செய்திகள் சரியாக இருக்கலாம் ஆனால் ஆழ்மனதின் உள்ளுணர்வு அவளுடைய பிரச்சனை சரியாக அணுகப்படவில்லை என்று பார்த்து அதற்கேற்ப அவளை தூண்டியது.

குறிப்பிட்ட பேரிடரிடமிருந்து தப்பினார்

உங்கள் ஆழ்மனதின் ஞானம் எப்படி உங்களை சில பேரழிவுகளிலிருந்து காப்பாற்ற, நீங்கள் தூங்கச் செல்லும் முன் உங்களுக்கு அறிவுறுத்தி, சரியான செயல் மூலம் உங்களை பாதுகாக்க முடியும் என்று எடுத்து காட்டுகிறேன். பல ஆண்டுகளுக்கு முன், இரண்டாம் உலகப்போருக்கு முன், எனக்கு உலகத்தின் கிழக்கு பிராந்தியத்தில் மிகவும் லாபகரமான வேலை ஒன்று வழங்கப்பட்டது. நான் வழிகாட்டுதல் மற்றும் சரியான முடிவெடுக்க வேண்டி நின்றேன், ''என்னுள் இருக்கும் அளவற்ற ஆற்றலுக்கு எல்லாம் தெரியும். சரியான தீர்வு தெய்வீக ஆணைபடி எனக்கு வெளியிடப்படுகிறது. பதில் கிடைக்கும் பொழுது அதை நான் தெரிந்து கொள்வேன்.''

இந்த எளிமையான பிரார்த்தனையை தூங்கும்முன் திரும்ப திரும்ப தாலாட்டுப் போல சொல்லிக் கொண்டிருந்தேன். என் கனவில் மூன்று ஆண்டுகளுக்கு பின் வரக்கூடிய விஷயங்களை பற்றிய தெளிவு ஏற்பட்டது. ஒரு பழைய நண்பன் கனவில் தோன்றி, ''இந்த தலையங்கத்தை படி-போகாதே!'' என்றான். என் கனவில் தோன்றிய இது செய்தித் தாளின் தலையங்கம், போர் மற்றும் பேர்ல் ஹார்பல் தொடர்பானது.

அவ்வப்பொழுது, எழுத்தாளர் நிஜமாகவே கனவுகள் காண்கிறார். மேற்கூறிய கனவு சந்தேகத்திற்கு இடமில்லாமல் ஆழ்மனதின் நாடகமாக்கப்பட்ட நிகழ்வு. அது நான் நம்பும்,

மதிக்கும் ஒருவரை கனவில் காட்டியது. சிலருக்கு தாயின் வடிவில் கனவில் எச்சரிக்கை வரக்கூடும்.

அவள் அவரை அங்குமிங்கும் செல்ல வேண்டாம் என்று கூறி எச்சரிக்கைக்கான காரணத்தையும் கூறுவார். உங்கள் ஆழ்மனம் எல்லா ஞானமும் கொண்டது. அதற்கு அனைத்தும் தெரியும். பெரும்பாலும் அது உங்களிடம் உங்கள் உணர்மனது உடனடியாக நிஜம் என்று ஏற்றுக் கொள்ளக் கூடிய குரலில் பேசும். சில சமயம் உங்கள் ஆழ்மனம் உங்கள் தாயார் அல்லது நீங்கள் விரும்பும் ஒருவரின் குரலிலேயே எச்சரிக்கை செய்யக்கூடும். அது நீங்கள் தெருவில் அப்படியே நின்றுவிட காரணமாகிவிடும். அப்பொழுது நீங்கள் இன்னமும் ஒரு அடி நடந்திருந்தாலும் ஜன்னலிலிருந்து விழுந்து கொண்டிருக்கும் பொருள் ஒன்று உங்களுடைய தலையை தாக்கியிருக்கும் என்று பார்ப்பீர்கள்.

என் ஆழ்மனது உலகளாவிய ஆழ்மனதுடன் ஒன்றி இருக்கிறது. அதற்கு ஜப்பானியர்கள் ஒரு போர்த் திட்டம் வைத்துள்ளனர் என்று தெரிந்திருந்தது. மேலும் போர் எப்பொழுது துவங்கும் என்றும் அதற்கு தெரிந்திருந்தது.

டாக்டர் ரைன் என்பவர் டியூக் பல்கலைக்கழகத்தின் உளவியல் துறை இயக்குனர். அவர் உலகெங்கிலும் உள்ள பல மக்கள் ஒரு நிகழ்ச்சி நடக்கும் முன்பே அதை பார்த்து விடுகின்றனர் என்பதற்கு பல ஆதாரங்கள் சேகரித்து வைத்திருந்தார். அதனால் அவர்கள் அத்தகைய சோக நிகழ்வுகளை அது நடக்கும் முன்பே கனவில் தெளிவாக கண்டு, அந்நிகழ்வுகள் நடக்காத வண்ணம் தவிர்த்திருக்கின்றனர்.

பெர்ல் ஹார்பர் துயர நிகழ்வை மூன்று வருடம் முன்பே த *நியூயார்க் டைம்ஸ்* தலையங்கமாக நான் கனவில் கண்டேன். இந்த கனவின் விளைவாக, நான் ஆழ்மன வற்புறுத்தலின்படி உடனடியாக பிரயாணத்தை ரத்து செய்துவிட்டேன். மூன்று வருடங்களுக்கு பிறகு இரண்டாம் உலகப்போர் என் உள்ளுணர்வின் அந்த குரலை உண்மை என்று நிரூபித்தது.

உங்கள் எதிர்காலம் உங்கள் ஆழ்மனதில் உள்ளது

உங்கள் எதிர்காலம், உங்கள் வழக்கமான எண்ணங்களின் விளைவாக ஏற்கனவே உங்கள் மனதில் பதிவாகி இருக்கிறது, அதை மாற்ற பிரார்தனையினால் மட்டுமே முடியும் என்பதை ஞாபகத்தில் வைத்துக் கொள்ளுங்கள். அதே போல ஒரு நாட்டின்

எதிர்காலம் அந்நாட்டு மக்களின் கூட்டு ஆழ்மனதில் உள்ளது. போர் தொடங்குவதற்கு முன்னரே அதை பற்றிய செய்தியை நான் தலையங்கமாக கனவில் பார்த்தது அதிசயமில்லை. அதே போர் ஏற்கனவே மனதில் இடம் பெற்றுவிட்டது. மேலும் தாக்குதலுக்கான எல்லா திட்டங்களும் ஏற்கனவே ஆழ்மனம் அல்லது உலகளாவிய விழிப்புணர்வில்லா கூட்டு மனதில் உள்ள அந்த பெரிய பதிவு செய்யும் கருவியில் பதிக்கப்பட்டிருக்கும். நாளைய நிகழ்ச்சிகள் உங்கள் ஆழ்மனதில் உள்ளன. அதுபோலவே அடுத்தவார மற்றும் அடுத்த மாத நிகழ்ச்சிகளும் உங்கள் ஆழ்மனதில் உள்ளன. இதை புலன்கள் காணாதவற்றைக் காணும் திறன் கொண்ட ஒரு நபரால் காணமுடியலாம்.

நீங்கள் பிரார்த்தனை செய்ய முடிவு செய்தால் உங்களுக்கு எந்த பேரழிவும் பெரும் சோகமும் ஏற்படாது. எதுவும் முன்கூட்டியே முடிவு செய்யப்படுவதில்லை. உங்கள் மனதின் அணுகுமுறை அதாவது நீங்கள் எண்ணுவது, உணருவது மற்றும் நம்புவது இவையே உங்கள் விதியை நிர்ணயிக்கிறது. முந்தைய அத்தியாயத்தில் விளக்கப்பட்ட அறிவியல் பிரார்த்தனைப்படி நீங்கள், அச்சில் வார்த்து, வடிவம் கொடுத்து உங்கள் வருங்காலத்தை உருவாக்கிக் கொள்ள முடியும். **வினை விதைத்தவன் வினையறுப்பான்.**

பூனை தூக்கம் போட்டதில் 15,000 டாலர்கள் கிடைத்தது

என் மாணவன் ஒருவன் மூன்று அல்லது நான்கு வருடங்களுக்கு முன் எனக்கு ஒரு பத்திரிகையில் வெளியான செய்தி ஒன்றை அனுப்பியிருந்தான். ரே ஹேமர்ஸ்டிராம் என்ற ஜோன்ஸ் மற்றும் லாப்லின் ஸ்டீல் நிறுவனம் மூலம் இயக்கப்படும் பிட்ஸ்பர்க் எஃகு உருளையில் வேலை செய்யும் ஒருவர் தன் கனவால் 15,000 டாலர்கள் பெற்றார்.

அந்த கட்டுரையின்படி, பொறியாளர்கள் புதிதாக நிறுவப்பட்ட ஆலையில் பழுதுபட்ட ஒரு மின்விசையை சரி செய்ய முடியவில்லை. அவர்கள் பதினோரு, பன்னிரெண்டு முறை வேலை செய்தும் பயனில்லை.

ஹேமர்ஸ்டிராம் இந்த பிரச்சனையைப் பற்றி நிறைய சிந்தித்து ஒரு உபயோகமான புதிய வழி கண்டுபிடிக்க முற்பட்டார். எதுவும் வேலை செய்யவில்லை. ஒரு நாள் மதியம் அவர் சிறிய தூக்கம்

போட படுத்துக்கொண்டார். தூங்குவதற்கு முன் மின்விசை பிரச்சனைக்கு தீர்வை பற்றி சிந்திக்க துவங்கினார். அதற்கான கச்சிதமான வடிவம் ஒன்றைப்பற்றி கனவு கண்டார். அவர் தூங்கி எழுந்தவுடன் தான் கனவில் கண்டதுபோல் புதிய வடிவத்தை வரைந்தார்.

இந்த தொலை நோக்கு பார்வையுடன் கூடிய சிறுதூக்கம் ஹேமர்ஸ்டிராமிற்கு 15,000 டாலர்கள் பெற்றுக்கொடுத்தது. இதுவே அந்த நிறுவனம் ஒருபுதிய யோசனைக்காக ஊழியருக்கு கொடுத்த மிகப்பெரிய தொகை.

பிரபல பேராசிரியர் ஒருவர் எப்படி தன் பிரச்சனையைத் தூக்கத்தில் தீர்த்தார்

டாக்டர் எச். வி. ஹெல்ப்ரெக்ட், பென்ஸில்வேனியா பல்கலைக் கழகத்தில் வெண்கல காலத்தை கற்பிக்கும் பேராசிரியர் பின்வருமாறு எழுதியுள்ளார்: ''ஒரு சனிக்கிழமை மாலை... பாபிலோனியர்களுக்கு சொந்தமான மோதிரத்தில் எந்த வகை இரத்தின கல் பொருத்தப்பட்டிருந்தது என்று இரண்டு சிறிய துண்டுகளைக் கொண்டு தெரிந்து கொள்ள, நான் செய்த கடுமையான முயற்சி வீணானது.

''நள்ளிரவில் சோர்வுற்று, படுக்கையில் படுத்துக்கொண்டு பின்வரும் குறிப்பிடத்தக்க கனவை நான் கண்டேன்: நிப்பூரை சேர்ந்த சுமார் நாற்பது வயது இருக்கும் ஒரு உயரமான மெல்லிய பூசாரி, என்னை கோவிலின் புதையல் அறைக்கு அழைத்துச் சென்றார்... ஒரு சிறிய ஜன்னலில்லாத தாழ்வான கூரை வேயப்பட்ட அறை, அங்கே இரத்தின கற்களும், நீல வண்ண கற்களும் தரையில் சிதறி கிடந்தன. அவர் தொடர்ந்து என்னிடம்: உன் பிரசுரத்தில் பக்கம் 22 மற்றும் 26ல் தனித்தனியாக வெளியிட்டிருக்கும் இந்த இரண்டு துண்டுகளும் ஒன்றே. அவை விரல் மோதிரங்கள் அல்ல, முதல் இரண்டு வளையங்கள் கடவுள் சிலை காதணிகளாக இருந்தவை; அந்த இரண்டு துண்டுகள் (உங்களிடம் உள்ள) அவற்றின் பகுதியாகும். நீங்கள் அவற்றை ஒன்றாக வைத்தால், என் வார்த்தைகள் உறுதிப்படுத்தப்படும்.'' நான் உடனே தூக்கம் கலைந்து எழுந்தேன். துண்டுகளை ஆராய்ந்தேன். கனவு உண்மை என்று கண்டு ஆச்சரியப்பட்டேன். ஒருவழியாக பிரச்சனை தீர்ந்தது.''

இது ஆழ்மனதின் உருவாக்கும் திறனை தெளிவாக

வெளிப்படுத்தும் விதம் இருந்தது. ஆழ்மனம் பிரச்சனைகளுக்கான அனைத்து விடைகளும் கொண்டது.

ஒரு பிரபல எழுத்தாளருக்கு, அவர் உறங்கும் பொழுது ஆழ்மனது எப்படி வேலை செய்தது

ராபர்ட் லூயி ஸ்டீவன்சன் தன்னுடைய அக்ராஸ் தி ப்ளெய்ன்ஸ் என்ற புத்தகத்தில் ஒரு அத்தியாயம் முழுவதையும் கனவுகளுக்காக ஒதுக்கியிருக்கிறார். அவர் தெளிவான கனவு காண்பவர். அவர் தனது ஆழ்மனதிற்கு தூங்கப்போகும் முன் குறிப்பிட்ட அறிக்கைகள் கொடுப்பதை தொடர்ந்து வழக்கமாக்கிக் கொண்டிருந்தார். அவர் தன்னுடைய ஆழ்மனதிற்கு தூங்கும்பொழுது சிறந்த கதைகள் கொடுக்கும்படி வேண்டுதல் விடுப்பார். உதாரணத்திற்கு அவருக்கு பணமுடை இருந்தால், அவர் தன் ஆழ்மனதிற்கு பின்வருமாறு கட்டளையிடுவார்: ''எனக்கு நன்றாக விற்பனையாகும், லாபம் தரும் ஒரு விறுவிறுப்பான கதை கொடு.'' அவருடைய ஆழ்மனம் அதற்கு அற்புதமாக பதிலளிக்கும்.

ஸ்டீவன்சன் கூறுகிறார், ''இந்த சிறிய பரிசுகள் [நுண்ணறிவு மற்றும் ஆழ்மன சக்தி] கதையை துண்டு துண்டாக, தொடரின் பங்குகளாக எனக்கு கொடுக்கமுடியும்.'' மேலும்: ''என்னால், இந்த கதையின் படைப்பாளியால், மேற்கொண்டு கதை எப்படி நகரும் என்ற அறியாமையிலேயே இருப்பேன். [நான் விழித்திருக்கும்போது] செய்யும் வேலையின் பகுதி என்னுடையதே அல்ல, அப்பொழுதும் கூட *பரிசுகளின்* கை அதில் இருக்கிறது என்பதையே அனைத்து நிகழ்ச்சிகளும் காட்டும்.

அமைதியாக உறங்கி மகிழ்ச்சியாக எழுங்கள்

தூக்கமின்மையால் பாதிக்கப்பட்டிருப்பவர்களுக்கு பின்வரும் பிரார்த்தனை மிகுந்த பலன் தருவதை பார்ப்பீர்கள்.

அமைதியாக, மெதுவாக, அன்பாக, தூங்குவதற்கு முன் மீண்டும் மீண்டும் இதை கூறுங்கள்: ''என் கால் விரல்கள் தளர்வாய் இருக்கின்றன, என் கணுக்கால் தளர்வாய் இருக்கிறது, என் வயிற்று தசைகள் தளர்வாய் இருக்கின்றன, என் இதயம் மற்றும் நுரையீரல் தளர்வாய் இருக்கிறது, என் கைகள் மற்றும் கால்கள் தளர்வாய் இருக்கிறது, என் கழுத்து தளர்வாய் உள்ளது, என் மூளை தளர்வாய் உள்ளது, என் முகம் தளர்வாய் உள்ளது, என் கண்கள் தளர்வாய்

உள்ளது, என் முழு மனமும் உடலும் தளர்வாய் இருக்கின்றன. நான் முழுவதுமாகவும் எளிதாகவும் அனைவரையும் மன்னிக்கிறேன். நான் உண்மையில் நல்லிணக்கம், ஆரோக்கியம், மற்றவையாலும் அவர்கள் ஆசீர்வதிக்க படவேண்டும் என்று நான் விரும்புகிறேன். நான் அமைதியில் இருக்கிறேன்; நான் ஆயத்தமாய், நிம்மதியாக இருக்கிறேன். நான் பாதுகாப்பிலும் அமைதியிலும் ஓய்வு எடுக்கிறேன். என்னுள் ஒரு பெரிய நிலை நிறுத்தப்பட்ட உணர்வு என் மனதை கவர்கிறது மற்றும் என்னுள் தெய்வீக தன்மை இருப்பதை உணரும்பொழுது ஒரு பெரிய அமைதி என் இருப்பை சாந்தப்படுத்துகிறது. வாழ்வு மற்றும் அன்பை உணர்தல் என்னை குணப்படுத்தும் என்பது எனக்கு தெரியும். நான் என்னை அன்பின் கலசத்தில் சுற்றிக் கொண்டு, எல்லோருக்குமான நல்ஆசிர்வாத உணர்வுடன் தூங்குகிறேன். இரவு முழுதும் நான் அமைதியாக இருக்கிறேன். காலையின் நான் உயிர்தன்மையாலும், அன்பாலும் நிரப்பப்படுவேன். என்னைச் சுற்றி ஒரு அன்பு வளையம் வரையப்பட்டிருக்கிறது. எனக்கு கெடுதலைப்பற்றிய பயம் இல்லை ஏனென்றால் நீங்கள் என்னுடன் இருக்கிறீர்கள். நான் அமைதியில் உறங்கி, மகிழ்ச்சியில் எழுகிறேன். நான் அவனுள் வாழ்ந்து, நகர்ந்து என் இருப்பை உணர்கிறேன்.''

தூக்கத்திலும் சாதனை புரிய உதவும் குறிப்புகள்

1. நீங்கள் சரியான நேரத்தில் தூங்கி எழுந்திருக்க மாட்டீர்கள் என்ற கவலை உங்களுக்கு இருந்தால், உங்கள் ஆழ்மனதிற்கு ஆலோசனையாக தூங்கும்முன் நீங்கள் எழுந்துகொள்ள வேண்டிய சரியான நேரத்தை கூறுங்கள். அது உங்களை எழுப்பி விடும். அதற்கு கடிகாரம் தேவையில்லை. இதையே நீங்கள் எல்லா பிரச்சனைகளுக்கும் செய்யுங்கள். உங்கள் ஆழ்மனதிற்கு எதுவுமே மிகவும் கடினம் இல்லை.
2. உங்கள் ஆழ்மனது தூங்குவதே இல்லை. அது எப்பொழுதும் வேலை செய்கிறது. அது உங்களுடைய எல்லா முக்கிய செயல்பாடுகளையும் கட்டுப்படுத்துகிறது. நீங்கள் தூங்கும்முன் உங்களையும் மற்றவரையும் மன்னித்து விடுங்கள். அப்பொழுது குணமாக்குதல் மிக வேகமாக நடைபெறும்.
3. நீங்கள் தூங்கும்பொழுது உங்களுக்கு வழிகாட்டுதல் நடக்கிறது. சிலசமயம் கனவில் அது நடைபெறுகிறது.

குணப்படுத்த தேவையான சக்தியும் வெளிப்பட்டு, காலையில் நீங்கள் புதுப்பிக்கப்பட்டவராக உணர்வீர்கள்.

4. நீங்கள் கலவரங்களிலும், விரக்தியிலும் மூழ்கியிருக்கும் பொழுது உங்கள் மனதின் சக்கிரங்கள் சுழல்வதை நிறுத்தி உங்களுக்கு பதில் அளிக்க தயாராக இருக்கும். ஆழ்மனதில் புதைந்திருக்கும் விவேகத்தையும், நுண்ணறிவைப் பற்றியும் சிந்தியுங்கள். இது உங்களுக்கு அமைதியும், வலிமையும், தன்னம்பிக்கையும் கொடுக்கும்.
5. தூக்கம் அமைதியான மனதிற்கும் ஆரோக்கியமான உடலுக்கும் அத்தியாவசியமானது. தூக்கமின்மை எரிச்சல், மன அழுத்தம், மற்றும் மனோ வியாதிகள் கொடுக்கக்கூடும். உங்களுக்கு எட்டு மணி நேர தூக்கம் தேவை.
6. மருத்துவ ஆராய்ச்சி அறிஞர்கள், மனநோயால் பாதிக்கப்படுவதற்கு முன் தூக்கமின்மை வருகிறது என்று கூறுகின்றனர்.
7. நீங்கள் தூக்கத்தின் மூலம் ஆன்மீக சக்தி பெறுகிறீர்கள். வாழ்வில் சந்தோஷமாகவும், உயிர்த்தன்மையுடனும் இருப்பதற்கு போதுமான அளவு தூக்கம் தேவை.
8. உங்கள் ஓய்ந்த மனது தூக்கத்திற்காக ஏங்குகிறது. தூக்கத்தைபெற அது எதையும் தியாகம் செய்யும். வண்டி ஓட்டும் பொழுது தூங்கியுள்ளோர் பலரால் இதற்கு சாட்சியம் கூற முடியும்.
9. தூக்கம் மறுக்கப்பட்ட பலருக்கு நினைவாற்றல் மிகவும் குறைவாக இருக்கிறது. அவர்கள் சரியான ஒருங்கிணைப்பு இல்லாமல் இருக்கின்றனர். அவர்கள் குழப்பத்துடன் வாழ்கின்றனர்.
10. தூக்கம் சரியான ஆலோசனை வழங்குகிறது. தூங்குவதற்குமுன், உங்கள் ஆழ்மனதின் எல்லையற்ற அறிவு உங்களை வழிநடத்தி செல்கிறது என்று கூறுங்கள். பிறகு வழிகாட்டலை எதிர்பார்த்து கவனமாய் இருங்கள். அது தூங்கி எழும்போது கிடைக்கலாம்.
11. உங்கள் ஆழ்மனதை முழுமையாக நம்புங்கள். அதன் போக்கு வாழ்வு நோக்கியே இருக்கிறது என்பதை தெரிந்து கொள்ளுங்கள். எப்பொழுதாவது உங்கள் ஆழ்மனம் ஒரு தெளிவான கனவின் மூலமோ அல்லது இரவில் ஒரு காட்சியாகவோ பதிலளிக்கிறது. இந்த புத்தகத்தை எழுதியவருக்கு கனவில் ஏற்பட்டது போல் உங்களுக்கும்

எச்சரிக்கை வரும்.

12. உங்கள் எதிர்காலம் இப்பொழுது உங்கள் மனதிலேயே உள்ளது. இது உங்கள் வழக்கமான எண்ணங்களையும், நம்பிக்கையையும் சார்ந்து இருக்கிறது; எல்லையற்ற அறிவு உங்களை வழிநடத்துகிறது என்று அறிந்து கொள்ளுங்கள். எல்லா நல்லதும் உங்களுடையதே. உங்கள் எதிர்காலம் அற்புதமாக இருக்கும். இதை நம்பி ஏற்றுக் கொள்ளுங்கள். நீங்கள் சிறந்ததை எதிர்பாருங்கள். சிறந்ததே உங்களுக்கு வந்து சேரும்.

13. நீங்கள் ஒரு கதையோ, நாடகமோ, புத்தகமோ எழுதினால் அல்லது ஒரு கண்டுபிடிப்பில் இறங்கினாலோ, உங்கள் ஆழ்மனதிடம் இரவில் பேசுங்கள். தைரியமாக கூறுங்கள். அதன் விவேகம், அறிவு, சக்தி இவை உங்களை வழிநடத்தி சென்று சிறந்த நாடகம், கதை, புத்தகம் அல்லது சரியான தீர்வை வெளிப்படுத்துதல் எதுவாக இருந்தாலும் அதை வெளிப்படுத்தும் என்று நம்புங்கள். நீங்கள் இவ்வாறு பிரார்த்திக்கும் பொழுது அற்புதங்கள் நடக்கும்.

14

உங்கள் ஆழ்மனதும் திருமணத்தில் பிரச்சனைகளும்

திருமண வாழ்க்கையில் அனைத்து பிரச்சனைகளுக்கும் மனதின் செயல்பாடு மற்றும் சக்தியைப்பற்றிய ஞானம் அறியாமையில் இருப்பதே காரணம். மனதின் விதியை சரியாக உபயோகிப்பதன் மூலம் கணவன் மனைவிக்கும் இடையே உள்ள சலசலப்பை சரி செய்ய முடியும். அவர்கள் இருவரும் ஆழ்மனதை வேண்டுவதன் மூலம் சேர்ந்து இருக்கலாம். உயர்ந்த இலட்சியத்தினை மனதால் திட்டமிடுதல், வாழ்வின் விதிகளை ஆராய்ந்து உணர்தல், பொதுவான நோக்கம் மற்றும் திட்டமிடல் பற்றிய பரஸ்பர ஒப்பந்தம் செய்தல், தனிமனித சுதந்திரத்தை அனுபவிப்பது, இவையாவும் ஆனந்தமான திருமணத்திற்கு வழி வகுக்கும். இருவரும் ஒன்றென உணரும் தன்மையை அளிக்கிறது.

விவாகரத்தை தவிர்ப்பதற்கு சரியான தருணம் திருமணத்திற்கு முன்பான நேரம். மோசமான சூழ்நிலையிலிருந்து வெளிவர முயற்சி செய்வது தவறில்லை. ஆனால் முதல் கட்டத்தில் ஏன் அப்படியொரு மோசமான சூழ்நிலையில் சிக்கிக் கொள்ள வேண்டும்? அதற்கு பதில் திருமணத்தில் ஏற்படும் பிரச்சனைகளின் காரணத்தை அறிந்துகொள்வது அல்லது பிரச்சனையின் ஆணிவேரை அறிந்து கொள்வது சிறந்ததல்லவா?

ஆண் மற்றும் பெண்ணின் மற்ற பல பிரச்சனைகளைப் போலவே விவாகரத்து, பிரிவு, விவாகத்தை செல்லாததாக்குதல் தொடர்ந்து தீராத வழக்கு தொடர்தல் இவைகளை பற்றி கவனமாக சிந்தித்தால் உணர் மனது மற்றும் ஆழ்மனதின் செயல்பாடு மற்றும் அவை இரண்டும் ஒன்றோடொன்று கொண்டுள்ள உறவு

ஆகியவற்றை பற்றிய அறிவின் குறைபாடே காரணம் என்பது புரியும்.

திருமணத்தின் பொருள்

திருமணம் அர்த்தமுள்ளதாக இருக்க ஆன்மிகத்தை ஆதாரமாகக் கொள்ள வேண்டும். அது இதய பூர்வமாக இருக்க வேண்டும். இதயம் காதல் இருக்குமிடம். நேர்மை, உண்மை, தயை இவை அனைத்தும் காதலின் வடிவம்.

ஒரு ஆண் ஒரு பெண்ணை பணத்திற்காகவும் சமூக பதவிக்காகவும் அவனுடைய அகங்காரத்தை காட்டவும் மணப்பது என்பது உண்மையான திருமணமல்ல. இது உண்மையான, நேர்மையான, காதல் இல்லாத தன்மையை குறிக்கும். அப்படிப்பட்ட திருமணம் ஒரு கேலிக்கூத்து, போலியானது, மாறுவேடம் தரித்தவர் செய்யும் கேளிக்கை. ஒரு பெண் ''நான் வேலை செய்து களைத்து விட்டேன், நான் திருமணம் செய்து கொள்ள வேண்டும். ஏனென்றால் எனக்கு பாதுகாப்பு தேவை,'' என்று சொன்னால் அவள் கூறும் காரணம் பொய்யானது. அவள் மனதின் விதியை சரியாக பயன்படுத்தவில்லை. அவள் பாதுகாப்பு அவளுடைய உணர் மனம் மற்றும் ஆழ்மனம் இணைந்து செயலாற்றும் அறிவை மற்றும் செயல்திறனைச் சார்ந்துள்ளது. உதாரணத்திற்கு, இந்த புத்தகத்தில் உள்ள பகுதிகளில் கொடுக்கப்பட்டுள்ள யோசனைகளை பின்பற்றி நடந்தால் ஒரு பெண்ணிற்கு எப்பொழுதுமே செல்வத்திற்கோ அல்லது ஆரோக்கியத்திற்கோ குறைவிருக்காது. அவள் தந்தை, கணவன் என்று எவரையும் சாராமல் அவளை செல்வம் வந்தடையும். ஆரோக்கியம், அமைதி, சந்தோஷம், பாதுகாப்பு, மகிழ்ச்சி, உந்துதல், வழிகாட்டுதல், செல்வம் ஆகியவற்றிற்காகவோ வேறு எதற்காகவோ ஒரு பெண் தன் கணவனை சார்ந்திருப்பதில்லை. அவளுடைய பாதுகாப்பும் மன அமைதியும் அவளுடைய உள் சக்தி குறித்த ஞானத்திலிருந்தும் தொடர்ந்து முறையாக தன் மனதின் விதியை ஆக்கபூர்வமாக உபயோகிப்பதன் மூலமும் உருவாகிறது.

சிறந்த கணவனை எப்படி கவர்வது

உங்கள் ஆழ்மனது எபப்டி வேலை செய்கிறது என்பது பற்றி உங்களுக்கு பரிச்சயம் ஆகிவிட்டது. எதை நீங்கள் ஆழமாக

ஆழ்மனதில் பதிய வைக்கிறீர்களோ அதையே நீங்கள் உங்கள் உலகில் அனுபவிக்கிறீர்கள் என்பதை அறிவீர்கள். இப்பொழுது உங்கள் ஆழ்மனதில் ஒரு ஆணிடம் நீங்கள் விரும்பும் தன்மைகளையும், சிறப்பியல்புகளுடன் பதிய வையுங்கள்.

பின்வரும் யுக்தி மிகவும் சிறப்பானது: இரவில் நீங்கள் நாற்காலியில் அமர்ந்து, கண்களை மூடி, உடலை தளர்த்தி, மிகவும் அமைதியாக இருங்கள், தவிர சாத்வீகமாகவும் ஏற்றுக் கொள்ளும் இயல்புடனும் இருங்கள். உங்கள் ஆழ்மனதிடம் பின்வருமாறு கூறுங்கள், ''நான் இப்பொழுது என் அனுபவத்தில் உணர்ந்த தன்மைகளான நேர்மை, உண்மை, விசுவாசம், மனப்பூர்வமான அமைதி ஆகியவற்றை உடைய சந்தோஷமான மற்றும் செழுமையான ஒரு ஆணை ஈர்க்கிறேன். நான் உயர்வாக மதிக்கும் இந்த தன்மையின் மீது என் ஆழ்மனதின் கவனத்தை செலுத்தும் பொழுது அவை அங்கு நன்றாக பதிந்துவிடுகிறது. நான் இந்த சிறப்பியல்புகளில் எண்ணத்தை செலுத்தும் பொழுது அவை என்னுடைய ஒரு அங்கமாக மாறி என் உள்ளுணர்வில் உருக்கொள்கிறது. ''ஒரு தடுக்க முடியாத ஈர்ப்பு விதி இருக்கிறது என்று எனக்குத் தெரியும். அதை நான் என்னுடைய உள்ளுணர்வின் நம்பிக்கையின்படி ஸ்வீகரித்துக் கொள்கிறேன். என்னுடைய உள்ளுணர்வின்படி நான் எதை உண்மை என உணர்கிறேனோ அதையே நான் ஸ்வீகரித்துக் கொள்கிறேன்.

''அவனுடைய அமைதியிலும் சந்தோஷத்திலும் என்னுடைய பங்களிப்பு உள்ளது என்று எனக்குத் தெரியும். அவனுக்கு என்னுடைய கொள்கை பிடிக்கும். எனக்கு அவனுடைய கொள்கை பிடிக்கும். அவனுக்கு என்னை வெற்றி கொள்ள வேண்டும் என்பதில்லை, நானும் அவனை வெற்றி கொள்ள தேவை இல்லை. எங்களுக்குள் பரஸ்பர காதல், சுதந்திரம், மரியாதை உள்ளது.''

இந்த எண்ணங்களை உங்கள் ஆழ்மனதில் பதிவு செய்யும் செயல்முறையை பயிற்சி செய்யுங்கள். அப்பொழுது, நீங்கள் உங்கள் மனதில் கற்பனை செய்த குணமும், சிறப்பியல்புகளும் கொண்ட ஒரு ஆணை ஈர்க்கும் மகிழ்ச்சியை பெறுவீர்கள். நுண்ணறிவுள்ள உங்களது உள்ளுணர்வு ஒரு வழியை வகுக்கும், அங்கு நீங்கள் ஆழ்மனதின் அசைவு படி மாறாத எதிர்க்க இயலாத வகையில் ஒருவருக்கொருவர் சந்தித்துக்கொள்வீர்கள். காதல் செய்வதிலும் பிரேமை செலுத்துவதிலும், ஒத்துழைப்பு தருவதிலும் தீவிரமான ஆசை கொள்ளுங்கள். உங்கள் உள்ளுணர்விற்குள்

நீங்கள் செலுத்தியிருக்கும் இந்தக் காதல் பரிசினை ஏற்றுக் கொள்ள தயாராக இருங்கள்.

மிக சிறந்த தகுந்த மனைவியை எப்படி உங்கள் பக்கம் ஈர்ப்பது

கீழ்வருமாறு உறுதி ஏற்றுக்கொள்ளுங்கள்: ''எனக்கு ஏற்ற சரியான பெண்ணை நான் என் பக்கம் ஈர்க்கிறேன்.

இது ஒரு ஆன்மீக சங்கமம் ஏனென்றால் இது நான் சரியாக கலந்து உறவாடக்கூடிய ஆளுமை கொண்ட ஒருவருடன் எனக்கு ஏற்பட்டிருக்கும் தெய்வீக காதல். இந்த பெண்ணிற்கு என்னால் காதல், ஒளி, அமைதி, மகிழ்ச்சி ஆகியவற்றை கொடுக்கமுடியும் என்று எனக்குத்தெரியும். இந்த பெண்ணின் வாழ்க்கையை முழுமையானதாக, மகிழ்ச்சியானதாக ஆக்க முடியும் என்று நான் உணர்கிறேன், நமபுகிறேன்.

''அவளிடம் பின்வரும் குணங்கள் இருக்கவேண்டும் என்று நான் ஆணையிடுகிறேன்: அவள் ஆன்மீக வாதியாக, விசுவாசமாக, உண்மையாக இருக்கிறாள். அவள் நல்லிணக்கத்துடன், அமைதியாக, மற்றும் மகிழ்ச்சியாக இருக்கிறாள். நாங்கள் ஒருவருக்கொருவர் அடக்கமுடியாத ஆர்வத்துடன் ஈர்க்கப்படுகிறோம். அன்பு, உண்மை மற்றும் அழகே என் அனுபவத்தில் எனக்கு கிடைக்கும். எனக்கு ஏற்ற துணையை நான் இப்பொழுது ஏற்றுக்கொள்கிறேன்.''

நீங்கள் அமைதியாக, ஆர்வத்துடன் உங்கள் துணைவரின் தன்மையையும், குணநலன்களையும் பற்றி சிந்திக்கையில் நீங்கள் உங்கள் மனதிற்கு ஏற்ற மனோபாவத்தை வளர்த்துக் கொள்வீர்கள். அப்பொழுது உங்கள் உள்ளுணர்வின் ஆழ்ந்த அலைகள் உங்கள் இருவரையும் இறை ஆணையின் படி ஒன்று சேர்க்கும்.

மூன்றாவது தவறுக்கு அவசியமில்லை

சமீபத்தில் ஒரு ஆசிரியர் என்னிடம், ''எனக்கு மூன்று கணவர்கள் இருந்துள்ளனர், மூவரும் பணிவானவர்கள், என் முடிவை அனைத்திலும் நாடுபவர்கள், அனைத்தையும் நானே நிர்வகிக்க வேண்டும் என்று நினைப்பவர்கள். நான் ஏன் இப்படி பட்ட மனிதர்களையே என் வாழ்வில் ஈர்க்கிறேன்?'' இரண்டாவது கணவரின் குணம் நீங்கள் முன்னமே அறிந்ததா என்று கேட்டேன்.

அதற்கு அவள், ''நிச்சயமாக இல்லை.

தெரிந்திருந்தால் நான் அவரை திருமணம் செய்து கொண்டிருக்க மாட்டேன்,'' என்றார். முதல் தவறிலிருந்து அவர் எதுவுமே கற்றுக்கொள்ளவில்லை என்று தெரிகிறது. பிரச்சனை அவர் ஆளுமையில். அவள் ஆண்பாவத்துடன், ஆதிக்கம் செலுத்துபவராக இருந்தார். அவர் தான் ஆதிக்கம் செலுத்த தகுந்த ஒரு மனிதர் வேண்டும் என்று சுயஉணர்வில்லாமல் விரும்பினார். இவை அனைத்தும் சுய உணர்வு இல்லாத உந்துதல், அவரது ஆழ்மனது அவர் விரும்பிய படத்தை அவர் பக்கம் கவர்ந்தது.

அவள் சரியான பிரார்த்தனை மூலம் தான் இதுவரை பின்பற்றிய பதிவை மாற்றி அமைக்க வேண்டும்.

எதிர்மறையான பதிவை எப்படி அவர் துண்டித்தார்

மேல் கூறப்பட்ட பெண் ஒரு எளிமையான உண்மையை கற்றுக்கொண்டார். நீங்கள் வேண்டும் என்று விரும்பக்கூடிய ஒருவரை உங்களால் அடைய முடியும் என்று நம்பினால் உங்கள் நம்பிக்கை படி நடக்கும். ஆழ்மனதின் பழைய பதிவை உடைத்து சரியான மனிதரை தேர்ந்தெடுக்க பின்வரும் குறிப்பிட்ட பிரார்த்தனையை உபயோகித்தார்: ''நான் விரும்புவது போன்ற ஒரு ஆணை என் மனதில் நான் உருவாக்கிக்கொண்டிருக்கிறேன். என் கணவனாக நான் ஈர்க்கும் மனிதன் வலிமையானவனாக, சக்திவாய்ந்தவனாக, அன்பானவனாக, ஆண்மையுள்ளவனாக, வெற்றிபெற்றவனாக, நேர்மையானவனாக மற்றும் விசுவாச மானவனாக இருக்கிறான். அவன் என்னிடத்தில் அன்பும் மகிழ்ச்சியும் பெறுகிறான். அவன் என்னை இட்டுச்செல்லும் வழியில் காதலுடன் பின்தொடர்வேன்.

''அவனுக்கு நான் வேண்டும், எனக்கு அவன் வேண்டும் என்று அறிவேன். நான் நேர்மையான, உண்மையான, அன்பான மற்றும் கனிவானவள். அவனுக்கு கொடுக்க என்னிடம் அற்புதமான பரிசுகள் உள்ளன. அவை நல்லதை நாடும் மனம், மகிழ்ச்சியான இதயம் மற்றும் ஆரோக்கியமான உடல். அவனும் எனக்கு இதையே தருவான். இது பரஸ்பர உணர்வு. நான் கொடுக்கிறேன், நான் பெறுகிறேன்.

தெய்வீக ஞானத்திற்கு அப்படிப்பட்ட மனிதன் எங்கிருக்கிறான் என்று தெரியும். என்னுடைய ஆழ்மனதின் ஆழ்ந்த ஞானம்

இப்பொழுது. தன் வழியில் எங்கள் இருவரையும் ஒன்றாக இணைக்கிறது. நாங்கள் ஒருவரை ஒருவர் உடனேயே அடையாளம் கண்டு கொள்கிறோம். நான் என் வேண்டுதலை என்னுடைய ஆழ்மனதிடம் வெளிப்படுத்துகிறேன். அதற்கு தெரியும் எப்படி என் வேண்டுதலை நிறைவேற்ற வேண்டும் என்று. நான் சரியான பதில் தந்ததற்கு நன்றி தெரிவிக்கிறேன்.''

மேற்கூறிய வழியில் இரவும் பகலும் அவள் பிரார்த்தனை செய்தாள், இந்த உண்மைகளை உறுதிபடுத்தினாள். அடிக்கடி இப்படி தன் மனதை ஈடுபடுத்தினால் அவள் மனதில் நினைத்திருந்ததற்கு சமமான ஒரு மனிதனை அவளால் அடைய முடியுமென்று அவளுக்குத்தெரியும்.

அவள் பிரார்த்தனையின் பதில்

பல மாதங்கள் கடந்தன. அவள் பலவேறு மனிதர்களை சந்தித்தாள், எவருமே அவளுக்கு சரியாக படவில்லை. அவள் தன் நம்பிக்கை குறித்து சந்தேகப்பட துவங்கும் முன் எதை பற்றியும் கவலை படவேண்டாம், ஆழ்மனதின் அளவற்ற ஆற்றல் தன் விருப்பத்தை நிறைவேற்றும் என்று தனக்குத்தானே நினைவுபடுத்திக்கொண்டாள். அவளுடைய விவாகரத்து இறுதி முடிவுக்கு வந்து அவளுக்கு மிகுந்த மன நிம்மதியும் சுதந்திரத்தையும் அளித்தது.

விரைவில் அவள் ஒரு மருத்துவரின் அலுவலகத்தில் வரவேற்பாளராக வேலையில் சேர்ந்தாள். அங்கு அந்த மருத்துவரை பார்த்த உடனேயே அவள் பிரார்த்தனை செய்து வேண்டிக் கொண்டது இவரைத்தான் என்று தனக்கு தெரிந்து விட்டதாக கூறினாள்.

அந்த மனிதருக்கும் அது போன்ற உணர்வே இருந்தது. ஏனென்றால் அவர் அவள் வேலைக்கு வந்த முதல் வாரத்திலேயே அவளை திருமணம் செய்துகொள்ள விருப்பம் தெரிவித்தார். தொடர்ந்த அவர்களுடைய திருமணம் மகிழ்ச்சியானதாக அமைந்தது. இந்த மருத்துவர் அடங்கிப்போகும் தன்மையுடையவராக இல்லை. இவர் ஒரு உண்மையான ஆண்மகனாக, முன்னாள் கால்பந்தாட்ட வீரனாக, தலைதூக்கி நிற்கின்ற விளையாட்டு வீரராக மேலும் ஒரு ஆன்மீக ஆர்வமுள்ளவராக இருந்த போதிலும் எந்த ஒரு இனப்பற்றும் ஜாதிமத பிரிவு மனப்பான்மையும் இல்லாதவராக இருந்தார்.

அவள் எதை பிரார்த்தனை செய்தாளோ அதையே

அடைந்தாள், ஏனென்றால் அது நடந்தேறும் வரை அதனையே நாடினாள். வேறு வார்த்தைகளில் சொல்வதானால், எப்படி ஒரு ஆப்பிள் இரத்தத்துடன் கலந்து விடுகிறதோ அப்படி அவள் மனப்பூர்வமாகவும் உணர்வுபூர்வமாகவும் தன் கருத்துடன் இணைந்தாள்.

நான் விவாகரத்து பெற வேண்டுமா?

விவாகரத்து என்பது ஒரு தனிபட்ட பிரச்சனை. இதனை பொதுவானதாக ஆக்க முடியாது. சில வழக்குகளில் முதலில் அந்த திருமணம் நடைபெற்றிருக்கவே கூடாது. சில சந்தர்ப்பங்களில் விவாகரத்து எப்படி தீர்வாக முடியாதோ அப்படித்தான் தனிமையாக உணரும் ஒருவருக்கு திருமணம் தீர்வாக முடியாது. விவாகரத்து ஒருவருக்கு சரியாக இருந்தால் மற்றவருக்கு தவறாக இருக்கும். விவாகரத்தான பெண் தன்னுடைய திருமணமான மற்ற சகோதரிகளை ஒப்பிடும்பொழுது அவர்களை போன்று பொய்யான வாழ்க்கை வாழாமல் உண்மையாகவும் உயர்ந்தவளாகவும் இருக்கக்கூடும்.

உதாரணத்திற்கு, நான் ஒருமுறை ஒரு பெண்ணிடம் பேசினேன். அவள் கணவன் மனைவியை அடித்து துன்புறுத்துபவனாக இருந்தாலும், தண்டிக்கப்பட்டவனாக இருந்தாலும், வீட்டுக்கு உபயோகமாக இல்லாமல் போதையில் இருப்பவனாக இருந்தாலும் கூட விவாகரத்து பெறுவது தவறு என்று அவளுக்கு சொல்லப்பட்டிருந்தது. நான் அவளுக்கு திருமணம் என்பது இதயம் சம்பந்தப்பட்டது என்று விளக்கினேன். இரண்டு இதயங்கள் மனம் ஒத்து காதலால், உண்மையாக இணைந்தால் அதுவே இலட்சிய திருமணம். காதலே இதயத்தின் தூய்மையான செயல்பாடு.

இந்த விளக்கத்தை தொடர்ந்து என்ன செய்ய வேண்டும் என்று அவளுக்கு தெரிந்திருந்தது. ஒருவர் ''திருமணம் செய்து கொள்ள சம்மதிக்கிறேன்,'' என்று ஒரு முறை கூறிவிட்டதால், அடித்து துன்புறுத்துவது என்று எந்த ஒரு தெய்வீக விதியும் இல்லை என்று அவள் இதயத்திற்கு தெரிந்தது.

நீங்கள் சந்தேகத்தில் இருந்தால் சரியான வழிகாட்டுதலை நாடுங்கள், எப்பொழுதுமே உங்களுக்கான பதில் இருக்கிறது என்று தெரிந்து கொண்டால் நீங்கள் பதிலை அடைவீர்கள். உங்களுடைய ஆத்மாவின் மௌனத்திலிருந்து வரும் வழிகாட்டுதலை பின்பற்றுங்கள். அது உங்களிடம் அமைதியாக பேசும்.

விவாகரத்தை நோக்கி மெல்ல நகர்தல்

சமீபத்தில் திருமணமாகி சில மாதங்களே ஆன ஒரு இளம் தம்பதி, விவாகரத்து கோரினார்கள். அந்த இளைஞனுக்கு மனைவி தன்னை பிரிந்து விடுவாள் என்ற நீங்காத பயம் இருந்ததை அறிந்து கொண்டேன். அவள் அவனை நிராகரித்துவிடுவாள் என்று நினைத்தான். தவிரவும் அவள் அவன் நம்பிக்கைக்கு பாத்திரமாக இருக்க மாட்டாள் என நினைத்தான். இவ்விதமான மனதை அழுத்தும் எண்ணங்கள் அவனை வாட்டியது. அவன் மனோபாவம் பிரிவையும் சந்தேகத்தையும் சுற்றி வந்தது. உண்மையில் அவள் அப்படியில்லை. அது அவனுடைய உணர்வு, பிரிவைப் பற்றிய பயம், அவன் மனத்திற்கேற்றபடி வளர்த்து வந்தது. ஒவ்வொரு செயலுக்கும் ஒரு எதிர் செயல் உள்ளது, ஒவ்வொரு காரணத்திற்கும் ஒரு விளைவு உள்ளது. எண்ணம்தான் செயல், ஆழ்மனதின் பிரதிபலிப்பு தான் விளைவு. அவனுடைய மனைவி அவனை விட்டுச்சென்று விவாகரத்து கேட்டாள். இதுதான் அவன் பயந்ததும் அவள் அப்படி செய்வாள் என்று எண்ணியதும்.

விவாகரத்து மனதில் துவங்குகிறது

விவாகரத்து முதலில் மனதில் இடம் பெறுகிறது; வழக்கு விவகாரம் பின்னர் தொடர்கிறது. இந்த இளம் தம்பதியர்கள் இருவரும் முழுமையான வெறுப்பு, பயம், சந்தேகம். மற்றும் கோபத்தில் இருந்தனர். இந்த மன நிலை நம் உயிர் தன்மையை சக்தியற்றதாக ஆக்கி சோர்வுறச் செய்து, பலவீனப்படுத்துகிறது. அவர்கள் வெறுப்பு பிரிக்கும் என்றும் காதல் இணைக்கும் என்றும் கற்றுக் கொண்டனர். அவர்கள் தங்கள் மனதால் தனக்குத்தானே இழைத்துக் கொண்டிருந்த தீங்கினை உணர்ந்தனர். இருவருக்குமே மனது செயல்படும் முறை தெரியாது. அதனால் அவர்கள் மனதை தவறாக உபயோகம் செய்து தங்கள் வாழ்வில் குழப்பத்தையும் துன்பத்தையும் ஏற்படுத்திக் கொண்டனர். இவர்கள் இருவரும் என்னுடைய ஆலோசனையின் பேரில் இணைந்து பிரார்த்தனை சிகிச்சையை பரிசோதனை செய்தனர்.

அவர்கள் காதல், அமைதி, அன்புடைமை ஆகியவற்றை ஒருவருக்கொருவர் பரஸ்பரம் அளித்துக்கொண்டனர். இருவரும் மனமொத்த இணக்கம், ஆரோக்கியம், அமைதி, காதல் இவற்றை ஒருவர் மற்றவருக்கு எப்படி வெளிப்படுத்துவது என்று

பயிற்சி செய்தனர். இருவரும் மாறி மாறி ஒவ்வொரு இரவும் தோத்திரங்களை படித்தனர். அவர்கள் திருமணம் நாளுக்கு நாள் அழகானதாகி வருகிறது.

நச்சரிக்கும் மனைவி

பெரும்பாலும் மனைவி நச்சரிப்பதற்கு காரணம் அவளுக்கு கணவனிட மிருந்து போதிய கவனம் கிடைக்காமல் போவதே, அன்புக்கும் அரவணைப்புக்கும் ஏக்கம். உன் மனைவிக்கு கவனம் கொடுத்து உன்னுடைய பாராட்டுதலை அவளிடம் தெரிவி.

அவளுடைய எல்லா நற்பண்புகளையும் புகழ்ந்து உயர்த்தி பேசு. கணவன் தான் சொல்வதையே கேட்கவேண்டும் என்று நினைக்கும் மனைவிமார்களும் உண்டு. ஒரு மனிதனை தள்ளிவைக்க இது ஒரு துரிதமான வழி.

கணவனும் மனைவியும் குப்பைகளை சுத்தம் செய்பவர்களாக இருப்பதை நிறுத்த வேண்டும். எப்பொழுதும் மற்றவர்களின் சிறு தவறுகளையும் பிழைகளையும் பார்த்துக்கொண்டே இருக்கக் கூடாது. ஒருவர் மீது ஒருவர் கவனம் செலுத்தி அவர்களுடைய ஆக்கபூர்வமான அற்புதமான தன்மைகளை புகழ வேண்டும்.

குமுறும் கணவன்

ஒருவன் தன் மனைவி செய்தது, செய்யாதது என்று பல விஷயங்களைப்பற்றி குறைகூறி புலம்ப துவங்கும் பொழுது அவன் மனதளவில் துரோகம் புரிகிறான். எதிர்மறையான மற்றும் அழிவை உண்டாக்கும் எண்ணங்களை மனதில் அசைபோடுவதும் துரோகத்திற்கு சமமானது. ஒரு கணவன் தன் மனைவியை மௌனமாக மனதிற்குள் வெறுத்து விரோத மனப்பான்மை கொள்ளும்போது அவளுக்கு உண்மையாக இல்லை என்று அர்த்தம். அவன், காதலுடன், சந்தோஷமாக, எந்நாளும் அவளை மதிப்புடன் நடத்துவேன் என்ற சொன்ன திருமண உறுதிமொழிக்கு உண்மையாக இல்லை.

எந்த ஒரு மனிதன், தன் குமுறல்கள், கசப்பான எண்ணங்கள் மற்றும் வெறுப்பு இவற்றை விழுங்கி அவனுடைய கூர்மையான வார்த்தைகளையும் கோபத்தையும் தணிக்கிறானோ அவன் அன்பில், நற்பண்புகளில் உயர்ந்த இடத்தை அடைகிறான். அவன் லாவகமாக வேற்றுமைகளை களைகிறான். மற்றவர்களை

புகழ்வதன் மூலமும் மனப்பயிற்சியின் மூலமும் கேவலமான பழக்க பகைமை உணர்ச்சியிலிருந்து வெளிவருகிறான். அப்பொழுது அவனுக்கு மனைவியுடன் மட்டுமல்லாது உத்தியோக சம்பந்தப்பட்ட நபர்களுடனான உறவும் மேம்படுகிறது. நல்லிணக்க நிலையை மனதில் பாவித்தால் உங்களுக்கு இறுதியாக நிம்மதியும் இணக்கமும் வந்து சேரும்.

மாபெரும் தவறு

உங்களுடைய திருமண வாழ்க்கையில் ஏற்படும் பிரச்சனைகளையும் கஷ்டங்களையும் அண்டை வீட்டாருடனும் உறவினர்களிடமும் கலந்தாலோசிப்பது ம்ாபெரும் தவறு. உதாரணத்திற்கு ஒரு மனைவி அண்டை வீட்டாரிடம், 'ஜான் எனக்கு பணமே கொடுப்பதில்லை. அவர் என்னுடைய தாயாரை வெறுக்கத்தக்க விதமாக நடத்துகிறார். அவர் அபரிமிதமாக குடித்து தகாத முறையில் பேசி அவமதிக்கிறார்' என்று கூறுகிறாள் என்று வைத்துக்கொள்வோம். இப்பொழுது இந்த மனைவி அண்டைவீட்டாரின் பார்வையிலும் உறவினர் பார்வையிலும் தன் கணவனின் மதிப்பை குறைத்து அவமதிக்கிறார். அவர் இப்பொழுது ஒரு இலட்சிய கணவனாக அவர்களுக்குத் தெரிவதில்லை. எப்பொழுதுமே உங்கள் திருமண பிரச்சனைகளை ஒரு தேர்ந்த, பயிற்சிபெற்ற மனநல ஆலோசகரை தவிர வேறு எவரிடமும் கூறாதீர்கள். எதற்காக பலரை உங்கள் திருமணம் குறித்து எதிர்மறையாக சிந்திக்க வைக்க வேண்டும்? மேலும் நீங்கள் உங்கள் கணவனின் குறைகளை கலந்தாலோசிக்கும் போதும் விவரிக்கும்போதும் உங்களுக்குள் அந்த நிலையை உருவாக்கிக் கொள்கிறீர்கள். யார் இப்படி யோசித்து உணர்வது. நீங்கள் தானே! நீங்கள் எப்படி யோசிக்கிறீர்களோ உணர்கிறீர்களோ அப்படியே ஆகிறீர்கள்.

பொதுவாக உறவினர்கள் உங்களுக்கு தவறான ஆலோசனையைத் தான் கூறுவார்கள். அது பொதுவாக ஒருதலை பட்சமாகவும் தவறான அபிப்பிராயமாகவும் இருக்கும். இந்த பொன்னான விதியையும் பிரபஞ்ச விதியையும் மதிக்காமல் கூறப்படும் எந்த ஆலோசனையும் தரமானதோ சரியானதோ அல்ல.

எந்த இரு மனிதர்களும் ஒரே கூரையின் கீழ், ஒருவரை ஒருவர் தாக்கிக்கொள்ளாமலும், வலி மற்றும் பரஸ்பர அவநம்பிக்கை இல்லாமலும் வாழ்ந்ததில்லை என்பதை கவனத்தில்

கொள்ளவேண்டும். உங்களுடைய திருமண வாழ்வின் சோகமான பக்கத்தை நண்பர்களுக்கு காட்டாதீர்கள். சண்டை சச்சரவுகளை உங்களுடனேயே வைத்துக் கொள்ளுங்கள். ஒருவரையொருவர் கண்டனம் செய்வது மற்றும் நிந்தனை செய்வது ஆகியவற்றிலிருந்து விலகி இருங்கள்.

உங்கள் மனைவியை மாற்றியமைக்க முயற்சி செய்யாதீர்கள்

ஒரு கணவன் தன் மனைவியை தன்னைப்போலவே இரண்டாம் பிரதியாக்க முயற்சிக்கக் கூடாது. இப்படி சூட்சமம் இல்லாமல் அவளை மாற்ற நினைப்பது அவள் இயல்பிற்கு அன்னியமானது. இந்தவிதமான முயற்சிகள் எப்பொழுதுமே முட்டாள்தனமாகவும், திருமணத்தை கலைக்கும் வகையிலும் இருக்கும். இந்த முயற்சிகள் அவளுடைய கௌரவத்தையும் சுயமதிப்பையும் மாற்ற முற்பட்டு, அவளுக்குள் எதிர்மறையரான எண்ணங்களையும் வெறுப்பையும் வளர்த்து முடிவில் திருமண பந்தத்திற்கு நாசம் விளைவித்து விடும்.

அனுசரணையாக போவது அவசியம் தான் எனினும் நீங்கள் உள்நோக்கி உங்கள் மனதிற்குள் பார்வையை செலுத்தி உங்களுடைய குணாதிசயங்களையும் செயல்களையும் படிக்கும்பொழுது உங்களுக்குள்ளும் நிறைய குற்றம் குறைகள் இருப்பதை காண்பீர்கள். அது மீதம் உள்ள உங்கள் வாழ்க்கையை சரியானதாக வாழ வைக்கும். நீங்கள் ‘‘இவரை எனக்கு ஏற்றபடி மாற்றுவேன்,’’ என்று சொன்னால் நீங்கள் பிரச்சனைகளையும் விவாகரத்து வழக்கையும் விலை கொடுத்து வாங்குகிறீர்கள் என்று ஆகும். நீங்கள் கவலையையும் கஷ்டத்தையும் கேட்டுப் பெறுகிறீர்கள். நீங்கள் கற்கவேண்டியது என்னவென்றால், மாற்றுவதற்கு யாரும் இல்லை. மாறவேண்டியது நீங்கள்தான்.

பிரார்த்தனையின் இந்த வழிகள் மூலம் சரியான வழியில் சேர்ந்தே பிரார்த்தனை செய்து சேர்ந்தே வாழுங்கள்

முதல் நிலை

சிறு சிறு ஏமாற்றங்களிலிருந்து கிளம்பும் எரிச்சல்களை சேர்த்து வைத்து ஒரு நாளிலிருந்து அடுத்த நாளிற்கு சுமந்து செல்லாதீர்கள். இரவு தூங்கப் போகும் முன் ஒருவரையொருவர் தவறுகளுக்காக

மன்னித்துக் கொள்ளுங்கள். காலை எழுந்தவுடன் உங்களை எல்லா விதத்திலும் வழிநடத்தும் அந்த அளவற்ற ஆற்றலை துணைக்கு அழையுங்கள். அமைதியான, இணக்கமான, காதலான எண்ணங்களை உங்களுடைய வாழ்க்கைத் துணைக்கும் அனைத்து குடும்ப உறுப்பினர்களுக்கும், உலகிலிருக்கும் எல்லோருக்கும் அனுப்புங்கள்.

இரண்டாவது நிலை

காலை உணவு நேரத்தில் அருமையான உணவிற்கும், இறைவனின் அளவற்ற கருணைக்கும் நன்றி செலுத்துங்கள். எந்த பிரச்சனைகளும், கவலைகளும், சச்சரவுகளும் உணவு நேரத்தில் குறுக்கிடாமல் பார்த்துக் கொள்ளுங்கள். இரவு உணவின் போதும் இதே விதியை பின்பற்றுங்கள். உங்களது வாழ்க்கைத் துணையிடம் ''நீங்கள் செய்வதனைத்தையும் போற்றுகிறேன். நான் காதல் மற்றும் அன்புடைமையை பரவச் செய்கிறேன்,'' என்று கூறுங்கள்.

மூன்றாவது நிலை

கணவனும் மனைவியும் ஒவ்வொரு இரவும் மாறி மாறி பிரார்த்தனை செய்ய வேண்டும். உங்கள் வாழ்க்கை துணையிடம் எதையும் வழங்கப்பட்டது இல்லை. உங்கள் பாராட்டுதலையும் காதலையும் தெரிவியுங்கள். துணைவரை பாராட்டும் விதமாகவும் அன்புடைமையுடனும் சிந்தியுங்கள். மாறாக கண்டனத்துடனும், நிந்தித்தும், குறை கூறும் மனப்பான்மையுடனும் காணாதீர்கள். ஒரு அமைதியான குடும்பத்தையும் சந்தோஷமான திருமணத்தையும் உருவாக்கும் வழி என்பது காதல், அழகு, இணக்கம், பரஸ்பர மரியாதை, கடவுள் நம்பிக்கை மற்றும் அனைத்து நல்ல விஷயங்கள் கொண்டும் அஸ்திவாரம் அமைப்பதே. பைபிளின் தோத்திரம் 23, 27, 91வது அத்தியாயங்களை படிக்கவும், ஹீப்ருவின் 11வது அத்தியாயத்தையும் படிக்கவும், கோரிந்தியன்ஸின் 13வது அத்தியாயம் மற்றும் பைபிளின் மற்ற பெரிய வாசகங்களை இரவு தூங்குவதற்கு முன் படிக்கவும். நீங்கள் இந்த உண்மைகளை பயிற்சி செய்யும்பொழுது உங்கள் திருமனம் மேலும் மேலும் வருடங்கள் தாண்டி ஆசீர்வதிக்கப்படும்.

உங்கள் செயல்களை மீண்டும் ஒருமுறை ஆராயுங்கள்

1. மன மற்றும் ஆன்மீக விதிகளை அறியாமல் இருப்பதே எல்லா திருமண பிரச்சனைகளுக்கும் காரணம். விஞ்ஞான

முறையில் ஒன்றாக பிரார்த்திப்பதன் மூலம் நீங்கள் ஒன்றாக இருக்கிறீர்கள்.

2. விவாகரத்தை தடுப்பதற்கு மிகச் சரியான நேரம் திருமணத்திற்கு முன்புதான். நீங்கள் சரியான முறையில் பிரார்த்தனை செய்ய கற்றால் உங்களுடைய சரியான துணையை உங்களால் ஈர்க்க முடியும்.
3. திருமணம் என்பது ஆணையும் பெண்ணையும் காதலால் இணைப்பது. அவர்கள் இதயம் ஒன்றாகவே துடிக்கிறது. அவர்கள் முன்னேறி மேலுயர்ந்து கடவுளை நோக்கிச் செல்கின்றனர்.
4. திருமணத்தில் சந்தோஷம் என்பது எழுதிவைக்கப்பட்ட விதியல்ல. கடவுளின் நிரந்தரமான சத்தியத்திலும் ஆன்மீக நெறி படி வாழும் போதும் மக்கள் சந்தோஷத்தை அடைகின்றனர். அப்பொழுதுதான் ஆணும் பெண்ணும் ஒருவருக்கொருவர் சந்தோஷத்தை அளித்துக்கொள்ள முடியும்.
5. ஒரு பெண் மற்றும் ஆணிடம் உள்ள தன்மைகளையும் குண இயல்புகளையும் பாராட்டும்பொழுது உங்கள் சரியான துணையை நீங்கள் ஈர்க்கிறீர்கள். உங்கள் ஆழ்மனது தெய்வீக ஆணைப்படி உங்களை ஒன்று சேர்க்கிறது.
6. உங்கள் வாழ்க்கைத் துணைவரிடம் எதை எதிர்பார்க்கிறீர்களோ அதற்கு இணையான மனோபாவத்தை நீங்கள் வளர்த்துக் கொள்ள வேண்டும். நீங்கள் உங்கள் வாழ்வில் நேர்மையான, உண்மையாக, காதலுடன் கூடிய துணைவரை கவரவேண்டுமென்றால் நீங்களும் நேர்மையாகவும், உண்மையாகவும், காதலுடன் இருக்க வேண்டும்.
7. நீங்கள் முன்னர் செய்த தவறை மீண்டும் செய்யவேண்டாம். நீங்கள் ஒரு இலட்சிய துணைவரை அடைய முடியும் என்று நம்பினால் அது உங்களுக்கு நடக்கும். நம்புவது என்பது எதையாவது உண்மை என ஏற்றுக் கொள்வது. உங்களுடைய இலட்சிய துணைவரை இப்பொழுதே மனதால் ஏற்றுக் கொள்ளுங்கள்.
8. நீங்கள் பிரார்த்திக்கும் துணைவரை எப்படி, ஏன், எங்கே சந்திப்பீர்கள் என நினைக்காதீர்கள். உங்கள் ஆழ்மனதின் ஞானத்தை பூரணமாக நம்புங்கள். அதற்கு ‘‘எதை, எப்படி’’ செய்ய வேண்டும் என்று தெரியும், நீங்கள் உதவத் தேவை இல்லை.

9. உங்கள் துணையை குறித்து எரிச்சல், மனஸ்தாபம், கெட்ட எண்ணங்கள் மற்றும் விரோத மனப்பான்மையில் ஈடுபடும்பொழுது நீங்கள் மனதால் அவரை விவாகரத்து செய்கிறீர்கள். உங்கள் மனதின் மெத்தையில் குற்றம் குறைகளில் சஞ்சாரம் செய்கிறீர்கள். உங்கள் திருமண உறுதிமொழியான, ''நான் சந்தோஷம், காதல், மரியாதை இவற்றை வாழ்வின் எல்லா தருணங்களிலும் என் துணைக்கு அளிப்பேன்,'' என்பதை பின்பற்றுங்கள்.

10. பயம் நிறைந்த மனப்பாங்கை உங்கள் துணையிடம் வெளிப்படுத்துவதை நிறுத்துங்கள். மாறாக இணக்கம், காதல், அமைதி, அன்புடைமை இவற்றை வெளிப்படுத்துங்கள். உங்கள் திருமணம் மிகவும் அழகாகவும் அற்புதமாகவும் வருடம் பின் வருடம் மேன்மேலும் வளரும்.

11. காதல், அமைதி, அன்புடைமை இவற்றை ஒருவருக்கொருவர் பரவச் செய்யுங்கள். ஆழ்மனது இந்த அதிர்வுகளை எடுத்துக்கொண்டு பரஸ்பர நம்பிக்கைக்கும் அன்புக்கும் மரியாதைக்கும் வழிவகுக்கும்.

12. குற்றம் சொல்லும் மனைவி பொதுவாக கணவரிடம் கவனமும் பாராட்டுதலும் தேடுகிறார். அவள் காதலுக்காகவும் அன்புக்காகவும் ஏங்குகிறாள். அவளுடைய நல்ல தன்மைகளை பாராட்டி ஏற்றுக்கொள்ளுங்கள். நீங்கள் அவளை காதலிக்கிறீர்கள், பாராட்டுகிறீர்கள் என்று காட்டுங்கள்.

13. தன் மனைவியை காதலிப்பவன், காதலில்லாத அன்பில்லாத வார்த்தையையோ, செயலையோ வெளிப்படுத்துவதில்லை. காதல் காதலை தோற்றுவிக்கும்.

14. திருமண பிரச்சனைகளில் எப்பொழுதுமே தரமான ஆலோசனையை நாடவும். நீங்கள் பல்லைப் பிடுங்க தச்சரிடம் செல்ல மாட்டீர்கள்; அதுபோலவே உங்கள் திருமண பிரச்சனைகளை உறவினர்களிடமும், நண்பர்களிடமும் கலந்தோலோசிக்காதீர்கள். நீங்கள் ஒரு தேர்ந்த மனநல நிபுணரை ஆலோசனைக்கு அணுக வேண்டும்.

15. உங்களுடைய மனைவியை உங்களுடைய மறுபதிப்பாக்க முயற்சிக்காதீர்கள். இந்த முயற்சிகள் எப்பொழுதுமே முட்டாள் தனமானது. மேலும் இது மற்றவர்களின் மதிப்பையும் சுய கௌரவத்தையும் அழிக்க முயற்சிக்கிறது. மேலும் இது ஒரு பகைமையை உங்களுக்குள் தூண்டி உங்கள் திருமண பந்தத்தை நாசப்படுத்த கூடியது. நீங்கள்

உங்கள் துணையை உங்களின் இரண்டாம் பதிப்பாக செய்ய முயற்சிப்பதை நிறுத்துங்கள்.

16. நீங்கள் ஒன்றாக பிரார்த்தனை செய்வதன் மூலம் ஒன்றாக இருக்கிறீர்கள். விஞ்ஞான முறையில் பிரார்த்திப்பது உங்கள் எல்லா பிரச்சனைகளையும் தீர்த்து விடும்.

உங்கள் மனைவி எப்படி சந்தோஷமாக, ஆரோக்கியமாக அழகாக இருக்க வேண்டும் என்பதை மனதால் கற்பனை செய்யுங்கள். உங்கள் கணவன், எப்படி வலிமையாக, சக்தியுடன், காதல், இணக்கம் மற்றும் அன்புடன் இருக்கவேண்டும் என்பதை பாருங்கள்.

மனதில் இந்த படத்தை பராமரித்து வந்தால், சொர்க்கத்தில் நிச்சயிக்கப்பட்ட நல்லிணக்கமான அமைதியான திருமணத்தை நீங்கள் அனுபவிப்பீர்கள்.

15

உங்கள் ஆழ்மனதும் உங்கள் மகிழ்ச்சியும்

அமெரிக்க மனோதத்துவத்தின் தந்தை வில்லியம் ஜேம்ஸ் பத்தொன்பதாம் நூற்றாண்டின் மாபெரும் கண்டுபிடிப்பு பௌதிக விஞ்ஞான பிரதேசத்தில் இல்லை, நம்பிக்கையினால் உந்தப்பட்டு ஆழ்மனதின் சக்தியே மாபெரும் கண்டுபிடிப்பு என்றார். எந்தப் பிரச்சனையையும் வென்றுவிடும் அளவற்ற சக்தியானது ஒவ்வொரு மனிதனுக்குள்ளும் உள்ளது.

உங்கள் ஆழ்மனது எந்த வித பிரச்சனையையும் தீர்க்கவல்லது, உங்கள் உடலின் நோயை தீர்க்கவல்லது, நீங்கள் கனவில் கண்டதை விட செழிப்பாக இருக்க முடியும் என்ற தெளிவான புரிதல் உங்களுக்கு ஏற்படும் நாளில் எந்த விதமான பலவீனத்தையும் சமாளிக்கும் உண்மையான நிலையான மகிழ்ச்சி உங்கள் வாழ்வில் வந்து சேரும்.

உங்கள் குழந்தை பிறந்தபொழுது, நீங்கள் திருமணம் செய்து கொண்டபொழுது, கல்லூரி படிப்பில் பட்டம் பெற்ற பொழுது அல்லது பரிசு ஏதேனும் பெற்றபொழுது நீங்கள் மிக மகிழ்வாய் இருந்திருக்கலாம். மிக மிக அழகான பெண்ணுடனோ அல்லது மிகவும் பொருத்தமான ஆணுடனோ, திருமணம் நிச்சயிக்கப்படும்பொழுது மகிழ்ந்திருக்கக்கூடும். இப்படியே நீங்கள் மகிழ்வாய் இருந்திருக்கும் கணக்கில்லா அனுபவங்களை பட்டியலிட்டுக் கொண்டே போகலாம்.

எவ்வளவு அற்புதமான அனுபவமாய் இருந்த போதிலும் அவை நிறைந்த இன்பத்தை வழங்குவதில்லை-அவை தோன்றி மறைகின்ற இயல்புடையது.

பழமொழிகள் கொண்ட புத்தகம் விடையை அளிக்கிறது: *இறைவனிடத்தில் விசுவாசிப்பவன் யாராயிருந்தாலும் அவன் மகிழ்ச்சி அடைகிறான்.*

நீங்கள் கடவுளிடம் நம்பிக்கை கொள்ளும் பொழுது (உங்கள் ஆழ்மனதின் சக்தி மற்றும் ஞானம்) அவர், உங்களை வழி நடத்தி ஆட்சி செய்கிறார் என நம்பும் பொழுது நீங்கள் அமைதி அடைகிறீர்கள். நீங்கள் நிம்மதி, அன்பு, மற்றும் நல்லிணக்கத்தை எல்லோருக்கும் பரவச் செய்யும் போது உங்கள் வாழ்வில் எல்லா கட்டங்களிலும் மகிழ்ச்சியாய் வாழ்வதற்கு உண்டான ஒரு நேர்த்தியான கட்டமைப்பை உருவாக்குகிறீர்கள்.

நீங்கள் ஆனந்தத்தையே தேர்ந்தெடுக்கவேண்டும்

மகிழ்ச்சி என்பது ஒரு மனநிலை. பைபிளில் ஒரு வாசகம் உண்டு. *இன்று யாருக்கு சேவை செய்ய போகிறாய் என்பதை தேர்ந்தெடு.* மகிழ்ச்சியை தேர்ந்தெடுக்க உங்களுக்கு சுதந்திரம் உள்ளது. இது மிக எளிமையானதாக தோன்றலாம், அதுவே உண்மை. அதனால்தான் மக்கள் மகிழ்ச்சியை ஏதேச்சையாக காண்கின்றனர்; மகிழ்ச்சியாக இருப்பது எவ்வளவு எளிதானது என்பதை அவர்களால் பார்க்கமுடியவில்லை. வாழ்க்கையின் சிறந்த விஷயங்கள் ஆக்கபூர்வமானதாகவும், மாற்றங்கள் கொண்டதாகவும், எளிமையானதாகவும் இருக்கிறது. அவை நிறைவையும் மகிழ்ச்சியையும் தருகின்றன.

இந்த வார்த்தைகள் மூலம் புனித பால் அவர்கள் நீங்கள் எப்படி எளிமையான முறையில் இந்த மாறிக்கொண்டேயிருக்கும் மகிழ்ச்சியை அடைய முடியும் என்று கூறுகிறார்: *கடைசியாக, சகோதரர்களே, உண்மையுள்ளவைகள் எவைகளோ, ஒழுக்கமுள்ளவைகள் எவைகளோ, நீதியுள்ளவைகள் எவைகளோ, கற்புள்ளவைகள் எவைகளோ, அன்புள்ளவைகள் எவைகளோ, நற்கீர்த்தியுள்ளவைகள் எவைகளோ, புண்ணியம் எதுவோ, புகழ் எதுவோ அவைகளையே சிந்தித்துக் கொண்டிருங்கள்.* **ஃபில் 4:8.**

மகிழ்ச்சியை எப்படி தேர்வு செய்வது

இப்பொழுதே ஆனந்தத்தை தேர்வு செய்ய தொடங்குங்கள். இப்படித்தான் நீங்கள் அதை செய்ய வேண்டும்: காலையில்

கண் விழித்தவுடன் உங்களுக்கு நீங்களே கூறிக்கொள்ளுங்கள், ''தெய்வீக ஆணை இன்றும் என்றும் என் வாழ்க்கையின் பொறுப்பை ஏற்றுள்ளது. இன்று அனைத்து விஷயங்களும் எனக்கு சாதகமாக செயல் படுகிறது. இன்று எனக்கு புதிய மற்றும் அற்புதமான நாள்.

இன்றை போன்று வேறு எந்த நாளும் இருக்காது. நாள் முழுவதும் தெய்வீக துணை பெறுகிறேன், நான் எதை செய்தாலும் அதில் செழிப்பாக இருப்பேன். தெய்வீக அன்பு என்னை சுற்றி இருக்கிறது, என்னை தன் அரவணைப்பில் வைத்திருக்கிறது, நான் அமைதியில் முன்னேறுகிறேன். நல்லது மற்றும் ஆக்கபூர்வமான விஷயத்திலிருந்து என் மனம் அலைபாயும் போது, உடனே நான் நல்ல அன்பான அழகிய விஷயங்களில் என் மனதை செலுத்துவேன். நான் ஆன்மீக காந்தம். என் பக்கம் செழிப்பை ஆசீர்வாதமாக பெறுகிறேன். இன்று நான் மேற்கொள்ளும் அனைத்து காரியங்களிலும் அற்புத வெற்றியை காண்பேன் நான் கண்டிப்பாக முழு நாளும் மகிழ்ச்சியுடன் இருப்பேன்.'' ஒவ்வொரு நாளையும் இந்த முறையில் துவங்குங்கள்; பின் நீங்கள் ஆனந்தத்தை தேர்வு செய்யும் மனிதராக இருப்பீர்கள்.

அவன் மகிழ்ச்சியாக இருப்பதை பழக்கப்படுத்திக்கொண்டான்

பல வருடங்களுக்கு முன், ஐயர்லாந்து நாட்டின் மேற்கு கடற்கரையில் நான் ஒரு விவசாயியின் வீட்டில் ஒரு வாரம் தங்கியிருந்தேன். அவர் எப்பொழுதும் பாடுவதும் விசில் அடிப்பதுமாக குஷியாக இருந்தார். அவரது சந்தோஷத்தின் காரணத்தை அவரிடம் கேட்டேன். அவர் கூறிய பதில்: ''மகிழ்ச்சியாக இருப்பது என் பழக்கம். தினமும் காலை எழுந்தவுடனும் மாலை உறங்கும் முன்பும் நான் என் குடும்பம், என் பயிர், என் கால்நடைகளை ஆசீர்வாதம் செய்து, கடவுளுக்கு அற்புத அறுவடைக்கு நன்றி கூறுவேன்.''

இந்த விவசாயி நாற்பது வருடங்களாக இதை பயிற்சி செய்துவந்திருக்கிறார். உங்களுக்கு தெரிந்தது தான், எண்ணங்கள் மீண்டும் மீண்டும் ஒரு அமைப்பில் கூறப்படும் பொழுது அது உங்கள் ஆழ்மனதில் இறங்கி பழக்கமாக மாறிவிடுகிறது. அவர் ஆனந்தம் ஒரு பழக்கம் என்பதை கண்டுபிடித்துவிட்டார்.

மகிழ்ச்சியாக இருக்க நீங்கள் ஆசைப்படவேண்டும்

ஆனந்தமாக இருப்பது பற்றிய ஒரு முக்கியமான விஷயம் உள்ளது. நீங்கள் நேர்மையாக அதற்கு *ஆசைப்படவேண்டும்*. பலரும் வாழ்க்கையில் அழுத்தத்துடன், சோகமாக வெகுகாலம் இருந்த பின்னர், ஏதேனும் ஒரு அற்புத மகிழ்ச்சிகரமான செய்தியை கேட்டாலும், ஒரு பெண்மணி என்னிடம் கூறியதுபோல ''இவ்வளவு மகிழ்ச்சியாக இருப்பது தவறு!'' என்று கூறுவார்கள். மனதில் பழைய எண்ணங்கள் அவ்வளவு பதிந்து விட்டதால், மகிழ்ச்சியாக இருப்பது அவர்களுக்கு தோதாக இருப்பதில்லை. அவர்கள் எப்பொழுதும் முன்னம் இருந்த சோகமான மனநிலையையே விரும்புவார்கள்.

இங்கிலாந்து நாட்டில் எனக்கு ஒரு பெண்மணியை தெரியும், அவருக்கு பல வருடங்களாக ரூமட்டிசம் எனும் வாத வலி இருந்தது. அவர் தன் கால் முட்டியை தட்டி, ''இன்று என் ரூமட்டிசம் மோசமடைந்து விட்டது. என்னால் இன்று வெளியே போக முடியாது. இந்த ரூமட்டிசம் என்னை மிக மோசமான நிலைக்கு ஆளாக்கிவிட்டது.'' அந்த வயதான மூதாட்டிக்கு தன் மகன், மகள், மற்றும் அண்டை வீட்டாரிடமிருந்து நிறைய கவனம் கிடைத்தது. அவர் நிஜமாகவே அந்த ரூமட்டிசத்தை விரும்பினார். தன் ''சோகத்தில்'' அவர் மகிழ்ச்சி கொண்டார். அவர் நிஜமாக சந்தோஷமாக இருக்க விரும்பவில்லை. அவருக்கு குணமாக்கும் வழியை நான் ஆலோசனையாக கொடுத்தேன். அவருக்கு பைபிளிலிருந்து சில வரிகளை எழுதி அதில் இருந்த உண்மையின் பக்கம் தன் கவனத்தை அளிக்குமாறு கூறினேன். அவர் அப்படி செய்தால், அவரது மனப்பான்மை சந்தேகத்திற்கு இடமின்றி மாறும், அவள் நம்பிக்கையின் காரணமாக அவரது உடல் குணமடையும் என்று கூறினேன். அவளுக்கு அது சுவாரசியமாகப்படவில்லை. பலரிடம் இத்தகைய விசித்திரமான, சோகத்தில் மகிழ்ச்சி அடையும் மனப்பாங்கு உள்ளது போலும்.

மகிழ்ச்சியின்மையை ஏன் தேர்ந்தெடுக்கவேண்டும்?

பலரும் இது போன்ற எண்ணங்களை வளர்த்து மகிழ்ச்சியின்மையை தேர்ந்தெடுக்கிறார்கள்: ''இன்று கரி நாள்; இன்று அனைத்தும் தவறாக நடக்கும்.'' ''இன்று நான் வெற்றி பெறமாட்டேன்.'' ''அனைவரும் எனக்கு எதிராக இருக்கிறார்கள்.''

''தொழில் மோசமாக இருக்கிறது, மேலும் மோசமாகப்போகிறது.'' ''நான் எப்பொழுதும் கால தாமதமாக இருக்கிறேன்.'' ''எனக்கு தேவையான விஷயங்கள் அமைவதில்லை.'' ''அவனால் முடியும், என்னால் முடியாது.'' இது போன்ற எண்ணங்கள் காலையில் உங்களுக்கு இருந்தால், முதல் விஷயமாக இவற்றை நீங்கள் உங்கள் பக்கம் ஈர்க்கப்போகிறீர்கள்.

நீங்கள் வாழும் இந்த உலகம் உங்கள் மனதில் ஓடும் எண்ணங்களால் நிர்ணயிக்கப்படுகிறது என்பதை உணரத்தொடங்குங்கள். மார்க்கஸ் அரெலியஸ் என்ற சிறந்த ரோம தத்துவவாதி, ''ஒரு மனிதனின் வாழ்க்கை அவன் எண்ணங்கள் படி அமைகிறது,'' என்றார். எமெர்சன், அமெரிக்காவின் முன்னோடியாக விளங்கும் தத்துவ வாதிகளில் ஒருவர், ''ஒருவன் நாள் முழுவதும் தான் சிந்திப்பதாகவே ஆகிவிடுகிறான்,'' என்றார். அடிக்கடி நீங்கள் நினைக்கும் எண்ணங்கள் நிஜ உலகில் நீங்கள் அனுபவிக்கும் விஷயங்களாக மாறி விடுகின்றன.

நேர்மறையான, தோல்வியை தழுவியது போன்ற, கருணையற்ற, அழுத்தத்தை விளைவிக்கக்கூடிய எண்ணங்களை எண்ணாமல் இருக்க உறுதி செய்து கொள்ளுங்கள். உங்கள் மனதில் இல்லாததை தவிர வேறு எதையும் நீங்கள் நிஜ வாழ்வில் உணர முடியாது என்பதை அடிக்கடி நினைவுப்படுத்திக்கொள்ளுங்கள்.

பத்து லட்சம் டாலர்கள் இருந்தால், நான் மகிழ்ச்சியாக இருப்பேன்

மனநல காப்பகங்களில் பல லட்சாதிபதிகளை நான் சென்று பார்த்துள்ளேன். அவர்கள் போக இடமில்லாத அனாதைகள், பணம் இல்லாதவர்கள் என்று தங்களைப்பற்றி வற்புறுத்திக் கொண்டார்கள். அவர்கள் மனநோய் மற்றும் ஆழ்ந்த அழுத்தத்தினால் பாதிக்கப்பட்டவர்கள். செல்வம் மட்டுமே உங்களுக்கு மகிழ்ச்சியை கொடுத்துவிடாது. அதே சமயம், அது மகிழ்ச்சிக்கு எதிரியுமல்ல. இன்று, பலரும் வானொலி, தொலைக்காட்சி பெட்டி, வண்டி, வீடு, தனிப்பட்ட படகு, நீச்சல் குளம் ஆகியவற்றை வாங்குவதன் மூலம் சந்தோஷத்தை வாங்க முயற்சி செய்கிறார்கள். ஆனால், மகிழ்ச்சியை உங்களால் அப்படி பெறவோ, வாங்கவோ முடியாது.

சந்தோஷத்தின் சாம்ராஜ்யம் உங்கள் எண்ணங்களில் உள்ளது. பலர் செயற்கையான முறைகளே மகிழ்ச்சியை உண்டாக்கும் என்ற எண்ணம் கொண்டுள்ளார்கள். சிலர், ''நான்

மேயராக பதவியேற்றால், என் நிறுவனத்தின் ப்ரெசிடெண்ட் ஆக ஆக்கப்பட்டால், கார்பொரேஷனின் பொது மேலாளராக ஆக்கப்பட்டால் சந்தோஷம் அடைவேன்,'' என்கிறார்கள். உண்மை என்னவென்றால், மகிழ்ச்சி என்பது ஒரு ஆன்மீக நிலை மற்றும் மனநிலை. இங்கு கூறப்பட்ட எந்த பதவியும் அந்த மகிழ்ச்சியை உங்களது என்று விதித்து விடாது. உங்கள் வலிமை, மகிழ்ச்சி, சந்தோஷம் ஆகியவை தெய்வீக ஆணை மற்றும் ஆழ்மனதில் பதிந்திருக்கும் சரியான செயல் ஆகியவற்றை கண்டுகொள்வது மற்றும் அவற்றின் கொள்கைகளை வாழ்க்கையில் கடைப்பிடிப்பதால் அமையும்.

மகிழ்ச்சி என்பது அமைதியான மனதின் அறுவடை என்பதை அவன் கண்டுகொண்டான்

சில வருடங்களுக்கு முன் சான் பிரான்சிஸ்கோ நகரத்தில் ஒரு விரிவுரை ஆற்ற சென்றிருந்த பொழுது ஒரு இளைஞனை நேர்காணலில் சந்தித்தேன். அவன் தன் தொழில் முன்னேறிய விதத்தில் மிகவும் மனமுடைந்து மகிழ்ச்சியின்றி இருந்தான். அவன் பொது மேலாளராக பணிபுரிந்து வந்தான். அவன் மனதில் அவன் நிறுவனத்தின் ப்ரெசிடென்ட்டிற்கும் துணைவருக்கும் எதிராக வெறுப்பு நிரம்பி இருந்தது. அவர்கள் அவனை எதிர்த்ததாக அவன் கூறினான். இந்த உள் பூசலின் காரணமாக தொழில் மங்கி, அவனுக்கு வர வேண்டிய பங்கு பணம் கிடைக்கவில்லை.

அவன் தன் தொழிலில் இருந்த பிரச்னையை இப்படித்தான் தீர்த்துக்கொண்டான்: காலையில் முதல் வேலையாக, பின்வருமாறு கூறினான், ''எங்கள் கார்பொரேஷனில் பணிபுரிபவர்கள் அனைவரும் மிகவும் நேர்மையாக, ஒத்துழைப்புடன், நம்பிக்கைக்கு பாத்திரமானவர்களாக அனைவரிடமும் நல்லிணக்கத்துடன் இருக்கிறார்கள். இந்த நிறுவனத்தின் வளர்ச்சியில், நலத்தில், செழிப்பில், பங்களிக்கும் ஆன்மீகச் தொடர்களாவார்கள். நான் என் எண்ணங்கள், வார்த்தைகள், செயல்கள் மூலம் என்னுடன் பணிபுரியும் இருவர் மட்டுமல்லாமல் மற்றவர்கள் பக்கமும் அன்பு, அமைதி மற்றும் நல்லிணக்கத்தை பரப்புகிறேன். என் நிறுவனத்தின் ப்ரெசிடெண்ட் மற்றும் துணைவர் இருவரும் தங்கள் வேலையில் தெய்வீக அருளால் வழிநடத்தப்படுகிறார்கள். என் ஆழ்மனதின் அளவற்ற ஆற்றலானது என் மூலம் அனைத்து முடிவுகளையும் எடுக்கிறது. எங்களது அனைத்து தொழில்

முறை பரிமாற்றங்களிலும் எங்களுக்கிடையே உள்ள உறவு முறையிலும் சரியான செயலே இருக்கின்றது. என் தூதுவராக அமைதி, அன்பு, நல்லிணக்கம் ஆகியவற்றை அலுவலகத்திற்கு அனுப்புகிறேன். நான் உள்பட என் அலுவலகத்தில் பணிபுரியும் அனைவரின் இதயத்திலும் அமைதி மற்றும் நல்லிணக்கம் நிலவுகிறது. இப்பொழுது நான் புது நாளில் முழு நம்பிக்கையுடன் நுழைகிறேன்.''

இவர் தினமும் இப்படி மூன்று முறை மெதுவாக காலையில் தியானம் செய்தார், தன் வார்த்தையில் இருந்த நம்பிக்கையுடன். அவர் மனதில் சந்தேகம் மற்றும் கோபம் எழும்போதெல்லாம் அவர் தனக்குத்தானே, ''அமைதி மற்றும் நல்லிணக்கம் என் மனதை எந்நேரமும் நிர்வகிக்கிறது,'' என்றார். இந்த முறையில் தன் மனதை கட்டுப்பாட்டிற்குள் கொண்டுவர தொடர்ந்த அவரது மனதில் தீய எண்ணங்கள் நீங்கி அமைதி நிலவியது. அவர் பலனை அறுவடை செய்தார்.

அதை தொடர்ந்து, தன் மனதை மாற்றி பக்குவப்படுத்தியதன் இரண்டு வாரங்களுக்கு பின், ப்ரெசிடெண்ட் மற்றும் துணைவர் அவரை அலுவலகத்திற்கு அழைத்து அவரது பணிக்கும், அவர் அளித்த ஆக்கபூர்வமான எண்ணங்களுக்கும் அவரை பாராட்டி, அவரை ங்பொது மேலாளராக அடைய எவ்வளவு கொடுத்துவைத்தவர்கள் அவர்கள் என்று கூறினார்கள். அவர், மனிதன் தன் மகிழ்ச்சியை தானே தேடிக்கொள்கிறான் என்பதை கண்டுபிடித்ததில் மிகவும் மகிழ்ச்சி அடைந்தார்.

தடை நிஜமாக இருப்பதில்லை

பல வருடங்களுக்கு முன் செய்தித்தாள் ஒன்றில் எப்படி ஒரு குதிரை ஒரு தடையை கண்டு குதித்து ஓடாமல் நின்றுவிட்டது என்று ஒரு கட்டுரையைப் படித்தேன். அந்த குதிரை ஒவ்வொரு முறை அந்த தடையின் அருகில் வந்தவுடன் நின்றுவிட்டது. விவசாயி அந்த இடத்தில இருந்த தடையை நீக்கி சாலையை சமமானதாக்கினார் இருந்தாலும், அடுத்த இருபத்தி ஐந்து வருடங்களுக்கு ஒவ்வொரு முறை அந்த குதிரை அந்த இடத்தின் அருகே வந்த போதும் தயங்கியது. அந்தத்தடை குதிரையின் ஞாபகத்தில் இருந்ததால் பயந்தது.

உங்கள் மனதில் எண்ணங்களில் நீங்கள் வரைந்திருக்கும் படத்தைத்தவிர உங்கள் மகிழ்ச்சிக்கு வேறு எந்த தடையும்

இருப்பதில்லை. வருத்தமோ, பயமோ உங்களை பின்னுக்கு இழுக்கின்றதா? பயம் என்பது உங்கள் மனதில் தோன்றும் ஒரு எண்ணம். இந்த நொடியே அதை தோண்டி எடுத்து அனைத்து பிரச்சனைகளில் இருந்து வெற்றி மற்றும் சாதனையில் நம்பிக்கை வைத்து நிரப்புங்கள்.

தொழிலில் தோற்று போன மனிதன் ஒருவனை எனக்குத்தெரியும். அவன் என்னிடம், ''நான் தவறுகள் செய்து விட்டேன். நான் நிறைய கற்றுக்கொண்டுள்ளேன்.

நான் மீண்டும் தொழிலுக்கு திரும்புகிறேன், இம்முறை மாபெரும் வெற்றி காண்பேன்,'' என்றான். தன் மனதில் இருந்த தடையை அவன் எதிர்கொண்டான். அவன் குறை கூறவில்லை ஆனால் தோல்வி என்ற தடையை கிழித்தெறிந்தான், தன்னுள் இருக்கும் சக்தியின் மேல் இருந்த நம்பிக்கையால் அனைத்து பயமான சிந்தனைகள் மற்றும் பழைய அழுத்தங்களையும் நீக்கினான். உங்கள் மீது நம்பிக்கை வையுங்கள், நீங்கள் வெற்றி பெற்று மகிழ்ச்சியாக இருப்பீர்கள்.

சந்தோஷமான மனிதர்கள்

தன்னுள் இருக்கும் சிறந்தவற்றை மீண்டும் மீண்டும் வெளிகொண்டு வந்து நடைமுறைப்படுத்துபவனே மகிழ்ச்சியானவன்.

நற்பண்பும் மகிழ்ச்சியும் ஒன்றோடு ஒன்று இணைந்திருக்கும். சிறந்தவர்கள் சந்தோஷமாக இருப்பதோடு மட்டுமில்லாமல், மகிழ்ச்சியாக இருப்பவர்கள். வாழ்வியலிலும் வெற்றிகரமாக இருப்பார்கள். உங்களில் உயர்ந்ததும் சிறந்ததும் கடவுள் தான். கடவுளின் அன்பு, ஒளி, உண்மை மற்றும் அழகை வெளிபடுத்துங்கள், உலகில் உள்ள மகிழ்ச்சியான மனிதர்களில் நீங்கள் ஒருவராய் இருப்பீர்கள்.

கிரேக்க தத்துவவாதி எபிக்டெடஸ், ''மகிழ்ச்சி மற்றும் அமைதிக்கு ஒரே ஒரு வழி தான் உள்ளது; அதனால் இவை இரண்டும் எப்பொழுதும் உங்கள் கைவசம் இருக்கட்டும். தினமும் நீங்கள் காலையில் எழும்போதும், நாள் முழுவதிலும், நீங்கள் உறங்கச்செல்லும் போதும், வேறு புற விஷயங்கள் எதுவும் உங்களை அண்டாமல், கடவுளுக்கு மட்டுமே உங்களை அர்பணித்துக்கொள்ளுங்கள்.''

மகிழ்ச்சிக்கான படிகளின் ஒரு தொகுப்பு

1. வில்லியம் ஜேம்ஸ், நம்பிக்கையினால் தூண்டப்பட்ட ஆழ்மனதின் சக்திதான் 19ம் நூற்றாண்டின் பெரிய கண்டுபிடிப்பு என்று கூறினார்.
2. உனக்குள் அபரிமிதமான சக்தி உள்ளது. இந்த சக்தியின் மீது மேலான நம்பிக்கை ஏற்படும்பொழுது மகிழ்ச்சி உங்களை தேடி வரும். பிறகு, நீங்கள் உங்கள் கனவை நிஜமாக்குவீர்கள்.
3. உங்களுடைய ஆழ்மனதின் அபரிமிதமான சக்தி உங்களை எந்தவிதமான தோல்வியிலிருந்தும் வெளியே கொண்டுவந்து உங்கள் இதயத்தின் ஆசைகளை பூர்த்தி செய்யும் திறன் கொண்டது. இதுவே, **யாரொருவர் கடவுளிடம் உண்மையாக இருக்கிறாரோ அவர் மகிழ்ச்சியாய் இருப்பார் என்பதன் அர்த்தம்** [ஆழ்மனதின் ஆன்மீக விதி].
4. நீங்கள் மகிழ்ச்சியை தேர்வு செய்ய வேண்டும். மகிழ்ச்சி என்பது பழக்க படுத்திக் கொள்ள வேண்டியது. சிந்தனை செய்வது ஒரு நல்ல வழக்கம். **கடைசியாக, சகோதரர்களே, உண்மையுள்ளவைகள் எவைகளோ, ஒழுக்கமுள்ளவைகள் எவைகளோ, நீதியுள்ளவைகள் எவைகளோ, கற்புள்ளவைகள் எவைகளோ, அன்புள்ளவைகள் எவைகளோ, நற்கீர்த்தியுள்ளவைகள் எவைகளோ, புண்ணியம் எதுவோ, புகழ் எதுவோ அவைகளையே சிந்தித்துக் கொண்டிருங்கள். ஃபில் 4:8.**
5. நீங்கள் காலை கண்களைத் திறக்கும் போது, நான் இன்று சந்தோஷத்தை தேர்வு செய்கிறேன் என்று உங்களுக்கு நீங்களே சொல்லிக் கொள்ளுங்கள். நான் இன்று மகிழ்ச்சியை தேர்வு செய்கிறேன். நான் இன்று சரியான செயலை தேர்வு செய்கிறேன். நான் அன்பையும் அனைவரின் அன்புடைமையையும் இன்று தேர்வு செய்கிறேன். நான் இன்று நிம்மதியை தேர்வு செய்கிறேன். இந்த உறுதி மொழிக்குள் உங்களுடைய வாழ்வையும் அன்பையும், ஆர்வத்தையும் பொழியச் செய்வதால் நீங்கள் வாழ்வில் மகிழ்வை தேர்வு செய்கிறீர்கள்.
6. ஒரு நாளில் பல முறை உங்களுக்கு தரப்பட்டிருக்கும் ஆசிர்வாதங்களுக்கு நன்றி தெரிவியுங்கள். மேலும் உங்கள் குடும்பம், உடன் வேலை செய்வோர் மற்றும் அனைவருடைய மன நிம்மதி, மகிழ்ச்சி, செழிப்பு இவற்றிற்காக வேண்டுங்கள்.

7. நீங்கள் உண்மையிலேயே மகிழ்ச்சியாய் இருக்க விரும்ப வேண்டும். விருப்பம் இல்லாமல் எதுவும் நடப்பதில்லை. விருப்பம் என்பது கற்பனை திறனையும், நம்பிக்கையும் இறக்கைகளாக கொண்ட வேண்டுதல். உங்கள் ஆசைகள் நிறைவேறுவதை கற்பனை செய்து அதன் உண்மைத் தன்மையை உணர்ந்தாலும் அது நடந்தேறும். வேண்டுதலுக்கு பதில் கிடைக்கும்போது அதில் பெறுவது தான் மகிழ்ச்சி.
8. நீங்கள் தொடர்ந்து பயம், கவலை, கோபம், வெறுப்பு, மற்றும் தோல்வி தரும் எண்ணங்களில் சஞ்சாரம் செய்தால் மிகவும் சோகமாகவும், மன அழுத்தத்தாலும் வாடுவீர்கள். உங்கள் வாழ்வு, உங்கள் எண்ணங்களைக் கொண்டு நீங்கள் உருவாக்குவதே, என்பதை கவனத்தில் கொள்ளுங்கள்.
9. உலகத்தில் உள்ள எல்லா செல்வங்களால் கூட மகிழ்ச்சியை விலைக்கு வாங்கமுடியாது. சில கோடீஸ்வரர்கள் மிகவும் சந்தோஷமாகவும், சிலர் மிகவும சோகமாகவும் உள்ளனர். சில திருமணமானவர்கள் சந்தோஷமாகவும் சிலர் மிகவும் சோகமாகவும் உள்ளனர். சில திருமணமாகாதவர்கள் மகிழ்ச்சியாகவும் சிலர் மகிழ்ச்சி இல்லாமலும் உள்ளனர். சந்தோஷத்தின் ராஜ்ஜியம் உங்கள் எண்ணங்களிலும் உணர்விலும் உள்ளது.
10. சந்தோஷம் என்பது அமைதியான மனதிலேயே அறுவடை ஆகும். உங்களுடைய எண்ணங்களை அமைதி, பாதுகாப்பு, மற்றும் தெய்வீக வழிகாட்டுதலின் மீது நிறுத்தினால், உங்கள் மனம் மகிழ்ச்சி அடையும்.
11. உங்களுடைய மகிழ்ச்சிக்கு தடையே இல்லை. வெளி விவகாரங்கள் கருவியே தவிர காரணி அல்ல. உங்களுக்குள் உள்ள உருவாக்கும் விதியிலிருந்து குறிப்பு எடுத்துக்கொள்க. உங்கள் எண்ணமே காரணம். புதிய காரணம் புதிய விளைவை ஏற்படுத்துகிறது. மகிழ்ச்சியை தேர்ந்தெடுங்கள்.
12. மிகவும் மகிழ்ச்சியான மனிதன் தன்னிலிருந்து உயர்வானதையும் மிகச் சிறப்பானதையும் வெளிக்கொண்டு வருவான். அவனுள், கடவுள் மட்டுமே உயர்வானதும், சிறந்ததும் ஆவர். ஏனெனில், கடவுளின் ராஜ்ஜியம் அவனுள்ளே இருக்கிறது.

16

உங்கள் ஆழ்மனதும் நல்லிணக்க மனித உறவுகளும்

இந்த புத்தகத்தை படிக்கையில், உங்கள் ஆழ்மனது, அனைத்தையும் பதிவு செய்யும் ஒரு இயந்திரம் என்பதையும் உங்களுக்கு தேவையான பொழுது பதிவு செய்யப்பட்டதை உங்களுக்காக செய்து முடிக்கும் என்பதையும் அறிந்திருப்பீர்கள். மனித உறவுகளில் தங்கமான விதியை செயல்படுத்த இதுவும் ஒரு காரணம். **மதாயூ 7:12** கூறுகிறது, *மற்றவர்கள் உங்களுக்கு செய்ய வேண்டும் என்று நீங்கள் எதிர்பார்ப்பதையே அவர்களுக்கு நீங்கள் செய்து விடுங்கள்.* இந்த வாசகத்திற்கு வெளிப்புற மற்றும் உள்ளர்த்தமும் உண்டு. ஆழ்மனதின் நோக்கத்திலிருந்து பார்த்தால் அதன் உள் அர்த்தம் உங்களுக்கு சுவாரஸ்யமாக இருக்கும். நீங்கள் மற்றவர் உங்களை பற்றி என்ன நினைக்க வேண்டும் என்று விரும்புகிறீர்களோ, அப்படியே நீங்களும் மற்றவரைப்பற்றி நினையுங்கள். மற்றவர்கள் உங்களைப்பற்றி எப்படி உணரவேண்டும் என்று நீங்கள் விரும்புகிறீர்களோ அப்படியே அவர்களைப்பற்றி நீங்கள் உணருங்கள். மற்றவர்கள் உங்களை எப்படி நடத்தவேண்டும் என்று விரும்புகிறீர்களோ அப்படியே நீங்களும் மற்றவர்களுடன் நடந்துகொள்ளுங்கள்.

உதாரணத்திற்கு, நீங்கள் அலுவலகத்தில் ஒருவருடன் நல்ல பண்பான முறையில் பழகலாம், ஆனால் அவர் முதுகிற்கு பின்னால், உங்கள் மனதில் அவரைப்பற்றிய அதீத விமர்சனங்கள் செய்பவராக நீங்கள் இருக்கலாம். அத்தகைய எதிர்மறையான எண்ணங்கள் அழிவுபூர்வமானவை. அது விஷம் சாப்பிடுவதை போலாகும். அது உங்கள் வீர்யம், உற்சாகம், வலிமை,

வழிகாட்டுதல் மற்றும் நல்லிணக்கத்தை திருடும் கொடிய மன விஷமாகிறது.

இந்த எதிர்மறையான எண்ணங்கள் மற்றும் உணர்வுகள் உங்கள் ஆழ்மனதில் ஆழமாக இறங்கி, உங்கள் வாழ்க்கையில் எல்லா விதமான துன்பங்களையும் கஷ்டங்களையும் கொடுக்கும்.

மற்றவர்களுடன் மகிழ்ச்சிகரமான உறவு நீடிக்க சில குறிப்புகள்

மற்றவர்கள் உங்களை எடை போடாமல் இருக்க வேண்டும் என்று நீங்கள் விரும்பினால், நீங்களும் அவர்களை எடை போடாதீர்கள். மற்றவர்களை எப்படி அளக்கிறீர்களோ அப்படியே நீங்களும் அளக்கப்படுவீர்கள். **மதாயூ 7:12.**

இந்த வாசகங்களை படிப்பதும் இதில் உள் அடங்கியிருக்கும் உண்மையை அறிவதும் நல்லிணக்கத்துடன் மனித உறவுகள் செயல்பட உண்மையான வழி. மற்றவர்களை எடை போடுவது என்பது மனதளவில் அவரைப்பற்றி ஒரு தீர்ப்பை முடிவு செய்வதாகும். மற்றவரை பற்றிய உங்கள் எண்ணம் உங்களுடையது, ஏனென்றால் அப்படி நீங்கள் நினைக்கிறீர்கள்.

உங்கள் எண்ணங்கள் ஆக்கபூர்வமானவை அதனால் நீங்கள் நினைப்பது போலவே நிஜ வாழ்க்கையிலும் அனுபவிக்கிறீர்கள். மற்றவருக்கு நீங்கள் கொடுக்கும் ஆலோசனை, உங்களுக்கு நீங்கள் கொடுத்துக்கொள்வது ஏனென்றால் மனம் ஒரு ஆக்கபூர்வமான இடம்.

அதனால் தான் இப்படி கூறப்பட்டிருக்கிறது, *மற்றவர்களை நீ எடை போடுவது போலவே, நீயும் எடை போடப்படுவாய்.* இந்த விதியையும் உங்கள் ஆழ்மனது இப்படி செயல்படுகிறது என்று அறிந்தாலே உங்கள் எண்ணம் செயல் ஆகியவை அனைத்தையும் கவனமாக தேர்வு செய்வீர்கள். இந்த வாசகங்கள் மனிதனின் விடுதலை மற்றும் தனிப்பட்ட பிரச்சனைகளுக்கான தீர்வுகளையும் சொல்லிக்கொடுக்கிறது.

மற்றவர்களுக்கு நீங்கள் அளப்பது தான் உங்களுக்கும் அளக்கப்படும்

மற்றவர்களுக்கு நீங்கள் செய்யும் நல்லது அதே அளவில் உங்களுக்கு திரும்ப வரும்; உங்கள் மனதின் விதிப்படி நீங்கள்

செய்யும் தீமையும் உங்களிடம் திரும்பி வரும். ஒரு மனிதன் மற்றவரை ஏமாற்றி நயவஞ்சகம் செய்தால் உண்மையில் அவன் தன்னைத்தானே ஏமாற்றி வஞ்சிக்கிறான். அவன் குற்றஉணர்ச்சியும் இழந்துவிட்டோம் என்ற உணர்வும் நிச்சயமாக சில காலம் பின்னர் அவனுக்கு நஷ்டமாக வந்து சேரும். அவன் ஆழ்மனது அவன் மனதின் செயல்பாட்டை பதிவு செய்து நோக்கத்தை போல் எதிர்மறையான விளைவை உண்டாக்குகிறது.

உங்கள் ஆழ்மனது தனிப்பட்டதல்ல, மாற்றம் இல்லாதது, மற்றவரின் உணர்வுகளை கணக்கில் எடுக்காது, அவர்களது மத சார்புகளையும் மதிக்காது. அது மற்றவர்கள் மீது கருணையோ பழிவாங்கும் தன்மையோ கொண்டதல்ல. மற்றவர்கள் பால் நீங்கள் உணர்வது, நடந்துகொள்வது, அவர்களைப்பற்றி நினைப்பது கடைசியில் உங்களுக்கே திரும்பும்.

தினசரி தலையங்கம் அவனை நோயுற செய்தது

உங்களை நீங்களே கவனிக்க தொடங்குங்கள். மக்கள், சூழ்நிலை மற்றும் நிலைமைகளுக்கு உங்கள் எதிர்மறை விளைவு எப்படி உள்ளது என்பதை கூர்ந்து கவனியுங்கள். ஒரு நாளில் நடக்கும் நிகழ்வுகள் மற்றும் செய்திக்கு நீங்கள் எப்படி பதிலளிக்கிறீர்கள்? மற்றவர்கள் அனைவரும் தவறு நீங்கள் மட்டுமே சரியாக இருந்தாலும் அதனால் எந்த பெரிய வேற்றுமையும் இல்லை. செய்தி உங்களை பாதித்தால் அது உங்கள் தீமை ஏனென்றால் எதிர்மறையான உணர்வுகள் உங்கள் அமைதி மற்றும் நல்லிணக்கத்தை திருடி விட்டது.

ஒரு பெண்மணி தன் கணவரை பற்றி எனக்கு எழுதியிருந்தாள். அவர் செய்தித்தாளின் கட்டுரையாளர். ஒருவரது கட்டுரையை படித்து கோபமடைகிறார். இந்த நிலையான கோபம் மற்றும் கட்டுப்படுத்தப்பட்ட எரிச்சல் புண்ணை உண்டாக்கியது. அவரது மருத்துவர் அவர் உணர்வுகளை மாற்றி அமைத்துக்கொள்ள வேண்டும் என்று பரிசீலனை செய்தார்.

இந்த மனிதன் என்னை வந்து பார்க்குமாறு அழைத்தேன். கட்டுரைகளில் கூறப்பட்ட கருத்துக்களை ஏற்றுக்கொள்ளமுடியாமல் கோபப்படுவது என்பது உணர்வுகளை கட்டுப்படுத்திக்கொள்ள தெரியாத முதிர்ச்சியற்ற நிலைமை என்பதை விளக்கினேன். அரசியல் கண்ணோட்டத்திலும் மதத்தின் பார்வையிலும் வேறு எந்த விதத்திலும் அவரோடு ஒப்புக்கொள்ள மறுத்தாலும் செய்தாளில்

எழுதுபவருக்கும் தன் சிந்தனைகளை வெளிபடுத்தும் சுதந்திரம் இருக்கிறது என்று உணர தொடங்கினார். அதே போன்று அந்த செய்தித்தாள் வெளியிடும் விஷயங்களை ஒப்புக்கொள்ளாமல் தன் மாற்று கருத்தை கடிதங்கள் மூலம் பதிவு செய்யும் சுதத்ந்திரத்தையும் வாசகர்களுக்கு கொடுக்கவேண்டும். ஏற்றுக்கொள்ள படாதவறாய் ஆகாமலே ஒரு விஷயத்தை நிராகரிக்கலாம் என்று அவர் உணர்ந்தார். எப்பொழுதுமே ஒருவர் செய்வதோ சொல்வதோ அதீத பாதிப்பை ஏற்படுத்துவதில்லை, அதற்கு ஒருவர் காட்டும் எதிர்மறையான விளைவே பாதிப்பை ஏற்படுத்துகிறது என்ற எளிமையான உண்மையை அவர் அறிந்துகொண்டார்.

சிறிது பயிற்சி செய்தால் அவர் தனது காலை தாண்டவத்தை கையாள்வது எப்படி என்று அறிந்து கொள்ளலாம் என்ற இந்த விளக்கமே அந்த மனிதனை குணப்படுத்தியது. பின்னர் அவர் மனைவி என்னிடம், அந்த கட்டுரையாளர்கள் எழுதுவதை படித்து அவர் தன் மீதே சிரித்து கொள்வதாக கூறினார். அந்த கட்டுரைகளுக்கு அவரை எரிச்சல் படுத்தி, பாதித்து, கோபப்பட செய்யும் சக்தி இனி இல்லை. அவரது அமைதியான நன்னடத்தையினால் புண்களும் மறைந்தன.

நான் பெண்களை வெறுக்கிறேன்,
ஆனால் எனக்கு ஆண்களை பிடிக்கும்

ஒரு நிறுவனத்தின் தனியார் செயலாளர் தன் அலுவலகத்தில் பணிபுரிந்த இரண்டு பெண்களை குறித்து கசப்பாக உணர்ந்ததாக கூறினார். ஏனென்றால் அவர்கள் அவளைப்பற்றி வம்பு பேசுவதாகவும் வஞ்சக பொய்கள் சொல்வதாகவும் கூறினாள். அவள் தனக்கு பெண்கள் பிடிக்காது என்பதை ஒப்புக்கொண்டாள். அவள், ''நான் பெண்களை வெறுக்கிறேன் ஆனால் எனக்கு ஆண்களை பிடிக்கும்,'' என்றாள். அவள் தன் கீழ் அலுவலகத்தில் பணிபுரியும் பெண்களிடம் கோபமாகவும், எரிச்சலான குரலுடனும் பேசினாள் என்பதை நான் கண்டுகொண்டேன். அவர்கள் இவளது வேலைக்கு இடையூறு கொடுத்து அதில் மகிழ்ந்தனர் என்றும் கூறினார். அவள் பேசிய விதத்தில், மற்றவர்களுக்கு பாதிப்பை ஏற்படுத்தும் அநாகரீக முறையும் சிறிது கர்வமும் இருந்ததை என்னால் பார்க்க முடிந்தது.

அலுவலகத்திலோ தொழிற்சாலையிலோ அனைவரும் உங்களை எரிச்சலடைய செய்தால் உங்கள் மனதின்

பிரதிபலிப்போ, ஆழ்மனதின் அதிர்வோ இந்த பிரச்சனைகளுக்கு காரணமாக இருக்கக்கூடும் இல்லையா? நீங்கள் ஒரு நாயை வெறுத்தீர்களேயானால், அதை கண்டு பயந்துபோனால் அது வெறியுடன் உங்களை துரத்தும். மிருகங்கள் ஆழ்மனதின் அதிர்வுகளை உணர்ந்து அதற்கேற்ப நடந்துகொள்ளும். பல கட்டுப்பாடில்லாத மனிதர்களும் இப்படிப்பட்ட நாய்கள், பூனைகள் மற்றும் மிருகங்களை போல்தான்.

ஒரு பிரார்த்தனை செயல்முறையை, பெண்களை வெறுத்த இந்த செயலாளருக்கு, நான் பரிந்துரை செய்தேன். அவள் ஆன்மீகத்தின் மதிப்பை அறிந்து வாழ்க்கையின் உண்மையை ஏற்று உறுதி எடுத்துக்கொண்டால் தன் குரல், தான் நடந்து கொள்ளும் விதம், பெண்கள் மீது வெறுப்பு ஆகியவை முழுமையாக மறைந்துவிடும் என்று விளக்கினேன். வெறுப்பு என்னும் உணர்வு ஒருவரது பேச்சில், நடத்தையில், எழுத்தில், வாழ்க்கையின் அனைத்து பகுதிகளிலும் வெளிப்படும் என்று அறிந்து ஆச்சரியப்பட்டாள். முன்னர் இருந்தது போல், நிராகரிப்பு, கோபம் ஆகிய முறையில் தன் எதிர்மறை விளைவை காட்டுவதை நிறுத்திக்கொண்டாள். ஒரு வகையான பிரார்த்தனை அமைப்பை அலுவலகத்தில் உணர்ச்சிபூர்வமாக, முறையாக பயிலத் தொடங்கினாள்.

அந்த பிரார்த்தனை பின்வருமாறு இருந்தது: ''நான் அன்பாகவும், அமைதியுடனும் பேசி, சிந்தித்து நடந்து கொள்கிறேன். என்னைப்பற்றி வம்பு பேசி என்னை விமர்சனம் செய்த அந்த பெண்கள் பக்கம் நான் இப்பொழுது அன்பு, அமைதி, பொறுமை மற்றும் கருணையை அனுப்புகிறேன். என் எண்ணங்களை அமைதி நல்லிணக்கம் ஆகியவற்றில் நிலைநிறுத்தப்போகிறேன். எப்பொழுதெல்லாம் நான் எதிர்மறையான எதிர்வினையை வெளியிட இருக்கிறேனோ, அப்பொழுதெல்லாம் எனக்கு நானே திடமாக, ''நான் ஆரோக்கியம், நல்லிணக்கம் அமைதி ஆகியவற்றின் நிலையிலிருந்து சிந்தித்து பேசி செயல்படுவேன்.' ஆக்கபூர்வ ஆற்றலானது என்னை வழிநடத்தி, நிர்வகித்து, எல்லாவழிகளிலும் முன்னேறச்செய்யும்,'' என்று சொல்லிக்கொண்டாள்.

இந்த பிரார்த்தனையை பயின்றது அவள் வாழ்க்கையை முற்றிலும் மாற்றியது. அவள் தான் அனுபவித்த எதிர்மறையான விமர்சனங்கள் மற்றும் எரிச்சலடைய செய்த அனைத்து தொல்லைகளும் முற்றிலுமாக நின்றது. அந்த பெண்கள் சக ஊழியர்களாக மாறி வாழ்க்கை பயணத்தில் திருத்தங்களை

கொண்டு வந்தனர். *அவள் தன்னைத்தவிர மாற வேண்டியது வேறு எதுவும் இல்லை என்பதை கண்டுகொண்டாள்.*

அவர் தனக்குள் ஆற்றிக்கொண்டிருந்த உரையாடலினால் பதவி உயர்வை இழந்தார்

ஒரு நாள் என்னை பார்க்க விற்பனையாளர் ஒருவர் வந்திருந்தார். அவர் தன் அலுவலகத்தில் தன் மேலாளருடன் வேலையில் சந்தித்த பிரச்சனைகளை விளக்கினார். அவர் அந்த அலுவலகத்தில் பத்து வருடங்களாக பணிபுரிந்தும் எந்த வித பதவி உயர்வும் வேலைக்கான பாராட்டுதல்களும் பெறவில்லை என்றார். அவர் தான் செய்த வியாபாரம் பற்றிய குறிப்புக்களை காட்டினார். அதே வட்டாரத்தில் இருந்த மற்றவரது வேலையை விட இவர் வேலை சிறப்பாக இருந்தது. அவர் வியாபார மேலாளருக்கு தன்னை பிடிக்கவில்லை என்றும் அவர் தன்னை மோசமாக நடத்துவதோடு மட்டுமல்லாமல் மற்றவர்கள் முன்னிலையில், மாநாடுகளிலும் அவதூறை பேசி தான் கூறிய பரிந்துரைகளை கேலி செய்தார் என்றும் கூறினார்.

சந்தேகமில்லாமல் மேலாளரின் இந்த நடத்தைக்கு காரணம் அவருக்குள் இருக்கிறது என்றும், அவர் தன் மேலதிகாரியைப்பற்றி நம்பி மனதில் நினைத்துவந்ததே இத்தகைய விளைவிற்கு காரணம் என்று நான் அவருக்கு விளக்கினேன். *மற்றவர்களை நாம் அளக்கும் விதமே நாமும் அளக்கப்படுகிறோம்.* அவர் தன் மேலாளரை பற்றி மனதில் பதித்திருந்த எண்ணம், அவர் சண்டையிடும் குணமுடையவர் என்பது தான். அவர் மனதில், இவர் பால் எதிர்ப்பும் கசப்பும் நிறைந்திருக்கிறது. வேலைக்கு வரும் வழியில் தன் மனதில் தனக்குத்தானே ஒரு உரையாடலை நிகழ்த்தி அதில் அவரது மேலாளரை பற்றி கடுமையான விமர்சனங்களும், மனதளவில் சர்ச்சைகளும், வேறுபாடுகளும், குறைகள் கூறுவதும், என நிரம்பி இருந்தது.

அவர் மனதால் வெளியே கொடுத்ததைத்தான் திரும்பப்பெற வேண்டியதாயிற்று. இந்த விற்பனையாளர் மனதிற்குள் தானே நடத்திக்கொள்ளும் இந்த அழிவுபூர்வமான உரையாடல் தன் உணர்ச்சிகள் மற்றும் எண்ணங்கள் மூலம் ஆழ்மனதை அடைந்துவிட்டதை உணர்ந்தார். இது அவர் மேலாளரிடமிருந்து எதிர்மறையான எதிர்வினையாக வெளிப்பட்டு தனிப்பட்ட,

உடல்ரீதியான மற்றும் உணர்ச்சி ரீதியான சிதைவுகளை ஏற்படுத்தியது.

அடிக்கடி அவர் பின்வருமாறு பிரார்த்தனை செய்யத் தொடங்கினார்: ''இந்த பிரபஞ்சத்திலேயே சிந்திப்பவன் நான் மட்டும் தான். என் மேலாளரைப்பற்றி என் எண்ணங்களுக்கான பொறுப்பு என்னிடம் தான் உள்ளது. நான் என் மேலாளரை பற்றி அப்படி சிந்திப்பதற்கு அவர் பொறுப்பல்ல. என்னை கோபப்படுத்தவோ, எரிச்சல் மூட்டவோ, தொந்திரவு செய்யவோ வேறு எவருக்கும் சக்தி கொடுக்க நான் மறுக்கிறேன். நான் உண்மையாக அவர் நலனுக்கு வாழ்த்துகிறேன். அவர் கடவுளால் அனைத்து வழியிலும் வழிநடத்தப்படுகிறார் என்று எனக்குத்தெரியும்.''

அவர் இந்த பிரார்த்தனையை மெல்ல உணர்ச்சிபூர்வமாக உரத்த குரலில் கூறினார். மனம் என்னும் தோட்டத்தில் விதைக்கப்பட்ட விதைகள் தன் இன செடிகளாய் மலரும் என்று அவருக்குத்தெரியும். தூங்கும் முன் மனதில் காட்சியாய் பார்ப்பது எப்படி என்றும் அவருக்கு இவ்வாறு கற்றுக்கொடுத்தேன்: அவர் தன் விற்பனை மேலாளர் தன்னை தன் வேலை, உற்சாகம், வாடிக்கையாளர் சேவை ஆகியவற்றிற்காக பாராட்டுவது போல கற்பனை செய்தார். இவை அனைத்தின் உண்மைத்தன்மையை, கை குலுக்குவதை, குரலின் தன்மை மற்றும் அவரது முகத்தின் சிரிப்பு ஆகியவற்றையும் உணர்ந்தார். அவர் ஒரு நிஜமான மனத்திரைப்படம் ஒன்றை செய்து, தன்னால் முடிந்த வரை நாடகமயமாக்கினார். இரவின் பின் இரவாக இந்த மனத்திரைப்படத்தை ஓட்டினார். அவருக்குத் தெரியும் தன் கற்பனை படம் பதிந்திருக்கும் இடம் ஆழ்மனது என்று.

படிப்படியாக அவரது மன்மும் தெய்வீக எண்ணமும் ஒன்றாகி, ஆழ்மனதில் நிலை கொண்டு, அதன் விளைவு தெரிய வந்தது. அந்த மேலாளர் அவரை ஸான் ஃப்ரான்ஸிஸ்கோவிற்கு அழைத்து, அவரை வாழ்த்தி, அவருக்கு கீழ் நூறு பேர் வேலை செய்யும்படிக்கு அவரை பிரதேச விற்பனை மேலாளராக்கி, சம்பள உயர்வும் கொடுத்தார்.

உணர்ச்சிபூர்வமாக முதிர்ச்சி அடைவது

நாம் அதற்கு அனுமதி கொடுக்கவில்லையென்றால் மற்றவரது சொல்லோ, செயலோ நமக்கு எரிச்சலோ கோபமோ உண்டாக்காது. அவர் உங்களை எரிச்சலடைய வைக்கக் கூடிய ஒரே வழி உங்களுடைய எண்ணங்கன் மூலமாகத்தான். உதாரணமாக, நீங்கள் கோபப்பட்டீர்களானால் உங்கள் மனதில் நான்கு நிலைகளில் பயணம் செய்ய வேண்டும்: முதலில் மற்றவர் கூறிய வார்த்தைகளைப் பற்றி சிந்திப்பீர்கள். இரண்டாவதாக கோபம் கொள்ள முடிவு செய்து கோப உணர்வுகளை உற்பத்தி செய்கிறீர்கள். பின் அதன்படி நடக்க முடிவு செய்வீர்கள். நான்காவதாக திரும்ப பேசி எதிர்வினை புரிகிறீர்கள். இப்பொழுது பார்த்தீர்களானால், உங்களுடைய எண்ணம், உணர்வு, செயல், எதிர்வினை ஆகியவையாவும் மனதில்தான் நடைபெறுகிறது.

நீங்கள் உணர்வு ரீதியாக முதிர்ச்சி அடைந்தால், எதிர்மறையான விமர்சனங்களுக்கும் கசப்பான வார்த்தைகளுக்கும் முக்கியத்துவம் கொடுக்க மாட்டீர்கள். அப்படி முக்கியத்துவம் கொடுக்கிறீர்கள் என்றால், நீங்கள் உங்கள் நிலையிலிருந்து இறங்கி, மிகக் குறைவான மன அதிர்வு நிலைக்கு தாழ்த்தப்பட்டு, அடுத்தவரின் எதிர்மறை எண்ணங்களோடு ஒன்று கூடுகிறீர்கள் என்று அர்த்தம். உங்களுடைய வாழ்க்கையின் நோக்கத்துடன் உங்களை இணைத்துக் கொள்ளுங்கள். உங்கள் ஆழ்மனதில் குடி கொண்டிருக்கும் அமைதியையும், சலனமற்ற நிலையையும், பிரகாசமான ஆரோக்கியத்தையும், எக்காரணம் கொண்டும் மனிதர்களாலும், இடத்தாலும், பொருளாலும் திசை மாறி சிதறிச் செல்ல அனுமதிக்காதீர்கள்.

இணக்கமான மனித உறவுகளில் அன்பின் பொருள்

உளநிலை பகுப்பாய்வு (psychoanalysis) என்ற பிரிவை முதன் முதலில் ஆரம்பித்த ஆஸ்திரேலிய நாட்டைச் சேர்ந்த சிக்மண்ட் ஃப்ராயிட் என்பவர் அன்பு இல்லாத ஆளுமை திறன் வீணாகி நோயுற்று இறக்கிறது என்றார். அன்பு என்பது, ஒருவர் மற்றொருவரை புரிந்து கொள்வது, நன்மதிப்பை தருவதை, மற்றவருக்குள் இருக்கும் தெய்வீகத்தை மதிப்பது என்பவை ஆகும். நீங்கள் எவ்வளவுக்கு எவ்வளவு அன்பையும் புரிதலையும், நன்மதிப்பையும் மற்றவருக்குத்

தருகிறீர்களோ அவ்வளவுக்கவ்வளவு நீங்கள் அதைத் திரும்ப பெறுவீர்கள். நீங்கள் மற்றவருடைய தன்மையைக் காயப்படுத்தி வேதனைப்படுத்தினீர்களேயானால் அவனுடைய நன்மதிப்பைப் பெற இயலாது. ஒவ்வொரு மனிதனும் தான் அன்போடு நடத்திப் பாராட்டப்பட வேண்டும் என்றும் உலகில் தான் முக்கியமாக கருதப்பட வேண்டும் என்றும் எதிர்பார்க்கிறான். உங்களைப் போல அடுத்தவர்களும் தங்களுடைய உண்மையான தரத்தை அறிந்தவர்கள் என்று உணருங்கள். அவர் தன்னைப் பற்றிய ஒரு வாழ்க்கை கோட்பாட்டை மிகவும் கௌரவத்தோடு நிறைவேற்ற புறப்பட்டுள்ளார். இதை நீங்கள் உணர்ந்து தெளிவுடனும் புரிதலுடனும் செய்தால், அடுத்தவரை நீங்கள் வளர்க்க முடியும். அதனால் அவர்களின் அன்பையும் நன்மதிப்பையும் பெறலாம்.

அவர் தன் ரசிகர்களை வெறுத்தார்

தான் முதல்முறையாக மேடை ஏறியபொழுது, ரசிகர்கள் ஊளையிட்டு, சலசலப்பு ஏற்படுத்தினர் என்று ஒரு நடிகர் என்னிடம் கூறினார். மேலும் அந்த நாடகமும் நன்றாக எழுதப்படவில்லை என்றும் தானும் ஒரு சிறந்த கதாபாத்திரத்தில் நடிக்கவில்லை என்றும் கூறினார். அதன்பின் பல மாதங்களுக்கு ரசிகர்கள் என்றாலே வெறுப்பாக இருந்தது என்று என்னிடம் வெளிப்படையாக ஒப்புக்கொண்டார். அவர் ரசிகர்களை பொய்யானவர்கள், பித்தலாட்டக்காரர்கள், முட்டாள்கள், படிப்பறிவில்லாதவர்கள் எளிதில் ஏமாற்றப்படக்கூடியவர்கள் என்று அழைத்தார். அதனால் அவர் மேடை நடிப்பிற்கு முற்றுப் புள்ளி வைத்து ஒரு மருந்து கடையில் ஒரு வருடம் வேலை செய்தார்.

ஒரு நாள் அவருடைய நண்பர் ஒருவர் அவரை நியுயார்க் நகரத்தின் டவுன் ஹாலில், ''நம்முடன் நாம் ஒத்துப்போவது எப்படி?'' என்ற தலைப்பில் உள்ள விரிவுரைக்கு அழைத்தார். அந்தப் பிரசங்கம் அவர் வாழ்க்கையை மாற்றி அமைத்தது. மீண்டும் நாடக மேடைக்குச் சென்று தனக்காகவும் ரசிகர்களுக்காகவும் தீவிரமாகப் பிரார்த்தனை செய்தார். அவர் தன்னுடைய அன்பையும், நன்மதிப்பையும் ஒவ்வொரு இரவும் மேடையில் வரும்போது ஊற்றாக பெருக்கினார். அவர் இறைவனின் அமைதியும் சமாதானமும் அங்கு இருக்கும் ஒவ்வொருவர் மனதிலும் நிறைந்திருப்பதாகவும், அதனால் அவர்கள் ஒரு உன்னதமான நிலைக்கு உயர்த்தப்பட்டதாக எண்ணுவதை, ஒரு

பழக்கமாக்கிக் கொண்டார். மேடையில் ஒவ்வொரு முறை நடிக்கும்போதும் ரசிகர்களுக்கு அன்பு அதிர்வுகளை அனுப்பினார். இன்று, அவர் எல்லோரையும் அன்புடன் மதிக்கும் பெரிய நடிகர். அவர் சம்பாதித்திருந்த நன்மதிப்பும், பெருமையும் எல்லோர் பக்கமும் செலுத்தப்பட்டு, எல்லோராலும் உணரப்படுகிறது.

கடினமானவர்களை கையாள்வது

இந்த உலகத்தில் சில சிக்கலான, மனதளவில் பாதிக்கப்பட்ட மனிதர்கள் இருக்கிறார்கள். அவர்கள் தவறான முறையில் சிந்திக்க பயின்றவர்கள். பலர் மன முதிர்ச்சி அடையாதவர்கள், மன நோயாளிகள், இளம் வயது குற்றவாளிகள், வாதாடும், சண்டையிடும் குணமுள்ளவர்கள், குற்றம் குறைகள் கூறும் சிடுமூஞ்சித்தனமானவர்கள். அவர்கள் மன நலன் பாதிக்கப்பட்டவர்கள். பலருக்கு குழந்தை பருவத்திலியே நடந்த சில நிகழ்வுகளால் இப்போது மனம் குழம்பியிருக்கலாம். சிலர் பிறக்கும்போதே பாதிக்கப்பட்டிருக்கலாம். காசநோயால் பாதிக்கப்பட்ட மனிதனை எப்படி கண்டனம் செய்யக் கூடாதோ அவ்வாறே மன நோயால் பாதிக்கப்பட்டவர்களையும் கண்டனம் செய்யக் கூடாது. கூன் முதுகு உடையவர் ஒருவரை எப்படி வெறுப்பது அல்லது உதாசீனப்படுத்துவது முறையாகாதோ அவ்வாறே மனதளவில் கூனர்களாக இருப்பவர்களையும் நிராகரிக்கக்கூடாது. அவர்களை கருணையுடனும், புரிதலுடனும் அணுக வேண்டும். *எல்லோரையும் புரிந்து கொள்வது என்பது எல்லோரையும் மன்னிப்பதே ஆகும்.*

துன்பம் துணையை விரும்பும்

வெறுக்கத்தக்க, விரக்தியான, தவறான கண்ணோட்டம் கொண்டவர் அளவற்ற ஆற்றலைப் பற்றி அறியாதவர்.

அவர் அமைதி, சந்தோஷம் மற்றும் மகிழ்ச்சியுடன் இருப்பவர்களை வெறுக்கிறார். பொதுவாக அவர் எப்போதும் தன் மேல் கருணையுடன் நடந்துகொள்பவர்களையும் தனக்கு நன்மை செய்பவர்களையும், கண்டனம் செய்வது மட்டுமில்லாமல் அவதூராகவும் பேசுவார். தான் வேதனையில் இருக்கும் பொழுது பிறர் ஏன் இவ்வளவு சந்தோஷமாக இருக்க வேண்டும்? என்பது அவருடைய மனப்பாங்கு. அவர்களை கீழே இழுக்க

விரும்புவார். துன்பம் துணையை விரும்பும். இதை நீங்கள் புரிந்து கொள்ளும்பொழுது அமைதியாக, பாரபட்சம் இல்லாமல் எதற்கும் வருந்தாத நெஞ்சம் கொண்டவராக இருப்பீர்கள்.

மனித உறவுகளில் கருணையின் பயிற்சி

சமீபத்தில் ஒரு பெண் என்னை சந்தித்து, அவள் தன் அலுவலகத்தில் இருந்த மற்றுமொரு பெண்ணை வெறுப்பதாக கூறினாள். மற்றவள் தன்னை விட அழகாகவும், மகிழ்ச்சியாகவும், செல்வச்செழிப்புடனும் இருப்பதோடு மட்டுமில்லாமல் அந்த அலுவலகத்தின் தலைவரையும் மணமுடிக்க இருந்தது தான் காரணம் என்று கூறினாள்.

திருமணத்திற்கு பின்னர் ஒரு நாள் அவள் வெறுத்த பெண்மணியின் (தன் முதல் திருமணத்தின் மூலம் பெற்ற) ஊனமுற்ற பெண் அந்த அலுவலகத்திற்கு வந்தாள். அந்த குழந்தை அவள் அம்மாவின் கழுத்தை கட்டிக்கொண்டு, ‘‘அம்மா, அம்மா, எனக்கு என் புதிய தந்தையை மிகவும் பிடித்திருக்கிறது! அவர் எனக்கு என்ன கொடுத்தார் என்று பார்!’’ என்றாள். அவள் தன் அம்மாவிடம் அற்புதமான விளையாட்டுப்பொருள் ஒன்றை காண்பித்தாள். அவள் என்னிடம், ‘‘அந்த குழந்தையை பார்த்து நான் நெகிழ்ந்து போனேன், அவள் எவ்வளவு மகிழ்ச்சியாக உணர்வாள் என்று எனக்குத்தெரியும். அவள் தாய் எவ்வளவு சந்தோஷமாக இருப்பாள் என்பதை என்னால் காண முடிந்தது. திடீரென்று அவள் மீது அன்பு பிறந்ததை உணர்ந்தேன். அலுவலகத்திற்கு சென்று அவள் உலகத்தில் உள்ள எல்லா சந்தோஷங்களையும் பெற வேண்டும் என்று வாழ்த்தினேன். அதை நான் நிஜமாக விரும்பினேன்.’’ மனோதத்துவத்தில் இதை ‘‘எம்பதி’’ என்று கூறுவார்கள். மற்றவர்களின் நிலையில் இருந்து ஒரு விஷயத்தை பார்ப்பது மற்றும் அவர்கள் மனப்பாங்கை அறிந்து, புரிந்து அவர்களுக்காக செயல்படுதல் என்பது பொருள். தன்னுடைய மனநிலையிலிருந்து கற்பனையாக அந்த பெண்மணியின் இதயத்தில் நுழைந்து அந்த பெண்மணிக்காக அவள் சிந்திப்பது போலவே சிந்தித்திருக்கிறாள். அவள் உண்மையிலேயே அந்தப் பெண்மணிக்காக சிந்தித்து அவள் உணர்வோடு ஒன்றியதுடன் அந்த குழந்தையின் இடத்தில் தன்னை நிறுத்திக்கொண்டு சிந்தித்தாள். அவள் அந்தக் குழந்தையின் அம்மா என்ற முக்கியமான நிலையிலிருந்து சிந்தித்துப் பார்த்திருக்கிறாள்.

ஒருவரை காயப்படுத்த வேண்டுமென்றோ அவர்களைப்பற்றி தவறாக நினைக்கவேண்டுமென்ற எண்ணம் எழுந்தாலோ, பத்துக் கட்டளைகள் உருவாக்கியபொழுது மோஸஸின் மனநிலை எப்படி இருந்திருக்குமோ அந்த நிலையில் உங்களை நிறுத்திப் பார்த்து சிந்திக்க வேண்டும். நீங்கள் ஒருவர் மேல் பொறாமைப்படுபவராக, அல்லது கோபப்படுபவராக இருந்தால் உங்கள் மனநிலையை இயேசுவின் மனதிற்குள் புகுத்தி அந்த நிலையிலிருந்து நோக்கினால், ஒருவருக்கு ஒருவர் *அன்பு செய்யுங்கள்* என்ற வார்த்தைகளின் முழு உண்மையை உணர்வீர்கள்.

மற்றவரை சமாதானப்படுத்த சில செயல்களை செய்வது வெற்றியாகாது

மற்றவர்கள், அழுது, அடம்பிடித்து, கோபப்பட்டு, பிடிவாதம் பிடித்து, இருதய நோய் வாய் பட்டதாய் கூறி தங்களுக்கு சாதகமாக சில விஷயங்களை செய்ய வற்புறுத்தினால், அதற்கு அனுமதியளிக்காதீர்கள். தாங்கள் விரும்புவதை செய்ய உங்களை வற்புறுத்தி அடிமைப்படுத்தும் ஆதிக்கவாதிகள் இவர்கள். அவர்களிடம் கருணையுடன் ஆனால் உறுதியுடன் நடந்துகொள்ளுங்கள் சம்மதிக்க மறுத்துவிடுங்கள். அவர்களை சமாதானப்படுத்த ஒரு விஷயத்தை செய்வது ஒப்புக்கொள்வதென்பது வெற்றி அடையாது. அவர்களது சுயநலத்திற்கு, ஆட்கொள்ளும் மனோபாவத்திற்கு மற்றும் தவறுகள் புரியும் பழக்கத்திற்கு உடந்தையாக இருக்காதீர்கள்.

சரியானது எதுவோ அதை மட்டுமே செய்ய வேண்டும் என்பதை நினைவில் கொள்ளுங்கள். நீங்கள் உங்களுடைய கொள்கையை நிறைவேற்ற மற்றும் ஆன்மீக வாழ்க்கைக்கும் உயர்ந்த நோக்கங்களுக்கும் உண்மையாக இருப்பதற்காக இங்கே இருக்கிறீர்கள். உங்கள் குறிக்கோளிலிருந்து உங்கள் கவனத்தை திசை திருப்பும் சக்தியை யாருக்கும் கொடுக்காதீர்கள். உங்களுடைய குறிக்கோள் உங்களுள் புதைந்திருக்கும் திறமையை உலகிற்கு வெளிப்படுத்துவது. சேவை செய்வது மற்றும் கடவுளின் ஞானம், உண்மை, தூய்மை இவற்றை உலக மக்களுக்கு வெளிப்படுத்துவதாகும். உங்கள் கொள்கைக்கு உண்மையாக இருங்கள். நீங்கள் தெளிவாக, ஆணித்தரமாக. பூரணமாக அறிந்து கொள்ள வேண்டியது என்னவென்றால் உங்களுக்கு பரிபூரண மன அமைதி, சந்தோஷம், மனநிறைவு

ஆகியவை எதனால் கிடைக்கிறதோ, அது இந்த பூமியில் வாழும் மக்கள் அனைவருக்கும் ஆசிர்வதிக்கப்படவேண்டும். ஒரு பகுதி இணக்கமாக இருந்தால், முழுமையும் இணக்கமாக இருக்கும். ஏனெனில், ஒரு பகுதி என்பது முழுமையில் ஒரு அடக்கம். முழுமை என்பதும் பகுதியைச் சேர்ந்ததே. பால் கூறுவது போல், நீங்கள் பிறருக்கு அன்பைத்தான் காட்ட கடன்பட்டிருக்கிறீர்கள். மகிழ்ச்சி, அமைதி மற்றும் ஆரோக்கியம் ஆகிய விதிகள் இந்த அன்பால் கிடைக்கப்பெறுகிறது.

மனித உறவுகளில் நன்மை காண்பிக்கும் குறிப்புகள்

1. உங்கள் ஆழ்மனது பதிவு செய்யும் ஒரு இயந்திரம். அது உங்களது வழக்கமான எண்ணங்களை மீண்டும் மீண்டும் வெளியே கொண்டு வரும். பிறரைப் பற்றிய நல்ல எண்ணங்களை வளர்ந்துக் கொண்டால் நீங்கள் உங்களைப் பற்றி நல்லமுறையில் எண்ணுவீர்கள்.
2. வெறுப்பு மற்றும் நிராகரிப்பு போன்ற எண்ணங்கள் மனதின் விஷம். மற்றவரைப்பற்றி தவறாக நினைக்காதீர்கள், அப்படி செய்தால் உங்களைப்பற்றி நீங்கள் தவறாக எண்ணுவது போல ஆகும். உங்கள் பிரபஞ்சத்தில் நீங்கள் ஒருவர் தான் சிந்திப்பவர். உங்கள் சிந்தனைகள் ஆக்கப்பூர்வமானது.
3. உங்கள் மனது ஆக்கப்பூர்வமான தடம்; அதனால் மற்றவ்ர்களைப்பற்றி நீங்கள் நினைப்பதை நீங்கள் உங்கள் வாழ்வில் அனுபவிப்பீர்கள். இது தான் தங்க விதியின் மனோதத்துவ கோட்பாடு. நீங்கள் மற்றவரைப்பற்றி என்ன நினைக்கிறீர்களோ அவர்களும் அப்படித்தான் உங்களைப் பற்றி நினைப்பார்கள்.
4. மற்றவர்களை ஏமாற்றி, திருடி, சுரண்டினால் நீங்களே உங்களுக்கு அழிவு, இழப்பு ஆகியவற்றை உருவாக்கிக் கொள்கிறீர்கள். உங்களுடைய ஆழ்மனம் உங்களுடைய எண்ணங்களை, உணர்வுகளை பதிவு செய்து வைத்திருக்கும். இவை எதிர்மறை தன்மையுடையவையாய் இருக்கும் இழப்பு, குறைபாடு, கஷ்டம் முதலியவை எண்ணமுடியாத பல வழிகளில் உங்களை வந்தடையும். உண்மையில், பிறருக்கு நீங்கள் செய்வதை உங்களுக்கே செய்து கொள்கிறீர்கள்.
5. நீங்கள் செய்யும் நல்லவைகளும், கருணையுடன் நீங்கள் மற்றவருக்கு தரும் அன்பும், நன்மதிப்பும் உங்களுக்கே

பன்மடங்காக பல வழிகளில் திரும்பி வரும்.

6. உங்கள் உலகில் சிந்திப்பவர் நீங்கள் ஒருவர் தான். பிறரைப்பற்றிய உங்கள் சிந்தனைக்கு நீங்கள் தான் பொறுப்பு. அடுத்தவரைப் பற்றிய உங்களது எண்ணங்களுக்கு அவர் பொறுப்பாக மாட்டார் என்பதை நினைவில் வைத்துக் கொள்ளுங்கள். உங்களுடைய எண்ணங்கள் மீண்டும் உருவாகும். மற்றவரைப்பற்றி இப்பொழுது நீங்கள் என்ன நினைத்துக் கொண்டிருக்கிறீர்கள்?

7. நீங்கள் உணர்வளவில் முதிர்ச்சியுடன் இருந்து பிறரது கருத்து வேறுபாடுகளை அனுமதியுங்கள். அவர்களுக்கு கருத்து வேறுபாடுகள் இருப்பதற்கு முழு உரிமை உண்டு. அதேபோல் உங்களுக்கும் அவர்களுடன் கருத்து வேறுபாடு கொள்ள முழு சுதந்திரம் உண்டு. நீங்கள் பிணக்கம் வராத கருத்து வேறுபாடு கொள்ளலாம்.

8. மிருகங்கள் உங்கள் மனதின் பய அதிர்வுகளை உணர்ந்து உங்களை நோக்கிப் பாயும். நாம் விலங்குகளுடன் அன்பாக இருந்தால் அவை உங்களைத் தாக்காது. கட்டுப்பாடில்லாத மனிதர்கள் நாய், பூனை, போன்ற சில வேறு மிருகங்கள் போல் உணர்ச்சி வசப்படுகின்றனர்.

9. மற்றவர்கள் உங்களுக்கு காட்டும் எதிர்வினையிலிருந்து உங்கள் ஆழ்மன உரையாடல் உங்களுடைய அமைதியான எண்ணங்களை பிரதிபலிப்பதை உணரலாம்.

10. உங்களுக்கு எது வேண்டும் என்று நீங்கள் விரும்புகிறீர்களோ அதையே பிறருக்கும் விரும்புங்கள். இதுதான் இணக்கமான மனித உறவுக்கு முக்கியமான சாவி.

11. உங்கள் முதலாளியை பற்றிய தவறான கருத்தையும், மதிப்பீட்டையும் மாற்றிக் கொள்ளுங்கள். தங்கமான கோட்பாடுகளையும் அன்பின் சட்டத்தையும் அவர் பயிற்சி செய்வதாக நீங்கள் உணர்ந்து கொண்டால் அவரும் அவ்வாறே பதிலளிப்பார்.

12. உங்கள் அனுமதியில்லாமல் பிறர் உங்களை எரிச்சல் அடையவோ கோபப்படவோ செய்ய முடியாது. உங்களுடைய எண்ணங்கள் படைப்பாற்றல் மிக்கவை; நீங்கள் அவரை ஆசிர்வதிக்கலாம். உங்களை ஒருவர் காட்டுப்பூனை என்று சொன்னால், நீங்கள் அவரை ''கடவுள் கொடுத்த அமைதி உங்கள் ஆன்மாவை நிறப்பட்டும்,'' என்று ஆசிர்வதிக்க உங்களுக்கு முழு சுதந்திரம் உண்டு.

13. மற்றவருடன் நல்ல நட்போடு உறவாட ஒரே வழி அன்பு செலுத்துவதுதான். அன்பு என்றால் புரிதல், நன்மதிப்பு கொள்ளல், பிறரிடம் உள்ள இறைத் தன்மையை மதித்தல் ஆகியவையே.

14. நீங்கள் ஒரு கூன்முதுகு கொண்டவரையோ, கால்கள் முடமானவரையோ வெறுக்கமாட்டீர்கள். அவர்கள் மீது கருணை தான் பெருகும். அதே போல மனதளவில் கூனர்களை, எதிர்மறையான எண்ணங்களை பழகியவரை கருணையுடன் பாருங்கள். எல்லோரையும் புரிந்து கொள்வது என்பதே எல்லோரையும் மன்னிப்பது ஆகும்.

15. பிறருடைய சந்தோஷத்தையும், வேலை உயர்வையும், அதிர்ஷ்டத்தையும் கொண்டாடுங்கள். அப்படிச் செய்வதால் அந்த நற்பேற்றை நீங்களும் உங்கள் பக்கம் ஈர்த்துக்கொள்வீர்கள்.

16. பிறர் உணர்சிவசப்பட்டு நடத்தும் நாடகங்களையும், அவர்களது கோபத்தின் வெளிப்பாடுகளையும் கண்டு அசைந்து கொடுக்காதீர்கள். தணிந்து போவது என்றும் வெற்றி பெறாது. அவர்களின் மிதியடியாக இருக்காதீர்கள். எது சரியோ அதையே கடைப்பிடியுங்கள். உங்கள் மனக் கோட்பாட்டில் உறுதியாக இருங்கள். எது உங்களுக்கு அமைதி, சந்தோஷம், இன்பம் கொடுக்கிறதோ அதுவே சரியானது, நன்மை தருவது மேலும் உண்மையானது ஆகும். அதை ஒட்டியே வாழுங்கள். உங்களை எது ஆசிர்வதிக்கிறதோ அதுவே எல்லோரையும் ஆசிர்வதிக்கிறது.

17. இந்த உலகில் நீங்கள் யாருக்கேனும் ஏதேனும் தர வேண்டும் என்று இருந்தால் அது அன்பு மட்டும்தான். அன்பு, உங்களுக்காக நீங்கள் விரும்புவதை மற்றவருக்கும் விரும்புகிறது. ஆரோக்கியம், சந்தோஷம் மற்றும் வாழ்வின் அனைத்து ஆசிர்வாதங்களும் எல்லோருக்கும் உரித்தாக வேண்டும்.

17

மன்னிப்பிற்கு உங்கள் ஆழ்மனதை உபயோகிப்பது எப்படி

வாழ்க்கைக்கு பிடித்தமானது என்று ஒன்றும் இல்லை. கடவுள் தான் வாழ்க்கை. வாழ்க்கை தத்துவம் இந்த நொடியில் கூட உங்கள் உடலில் ஓடுகிறது. கடவுள் தன்னை, நல்லிணக்கம், அமைதி, மகிழ்ச்சி, அழகு, நிறைவு போன்றவற்றால் உங்களுக்குள் வெளிப்படுகிறார். இதை தான் இறைத்தன்மை என்றும் கடவுளின் விருப்பம் என்றும் கூறுகிறோம்.

உங்களுக்குள் வாழ்க்கை ஓடுவதை தடுக்க நீங்கள் முற்பட்டால், உணர்வுகள் உங்களுக்குள்ளேயே அடைத்துக்கொண்டு உங்கள் ஆழ்மனதில் எதிர்மறையான எண்ணங்களை உண்டாக்கும். உலகத்தில் நிலவும் குழப்பம் மற்றும் இன்பமின்மை என்ற நிலைமைக்கும் கடவுளுக்கும் சம்பந்தமே இல்லை. இந்த நிலைமைகள் அனைத்தும் மனிதனின் எதிர்மறையான அழிவுபூர்வ எண்ணங்களால் உருவாக்கப்பட்டது. அதனால் இது போன்ற பிரச்சனைகளுக்கும் நோய்களுக்கும் கடவுளை குற்றம் சொல்வது மடத்தனமானது.

பலர், வாழ்க்கையின் இந்த போக்கை மனத்தால் தடுக்க முயல்வது மற்றும் மனிதகுலத்தின் போராட்டங்களுக்கும் சுற்றி நிலவும் நோய்களுக்கும் கடவுளை குற்றம் கூறுவது ஆகியவற்றை பழக்கமாக கொண்டிருப்பார்கள். மற்றவர்கள் தங்கள் வலி, மற்றும் அன்பானவர்களின் இழப்பு, தனிப்பட்ட வாழ்க்கையின் சோகங்கள், விபத்துகளுக்கு கடவுளே காரணம் என்பார்கள். அவர்கள் கடவுளின் மீது கோபமாக இருந்து தங்கள் துன்பத்திற்கு கடவுள் தான் பொறுப்பு என்று நம்புவார்கள்.

கடவுளைப்பற்றிய இந்த தவறான எண்ணங்களையும், கருத்துக்களையும் கொண்டவர்கள் எதிர்மறையான விளைவுகளையே அனுபவிப்பார்கள். நிஜத்தில், அப்படிப் பட்டவர்கள் தங்களை தாங்களே தண்டித்து கொள்கிறார்கள் என்று தெரிந்துகொள்வதில்லை. அவர்கள் உண்மையை பார்த்து, மற்றவர்கள் மீதோ, வெளியுலகத்தின் மீதோ இருக்கும் கோபம், மறுப்பு, கண்டனங்கள் ஆகியவற்றை வெளியேற்றிட வேண்டும், அவற்றை விட்டுவிட வேண்டும். இல்லையென்றால் அவர்களால், ஆரோக்கியமான, ஆக்கப்பூர்வமான, மகிழ்ச்சியான வாழ்க்கையில் முன்னேற முடியாது. கடவுளை அன்பானவர் என்று தம் மனதிலும் இதயத்திலும் ஏற்று அவர் அன்பானவர், நம்மை கண்காணிக்கிறார், நம்மேல் அக்கறை உள்ளவர், நம்மை வழிநடத்த வலிமை கொடுப்பவர் என்ற கட வுளைப்பற்றிய நம்பிக்கையும் கருத்தையும் கொண்டவர்களது ஆழ்மனது அதனை ஏற்று அதன்படியே கணக்கிடமுடியாத வழிகளில் ஆசீர்வதிக்கப்படுவார்கள்.

வாழ்க்கை உங்களை எப்பொழுதுமே மன்னிக்கும்

உங்கள் விரலை நீங்கள் வெட்டிக்கொள்ளும்போது வாழ்க்கை உங்களை மன்னிக்கும். உங்களின் ஆழ்மனதின் ஆற்றல் அதை குணப்படுத்தவும் துவங்கிவிடும். வெட்டப்பட்ட அணுக்களின் மேல் புதிய அணுக்கள் பாலமாக வளரும். தவறாக, பாழான உணவை நீங்கள் உட்கொண்டுவிட்டால், உடனே உங்கள் உடல் அதை வெளியேற்றிவிடும். உங்கள் கையை நீங்கள் சுட்டுக்கொண்டால், வாழ்க்கை தத்துவம் நெருக்கடியை குறைத்து அந்த இடத்தில் புதிய தசைகளையும் அணுக்களையும் கொடுக்கும். வாழ்வு உங்கள் மீது எந்த கடுமையோ, பழிவாங்கும் எண்ணத்தை தக்கவைத்துக் கொள்ளாமல் உங்களை எப்பொழுதுமே மன்னித்து விடும். இயற்கையுடன் ஒன்றிய எண்ணங்களை நீங்கள் வளர்த்துக்கொண்டு ஒத்துழைப்பு கொடுத்தீர்களேயானால் வாழ்வு, உங்கள் ஆயுள், ஆரோக்கியம், அமைதி நல்லிணக்கம் ஆகியவற்றை உங்களுக்கு திரும்பக்கொடுக்கும். எதிர்மறையான வருந்தத்தக்க நினைவுகள், கசப்புக்கள் ஆகியவை ஒன்றாக சேர்ந்து உங்களுக்குள் வாழ்வின் தத்துவம் சுதந்திரமாக ஓடுவதை தடுக்கும்.

அந்த குற்ற உணர்ச்சியை அவன் எப்படி நீக்கினான்

தினமும் இரவு ஒரு மணி வரை பணிபுரிந்த ஒரு மனிதனை எனக்கு தெரியும். அவன் தன் மனைவியின் பக்கமும் தன் இரு மகன்கள் பக்கமும் எந்த கவனமும் செலுத்தவில்லை. எப்பொழுதுமே கடுமையாக வேலை செய்து கொண்டேயிருந்தான். ஒவ்வொரு நாளும் நள்ளிரவிற்கு மேலும் இப்படி தான் கடுமையாக உழைப்பதை மற்றவர்கள் போற்றி பாராட்ட வேண்டும் என்று நினைத்தான். அவன் இரத்த அழுத்தம் இருநூற்றிற்கும் மேல் இருந்தது. அவன் எப்பொழுதும் குற்ற உணர்ச்சியில் நிறைந்திருந்தான். அவன் தன்னை அறியாமல் தன்னைத்தானே கடின உழைப்பின் மூலம் தண்டித்து கொண்டிருந்தான். சாதராண மனிதன் அப்படி செய்யமாட்டான். அவன் தன் மகன்களின் வளர்ச்சியில் நாட்டம் கொள்வான். அவன் தன்னை வெளிஉலகத்திடமிருந்து முழுவதுமாக தனிமைப்படுத்திக்கொள்ளமாட்டான்.

அவன் ஏன் இப்படி இடைவிடாமல் வேலை செய்தான் என்பதை நான் அவனிடம் விளக்கினேன். "உன்னை உள்ளுக்குளேயே ஏதோ ஒன்று தின்று கொண்டிருக்கிறது, இல்லையென்றால் நீ இப்படி நடந்து கொள்ளமாட்டாய். உன்னை நீயே தண்டித்து கொள்கிறாய், உன்னை நீயே மன்னிக்கவேண்டும்." அவனுக்குள் ஆழ்ந்த குற்றவுணர்ச்சி இருந்தது. அது அவன் சகோதரனின் மேல்.

கடவுள் அவனை தண்டிப்பதில்லை, அவன் தன்னைத்தானே தண்டித்து கொள்கிறான் என்பதை அவனுக்கு விளக்கினேன்.

உதாரணத்திற்கு, வாழ்க்கை சட்டங்களை நீ தவறாக பயன்படுத்தினால், அதற்கேற்ப துயரங்கள் அனுபவிப்பாய். ஒரு மூடப்படாத மின்சார கம்பியில் கையை வைத்தால் நீங்கள் எரிந்துபோவீர்கள். இயற்கையின் வழி தீயது அல்ல; நீங்கள் அதை உபயோகப்படுத்துவதை பொறுத்துத்தான் அது நல்ல விளைவை உண்டாக்குமா தீய விளைவை உண்டாக்குமா என்பதை நிர்ணயிக்கும். மின்சாரம் தீயதல்ல; அதை எப்படி உபயோகப்படுத்துகிறோம், ஒரு வடிவத்தை எரிக்கவா அல்லது வீட்டில் விளக்கேற்றவா என்பதை பொறுத்துத்தான் உள்ளது. சட்டத்தைப்பற்றி அறியாமல் இருப்பதே தவறு. அதற்கான தண்டனை தவறாக பயன்படுத்தும்பொழுது ஏற்படும் தன்னிச்சையான விளைவு.

நீங்கள் வேதியியலின் கொள்கையை தவறாக பிரயோகித்தால், அலுவலகத்தையோ, தொழிற்சாலையையோ எரித்துவிடக்கூடும். உங்கள் கையை ஒரு பலகையின் மேல் மோதினால், கையிலிருந்து ரத்தம் வடியலாம். பலகை அதற்காக செய்யப்பட்டதல்ல. உங்கள் காலுக்கு ஆதரவு கொடுக்கவோ, நீங்கள் சாய்ந்து கொள்ளவோ தான் அது உபயோகப்படவேண்டும்.

இந்த மனிதன், கடவுள் யாரையும் கண்டனம் செய்வதோ தண்டிப்பதோ இல்லை என்பதை உணர்ந்தான். மேலும் அவனது துயரங்கள் அவன் ஆழ்மனது எதிர்மறையான அழிக்கும் என்ணங்களை பார்த்து எதிர்வினை புரிவதால்தான் என்றும் புரிந்துகொண்டான். ஒரு முறை தன் சகோதரனை ஏமாற்றினான். அந்த சகோதரன் இப்பொழுது இறந்து விட்டான்.

இருந்தாலும், இந்த மனிதன் துன்பம் மற்றும் குற்றவுணர்ச்சியில் தவித்தான்.

நான் அவனிடம் கேட்டேன், ''இப்பொழுது உங்கள் சகோதரரை வஞ்சிப்பீர்களா?'' அவன், ''மாட்டேன்'' என்றான். ''அப்பொழுது நீங்கள் செய்தது சரியாகுமா?'' அவன் பதில், ''ஆமாம்.'' ''ஆனால், இப்பொழுது அதை செய்யமாட்டீர்களா?'' அவன் மேலும், ''நான் மற்றவர்கள் வாழ உதவுகிறேன்,'' என்றான்.

''உனக்கு இப்பொழுது உயர்ந்த காரணமும் நோக்கமும் உள்ளது. மன்னிப்பு என்பது உன்னை நீயே மன்னித்து கொள்வது. தெய்வீக ஆணைப்படி நல்லிணக்கமாக உங்கள் எண்ணங்களை வைத்துக்கொள்வது மன்னிப்பாகும். சுய கண்டனம் நரகம் என்று அழைக்கப்படும் (கட்டுண்டிருப்பது மற்றும் தடைகளுக்குள் இருப்பது); மன்னிப்பு என்பது சொர்கம் என்று அழைக்கப்படும் (அமைதி மற்றும் நல்லிணக்கம்)'' என்று கூறினேன்.

குற்ற உணர்வு நீக்கப்பட்டு அவன் சுய கண்டனத்திலிருந்து வெளியேறினான், முழுமையாக குணமடைந்தான். மருத்துவர் அவன் இரத்த அழுத்தத்தை பரிசோதனை செய்தார். அது சாதாரணமாக இருந்தது. விளக்கம், குணம்தான்.

கொலையாளி தன்னை மன்னித்துக்கொள்ள கற்றுக்கொண்டான்

பல வருடங்களுக்கு முன்பு தன் சகோதரனை ஐரோப்பாவில் கொலை செய்த ஒருவன் என்னை சந்திக்க வந்திருந்தான். கடவுள் அவனை தண்டிக்க வேண்டும் என்று மிகவும் பெரிய

மன உளைச்சலுக்கு ஆளாகியிருந்தான். அவன் சகோதரன் தன் மனைவியுடன் கள்ளத்தொடர்பு வைத்திருந்ததாகவும் நொடிப்பொழுதில் ஏற்பட்ட கோபத்தில் அவனை சுட்டுவிட்டதாகவும் விளக்கினான். இந்த நேர்காணலுக்கு பதினைந்து வருடங்கள் முன்பு நடந்த விஷயம் இது. இதற்கிடையில் இந்த மனிதன் அமெரிக்க பெண்மணியை மணந்து மூன்று பிள்ளைகளையும் பெற்றுவிட்டான். அவன் திருந்தி பலருக்கு உதவி செய்யும் நிலையில் இருந்தான்.

அவனுக்கு என் விளக்கம் என்னவென்றால், உடல் ரீதியாகவும், மன ரீதியாகவும் சகோதரனை சுட்ட மனிதனாக அவன் இப்பொழுது இல்லை ஏனென்றால் விஞ்ஞானிகள் கூறுவது போல் நம் உடலில் உள்ள அணுக்கள் ஒவ்வொரு பதினோரு மாதங்களில் மாறுகின்றன. மேலும், மனதளவிலும் ஆன்மீகமாகவும் பார்த்தால் அவன் இப்பொழுது புதிய மனிதன். அவன் இப்பொழுது சக மனிதர்களிடம் அன்பும் நல்லிணக்கமும் கொண்டவன். அந்த ''பழைய'' மனிதன், பதினைந்து வருடங்களுக்கு முன்னால் தவறு செய்தவன், மனதளவிலும், ஆன்மாவின் அளவிலும் ஏற்கனவே மறித்துவிட்டான். நிஜத்தில், அவன் ஒரு நல்ல மனிதனை கண்டனம் செய்து வருகிறான்!

இந்த விளக்கம் அவன் மீது பெரிய பாதிப்பை ஏற்படுத்தி, அவன் மீதிருந்து பெரிய பளு நீக்கப்பட்டதாக உணர்ந்தான். பைபிளில் கூறப்பட்டதை பின்பற்றுவதன் முக்கியத்துவத்தை அவன் உணர்ந்தான்: வாருங்கள் சேர்ந்து நின்று காரணம் பார்க்கலாம், என்றார் கடவுள்: *உங்கள் பாவங்கள் சிகப்பாக இருந்தாலும் பணியைப்போல் வெள்ளையாக மாறிடும், மனம் பஞ்சு போலாகும்.* **இஸையா 1:18.**

உங்கள் சம்மதம் இல்லாமல் விமர்சனம் உங்களை பாதிக்காது

ஒரு பள்ளி ஆசிரியை தான் தயார் செய்த உரையை வேறு ஒரு ஆசிரியை, வேகமாக பேசியதாகவும், சில வார்த்தைகளை முழுங்கிவிட்டதாகவும், அவள் பேச்சு கேட்கவில்லை என்றும் வார்த்தைகள் தெளிவாக இல்லை என்றும் மொத்தத்தில் பேச்சு தாக்கத்தை ஏற்படுத்தவில்லை என்றும் கூறினார். அவள் கூறியதை கேட்டு இந்த ஆசிரியை கோபமாக இருந்தாள்.

அவள், விமர்சனங்கள் சரியாகத்தான் இருந்ததாகவும், முதலில்

தான் குழந்தைத்தனமாக நடந்து கொண்டதாகவும், பிறகு அந்த கடிதம் அவளை திருத்திக்கொள்ள நல்ல ஒரு ஆசீர்வாதமாக அமைந்ததாகவும் கூறினாள். தன் பேச்சில் உள்ள குறைகளை நிவர்த்தி செய்துகொள்ள சிட்டி கல்லூரியில் பயிற்சிக்கு தன் பெயரை பதிவு செய்தாள். அந்த கடிதத்தை எழுதிய பெண்மணிக்கு பதில் கடிதம் போட்டு அதில் அவருக்கு தன் தவறுகளை சுட்டிக்காட்டியதற்கு நன்றியும் பாராட்டும் தெரிவித்தாள். அது அவள் தன் தவறை திருத்திக்கொள்ள உதவியது.

மற்றவர்பால் கருணையுடன் இருப்பது எப்படி

அந்த ஆசிரியரை பற்றி சொல்லப்பட்ட எதுவுமே உண்மை இல்லை என்று வைத்துக்கொள்வோம். அந்த ஆசிரியை தான் வகுப்பில் நடத்தியது குறுகிய பார்வை கொண்ட ஓர் வகுப்பினரின் மூடநம்பிக்கை மற்றும் ஒருபக்க வாத கருத்து ஆகியவை மனநோய்வாய்பட்ட ஒருவரின் மனதை புண்படுத்தியிருக்க கூடும் என்பதை உணர்ந்திருப்பார்.

அந்த பெண்மணி தான் காயப்பட்டதால் தன் மனதில் இருந்த மறுப்பை வெளிப்படியிருக்கிறார் என்று நினைப்பார். அடுத்த தர்க்க வாதம் என்னவென்றால் அவருக்காக அவரது அமைதி, புரிதல் மற்றும் பிரார்த்தனை செய்வது. உங்கள் எண்ணங்கள், எதிர் வினைகள் மற்றும் உணர்ச்சிகளின் தலைவர் நீங்கள் தான் என்று அறிந்திருந்தால் நீங்கள் காயப்படமாட்டீர்கள். உணர்ச்சிகள் எண்ணங்களை தொடரும், உங்களை கவலையுரச் செய்யும் அனைத்து எண்ணங்களையும் உங்களால் நிராகரிக்க முடியும்.

திருமண மேடையில் கைவிடப்பட்டவர்

சில வருடங்களுக்கு முன்பு தேவாலயம் ஒன்றிற்கு திருமணம் செய்து வைப்பதற்காக சென்றிருந்தேன். மணமகன் திருமணத்திற்கு வரவில்லை. இரண்டு மணி நேரங்களுக்கு பின் மணமகள் சிறிது கண்ணீர் சிந்திவிட்டு, ''நான் தெய்வீக வழிகாட்டுதலுக்காக பிரார்த்தனை செய்தேன், இது தான் விடையாக இருக்கவேண்டும். அவர் யாரையும் கைவிடுவதில்லை,'' என்றாள்.

அது தான் அவள் கடவுளின் மேலும் நல்லவை அனைத்தின் மேலும் வைத்திருக்கும் நம்பிக்கை. அவள் இதயத்தில் எந்த வித

கசப்பும் இல்லை, ''அது சரியானதாக இருக்காது ஏனென்றால் என் பிரார்த்தனை எங்கள் இருவருக்கும் சரியான செயலையே செய்யும்,'' என்றாள். இதே அனுபவம் கொண்ட வேறு யாராவதாக இருந்தாலும், உணர்ச்சிவசப்பட்டு, மருத்துவமனையில் அனுமதிக்கப்பட்டு தூங்கவைக்க வேண்டியிருந்திருக்கும். உங்கள் தாய் உங்களை கையில் ஏந்தும் பொழுது எவ்வளவு நம்பிக்கை இருந்ததோ அந்த அளவிற்கு நம்பிக்கை ஆழ்மனதின் அளவற்ற ஆற்றலின் மேல் வையுங்கள். இப்படித்தான் உங்கள் மனதின் தொய்மை மற்றும் உணர்ச்சி ஆரோக்கியத்தை பெற முடியும்.

திருமணம் செய்து கொள்வது தவறு. பாலியல் உறவு தீயது. நான் தீயவள்

சில காலம் முன்பு இருபத்தி இரண்டு வயதான ஒரு இளம்பெண்ணுடன் நான் பேசிக்கொண்டிருந்தேன். அவளுக்கு நடனமாடுவது, சீட்டு விளையாடுவது, நீச்சலடிப்பது மேலும் மற்ற ஆண்களுடன் வெளியே செல்வது பாவம் என்று கற்றுக்கொடுக்கப்பட்டிருந்தது. அவளது மத தர்மங்களை மீறினால், அவள் நரகத்தில் வெந்துபோவாள் என்று அவள் தாய் அவளை மிரட்டியிருந்தாள். அந்தப்பெண் கருப்பு நிற ஆடையும் காலுறையும் அணிந்திருந்தாள். அவள் முகத்திற்கு அழகு சாதனங்கள் எதுவும் அணியவில்லை ஏனென்றால் அவள் அம்மா அவளிடம் இதெல்லாம் பாவம் என்று கூறியிருந்தாள். அவள் அம்மா அவளிடம் எல்லா ஆண்களும் தீயவர்கள், பாலியல் தொடர்பு தீயது, வஞ்சகமான தீய பழக்கம் என்று கூறியிருந்தாள்.

அந்தப்பெண் எப்படி தன்னைத்தானே மன்னிப்பது என்று கற்றுக்கொள்ள வேண்டியிருந்தது, ஏனென்றால் அவள் குற்றஉணர்ச்சியில் தவித்தாள். மன்னிப்பது என்றால் அனைத்தையும் விட்டுக்கொடுப்பது. அவளது தவறான நம்பிக்கைகளை விட்டுக்கொடுத்து வாழ்வின் உண்மைகளையும் தன்னைப்பற்றிய புதிய மதிப்பீடையும் அறிய வேண்டும். தன் அலுவலகத்தில் பணிபுரிந்த இளைஞர்களுடன் அவள் வெளியே சென்ற போது அவளுக்குள் கடவுள் அவரை தண்டித்து விடுவார் என்ற குற்ற உணர்ச்சி இருந்தது. பலர் அவளை திருமணம் செய்து கொள்ள விரும்பினர் ஆனால் அவள் என்னிடம், ''திருமணம் செய்து கொள்வது தவறு, பாலியல் உறவு தீயது. நான் தீயவள்,'' என்றாள். அவள் சிறு வயதில் சொல்லப்பட்டது மற்றும் அவள் மனசாட்சி

அப்படி பேசியது. அவள் என்னிடம் வாரம் ஒரு முறை என்று பத்து வாரங்களுக்கு வந்தாள். நான் ஆழ்மனதும், உணர்மனதும் எப்படி வேலை செய்கிறது என்று புத்தகத்தில் கூறியுள்ளது போல் அவளுக்கு கற்றுக்கொடுத்தேன். மூடநம்பிக்கை, ஏமாற்றம் மற்றும் அறியாமையில் இருந்த ஒரு தாயால் அவள் மூளை சலவை செய்யப்பட்டு வசீகரம் செய்யப்பட்டிருந்தாள் என்று மெதுவாக கண்டுகொண்டாள். அவள் தன் குடும்பத்திடமிருந்து பிரிந்து புதிய ஒரு வாழ்க்கையை துவங்கினாள்.

என் அறிவுரையை கேட்டு அவள் தன் உடையையும் தலை முடியையும் மாற்றிக்கொண்டாள். அவள் நடன பயிற்சியும் வாகனம் ஓட்டும் பயிற்சியும் எடுத்துக்கொண்டாள். அவள் நீச்சலடிக்கவும் சீட்டு விளையாடவும் கற்றுக்கொண்டாள். பல ஆண்களை தனிமையில் சந்தித்தாள். அவள் வாழ்க்கையை ரசிக்க துவங்கினாள். அவளுடன் இணக்கமாக இருக்கக்கூடிய ஒரு மனிதனை அளவற்ற ஆற்றல் அவள் பக்கம் ஈர்க்க வேண்டும் என்று பிரார்த்தனை செய்தாள். இது நடந்தேறியது. ஒரு நாள் மாலை என் அலுவலகத்தை விட்டு அவள் கிளம்பியபோது, ஒரு இளைஞன் என் அலுவலகத்தில் காத்திருந்தான். அவர்கள் இருவரையும் ஒருவருக்கொருவர் நான் அறிமுகம் செய்து வைத்தேன். இப்பொழுது அவர்கள் திருமணம் செய்துகொண்டு இணக்கத்துடன் இருக்கிறார்கள்.

குணமடைதலுக்கு மன்னிப்பு அவசியம்

பிரார்த்தனையில் நிற்கும் பொழுது நீங்கள் யாரையேனும் மன்னிக்க வேண்டுமென்றால் மன்னித்துவிடுங்கள்... **மார்க் 11:25.**

மற்றவர்களை மன்னிப்பது மனதின் அமைதிக்கும் ஒளிமையான ஆரோக்கியத்திற்கும் அவசியம். நீங்கள் நல்ல ஆரோக்கியமும் மகிழ்ச்சியையும் விரும்புபவர் என்றால் உங்களை காயப்படுத்திய எவரையும் நீங்கள் மன்னித்தாக வேண்டும். உங்கள் எண்ணங்களை தெய்வீக விதி மற்றும் ஆணைபடி இணக்கத்தில் வைத்து உங்களை நீங்கள் மன்னியுங்கள். மற்றவர்களை மன்னித்தாலேயொழிய உங்களை நீங்கள் முழுமையாக மன்னிக்க முடியாது. உங்களை நீங்களே மன்னிக்க மறுப்பதென்பது ஆன்மாவின் அகம்பாவம் மற்றும் அறியாமை ஆகும்.

உளவழி மருத்துவத்தில் இன்று மீண்டும் மீண்டும் வலியுறுத்தப்படுவது என்னவென்றால் மறுப்பு, மற்றவர்களை

நிந்திப்பது, வருத்தம் மற்றும் பகை தான் மூட்டு வலி, நெஞ்சு வலி போன்ற பல வித வலிகளுக்கும் காரணம் என்பதே. இந்த நோயுற்றவர்கள் துன்புறுத்தப்பட்டு, காயப்படுத்தப்பட்டு, வஞ்சகம் செய்யப்பட்டு, தன்னை இந்த நிலைக்கு தள்ளிய மக்களைப்பற்றி உள்ளுக்குள் வெறுப்பும் வலியையும் வளர்த்துக்கொள்வார்கள். இது அவர்களது ஆழ்மனதில் ஆறாத புண்ணை ஏற்படுத்தியுள்ளது. இதற்கு ஒரே ஒரு நிவாரணம் தான். அவர்கள் தங்கள் காயங்களை ஒதுக்கி வைக்க ஒரே வழி மன்னிப்பதுதான்.

மன்னிப்பது செயலாக்கப்பட்ட அன்பு

மன்னிக்கும் கலையில் மிகவும் முக்கியமான ஒன்று மன்னிக்க விரும்புவது தான். நீங்கள் உண்மையாக மற்றவரை மன்னிக்க விரும்பினால், பாதி கிணற்றை தாண்டியது போல். மற்றவரை மன்னிப்பது என்பது அவருடன் கலந்துறவாடுவதில்லை என்று உங்களுக்கு நிச்சயமாக தெரிந்திருக்கும். மற்றவரை கட்டாயமாக விரும்ப செய்யமுடியாது. எந்த ஒரு சட்டத்தாலும் நல்லிணக்கத்தையும், அன்பையும், அமைதியையும், சகிப்புத்தன்மையையும் உங்கள் மீது கட்டாயப்படுத்த முடியாது. ஒருவர் எங்கோ வாஷிங்டன் நகரத்தில் அமர்ந்து கொண்டு இப்படியொரு சட்டத்தினால் உங்களை கட்டுப்படுத்தமுடியாது. இருப்பினும், ஒருவரை விரும்பாமல் அவர் மீது அன்பு செலுத்தலாம். பைபிள் கூறுகிறது, *ஒருவருக்கு ஒருவர் அன்பு **செலுத்துங்கள்.*** இதை எவர் ஒருவர் உண்மையாக விரும்பினாலும், செய்யலாம். அன்பு என்பது மற்றவர் ஆரோக்கியமாக, மகிழ்ச்சியாக, அமைதியாக இருந்து வாழ்வின் அனைத்து ஆசீர்வாதங்களையும் பெற வேண்டும் என்று விரும்புவதே. இதற்கு முன் நிபந்தனை ஒன்று தான், அது உண்மையாக இருப்பது. மன்னிக்கும் பொழுது நீங்கள் பெருந்தன்மையாக இருக்கிறீர்கள் என்பது இல்லை, நிஜத்தில் நீங்கள் சுயநலமாக இருக்கிறீர்கள். ஏனென்றால், நீங்கள் மற்றவர்களுக்காக விரும்புவதையே பெறுகிறீர்கள். காரணம், அதையே நீங்கள் நினைக்கிறீர்கள், உணர்கிறீர்கள். நீங்கள் நினைப்பது உணர்வது போலவே ஆவீர்கள். இதை விட எளிமையானது ஏதாவது உண்டா?

மன்னிப்பதற்கான வழிமுறை

பின்கூறப்பட்டுள்ள வழி எளிமையானது. இதை பயிற்சி செய்தால் உங்கள் வாழ்வில் அற்புதங்கள் நிகழும்:

உங்கள் மனதை சலனமில்லாமல் வைத்து, அமைதியாக்கி, கவலைகளை விட்டுவிடுங்கள், கடவுளை பற்றியும் அவர் அன்பை பற்றியும் நிரூபியுங்கள், பிறகு உங்களுக்கு நீங்களே தீர்மானமாக கூறுங்கள், ''நான் முழுமையாக (உங்களை காயப்படுத்தியவரின் பெயரை சொல்லி) அவரை மனதாலும் ஆன்மாவாலும் விடுவிக்கிறேன்; சங்கடப்பட்ட விஷயத்தை முற்றிலுமாக மன்னிக்கிறேன். நான் அவரை போல்/அவளை போல். இப்பொழுது சுதந்திரமாக இருக்கிறேன். இது ஒரு அமோகமான உணர்வு. இது ஒரு பொது மன்னிப்பு. என்னை காயப்படுத்திய எவரையும் நான் மன்னிக்கிறேன். அவர்கள் மகிழ்ச்சியுடன், அமைதியுடன், வாழ்க்கையின் அனைத்து ஆசீர்வாதத்தையும் பெறட்டும். என்னை காயப்படுத்தியவரைப்பற்றி எப்பொழுதெல்லாம் நினைக்கிறேனோ அப்பொழுதெல்லாம் இதை நான் சுதந்திரமாக, சந்தோஷத்துடன் அன்பாக செய்கிறேன். நான், 'உன்னை நான் விடுவித்துவிட்டேன், உங்கள் வாழ்க்கையின் அனைத்து ஆசீர்வாதங்களும் உங்களுக்கு கிடைக்கவேண்டும்.' நானும் சுதந்திரமாக இருக்கிறேன், நீங்களும் சுதந்திரமாக இருங்கள். இது அற்புதமானது!'' என்றேன்.

உண்மையான மன்னிப்பின் சிறந்த ரகசியம் என்னவென்றால், ஒருமுறை அந்த நபரை மன்னித்து விட்டால், இந்த பிரார்த்தனையை மீண்டும் செய்ய வேண்டிய அவசியமில்லை. எப்பொழுதெல்லாம் உங்களை காயப்படுத்திய அந்த நபரின் எண்ணம் உங்கள் மனதில் தோன்றுமோ அந்த குற்றவாளிக்கு ''அமைதி உண்டாகட்டும்'' என்று வாழ்த்துங்கள். இந்த எண்ணம் உங்கள் மனதிற்குள் எத்தனை முறை உள்ளே நுழைகிறதோ அத்தனை முறை இதை செய்யுங்கள். சில நாட்களுக்குப்பிறகு அந்த எண்ணங்கள் மிகவும் குறைவாக தோன்றும், முழுமையாக ஒன்றுமில்லாமல் மறையும் வரை.

மன்னிப்பிற்கான சோதனை

தங்கத்தை சோதிக்க சோதனை இருப்பது போல், மன்னிப்பிற்கும் சோதனை உண்டு. உங்களுக்கு தீங்கு இழைத்தவரைப்பற்றி, ஏமாற்றியவரைப்பற்றி ஏதாவது அற்புதமான விஷயம் கூறினேன் என்றால், உங்கள் ஆழ்மனதில் இருக்கும் வெறுப்பு உங்களை

துன்பப்படுத்தி அந்த மகிழ்ச்சியை ஆனந்தமாக அனுபவிக்க முடியாமல் செய்யும்.

ஒரு வருடத்திற்கு முன்பு உங்கள் தாடையில் ஒரு கட்டி இருந்தது என்று என்னிடம் நீங்கள் கூறியதாக வைத்துக்கொள்வோம். இப்பொழுது அங்கு ஏதேனும் வலி உள்ளதா என்று நான் கேட்டால், நீங்கள் தன்னிச்சையாக, ''கண்டிப்பாக இல்லை, அதை பற்றிய நினைவு உள்ளது ஆனால் வலி இல்லை,'' என்று சொல்வீர்கள். அது தான் முழு கதையும். நடந்த சம்பவத்திற்கான நினைவு மற்றும் இருக்கலாம், ஆனால், அதன் வலியோ, அதனால் ஏற்பட்ட காயமோ இருக்காது. இது தான் சோதனை. இந்த சோதனையை, ஆன்மீகமாகவும், உளவியலாலும் எடுத்துக்கொள்ள வேண்டும், இல்லையென்றால் உண்மையான மன்னிப்பு கலையை பயிற்சி செய்யாமல் உங்களை நீங்களே ஏமாற்றிக்கொள்கிறீர்கள் என்று சொல்லலாம்.

அனைவரையும் புரிந்துகொள்வதுதான் அனைவரையும் மன்னிப்பது

மனிதன் தன் மனதின் ஆக்கபூர்வ விதியை புரிந்து கொள்ளும்போது, தன் வாழ்வில் நடக்கும் விஷயங்களுக்கு மற்றவர்களை குறை கூறுவதை நிறுத்திவிடுவான். தன் சொந்த எண்ணங்களும் உணர்வுகளும் தன் தலைவிதியை நிர்ணயிக்கிறது என்று அவனுக்குத்தெரியும். மேலும், வெளியில் நடப்பது எதன் காரணமாகவோ வாழ்வின் நிலைமையும், அனுபவங்களும் இருக்காது என்று அவன் அறிவான். மற்றவர்கள் உங்கள் சந்தோஷத்தை கெடுக்க முடியும், உங்கள் விதியால் நீங்கள் பந்தாடப்படுகிறீர்கள், உயிர் வாழ மற்றவர்களுடன் சண்டையிட வேண்டும் போன்ற எண்ணங்கள் ஏற்றுக்கொள்ளத்தக்கதல்ல. பைபிளும் இதையே கூறுகிறது. *மனிதன் தன் மனதில் எப்படி சிந்திக்கிறானோ அப்படியே ஆகிறான்.* **பழமொழி 23:7.**

மன்னிக்க உதவும் குறிப்புகள்

1. கடவுளோ, வாழ்க்கையோ ஒருவரின் மதிப்பீட்டைக் நிர்ணயிப்பதில்லை. வாழ்க்கைக்கு பிரியமான பொருள் என்று எதுவுமில்லை. ஒருங்கிணைப்பு, ஆரோக்கியம், ஆனந்தம், அமைதி போன்ற தன்மைகளுடன் உங்களை

நீங்கள் இணைத்துக் கொள்ளும் போது வாழ்வு மற்றும் கடவுள் உங்களின் உதவிக்கு வருகிறார்கள்.

2. இறைவன் மற்றும் வாழ்க்கை, நோய், வியாதி, விபத்து, வேதனை ஆகியவற்றை ஒருபொழுதும் உங்களுக்கு அளிப்பதில்லை. இவற்றை எதிர்மறை எண்ணங்கள் மூலம் நம்மீது நாமே இழுத்துவிட்டுக் கொள்கிறோம். *நாம் எதை விதைக்கிறோமோ அதையே அறுவடை செய்கிறோம்.*

3. இறைவனைப் பற்றிய கோட்பாடுகள் உங்கள் வாழ்க்கையில் மிகவும் இன்றியமையாதது. நீங்கள் அன்பின் கடவுளை நம்பினால் உங்களுடைய ஆழ்மனது எண்ணற்ற ஆசிர்வாதத்தை உங்கள் மீது பொழியும். அன்பு நிறைந்த கடவுளை நம்புங்கள்.

4. கடவுளோ வாழ்க்கையோ யாரைப்பற்றிய காழ்ப்புணர்ச்சியை கொள்வதில்லை. வாழ்க்கை ஒருவரையும் தண்டிப்பதில்லை. வாழ்க்கை உங்கள் கையில் உள்ள பெரிய வெட்டுக்காயத்தை குணமாக்குகிறது. உங்கள் விரலை நீங்கள் எரித்துக் கொண்டாலும் வாழ்க்கை உங்களை மன்னித்து விடுகிறது. அந்த இடத்தில் நீர் கோர்த்துக்கொண்டிருக்கும் நிலைமையை குறைத்து, அந்த பகுதி முழுமையாக குணமடையச் செய்கிறது.

5. குற்ற உணர்வு என்பது தவறான வாழ்க்கை மற்றும் இறைவன் கோட்பாட்டை குறிக்கும். இறைவன் மற்றும் வாழ்க்கை ஒருவரையும் கண்டிப்பதோ, தீர்ப்பு வழங்குவதோ இல்லை. இதை நீங்களே உங்களுக்கு தவறான நம்பிக்கை, எதிர் மறை எண்ணங்கள், சுய கண்டனம் மூலமாக உருவாக்கிக் கொள்கிறீர்கள்.

6. இறைவனோ வாழ்க்கையோ உங்களை தண்டிப்பதோ கண்டனம் செய்வதோ கிடையாது. இயற்கை விதிகள் தீயவை அல்ல. நீங்கள் அதனை எப்படி உபயோகிக்கிறீர்களோ அதைப்பொறுத்தே அதன் விளைவு அமையும். நீங்கள் ஒருவரைக் கொல்வதற்கும் மின்சாரத்தை பயன்படுத்தலாம், அல்லது விளக்கேற்றுவதற்கும் பயன்படுத்தலாம். தண்ணீரை தாகம் தீர்ப்பதற்கும் பயன்படுத்தலாம், அல்லது குழந்தையை மூழ்கடிக்கவும் பயன்படுத்தலாம். நல்லவைகளும் தீயவைகளும் ஒருவரது எண்ணத்தையும் நோக்கத்தையும் பொறுத்தே அமையும்.

7. இறைவனோ வாழ்க்கையோ யாரையும் தண்டிப்பதில்லை.

கடவுளை, வாழ்க்கையை மற்றும் பிரபஞ்சத்தைப் பற்றிய தவறான கோட்பாடுகளினால் மனிதன் தன்னைத் தானே தண்டித்துக் கொள்கிறான். அவனுடைய எண்ணங்கள், உருவாக்கும் தன்மை உடையவை. அவன் தன்னுடைய துன்பத்தை தானே உருவாக்கிக் கொள்கிறான்.

8. வேறொருவர் உங்களை விமர்சித்தால், அந்த தவறு உங்களிடமிருந்தால், மிகவும் மகிழ்ச்சியோடு அவரது விமர்சனங்களுக்கு நன்றி கூறி பாராட்டுங்கள். அது உங்கள் தவறுகளை நீங்கள் திருத்திக்கொள்ள ஒரு வாய்ப்பாக அமையும்.

9. நீங்கள் உங்களது எண்ணங்கள், எதிர்வினைகள் மற்றும் உணர்ச்சிகளுக்கு தலைவனாக உள்ளதை அறிந்திருப்பீர்களானால் எந்த விமர்சனமும் உங்களைக் காயப்படுத்தமுடியாது. இது மற்றவரை நீங்கள் ஆசிர்வதிக்கவும், அவருக்காக பிரார்த்தனை செய்யவும் அளிக்கப்பட்ட ஒரு வாய்ப்பாக அமைந்து விடும். இதன் மூலமாக நீங்கள் உங்களையே ஆசிர்வதித்துக் கொள்கிறீர்கள்.

10. நீங்கள் வழிகாட்டுதலுக்கும், சரியான செயலுக்கும் பிரார்த்தித்திருப்பீர்கள் என்றால் எது வருகிறதோ அதை அப்படியே ஏற்றுக்கொள்ளவும். அது நல்லது, மிகவும் நல்லது என்று நினையுங்கள். அப்போது சுய பச்சாதாபத்துக்கோ விமர்சனத்திற்கோ அல்லது வெறுப்பிற்கோ இடமில்லை.

11. உண்மையில் நல்லது கெட்டது என்று எதுவுமில்லை, ஆனால் நமது சிந்தனையே அதை உருவாக்குகிறது. உடலுறவு கொள்வதில் எந்த கெடுதலும் இல்லை, அதுபோலவே உணவு, செல்வம் மற்றும் உண்மையான வெளிப்பாடுகளின் மீதான ஆசைகளும் தவறில்லை. உங்களின் தூண்டுதல்களை, விருப்பங்களை, ஆசைகளை நீங்கள் எப்படி பயன்படுத்துகிறீர்கள் என்பதில்தான் விஷயம் உள்ளது. உங்களின் உணவின் மீதான ஆசையை ஒருவரைக் கொன்றுதான் தீர்த்துக் கொள்ள வேண்டுமென்பதில்லை.

12. ஆத்திரம், வெறுப்பு, விரோதம் ஆகியவை நோயுற்றவர்களின் தன்மைகள். நீங்கள் அன்பை பொழிவதன் மூலமாக உங்களையும் மற்றவர்களையும் மன்னித்து விடுகிறீர்கள். உங்களை காயப்படுத்தியவரையும் வாழ்வு, மகிழ்ச்சி மற்றும் நல்ல எண்ணம் கொண்டு மன்னித்துவிடுங்கள். உங்கள் மனதில் அவருடன் அமைதியும் இணக்கமும் ஏற்படும்

வரையில் இந்த யுத்தியை நீங்கள் கடைபிடியுங்கள்.

13. மன்னிப்பது என்பது *ஏதோ ஒன்றை மற்றவர்களுக்காக கொடுப்பத்தாகும்.* அன்பு, அமைதி, ஆனந்தம், அறிவு மற்றும் வாழ்வின் அனைத்து ஆசிர்வாதத்தையும் மற்றவர்களுக்கு கொடுங்கள். உங்கள் மனதில் மற்றவர்கள் உங்களுக்கு அளித்த காயத்தின் வடு கூட இல்லாத அளவிற்கு மற்றவர்களுக்கு மன்னிப்பை வழங்குங்கள். இதுதான் உண்மையிலேயே மன்னிப்பிற்கான சோதனை.

14. உங்கள் தாடையில் சில வருடங்களுக்கு முன்பு ஏற்பட்ட வலியை நினைத்து கொள்ளுங்கள். உங்களுக்கு அது போன்று இப்போதும் வலிக்கிறதா என்று கேட்டுக் கொள்ளுங்கள். நிச்சயமாக வலி இருக்காது. அதுபோல ஒருவர் முன்பு உங்களை காயப்படுத் தியிருந்தாலோ, உங்களைப்பற்றி தவறாக கூறியிருந்தாலோ அல்லது கெடுதல் இழைத்திருந்தாலோ அவர் பற்றி உங்கள் மனதில் வலி இல்லாமல் இருக்கிறதா? அவரைப்பற்றி நினைத்த உடனேயே உங்கள் மனம் சலனம் கொள்கிறதா? அப்படியென்றால் வெறுப்பு உங்கள் மனதில் வேரூன்றி, உங்கள் நல்ல தன்மைக்கு கெடுதல் இழைத்துக் கொண்டிருக்கிறது என்றே பொருள். அவர்கள் மீது அன்பையும், ஆசிர்வாதத்தையும் பொழிவது மட்டும்தான் அதிலிருந்து தப்பிப்பதற்கான ஒரே வழி. நீங்கள் அவரை உங்கள் மனதில் நீங்காத அமைதியோடும், நல்ல தன்மையுடனும் காண முடிகின்ற வரை அவரை ஆசீர்வதித்தும், மன்னித்தும், அன்பை பொழியுங்கள். *எழுபது முறை ஏழு வரை மன்னிக்கவும்.*

18

மனதின் தடைகளை ஆழ்மனது எப்படி நீக்குகிறது

தீர்வு பிரச்சனைக்கு உள்ளேயே இருக்கிறது. பதில் ஒவ்வொரு கேள்வியிலும் உள்ளது. உங்களுக்கு ஒரு பிரச்சனை கொடுக்கப்பட்டிருக்கிறதென்றால் அதில் உங்களால் தெளிவான வழியை பார்க்க முடியவில்லை என்றால் ஆழ்மனதின் அளவற்ற ஆற்றலுக்கு அனைத்தும் தெரியும், அது அனைத்தையும் அறியும் என்று நினைத்து, அது தக்க சமயத்தில் அவற்றை வெளிப்படுத்தும் என்று நம்புவதே சிறந்த வழி. உங்களது புதிய மனப்பாங்கான ஆக்கப்பூர்வ ஆற்றல் மகிழ்ச்சியான தீர்வை கொடுத்து உங்களுக்கு வழி காட்டும். இத்தகைய மனப்போக்கு அனைத்தையும் புரிந்து கொண்டு ஒழுங்கு, மற்றும் அமைதியை நிலைநிறுத்தும் என்ற நம்பிக்கையில் ஓய்வெடுங்கள்.

ஒரு பழக்கத்தை முறிப்பதோ அல்லது ஏற்படுத்திக்கொள்வதோ எப்படி

நீங்கள் பழக்கத்திற்கு அடிமையான ஒரு பிராணி. உங்கள் ஆழ்மனதின் செயல் தான் பழக்கம். நீங்கள் வண்டி ஓட்ட, நீச்சல் அடிக்க, ஆட, சைக்கிள் ஓட்ட கற்றுக்கொண்டது, உங்கள் ஆழ்மனதில் பதிந்து தடமாகும் வரை மீண்டும் மீண்டும் அவற்றை செய்து பழகிக்கொண்டீர்கள். பின் ஆழ்மனதின் தன்னிச்சையான பழக்கம் அதை எடுத்து செயல் படுத்தியது. இது சில சமயம் இரண்டாவது இயற்கை, உங்கள் ஆழ்மனது யோசித்து நடப்பதன் எதிர் விளைவு என்றும் கூறப்படுகிறது.

ஒரு நல்ல பழக்கத்தையே தீய பழக்கத்தையோ தேர்வு செய்யும் சுதந்திரம் உங்களிடமிருக்கிறது. ஒரு எதிர்மறை எண்ணத்தையோ செயலையோ பலகாலமாக மீண்டும் மீண்டும் செய்தால் நீங்கள் பழக்கத்தின் வற்புறுத்தலுக்கு ஆளாகிவிடுவீர்கள். ஆழ்மனதின் சட்டம் வற்புறுத்தல்.

ஒரு கெட்ட பழக்கத்தை அவன் எப்படி முறியடித்தான்

''குடிக்கவேண்டும் என்ற அடக்கமுடியாத உந்துதல் என்னை ஆட்கொள்கிறது. நான் இரண்டு வார காலம் குடி போதையில் இருக்கிறேன். என்னால் இந்த கொடிய பழக்கத்தை விட முடியவில்லை,'' என்று மிஸ்டர் ஜோன்ஸ் என்னிடம் சொன்னார். இப்படிப்பட்ட அனுபவங்கள் அடிக்கடி இந்த பரிதாபமான மனிதருக்கு ஏற்பட்டது. அதிகம் குடிக்கும் பழக்கத்திற்கு ஆளாகி விட்டார். அவர் தானாகத்தான் குடிக்க துவங்கினார் என்றாலும், அவரால் இந்த பழக்கத்தை விட்டு மாறி புதிய பழக்கத்தை ஏற்படுத்திக்கொள்ள முடியும் என்று உணர துவங்கினார். தன் சுய சக்தியினால் தன் ஆசைகளை தற்காலிகமாக அடக்க முடிந்தாலும், தன் ஆசைகளை தொடர்ந்து அடக்க முற்படுவது நிலைமையை மோசமடைய செய்தது என்றார். அவரது தோல்விகள் தன் உந்துதல்களை கட்டுப்படுத்தும் ஆர்வத்தை குறைத்து விடுவதாக அவர் நம்பினார். தனக்கு சக்தியில்லை என்ற இந்த நினைப்பு அவரது ஆழ்மனதிற்கு சக்திவாய்ந்த ஆலோசனையாக மாறி அவரது வலிமையற்ற நிலையை மேலும் மோசமடைய செய்து, அது அவரது வாழ்வில் தொடர்ந்து தோல்விகளை கொடுத்தது.

அவரது ஆழ்மனது மற்றும் உணர்மனதை ஒருங்கிணைத்து செயல்படுத்த நான் அவருக்கு கற்றுக்கொடுத்தேன். இவை இரண்டும் ஒற்றுமையாக இருந்தால், இந்த ஆலோசனை ஆழ்மனதில் ஆசையாக பதிந்து விடுகிறது.

அவரது காரண அறிவு, இந்த பழைய பழக்கம் அவரை பிரச்சனையில் கொண்டு விட்டது என்பதை ஒப்புக்கொள்கிறது. அவரால் உணர்வுடன் இருந்து சுதந்திரத்திற்கு புதிய பாதை அமைத்துக்கொள்ளமுடியும், அது மனதிற்கு அமைதியும் தருகிறது என்றும் புரிந்து கொள்கிறார். அவரது அழிவு பூர்வமான பழக்கம் தன்னிச்சையானது, இருந்தாலும் இது உணர்வுடன் இருந்து செய்யப்பட்ட தேர்வு என்பதால், தன்னைத்தானே எதிர்மறையாக செயல்பட செய்தார் என்றும் வேண்டுமென்றால் இதை மாற்றி

நேர்மறையாக செயல்படுத்தப்பட முடியும் என்பதையும் உணர்ந்தார். அதன் விளைவாக, பழக்கத்தை மீற அவருக்கு சக்தியில்லை என்ற நினைப்பை விட்டுவிட்டார். மேலும், தான் குணமடைய தன் எண்ணங்களைத்தவிர வேறு எந்த தடையும் இல்லை என்பதை தெளிவாக புரிந்து கொண்டுள்ளார். அதனால் அதிகமாக மனதின் முயற்சி தேவைப்படவில்லை.

அவர் மனதின் திரையில் காணும் படத்தின் சக்தி

தன் உடலை தளர்வாக வைத்து தூக்க, மயக்க தியான நிலைக்கு கொண்டு செல்லக்கூடிய பயிற்சியை பெற்றுக்கொண்டார். பிறகு, தன் ஆழ்மனது தன் விருப்பத்தை நிஜமாக்கும் என்று தெரிந்துகொண்டு அவர் தான் விரும்பும் முடிவை மனத்திரையில் நிரப்பிக்கொண்டார். அவர் சுதந்திரத்தை பாராட்டி அவர் மகள் அவரிடம் கூறுவது போல் கற்பனை செய்து கொண்டார், ''அப்பா, நீங்கள் வீடு திரும்பியது அற்புதமாக இருக்கிறது!'' அவர் தன் குடிப்பழக்கத்தினால் தன் குடும்பத்தை தொலைத்து விட்டிருந்தார். தன் குடும்பத்தை பார்க்கவும் மனைவியுடன் பேசுவதும் தடை செய்யப்பட்டிருந்தது.

அவர் முறையாக அமர்ந்து தியானம் செய்யும் பழக்கம் வைத்துக்கொண்டார். அவர் கவனம் சிதறியபொழுது, உடனே தன் மனத்திரையில் மகள் புன்முறுவலுடன் வரவேற்பதை கற்பனை செய்தார். அவள் குரலால் அந்த வீடு உற்சாகம் அடைந்தது. இவை அனைத்தும் மனதை பக்குவப்படுத்தியது. அது சீரான ஒரு செயல் முறை. அதை அவர் பின்பற்றினார்.

சீக்கிரமே தாம் தன் ஆழ்மனதில் ஒரு நல்ல பழக்கத்தை ஏற்படுத்திக்கொள்ள முடியும் என்று அறிந்து முயற்சியில் உறுதியாக இருந்தார்.

அவர் தன் உணர்மனதை ஒரு கேமராவுடன் ஒப்பிட்டு தன் ஆழ்மனது காட்சிகள் பதிவு செய்யப்படும் ஒரு தட்டாக நினைக்குமாறு கூறினேன். இது அவர் மேல் அதீத பாதிப்பை ஏற்படுத்தி அவர் மனத்திரையில் பதிந்த காட்சியை உறுதியாக வளர்த்துக்கொள்வதை தன் லட்சியமாக்கி கொண்டார். எப்படி படங்கள் இருட்டு அறையில் மேன்படுத்த படுகிறதோ அது போல் மனதின் படங்கள் ஆழ்மனதின் இருட்டறையில் மேம்படுத்தப்படுகிறது.

சிதறாத கவனம்

அவரது உணர்மனது ஒரு கேமரா போல் என்பதை உணர்ந்ததில் அவர் எந்த முயற்சியும் உபயோகிக்கவில்லை. எந்த ஒரு மனதின் போராட்டமும் இல்லை. அவர் மௌனமாக தன் எண்ணங்களை மாற்றி தன் முன்னிருந்த காட்சியில் கவனத்தை செலுத்தினார். அந்த மனதின் சூழ்நிலையில் ஆழ்ந்து அதே காட்சியை மீண்டும் மீண்டும் மனத்திரையில் அசைபோட்டார். குணம் தொடரும் என்பதில் சந்தேகமில்லை. குடிக்க வேண்டும் என்ற நப்பாசை ஏற்படும் போது, அவர் தன் எண்ணங்களை தன் வீடு மற்றும் குடும்பத்தின் பக்கம் திருப்பினார். அவர் மனதின் திரையில் தோன்றும் காட்சியை அனுபவத்தில் பெற முடியும் என்ற நம்பிக்கையினால் அவர் வெற்றிகண்டார். இன்று அவர் பல லட்ச டாலர்கள் மதிப்புள்ள நிறுவனத்தின் முதல்வர். அவர் மகிழ்ச்சியாகவும் திகழ்கிறார்.

துரதிர்ஷ்டம் அவரை தொடர்வதாக கூறினார்

மிஸ்டர் ப்ளாக் தான் வருடத்திற்கு 20,000 டாலர்கள் சம்பாதிப்பதாகவும் ஆனால் கடந்த மூன்று மாதங்களில் அனைத்து கதவுகளும் அழுந்த மூடப்பட்டதாக தோன்றுகிறது என்றும் கூறினார். அவர் தன் வாடிக்கையாளர்களை சம்மதிக்க வைத்து ஒப்பந்தத்தில் கையெழுத்திடும் பொழுது கடைசி நிமிடத்தில் பின்வாங்கிவிடுகின்றனர். இது ஏதோ ஒரு விதமான துரதிர்ஷ்டம் போல் தோன்றுவதாக கூறினார்.

இதை மிஸ்டர் ப்ளாக்குடன் கலந்தாலோசித்த போது மூன்று மாதங்களாக ஒரு பல் மருத்துவர் ஒப்பந்தத்தை கையெழுத்திட மறுத்ததால் அவர் மேல் எரிச்சல் மற்றும் வெறுப்பு கொண்டிருந்தார் என்பதை தெரிந்து கொண்டேன். மற்ற வாடிக்கையாளர்களும் இதையே செய்யக்கூடும் என்ற பயத்தில் அவர் வாழ்ந்து கொண்டிருந்தார். அதனால் எரிச்சல், பகைமை மற்றும் தடைகளை அமைத்துக்கொண்டிருந்தார். படிப்படியாக தன் மனதில் தடைகள் மற்றும் கடைசி நிமிட மறுப்புகளைப்பற்றிய நம்பிக்கைகளை கட்டி வந்தார். இது ஒரு வியூகமாக அவரை பற்றிக்கொண்டது. ''நான் மிகவும் பயந்த ஒன்று எனக்கு நடந்து விட்டது.'' இந்த பிரச்சனைகள் அனைத்தும் தம் மனதில் தான் இருக்கிறதென்றும் தன் மனப்பாங்கை மாற்றிக்கொள்ளவேண்டியது அவசியம் என்றும்

மிஸ்டர் பிளாக் உணர்ந்தார்.

அவருடைய துரதிர்ஷ்டம் என்று சொல்லப்பட்ட விஷயம் பின்வரும் வழியில் உடைக்கப்பட்டது: ''எந்த தடை, கடினம், காலதாமதம் ஆகியவற்றை அறியாத அளவற்ற ஆற்றல் கொண்ட ஆழ்மனதுடன் ஒன்றியவன் நான் என்பதை உணர்கிறேன். சிறந்ததே நடக்கும் என்ற ஆனந்த எதிர்பார்ப்பில் நான் வாழ்கிறேன். என் ஆழ்ந்த மனது என் எண்ணங்களுக்கு பதில் அளிக்கிறது. அளவற்ற ஆற்றல் கொண்ட ஆழ்மனதின் வேலை தடைபடாது என்று எனக்குத்தெரியும். அளவற்ற ஆற்றலானது தான் தொடங்கியதை முடித்தே தீரும் என்பது எனக்குத்தெரியும். ஆக்கபூர்வ விவேகம் என் மூலம் நான் செய்த திட்டத்தையும் காரணத்தையும் முழுமையாக்கும். நான் எதை துவங்கினாலும் அதை வெற்றிகரமாக முடிக்கிறேன். அற்புத சேவை செய்வதே என் வாழ்க்கையின் லட்சியம். நான் தொடர்பு கொள்ளும் அனைவரும் நான் தர இருப்பதை ஆசீர்வாதமாக பெறுவர். தெய்வீக ஆணைப்படி, என் அனைத்து வேலைகளும் சுபமாக முடியும்.'' இந்த பிரார்த்தனையை தினமும் காலையில் தன் வாடிக்கையாளர்களை அழைக்கும் முன்னரும், இரவு உறங்கச் செல்லும் முன்னரும் கூறிவந்தார். சிறிது காலத்தில் ஒரு புதிய பழக்கத்தை தன் ஆழ்மனதில் பதித்துக்கொண்டு பழையபடி ஒரு வெற்றிகரமான விற்பனையாளராக மாறினார்.

நீங்கள் வேண்டும் என்று விரும்புவது உங்களுக்கு எவ்வளவு அவசியமாக வேண்டும்?

ஒரு இளைஞன் சாக்ரடீஸிடம் விவேகம் பெறுவது எப்படி என்று கேட்டான். சாக்ரடீஸ், ''என்னுடன் வா'' என்றார். அந்த இளைஞனை ஒரு நதிக்கு அழைத்து சென்று அவன் தலையை நீருக்குள் முக்கினார். அந்த சிறுவன் மூச்சு திணறும் வரை அப்படியே பிடித்துக்கொண்டிருந்துவிட்டு பின்னர் அவன் தலையை விடுவித்தார். அந்த சிறுவன் சாதாரண நிலைக்கு திரும்பியவுடன், ''நீருக்குள் இருந்த பொழுது நீ மிக அதிகமாக எதை விரும்பினாய்?'' என்று கேட்டார்.

''நான் சுவாசிக்க காற்று வேண்டும் என்று விரும்பினேன்,'' என்றான் அவன். ''உனக்கு தண்ணீருக்குள் முழுகியிருந்தபொழுது காற்று வேண்டும் என்று எவ்வளவு விரும்பினாயோ, அவ்வளவு விருப்பம் விவேகம் பெற வேண்டும் என்று நீ விரும்பும் பொழுது,

அதை நீ பெறுவாய்,'' என்றார். அது போல் உன் வாழ்க்கையில் உள்ள தடை எதையாவது நீக்க நீ அதீத விருப்பம் கொண்டால், அது குறித்து வெளி வருவதற்கு வழி உள்ளது என்று நினைத்து, தெளிவான முடிவுக்கு வந்தாய் என்றால், இதுதான் நான் செய்ய விரும்புவது என்று நீ நினைத்தால், பின் வெற்றி உறுதியானது.

நிஜமாக உனக்கு மன அமைதி, உள் அமைதி ஆகியவை தேவை என்றால் உனக்கு அது கிடைக்கும். நீ உன் ஆன்மாவை தட்டி எழுப்பி மனதின் சக்தியை ஊக்குவித்து விட்டால், எவ்வளவுதான் அநியாயமான முறையில் நடத்தப்பட்டிருந்தாலும், உன் முதலாளி உன்னை நியாயமற்ற முறையில் நடத்தியிருந்தாலும், அல்லது வேறு யாரும் அற்பமாக இருந்திருந்தாலும், இவை அனைத்தும் எந்த மாற்றமும் செய்யாது. உனக்கு என்ன வேண்டுமென்று உனக்குத்தெரியும். நிச்சயமாக நீ வெறுப்பு, கோபம் பகைமை ஆகிய திருடர்களை (எண்ணங்களை) உன் அமைதி, நல்லிணக்கம் ஆரோக்கியம் மற்றும் மகிழ்ச்சியை திருடவிடமாட்டாய். உன் எண்ணங்கள் உன் வாழ்க்கை லட்சியத்துடன் ஒற்றுப்போவதால் மக்கள், நிலைமை, செய்திகள், நிகழ்வுகள் ஆகியவற்றால் எந்த பாதிப்பும் உனக்கு ஏற்படாது. அமைதி, ஆரோக்கியம், உந்துதல், நல்லிணக்கம், அளவற்ற செல்வம் ஆகியவை உன் லட்சியம். உனக்குள் அமைதி ஆறாய் ஓடுவதை நீ உணர். உன் எண்ணங்கள் உன்னால் காண முடியாத சக்தி. அது உன்னை ஆசீர்வதிக்க, ஊக்குவிக்க, அமைதி கொடுக்க நீ தேர்வு செய்கிறாய்.

அவரை ஏன் குணப்படுத்த முடியவில்லை

இது திருமணமாகி நான்கு குழந்தைகள் உடைய ஒரு மனிதன் தன் வேலை நிமித்தமாக செய்த பிரயாணங்களின் பொழுது மற்றொரு பெண்ணுடன் ரகசியமாக வாழ்வது பற்றிய கதை. அவன் நோய் வாய்பட்டு, எரிச்சல் அடைந்து, பதற்றமாக, தூக்கத்திற்கு மாத்திரைகள் சாப்பிட்டு வந்தான். மருத்துவரின் மருந்து அவன் ரத்த அழுத்தத்தை இருநூறுக்கு கீழ் கொண்டு வரமுடியவில்லை. அவனது பல உடல் உறுப்புக்களில் வலி இருந்தது. மருத்துவர்களால் அது எதனால் என்று கண்டுபிடித்து நிவாரணம் கொடுக்க முடியவில்லை. நிலைமையை மேலும் மோசமாக்க அவன் அதிகமாக குடித்துக்கொண்டிருந்தான்.

அவனுள் இருந்த ஆழமான குற்றவுணர்ச்சியே இவை அனைத்திற்கும் காரணம். அவன் தன் திருமண வாக்குறுதிகளை

காப்பாற்றாமல் போனது அவனுக்கு பிரச்சனைகள் கொடுத்தது. மத கோட்பாடுகள் படி வளர்ந்த அவனது ஆழ்மனதில் குற்றவுணர்ச்சியினால் ஏற்பட்ட காயங்களை ஆற்ற அவன் அதிகமாக குடித்தான். சில நோயாளிகள் கோடீன், மார்ஃபீன் போன்ற வலி நிவாரணிகளை எடுத்துக்கொள்வார்கள். அவன் தன் மனதில் இருந்த காயத்திற்கும் வலிக்கும் மது எடுத்துக்கொண்டான். எரியும் நெருப்பில் எண்ணெய் விடுவது போன்ற பழைய கதை.

விளக்கமும் குணமும்

அவன் மனது எப்படி வேலை செய்கிறது என்ற விளக்கத்தை கேட்டான். அவன் தன் பிரச்னையை எதிர்நோக்கினான். இரு விதமாக செயல் புரிவதை கைவிட்டான். அவன் குடிப்பழக்கம் இந்த நிலைமையிலிருந்து தப்பிக்க ஒரு சுய உணர்வு இல்லாத முயற்சி என்று அவனுக்குத்தெரியும். அவன் ஆழ்மனதில் ஒளிந்திருந்த உண்மையான காரணத்தை களைந்தாகவேண்டும்; பிறகுதான் குணமடைதல் தொடரும். தினமும் மூன்று நான்கு முறை பின்வரும் இந்த பிரார்த்தனையை கூறி அவன் ஆழ்மனதில் நல்ல பாதிப்பை ஏற்படுத்தினான்: ‘‘என் மனம் அமைதி, சமநிலைமை மற்றும் அடக்கத்தினால் நிரம்பியுள்ளது. அளவற்ற பொய்கள் சிரித்தபடி என்னுள் அடங்கியுள்ளது. நான் கடந்த காலம், நிகழ் காலம் மற்றும் எதிர்காலத்தை பற்றி இனி கவலைப்படுவதில்லை. என் ஆழ்மனதில் இருக்கும் அளவற்ற ஆற்றலானது எனக்கு வழிகாட்டியாக இருந்து என்னை எல்லா வழிகளிலும் வழிநடத்தி செல்கிறது. நான் இப்பொழுது எந்த ஒரு நிகழ்வையும் அமைதி மற்றும் கட்டுக்கோப்புடன் எதிர்கொள்கிறேன். நான் இப்பொழுது அந்த பழக்கத்திலிருந்து முழுமையாக வெளியேறிவிட்டேன். என் மனம் சுதந்திரம், மகிழ்ச்சி மற்றும் உள் அமைதியினால் நிரம்பியுள்ளது. என்னை நான் மன்னிக்கிறேன்; பிறகு நான் மன்னிக்கப்படுகிறேன். அமைதி, போதையில் இல்லாத நிலை மற்றும் சுய நம்பிக்கை என் மனதில் முக்கியத்துவம் பெறுகிறது.’’ இந்த பிரார்த்தனையை ஏன் செய்கிறோம் எதற்காக செய்கிறோம் என்ற முழு புரிதலுடன் மீண்டும் மீண்டும் கூறுகிறான். அவன் என்ன செய்கிறான் என்று அறிந்திருந்ததால், அது அவனுக்கு போதிய நம்பிக்கையை கொடுத்தது. இந்த வரிகளை உரத்த குரலில், அன்பாக, அர்த்தத்துடன் அவன் கூறும் பொழுது ஆவை அவன் ஆழ்மனதில் படிப்படியாக இறங்கும் என்று நான் அவனுக்கு

விளக்கினேன். விதைகள் போல் அதன் இயற்கைக்கேற்ப அவை வளரும். அவன் கவனம் செலுத்திய இந்த உண்மைகள் அவன் கண், காது மூலம் உள்ளே சென்று அந்த வார்த்தைகளின் அதிர்வுகள் அவன் ஆழ்மனதை அடைந்து, அனைத்து பிரச்சனைகளுக்கும் காரணமான, அங்கிருந்த எதிர்மறையான மன பதிவுகளை மறைத்தது. ஒளி இருளை நீக்கும். ஆக்கபூர்வ எண்ணம் அழிவு பூர்வ எண்ணத்தை நாசப்படுத்துகிறது. அவன் ஒரு மாதத்திற்குள் திருந்திய புது மனிதன் ஆனான்.

அதை ஒப்புக்கொள்ள மறுப்பது

நீங்கள் குடிக்கோ, போதை பொருட்களுக்கோ அடிமை என்றால் அதனை ஒப்புக்கொள்ளுங்கள். அதை மறைக்க மறுக்க முயற்சி செய்யாதீர்கள். பலர் குடிகாரர்களாக இருப்பதன் காரணம் அதை ஒப்புக்கொள்ளாமல் இருப்பது தான். உங்கள் நோய் ஒரு தடுமாற்றம், உள்ளுக்குள் இருக்கும் ஒரு பயம். நீங்கள் வாழ்க்கையை எதிர்கொள்ள மறுக்கிறீர்கள் அதனால் இந்த குடியை வைத்து உங்கள் பொறுப்புக்களிடமிருந்து தப்பிக்கிறீர்கள். ஒரு குடிகாரனாக உங்கள் சுய விருப்பம் தோற்றுவிடுகிறது, அதற்கு புறம்பாக நீங்கள் நினைத்தாலும். உங்களுக்கு இருக்கும் சுய கட்டுப்பாட்டை பற்றி நீங்கள் பெருமை பட்டுக்கொள்ளலாம். நீங்கள் வழக்கமாக குடிப்பவராக இருந்தாலும், தைரியமாக, ''இனிமேல் நான் இதை தொட மாட்டேன்,'' என்று கூறுங்கள். இதை உண்மையாக்க உங்களுக்கு போதிய சுய விருப்பம் இருக்காது ஏனென்றால், அந்த சக்தி எங்கிருக்கிறது என்று உங்களுக்குத் தெரியாது.

உங்களுடைய எண்ணங்களில் நீங்கள் சிறையிட பட்டிருக்கிறீர்கள். உங்கள் நம்பிக்கைகள், கருத்துகள், பயிற்சி, மற்றும் சுற்றுப்புற பாதிப்பினால் நீங்கள் கட்டப்பட்டுள்ளீர்கள். பல ஜீவன்களைப்போல நீங்களும் பழக்கத்தின் அடிமை. நீங்கள் தரும் எதிர்விளைவு முன்னமே உங்களுக்குள் பதிவாகி உள்ளது.

சுதந்திரத்தை பற்றிய எண்ணங்களை வளர்ப்பது

சுதந்திரம் மற்றும் மன அமைதியை பற்றிய எண்ணங்களை நீங்கள் உங்கள் மனப்பாங்கில் வளர்க்கலாம், அது உங்கள் ஆழ்மனதை சென்றடையும். ஆழ்மனது மிகவும் சக்திசாலியாக இருப்பதால் அது

உங்களை குடிக்க வேண்டும் என்ற ஆசையிலிருந்து விடுவிக்கும். பிறகு, உங்கள் மனம் எப்படி வேலை செய்கிறது என்ற புதிய புரிதலுடன் உங்கள் கூற்றை உண்மை என்று உங்களுக்கு நீங்களே நிரூபித்துக்கொள்ளலாம்.

ஐம்பத்தொன்று சதவிகிதம் குணமடைதல்

இந்த பழக்கங்களிலிருந்து வெளியே வரவேண்டும் என்ற ஆசை உங்களுக்கு இருந்தது என்றால் நீங்கள் ஏற்கனவே ஐம்பத்தொன்று சதவிகிதம் குணமடைந்து விட்டீர்கள். அந்த பழக்கத்தை தொடராமல் விட்டுவிட வேண்டும் என்ற பெரிய ஆசை இருந்தால், முழுமையான சுதந்திரம் பெற நீங்கள் அதிக கஷ்டப்பட வேண்டியதில்லை.

உங்கள் மனதில் எந்த எண்ணங்களை நிலைநிறுத்துகிறீர்களோ, அதை உங்கள் மனது பெரிதுபடுத்துகிறது. இந்த பழக்கத்தின் அடிமைத்தனத்திலிருந்து விடுபட வேண்டும் என்றும் உங்களுக்கு அமைதியும் வேண்டுமென்றால், உங்கள் மனதை நீங்கள் அதன் பக்கம் ஒருமுகப்படுத்தி, உங்கள் உணர்வுகளும் மெல்ல அதன் பக்கம் நகர்ந்து உங்களுக்கு அமைதியும் விடுதலையும் கொடுக்கும். நீங்கள் எந்த ஒரு எண்ணத்தை உணர்ச்சிபூர்வமாக ஆக்கினாலும் அதை உங்கள் ஆழ்மனது ஏற்றுக்கொண்டு உண்மையாக்குகிறது.

ஒன்றை மற்றொன்றால் மாற்றுவது என்ற சட்டம்

உங்கள் கஷ்டங்களில் இருந்து ஏதோ ஒரு நல்லது வரக்கூடும் என்பதை உணருங்கள். நீங்கள் கஷ்டப்பட்டு வீணாகவில்லை. இருந்தாலும், தொடர்ந்து கஷ்டப்படுவது மூடத்தனம், அதுவும் நீங்கள் குடிகாரராக இருந்தால் அது உங்கள் மனம் மற்றும் உடலை அழுகவைக்கும். உங்கள் ஆழ்மனதின் சக்தி உங்களுக்கு உறுதுணையாக இருக்கும் என்பதை அறிந்துகொள்ளுங்கள். நீங்கள் எவ்வளவு வேதனையினால் ஆட்கொள்ளப்பட்டாலும், வரவிருக்கும் சுதந்திரம் தரும் மகிழ்ச்சியை பற்றி நீங்கள் கற்பனை செய்ய துவங்கவேண்டும். இது தான் ஒன்றை மற்றொன்றால் மாற்றுவது என்ற சட்டம். உங்கள் கற்பனை உங்களை கண்ணாடி கோப்பைக்கு கொண்டு சென்றது; அது இப்பொழுது மன அமைதி மற்றும் சுதந்திரத்திற்கு கொண்டு செல்லட்டும். நீங்கள் சிறிது கஷ்டப்படுவீர்கள் ஆனால் அது ஒரு ஆக்கபூர்வ

காரணத்திற்காக. ஒரு தாய் குழந்தையை பெற்றெடுக்கும் பொழுது படும் வேதனையை போல் மனதில் ஒரு குழந்தையை நீங்கள் உருவாக்குகிறீர்கள். உங்கள் ஆழ்மனது போதையேற்ற நிலைமையை பிள்ளையாக பெற்றெடுக்கும்.

குடிபோதைக்கு அடிமையாவதன் காரணம்

குடிபோதைக்கு அடிமையாவதன் உண்மையான காரணம், எதிர்மறையான அழிவு பூர்வ எண்ணங்களை கொள்வது தான். ஏனென்றால், ஒருவன் தான் நினைப்பதை போல் ஆகிறான். ஒரு குடிகாரனுக்கு தாழ்வு மனப்பான்மை, தோல்வி, எரிச்சல், பற்றாக்குறை மற்றும் ஆழமான ஒரு பகை உணர்ச்சி இருக்கும். அவனிடம் தான் குடிப்பதற்கு என்னற்ற காரணங்கள் இருந்தாலும் ஒரே ஒரு உண்மை காரணம் தான். அது அவன் *எண்ணங்களில் அடங்கியுள்ளது*.

மூன்று மாய படிகள்

முதல் படி

அமைதியாக அமருங்கள்; உழலும் மனதின் சக்கரங்களை அமைதியாக்குங்கள். ஒரு தூக்க நிலையை அடையுங்கள். அடுத்த படிக்கு உங்களை தயார் படுத்திக்கொள்ளுங்கள்.

இரண்டாவது படி

உங்கள் நினைவில் எளிதில் பதிக்கப்படக்கூடிய ஒரு வாசகத்தை எடுத்துக்கொள்ளுங்கள். அதை தாலாட்டு போல் மீண்டும் மீண்டும் சொல்லிக்கொண்டேயிருங்கள். ''போதையற்ற சாதாரண நிலை மற்றும் அமைதியான மனது இப்பொழுது என்னுடையது. அதற்கு நான் நன்றி கூறுகிறேன்.'' உங்கள் மனது அலைபாயாமல் இருக்க தெளிவான உச்சரிப்புடன் இந்த வார்த்தைகளை வாயசைத்து மனதில் படமாக்குங்கள். இது ஆழ்மனதில் நுழைவதை சுலபமாக்குகிறது. இதை ஐந்து நிமிடங்களோ அதற்கு மேலோ செய்யுங்கள். ஆழ்ந்த உணர்ச்சிபூர்வ பதிலை பெறுவீர்கள்.

மூன்றாவது படி

உறங்கச்செல்லும் முன் ஜோகன் வோன் கெத் என்ற ஜெர்மனி நாட்டை சேர்ந்த எழுத்தாளர் செய்ததை பயிற்சி செய்யுங்கள். ஒரு நண்பனையோ அல்லது அன்பானவர் ஒருவரையோ

உங்கள் எதிரில் நிறுத்திக்கொள்ளுங்கள். உங்கள் கண்கள் மூடப்பட்டிருக்கிறது, நீங்கள் அமைதியாகவும் தளர்வாகவும் இருக்கிறீர்கள். உங்கள் நண்பர் உங்களிடம், "*வாழ்த்துக்கள்!*" என்கிறார். நீங்கள் அந்த புன்சிரிப்பை பார்க்கிறீர்கள்; அந்த குரலை கேட்கிறீர்கள். மனதில் அந்த கைகளை தொடுவதை கற்பனை செய்கிறீர்கள்; அனைத்தும் மிகவும் தெளிவாக நிஜமாக உள்ளது. *வாழ்த்துக்கள்* என்ற அந்த வார்த்தைகள் முழுமையான விடுதலையை குறிக்கும். நிறைவை கொடுக்கும் ஆழ்மனதின் பதிலை பெறும் வரை அதை மீண்டும் மீண்டும் கேளுங்கள்,

முயற்சியை கைவிடாமல் தொடருங்கள்

பயம், கவலை அல்லது பதற்றம் உங்கள் மனக்கதவை தட்டும் போது, சந்தேகம் உங்கள் மனதை கடக்கும் போது, உங்கள் இலட்சியத்தை காணுங்கள். யோசியுங்கள்: உங்கள் ஆழ்மனதின் சக்தியால் நீங்கள் உண்டாக்கப்படக்கூடிய எண்ணத்தாலும் கற்பனையாலும் உங்கள் நம்பிக்கை, தைரியம் மற்றும் வலிமை கூடும். ***முயற்சியை தொடருங்கள், நாள் விடிந்து, நிழல்கள் பறந்து செல்லும் வரை.***

உங்களுடைய எண்ணத்தின் சக்தியை மீண்டும் ஒரு முறை பார்ப்போம்

1. பிரச்சனைக்குள்ளேயே அதன் தீர்வு இருக்கும். ஒவ்வொரு கேள்வியிலும் அதன் பதில் இருக்கும். பரந்த அறிவை நம்பிக்கையுடனும் உறுதியாகவும் அழைக்கும்பொழுது உங்களுக்கு பதில் கிடைக்கும்.
2. உங்கள் ஆழ்மனதின் செயல்பாடே பழக்கம். அற்புதமான ஆழ்மனத்தின் சக்திக்கு வாழ்க்கையில் வலிமையும், அதிகாரம் செய்யும் திறனும் கொண்ட பழக்கத்தைவிட சிறந்த சாட்சி கிடையாது. நீங்கள் பழக்கத்திற்கு அடிமையான பிராணி.
3. உங்கள் பழக்க வழக்கங்கள், மீண்டும் மீண்டும் எண்ணங்களை உருவாக்கி அதுவே வழித்தடங்களாக மாறி, ஆழ்மனத்தில் நிலைபெறும். பின்பு அது நீச்சல், நடனம், தட்டச்சு, நடைபயிற்சி, வாகனம் ஓட்டுவது போன்ற செயல்கள் எப்படி தன்னிச்சையாக நடக்கின்றனவோ அப்படியே மாறிவிடும்.
4. உங்களுக்கு தேர்ந்தெடுக்கும் சுதந்திரம் உண்டு. நீங்கள் ஒரு

நல்ல அல்லது தீய பழக்கத்தை உருவாக்கிக் கொள்ளலாம். பிரார்த்தனை செய்வது ஒரு நல்ல பழக்கம்.

5. நீங்கள் நம்பிக்கையின் மூலம் எந்த மனப்படத்தை உங்கள் உணர்மனதில் நிறுத்துகிறீர்களோ, அதை உங்கள் ஆழ்மனம் நடத்திவிடும்.
6. நீங்கள் வெற்றி அடைவதற்கும், சாதனைகள் புரிவதற்கும் உள்ள ஒரே தடை உங்களது எண்ணங்களும், மனப்படங்களுமேதான்.
7. உங்களுடைய கவனம் சிதறினால் மீண்டும் நல்லனவற்றை நினைத்து அல்லது உங்கள் லட்சியத்தின் பக்கம் சிந்தனையை ஒருமுகப்படுத்துங்கள். இதை ஒரு பழக்கமாகவே உருவாக்குங்கள். இதைத்தான் மனதின் ஒழுக்கம் என்று கூறுவோம்.
8. உங்கள் உணர்மனது ஒரு கேமிரா என்றால் உங்கள் ஆழ்மனமே அதனை பதிவு செய்யும் அல்லது ஈர்க்கும் உணர்வுத்தட்டு.
9. ஒரே தடை என்னவென்றால் பயம் தரும் எண்ணங்கள் மீண்டும் மீண்டும் மனதில் பதிவது தான். இதை உடைத்தெறிய நீங்கள் அறிந்து கொள்ள வேண்டியது என்னவென்றால், எதை ஆரம்பிக்கிறோமோ அதுமுடிவுக்கு வருவது தெய்வீக சட்டத்தால் என்பதே. சந்தோஷமான முடிவை கற்பனையில் நிறுத்தி வைத்து அதை நம்பிக்கையுடன் நீடிக்க செய்யுங்கள்.
10. ஒரு புதிய பழக்கத்தை உருவாக்கிக் கொள்ள, அந்தப் பழக்கம் விரும்பத்தக்கது என்று பூரணமாக நம்பவேண்டும். உங்களுடைய தீய பழக்கத்தை விட விரும்பினீர்களானால், அது நீடிக்க வேண்டும் என்ற ஆசையை விட நிறுத்த வேண்டும் என்ற ஆசை மேலோங்கி இருந்தால் நிச்சயம் நீங்கள் 51% சதவீதம் இப்பொழுதே குணமாகிவிட்டீர்கள் என்று அர்த்தம்.
11. உங்கள் மனதின் பங்களிப்பு இல்லாமல் பிறரின் எந்த அறிக்கையும் உங்களை காயப்படுத்த முடியாது. உங்களுடைய நோக்கத்தோடு உங்களை இணைத்துக் கொள்ளுங்கள். அமைதி, நல்லிணக்கம், சந்தோஷம் ஆகியவையே உங்கள் லட்சியம். உங்கள் பிரபஞ்சத்தில் நீங்கள் ஒருவரே சிந்திப்பவர்.
12. குடிகாரராக இருப்பதென்பது வாழ்வின் பிரச்சனைகளிலிருந்து தப்பித்துக் கொள்ள பயன்படுத்தும், விழிப்புணர்வில்லாத

ஒரு வழிமுறை. எதிர்மறை சிந்தனைகளும், அழிவுதரும் சிந்தனைகளுமே குடிப் பழக்கத்தின் காரணம். சுதந்திரச் சிந்தனை, சாதிப்பதில் உள்ள சுகம் இவையே குணமாவதற்கு தேவையானவை.

13. பலர் மது கொடுக்கும் போதைக்கு அடிமைகளாகி இருப்பதற்குக் காரணம் அவர்கள் அதை ஒப்புக்கொள்ள மறுப்பதுதான்.
14. எந்த ஆழ்மன விதி உங்களை பந்தப்படுத்தி கட்டுக்குள் வைத்திருந்ததோ, உங்கள் சுதந்திரத்தைப் பங்கப்படுத்தியதோ, அதே விதி உங்களுக்கு சுதந்திரத்தையும் சந்தோஷத்தையும் அளிக்கும். நீங்கள் உபயோகிக்கும் முறையைப் பொறுத்தே பலன் அமைகிறது.
15. உங்களுடைய கற்பனை உங்களை மதுவிடம் அழைத்துச் சென்றது; அதே கற்பனை உங்களை சுதந்திரத்திற்கு அழைத்துச் செல்லட்டும். நீங்கள் விடுதலையாகிவிட்டதாக கற்பனை செய்யுங்கள்.
16. மதுமயக்கத்தின் முக்கிய காரணம் எதிர்மறை எண்ணமும் அழிவு ஏற்படுத்தும் சிந்தனைகளும்தான். ***ஒருவன் தனது உள்மனதின் எண்ணம்போலவேதான் இருப்பான்.***
17. பயம் உங்கள் மனக்கதவை தட்டும்பொழுது கடவுள் நம்பிக்கையும், நல்லனவை அனைத்தும் கதவை திறக்கட்டும்.

19

பயங்களை நீக்க ஆழ்மனதை எப்படி பயன்படுத்துவது

என் மாணவர்களுள் ஒருவன், விருந்து ஒன்றில் தன்னை பேச்சாளராக அழைத்திருந்ததாக கூறினான். ஆயிரம் நபர்கள் முன்னால் பேசவேண்டியிருந்ததால் பீதி அடைந்ததாக கூறினான். அவன் தன் பயங்களிலிருந்து இப்படித்தான் மீண்டு வந்தான்: பல இரவுகளில் நாற்காலியில் அமர்ந்து தனக்குத்தானே மெதுவாக, அமைதியாக, நேர்மறை எண்ணங்களுடன், ''இந்த பயத்தை நான் வெற்றி கொள்ளப்போகிறேன். அதிலிருந்து இப்பொழுது மீண்டு வருகிறேன். நான் நம்பிக்கையுடன் கட்டுக்கோப்பு கலங்காமல் இருக்கிறேன். நான் தளர்வாகவும் அமைதியாகவும் இருக்கிறேன்,'' என்றான். தன் பயங்களிலிருந்து மீண்டு வர மனதின் சட்டத்தின் வழி நடந்தான்.

ஆழ்மனது ஆலோசனைகளுக்கு ஏற்புடையதாகவும் அதனால் கட்டுப்படுவதாகவும் உள்ளது. மனதை நிலைப்படுத்தி தளர்வாக வைத்துக்கொண்டால் உணர்மனதின் எண்ணங்கள் ஆழ்மனத்தினுள் இறங்குகிறது. இத்தகைய நேர்மறையான விதைகளும் எண்ணங்களும் ஆழ்மனத்திற்குள் இறங்க இறங்க அது போன்ற அமைதி நிலவுகிறது.

மனிதனின் மிகப்பெரிய எதிரி

பயமே மனிதனின் மிகப்பெரிய எதிரி என்று சொல்லப்படுகிறது. தோல்வி, நோய், மற்றும் மனித உறவுகள் பாழ் அடைவதற்கு காரணமே பயம் தான். லட்சக்கணக்கானவர்கள் தங்கள் கடந்த

காலம், எதிர் காலம், முதுமை, மனநோய் மற்றும் இறப்பை எண்ணி பயப்படுகின்றனர். பயம் உங்கள் மனதின் எண்ணங்களே, நீங்கள் உங்கள் மனதின் எண்ணங்களை கண்டே பயப்படுகிறீர்கள்.

ஒரு ஏமாற்றுக்காரன் உன் கட்டிலுக்கு அடியில் ஒளிந்திருக்கிறான் என்று சொன்னால் ஒரு சிறுவன் பயத்தில் உறைந்து போவான். அவன் தந்தை விளக்கை ஏற்றி அங்கு யாரும் இல்லை என்று காண்பித்த பின் அவன் பயம் நீங்குகிறது. அந்தச் சிறுவனின் மனதில் இருக்கும் பயம் அந்த அறையில் ஏமாற்றுக்காரன் ஒருவன் இருந்தது எவ்வளவு உண்மையோ அவ்வளவு உண்மை. அவன் பயந்தபடி அங்கு ஒருவரும் இல்லை. மனதின் தவறான எண்ணத்திலிருந்து குணமடைந்தான். அது போன்று, உங்கள் பயங்களில் நிஜத்தன்மை இல்லை. நிழல்களின் கூட்டணி அவை, நிழல்களில் நிஜம் இல்லை.

நீங்கள் எது குறித்து பயப்படுகிறீர்களோ அதையே செய்யுங்கள்

ரால்ப் வால்டோ எமெர்சன், தத்துவவாதி மற்றும் கவிஞர், ‘நீங்கள் எது குறித்து பயப்படுகிறீர்களோ, அதை செய்யுங்கள். பயம் மடிவது நிச்சயம்’ என்றார். இந்த பகுதியின் எழுத்தாளர் சொல்லமுடியாத பயத்துடன் பார்வையாளர் முன் நின்ற காலம் ஒன்று உண்டு. நான் எதை கண்டு பயந்தேனோ அதை தைரியமாக எதிர்கொண்டு பார்வையாளர்கள் முன் நின்று நான் அதை மீறி வந்தேன். பயம் இறப்பது நிச்சயம். உங்கள் பயத்தை வெல்வதாக நேர்மறையான உறுதி மொழி எடுத்துக்கொண்டவுடன் உங்கள் தின்னமான முடிவு உங்கள் உணர்மனதிற்குள் இறங்கி உங்கள் ஆழ்மனதை தன் வலிமையை விடுவித்து உங்கள் எண்ணத்திற்கேற்ற பதிலை வழங்குகிறது.

மேடை பயத்தை நீக்குவது எப்படி

ஒரு இளம் பெண் நேர்முகத்தேர்வுக்கு அழைக்கப்பட்டிருந்தாள். இந்த நேர்காணலை அவள் எதிர்பார்த்து காத்திருந்தாள்.

இருப்பினும், மூன்று முறை முன்னர் மேடை பயத்தினால் தோல்வி அடைந்திருந்தாள்.

அவளுக்கு இனிமையான குரல் இருந்தது. அவள் பாட வேண்டிய நேரம் வந்த பொழுது மேடை பயம் அவளை

ஆட்கொள்ளும் என்று அவளுக்கு உறுதியாகத்தெரியும். உங்கள் பயங்களை உங்கள் ஆழ்மனது ஒரு வேண்டுகோளாக நினைத்து அதை நிஜமாக்க, உங்கள் அனுபவத்தில் அதை உண்மையாக்க முற்படுகிறது. முந்தைய மூன்று தேர்வுகளில் அவள் தவறான ராகங்களை பாடினாள். முடிவில் உடைந்து போனவளாய் அழுதுவிட்டாள். முன்பு கூறியது போல் அது ஒரு தன்னிச்சையான ஆலோசனை, அதாவது மௌனமான பயத்தின் எண்ணம் உணர்ச்சியாக மாறியது தான் காரணம்.

அவள் பின்வரும் வழியின் மூலம் அதை வெற்றிகொண்டாள்: ஒரு நாளைக்கு மூன்று முறை தன்னைத்தானே ஒரு அறையில் தனிமை படுத்திக்கொண்டாள். ஒரு வசதியான நாற்காலியில் அமர்ந்து, உடலை தளரச்செய்து, கண்களை மூடிக்கொண்டாள்.

தன்னால் முடிந்த வரை தன் மனதையும் உடலையும் நிலைநிறுத்தினாள். உடல் ஆடாமல் அசையாமல் இருப்பது மனது தனக்கு கிடைக்கும் ஆலோசனைகளை ஏற்றுக்கொள்ளும் பக்குவத்தில் வைக்கிறது. அவள் பயத்தின் அந்த ஆலோசனையை எதிர்கொள்ள, தனக்குத்தானே, ''நான் அழகாக பாடுகிறேன். நான் மௌனமாக, நம்பிக்கையுடன், அமைதியாக இருக்கிறேன்,'' என்றாள்.

அவள் இந்த வார்த்தைகளை மெதுவாக, அமைதியாக, உணர்ச்சியுடன் ஐந்து முதல் பத்து முறை மீண்டும் மீண்டும் கூறினாள். அது போல் நாள் ஒன்றுக்கு மூன்று முறை கூறினாள், இரவு உறங்கும் முன்னரும் ஒரு முறை கூறினாள். ஒரு வாரத்தின் முடிவில் முழுவதுமாக அமைதி மற்றும் நம்பிக்கையுடன் இருந்தாள். நேர்முகத்தேர்வில் தலைசிறந்த முறையில் பாடினாள். முன் கூறப்பட்ட வழியை கடைபிடித்தால் பயம் மடிவது உறுதி.

தோல்வியின் பயம்

அண்டை பல்கலைக்கழகத்திலிருந்து இளைஞர்கள் மற்றும் பள்ளி ஆசிரியர்கள் என்னை பார்க்க அவ்வப்பொழுது வருவார்கள். அவர்கள் அடிக்கடி ஞாபக மறதியினால் பரீட்சையில் அவதிப்படுவது போல் தோன்றும் என்பார்கள். குறை எப்பொழுதுமே ஒன்று தான்: ''பரீட்சை முடிந்த பின் எனக்கு எல்லா கேள்விகளுக்கும் பதில் தெரியும், ஆனால் தேர்வின் பொழுது எனக்கு இந்த விடைகள் நினைவில் இருப்பதில்லை.''

எதற்கு நாம் அதிக கவனம் தருவோமோ அந்த எண்ணமே நிஜமாகும். ஒவ்வொருவரும் பயத்தை குறித்து நினைத்தபடி இருக்கின்றனர். எப்பொழுதும் தற்காலிக மறதிக்கு பின்னால் இருப்பது பயம்தான். இந்த முழு அனுபவத்திற்கும் அதுதான் காரணம்.

மருத்துவம் பயிலும் மாணவன் ஒருவன் தன் வகுப்பிலேயே சிறந்தவனாக விளங்கினான். இருந்தாலும் தேர்வில் சாதாரண எளிமையான கேள்விகளுக்குக்கூட தவறான விடை அளிப்பதை அவன் கண்டான். தேர்விற்கு முன்னால் பல நாட்களுக்கு அது குறித்து அவன் பயப்படுவது தான் காரணம் என்று நான் அவனுக்கு விளக்கினேன்.

எதிர்மறையான எண்ணங்கள் பயமாக மாறின. பயம் என்ற உணர்வினால் சூழப்பட்ட எண்ணங்கள் ஆழ்மனதில் நிஜமாக மாறுகின்றன. வேறு வார்த்தைகளில், இந்த இளைஞன் தன் ஆழ்மனதிடம் தான் தோற்க வேண்டும் என்று கேட்டுக்கொண்டிருந்தான். அது தான் நடந்தது. பரீட்சை நாள் அன்று உளவியல் வட்டாரத்தில் கூறப்படும் பரிந்துரைக்கு மறதி நோய் (suggestive amnesia) என்ற நிலைமையால் தாக்கப்பட்டான்.

அவன் பயங்களை எப்படி வென்றான்

அவன் ஆழ்மனது நினைவுகளின் களஞ்சியம் என்று அறிந்து கொண்டான். அவன் தன் மருத்துவ பயிற்சி காலத்தில் கற்றவை அனைத்தும் அங்கு சரியாக பதிவாகி உள்ளதாக அறிந்தான். அதுமட்டுமில்லாமல், ஆழ்மனது நமக்கு விடை தருவதாக அமைந்திருப்பதையும் அறிந்தான். அதனுடன் தொடர்பில் இருக்க சரியான சமயம், அது தளர்வாக, அமைதியாக, நம்பிக்கையோடு இருக்கும் பொழுதுதான். ஒவ்வொரு நாள் இரவும் காலையும் அவன் தாய் உலக சாதனை படைத்ததற்காக அவனை வாழ்த்துவது போல் கற்பனை செய்தான். அவளிடமிருந்து பெற்ற ஒரு கற்பனை கடிதத்தை தன் கையில் பிடித்திருப்பான். மகிழ்ச்சியான விளைவை பற்றி சிந்தித்த அதே நேரத்தில் தன் எதிர்வினை எப்படி இருக்கும் என்பதையும் சிந்தித்தான். விவேகமும், எங்கும் வியாபித்திருக்கும் வலிமை கொண்ட ஆழ்மனது அவன் உணர்மனதிற்கு ஆணையிட்டு அவனை அதற்கேற்றாற்போல் வழிநடத்தியது. முடிவை கற்பனை செய்து, அதன் மூலம் அதனை

அடையும் வழியை பற்றி சிந்திக்கலானான். இந்த முறையை பின்பற்ற தொடங்கியபின் பரீட்சைகளில் தேர்வடைய அவனுக்கு எந்த பிரச்னையும் இல்லை. வேறு வார்த்தைகளில், புற விவேகம் அவனை ஆட்கொண்டு, அவனைப்பற்றிய சிறந்த உருவத்தை வெளிப்படுத்தியது.

தண்ணீர், மலை மற்றும் மூடப்பட்ட இடங்கள் போன்றவற்றை குறித்த பயம்

மின்தூக்கியில் செல்வது, மலை ஏறுவது, நீச்சல் அடிப்பது போன்ற விஷயங்களை குறித்து பலர் பயப்படுவார்கள். அந்த தனி நபருக்கு, அவரது இளமையில் தண்ணீரில் நிகழ்ந்த விரும்பத்தகாத அனுபவத்தினால், அதாவது அவர் வலுக்கட்டாயமாக தண்ணீரில் எறியப்பட்டிருக்கலாம். வேலை செய்யாத மின்தூக்கியில் அவர் மாட்டிக்கொண்டு, நான்கு புறமும் மூடப்பட்ட சிறு இடத்தில் சிக்கியிருக்கலாம்.

என்னுடைய பத்தாவது வயதில் ஒரு அனுபவம் ஏற்பட்டது. நான் தற்செயலாக நீச்சல் குளத்தில் தவறி விழுந்து, மூன்று முறை கீழே இறங்கிவிட்டேன். ஒரு சிறுவன் கைப்பிடித்து என்னை மேலே தூக்கிவிடும்வரை, கருமையான அந்த நீர் என் தலையை சூழ்ந்தது மற்றும் நான் மூச்சு விட திணறியது எனக்கு இன்னமும் நினைவிருக்கிறது. இந்த அனுபவம் என் ஆழ்மனதில் இறங்கி பல வருடங்கள் வரை நான் அந்த தண்ணீரை கண்டு பயப்பட்டேன்.

ஒரு முதிய உளவியல் நிபுணர் என்னிடம், ''கீழே சென்று நீச்சல் குளத்தைப்பார்த்து, உரத்த குரலில் வலிமையுடன், நான் உன்னை வெல்லப்போகிறேன், உன்னை ஆதிக்கம் செய்யப் போகிறேன், என்று சொல்லிவிட்டு வா.'' பிறகு தண்ணீருக்குள் இறங்கி பாடங்கள் கற்று அந்த பயத்தை வென்று விடு என்று சொன்னார். இதனை செய்து தண்ணீரை வென்றேன். அந்த தண்ணீர் உங்களை வெல்ல அனுமதிக்காதீர்கள். நீங்களே அந்த தண்ணீரின் தலைவர் என்பதை நினைவில் கொள்ளுங்கள். நான் புதிய மனப்பாங்கை எடுத்துக்கொண்டவுடன், என் ஆழ்மனதின் வியாபிக்கும் வலிமையானது அதற்கு பதிலளித்து, எனக்கு சக்தியும் நம்பிக்கையும் கொடுத்து என் பயத்தை வெல்லச்செய்தது.

எந்த ஒரு குறிப்பிட்ட பயத்தையும் வெல்லும் முறை

பயத்தை வெல்வது எப்படி என்று மேடையிலிருந்து நான் கற்றுக்கொடுக்கும் இந்த முறை பின்வருமாறு. இது மாயமாக வேலைசெய்யும். முயற்சி செய்து பாருங்கள்! நீங்கள் தண்ணீர் குறித்தோ, மலை மீதோ, நேர்காணல் பற்றியோ, நேர்முகத்தேர்வு குறித்தோ, அல்லது மூடப்பட்ட இடங்களில் அடைக்கப்படுவது குறித்த பயம் கொண்டவராக இருப்பதாக கற்பனை செய்வோம். நீச்சலடிக்க பயப்படுபவராக நீங்கள் இருந்தால், நாள் ஒன்றில் மூன்று நான்கு முறை, ஐந்து அல்லது பத்து நிமிடங்களுக்கு அசையாமல் அமர்ந்து நீங்கள் நீச்சலடிப்பது போல் கற்பனை செய்யுங்கள். நிஜமாக நீங்கள் உங்கள் மனதில் நீந்திக்கொண்டிருக்கிறீர்கள். இது ஒரு உட்புற அனுபவம். மனதில் நீங்கள் தண்ணீரில் இருப்பது போல் கற்பனையில் பார்க்கிறீர்கள். தண்ணீரின் குளுமை, உங்கள் கைகால்களின் அசைவு ஆகியவற்றை நீங்கள் உணர்கிறீர்கள். இவை அனைத்தும் தெளிவாக மகிழ்ச்சி கரமான செயலாக உங்கள் மனதிற்கு தோன்றுகிறது. வீணான பகல் கனவு அல்ல ஏனென்றால் நீங்கள் உங்கள் கற்பனையில் அனுபவிப்பது, உங்கள் ஆழ்மனதில் மேம்படுத்தப்படுகிறது. இதனால், உங்கள் மனதில் பதிந்த இந்த படத்தை உங்கள் ஆழ்மனதில் வெளிப்படுத்த கட்டாயப்படுத்தப்படுவீர்கள். இதுவே ஆழ்மனதின் சட்டம்.

இதே முறையை நீங்கள் உயரம் செல்ல, மலை ஏற என்று அனைத்திலும் பயன்படுத்தலாம். நீங்கள் மலை ஏறுவதாக கற்பனை செய்யுங்கள், அதன் நிஜத்தன்மையை உணருங்கள், அழகிய சுற்றுசூழலை கற்பனை செய்யுங்கள். இதனை தொடர்ந்து செய்தால் நிஜமாக உடலளவில் உங்களால் ஒரு நாள் சுலபமாக வசதியாக அனுபவிக்கக்கூடியது என்ற நம்பிக்கையுடன் செய்யுங்கள்.

அவர் அந்த மின்தூக்கியை ஆசீர்வதித்தார்

ஒரு பெரிய நிருவனத்தின் அதிகாரி ஒருவர் மின்தூக்கியில் செல்வதை குறித்து பயந்ததை நான் அறிந்திருந்தேன். ஒவ்வொரு நாளும் காலையில் ஐந்து மாடி படிக்கட்டில் ஏறிச்செல்லவார். அவர் நாளொன்றுக்கு பல முறை என்று தினமும் அந்த மின்தூக்கியை ஆசீர்வாதம் செய்யத் தொடங்கியதாக கூறினார். முடிவில், அவர்

தன் பயத்திலிருந்து மீண்டார். அவர் இப்படித்தான் அந்த மின் தூக்கியை ஆசீர்வாதம் செய்தார்: ''எங்கள் கட்டிடத்தில் உள்ள மின் தூக்கி ஒரு சிறப்பான எண்ணம். அது பிரபஞ்சத்தின் மனதிலிருந்து உருவாக்கப்பட்டது. எங்கள் தொழிலாளர்கள் அனைவருக்கும் அது ஒரு வரப்பிரசாதம். அது அற்புத சேவையை தருகிறது. அது தெய்வீக ஆணைப்படி செயல்படுகிறது. நான் அதில் அமைதியாகவும் மகிழ்ச்சியுடனும் பயணிக்கிறேன். வாழ்க்கை, அன்பு மற்றும் புரிதல் என் எண்ணங்களில் வழிந்து ஓடும் பொழுது நான் அமைதியாக இருக்கிறேன். என் கற்பனையில் நான் அந்த மின்தூக்கியில் இப்பொழுது இருந்து, என் அலுவலகத்தில் காலடி எடுத்துவைக்கிறேன். மின்தூக்கியில் எங்கள் பணியாளர்கள் நிறைந்திருக்கிறார்கள். நான் அவர்களுடன் பேசுகிறேன், சுதந்திரமாக, மகிழ்ச்சியாக. இது ஒரு அற்புதமான சுதந்திர மற்றும் நம்பிக்கையூட்டும் அனுபவம். இதற்கு நான் நன்றி சொல்கிறேன்.''

இந்த பிரார்த்தனையை பத்து நாட்களுக்குத்தொடர்ந்தார். பதினோராம் நாள் அலுவலகத்தின் மற்ற பணியாளர்களுடன் முழுமையான சுதந்திரத்தை உணர்ந்தபடி மின்தூக்கிக்குள் நுழைந்தார்.

சாதாரண மற்றும் அசாதாரண பயம்

மனிதன் இரண்டே பயங்களுடன் பிறக்கிறான். அதிக சப்தம் மற்றும் கீழே விழுவோம் என்கிற பயம். இவை இரண்டும் நம்மை காக்க நம்முள் பொருத்தப்பட்டுள்ள அபாய மணி போன்றது. சாதாரண பயம் நல்லது. சாலையில் ஒரு வண்டி வருவதை அறிந்து நீங்கள் ஒதுங்குகிறீர்கள். வாகனத்தால் மோதப்படுவோமோ என்ற பயம் நொடிப்பொழுது வந்து மறையும். அது உங்கள் செயலினால் மறைந்துவிடும். மற்ற அனைத்து பயங்களும் உங்கள் பெற்றோர், ஆசிரியர்கள், உறவினர்கள் மற்றும் ஆரம்ப காலத்தில் உங்கள் மீது தாக்கம் கொண்டவர்களால் ஏற்படுத்தப்பட்டவை.

அசாதாரண பயம்

மனிதன் தன் கற்பனையை ஓட விடும் போது இந்த அசாதாரண பயம் ஏற்படுகிறது. உலகத்தை விமானத்தில் சுற்றிப்பார்க்கும் வாய்ப்பு அளிக்கப்பட்ட ஒரு பெண்மணியை நான் அறிவேன். அவள் செய்தித்தாளிலிருந்து விமான விபத்துக்கள் பற்றிய

கட்டுரைகளை வெட்டி எடுத்து சேகரித்தாள். அவள் தான் கடலில் மூழ்குவதாக கற்பனை செய்தாள். இது அசாதாரண பயம். இதில் அவள் தொடர்ந்திருந்தால், சந்தேகமில்லாமல் அவள் பயந்த விஷயத்தை அவள் பக்கம் ஈர்த்திருப்பாள்.

அசாதாரண பயத்தை பற்றிய வேறொரு உதாரணம் நியூ யார்க்கில் இருக்கும் ஒரு தொழில் அதிபரை பற்றியது. அவர் தன் மனதில் ஒரு தனிப்பட்ட படம் ஒன்றை இயக்கிவந்தார். தோல்வி, சீரழிவு, காலி கஜானா பற்றிய அந்த படம் அவரை ஆழ்ந்த மன அழுத்தத்திற்கு உள்ளாக்கியது. இந்த அழிவு சித்திரத்தை நிறுத்த மறுத்தார். அவர் தன் மனைவியிடம் தினமும், ''இது நிலைக்காது,'' ''பின்னடைவு ஏற்படும்,'' ''நம் பணம் எல்லாம் பறிபோகும்,'' என்று கூறிவந்தார்.

கடைசியில் அப்படியே ஆனதாக அவர் மனைவி என்னிடம் கூறினார். அவர் கற்பனை செய்த அனைத்தும் நிஜமானது. அவர் பயந்த விஷயங்கள் முதலில் இல்லை. ஆனால் அவர் சதாசர்வகாலமும் பயந்து நடுங்கி அப்படி நடக்கும் என்று நம்பியதால் அதனையே அனுபவித்தார். *ஜோப் கூறினார், நான் பயந்தது போலவே நடந்தது.* தங்கள் குழந்தைகளுக்கு ஏதேனும் நேர்ந்துவிடும், பெரும் துக்கமும் துயரமும் வந்து சேரும் என்று நினைக்கும் பல பெற்றோர்கள் இருக்கிறார்கள். ஒரு தொற்றுநோய் அல்லது அசாதாரண நோயை பற்றி அவர்கள் படிக்க நேர்ந்தால், அது தங்களுக்கு வந்து விடும் என்றோ, அது தமக்கு ஏற்கனவே வந்து விட்டது என்றோ அவர்கள் கற்பனை செய்து கொள்வார்கள். இது அசாதாரண பயம்.

அசாதாரண பயத்திற்கான விடை

மனதளவில் அதன் நேர்மாறான எண்ணத்திற்கு மாறுங்கள். அதீத பயத்தில் வாழ்வது மன மற்றும் உடல் ஆரோக்கியத்தை சீரழிக்கும். பயம் எழும் பொழுது, அதற்கு நேர் மாறான ஆசை ஒன்று எழும். உங்கள் கவனத்தை அந்த ஆசையின் மீது செலுத்துங்கள், உடனடியாக. அந்த ஆசையில் உறிஞ்சப்படுங்கள். உள் மனது எப்பொழுதுமே புற மனதை உருவாக்குகிறது என்பதை உணருங்கள். அளவற்ற ஆற்றல் கொண்ட உங்கள் ஆழ்மனதின் சக்தி உங்களுக்காக நகர்கிறது, அதனால் தோற்க முடியாது. அதனால் அமைதி மற்றும் உறுதி உங்களுடையதாகும்.

உங்கள் பயங்களை ஆராயுங்கள்

ஒரு பெரிய நிறுவனத்தின் ப்ரெசிடெண்ட் என்னிடம், தான் ஒரு விற்பனையாளனராக இருந்தபொழுது, வாடிக்கையாளரை பார்க்கச் செல்லும் முன் ஐந்தாறு முறை அந்த தொகுதியை சுற்றி வருவார் என்று கூறினார். அவரது மேலாளர் அவரிடம், ''கதவிற்கு பின்னால் இருக்கும் ஏமாற்று மனிதனைப்பற்றி பயப்படாதே. எந்த ஒரு ஏமாற்று மனிதனும் இல்லை. இது ஒரு தவறான நம்பிக்கை,'' என்றார்.

மேலாளர் அவரிடம், தாம் எப்பொழுதெல்லாம் தன் பயங்களை எதிர் கொள்ள நினைத்தாரோ அப்பொழுதெல்லாம் அவற்றின் முகத்திற்கு நேராக கண்களால் வெறித்துப்பார்பார் என்று கூறினார். பிறகு அவை மங்கலாகி சுருங்கி ஒன்றுமில்லாமல் போகும்.

அவர் காட்டுக்குள் மாட்டிக்கொண்டார்

இரண்டாம் உலகப்போரினபோது தமக்கு ஏற்பட்ட அனுபவங்களை ஒரு பாதிரியார் என்னிடம் பகிர்ந்து கொண்டார். சேதமடைந்த ஒரு விமானத்திலிருந்து காட்டிற்குள் குதிக்க வேண்டியதாகி விட்டது. அவர் பயந்துபோனதாக கூறினார், ஆனால் இரண்டு விதமான பயங்கள் இருந்ததாக கூறினார், சாதாரணமானது, அசாதாரணமானது. இதை நாம் முன்னமே சுட்டிக்காட்டி உள்ளோம். அந்த பயத்தைப்பற்றி ஏதேனும் செய்யவேண்டும் என்று முடிவு செய்தார். தனக்குத்தானே பேச துவங்கினார், ''ஜான் உன் பயத்திற்கு நீ அடிமை ஆகக்கூடாது. உங்கள் பயம் பாதுகாப்பிற்கான ஒரு ஆசை, தப்பிக்க ஒரு வழி.'' அவர், ''கிரகங்களை வழிநடத்தும் அளவற்ற ஆற்றல் என்னை இப்பொழுது இந்த காட்டிலிருந்து வெளியேற்றும்,'' என்றார்.

இதை அவர் உரத்த குரலில் பத்து நிமிடங்கள் வரையிலோ அதற்கு மேலாகவோ சொல்வார். ''பிறகு,'' அவர் மேலும் தொடர்ந்தார், ''என்னுள் ஏதோ ஒன்று அசைந்தது. நம்பிக்கை என்னை ஆட்கொள்ள தொடங்கியது, நான் நடக்கத்தொடங்கினேன். சில நாட்களுக்குப்பிறகு, அதிசயமாக நான் காட்டிலிருந்து வெளியே வந்தேன், ஒரு விமானத்தால் காப்பாற்றப்பட்டேன்.'' அவரது மாறிய மனப்பாங்கு அவரை காத்தது. அவரது அக விவேகத்தின் மீதிருந்த நம்பிக்கை மற்றும் அவருக்குள் இருந்த சக்தியும் தான் அவரது பிரச்சனைக்கான தீர்வு.

அவர், ''நான் என் விதியை குறித்து வருந்தி பயத்தில் ஆழ்ந்திருந்தால் பயம் என்னும் இந்த அசுரனுக்கு பலியாகி இருக்கவேண்டும். நான் பயத்தினாலும் பசியினாலும் இறந்திருக்கக்கூடும்,'' என்றார்.

அவர் தன்னைத்தானே விடுவித்துக்கொண்டார்

ஒரு நிறுவனத்தின் பொது மேலாளர் ஒருவர் மூன்று வருடங்கள் வரை தன் பதவி பறிபோகும் என்று பயந்தார். அவர் எப்பொழுதுமே தன் தோல்வியை கற்பனை செய்தார். அவர் பயந்த விஷயம் நிஜத்தில் இருக்கவில்லை, அது அவரது மனதில் இருந்த மோசமான பதற்றம் தான். அவர் நரம்பு தளர்ச்சியால் பைத்தியமாகும் வரை தன் பணிநீக்கம் பற்றிய மனப்படத்தை தெளிவாக கற்பனை செய்து வந்தார். முடிவில் அவரை ராஜினாமா செய்யும்படி கூறப்பட்டார். நிஜத்தில் அவரே தான் தன்னை பணி நீக்கம் செய்து கொண்டார். நிரந்தர எதிர்மறையான கற்பனை மற்றும் பயம் பற்றிய ஆலோசனைகள் ஆழ்மனதிற்கு தரப்பட்டதால் அது அவர் ஆழ்மனதை அப்படி ஒரு விளைவை ஏற்படுத்த வற்புறுத்தியது. அது அவரை தவறிழைக்க செய்தது. மூடத்தனமான முடிவுகள் ஒரு பொது மேலாளரின் தோல்விக்கு வழிவகுத்தது. அவர் தன் மனதில் எதிர்புறம் நகர்ந்திருந்தால் அவர் பணி நீக்கம் செய்யப்பட்டிருக்க மாட்டார்.

அவர்கள் அவனுக்கெதிராக சதி செய்தனர்

சமீபத்திய உலக விரிவுரை சுற்றுப்பயணத்தின் பொழுது, ஒரு பிரபல அரசு அதிகாரியுடன் இரண்டு மணிநேரம் உரையாடிக் கொண்டிருந்தேன். அவர் உள்ளுக்குள் ஆழ்ந்த அமைதியுடன் திகழ்ந்தார். எதிர்கட்சியினரிடமிருந்து செய்தித்தாள்கள் மூலம் கிடைக்கும் அரசியல் விளாசல்கள் அவரை கலங்கச்செய்வதில்லை.

தினமும் காலையில் பதினைந்து நிமிடங்கள் அசைவற்ற நிலையில் அமைதியாக அமர்ந்து தன்னை ஆழ்ந்த அமைதிக் கடலின் நடுவே இருப்பதாக உணர்வது போல் பயிற்சி செய்வது அவர் வழக்கம். இது போன்ற தியானம் செய்து அனைத்து கஷ்டங்களையும் பயங்களையும் சமாளிக்க அதீத சக்தியியை உண்டாக்குகிறார்.

சில காலம் முன்பு சக ஊழியர் ஒருவர் நள்ளிரவில் அவரை

அழைத்து அவருக்கு எதிராக ஒரு குழு செயல்பட திட்டமிடுகிறது என்று கூறினார். அவர் தன் சக ஊழியரிடம் கூறியது இதுதான். ''நான் இப்பொழுது முழு அமைதியில் உறங்கப்போகிறேன். நீ இதைப் பற்றி நாளை காலை பத்து மணிக்கு என்னுடன் கலந்துரையாடலாம்,'' என்றார்.

அவர் என்னிடம், ''நான் எந்த ஒரு எதிர்மறையான எண்ணத்தையும் ஏற்றுக்கொண்டாலே அல்லாமல் எந்த ஒரு எதிர்மறையான விஷயமும் என்னை அண்டாது. அவை கூறும் பயம் பற்றிய ஆலோசனைகளை நான் ஏற்க மறுக்கிறேன். அதனால் எந்த தீங்கும் எனக்கு வராது,'' என்றார்.

அவர் எவ்வளவு அமைதியாக இருந்தார் என்பதை கவனியுங்கள், எவ்வளவு அமைதி! அவர் உற்சாகம் அடைந்து முடியை பிய்த்துக்கொண்டு கைகளை முறுக்கத் தொடங்கவில்லை. நடுவில் நிலையான நீரை, உள்மனதின் அமைதியை கண்டார். அதில் பெரும் அமைதி கண்டார்.

அனைத்து பயங்களிலிருந்தும் உங்களை நீங்கள் விடுவித்துக்கொள்ளுங்கள்

பயங்களை நீக்க இந்த சிறப்பான முறையை உபயோகப்படுத்துங்கள். *நான் இறைவனை அழைத்தேன், அவர் என் குரலுக்கு செவி சாய்த்தார், என் பயங்களை நீக்கினார்.* **பைபிள் தோத்திரம் 34:4.** கடவுள் என்பது சட்டத்திற்கான பழங்கால வாழ்க்கை-உங்கள் ஆழ் மனதின் வலிமை. உங்கள் ஆழ்மனது எப்படி வேலை செய்கிறது என்பது பற்றிய அதிசயத்தை அறிந்துகொள். இந்த பகுதியில் கொடுக்கப்பட்ட முறைகளில் நன்கு தேர்ச்சி பெருங்கள். அதை இன்றே பயிற்சி செய்யுங்கள்! உங்கள் ஆழ்மனது அதற்கு பதில் அளிக்கும். உங்கள் பயங்களில் இருந்து விடுவிக்கப்படுவீர்கள். *நான் இறைவனை அழைத்தேன், அவர் என் குரலுக்கு செவி சாய்த்தார், என் பயங்களை நீக்கினார்.*

பயங்களிலிருந்து விடுதலை பெற சில வழிகள்

1. நீங்கள் பயப்படும் விஷயத்தை செயயுங்கள், பயம் மடிவது உறுதி. உங்களுக்கு நீங்களே அர்த்தத்துடன், ''இந்த பயத்தை நான் வெல்லப்போகிறேன்,'' என்று கூறிக்கொள்ளுங்கள். நிச்சயமாக வெல்வீர்கள்.

2. பயம் மனதின் எதிர்மறை எண்ணம். அதை களைந்து ஆக்கப்பூர்வ எண்ணத்தை விதையுங்கள். பயம் லட்சக்கணக்கான மக்களை கொன்றுள்ளது. நம்பிக்கை பயத்தை விட உயர்ந்தது. நல்லனவற்றிலும் கடவுள் மேலும் நம்பிக்கை வைப்பதை போன்ற சக்தி வாய்ந்தது எதுவுமில்லை.
3. பயமே மனிதனின் தலை சிறந்த எதிரி. தோல்வி, நோய் மற்றும் மோசமான மனித உறவுகளுக்குப்பின்னால் அதுவே உள்ளது. அன்பு பயத்தை வெளியேற்றும். வாழ்வில் நல்லனவற்றுடன் ஒரு உணர்ச்சிபூர்வ ஒட்டுதலே அன்பு. உண்மையாக, நேர்மையாக, நியாயமாக, நல்லிணக்கத்துடனும், வெற்றியுடனும் அன்பு செலுத்துங்கள். நல்லது நடக்கும் என்ற ஆனந்த எதிர்பார்ப்பில் இருங்கள், சிறந்ததே உங்களை வந்து சேரும்.
4. பயம் பற்றிய ஆலோசனைகளை எதிர்மாறான எண்ணங்களால் மாற்றி அமையுங்கள், ''நான் அழகாக பாடுகிறேன், அமைதியாகவும் அடக்கமாகவும் இருக்கிறேன்'' என்பது போல். இது உங்களுக்கு சிறந்த பங்குகளாக திரும்பக்கிடைக்கும்.
5. தேர்வில், நேர்காணலில் உங்களுக்கு ஏற்படும் மறதிக்கு காரணம் பயம். ''எனக்கு சிறந்த ஞாபக சக்தி உள்ளது,'' என்று அடிக்கடி உங்களுக்கு நீங்களே உறுதிமொழி கூறிக்கொள்ளுங்கள். அல்லது தேர்வில் வெற்றப்பெற்றதை பாராட்டி உங்கள் நண்பர் உங்களை வாழ்த்துவதாய் கற்பனை செய்து கொள்ளுங்கள். விடாமுயற்சி செய்யுங்கள். நீங்கள் வெற்றிபெறுவீர்கள்.
6. தண்ணீரை கடக்க பயம் என்றால் நீச்சல் அடியுங்கள். உங்கள் கற்பனையில் சுதந்திரமாக மகிழ்ச்சியாக நீச்சல் அடியுங்கள். சில்லிட்ட தண்ணீரில் நீச்சல் அடிப்பதில் இருக்கும் கிளர்ச்சியை உணருங்கள். அதை தெளிவாக்குங்கள். இதை செய்யச்செய்ய, நீருக்குள் இறங்கி அதனை வெல்ல வேண்டும் என்ற உந்துதல் கட்டாயமாக வந்துவிடும். இதுவே உங்கள் மனதின் சட்டம்.
7. மின்தூக்கி போன்ற அடைப்பட்ட இடங்கள், விரிவுரைகள் நடக்கும் அறைகள் போன்ற இடங்களை கண்டு உங்களுக்கு பயம் என்றால், மனதில் அந்த மின்தூக்கியின் பகுதிகள், அது இயங்கும் விதம் ஆகியவற்றை ஆசீர்வாதம் செய்யுங்கள். அந்த பயம் எவ்வளவு சீக்கிரம் மறைகிறது என்பதை பார்த்து ஆச்சரியப்படுவீர்கள்.

8. நீங்கள் இரண்டு விதமான பயங்களுடன் மட்டுமே பிறந்திருக்கிறீர்கள். ஒன்று சப்தம் மற்றும் மேலிருந்து கீழே விழுவது. மற்றவை அனைத்தும் நீங்கள் சம்பாதித்து கொண்டவை. அவை அனைத்தையும் விட்டொழியுங்கள்.

9. சாதாரண பயம் நல்லது. அசாதாரண பயம் தீயது, அழிவுபூர்வமானது. பயம் பற்றிய எண்ணங்களில் எப்பொழுதும் இருப்பது, அசாதாரண பயத்தை உண்டாக்கும். ஒரு வித பிடிவாதமாக மாறும். ஒரு விஷயத்தை குறித்து எப்பொழுதுமே பயப்படுவது அபாயம் மற்றும் பதற்றத்தை உண்டு செய்யும்.

10. உங்கள் ஆழ்மனது நிலைமையை மாற்றக்கூடிய சக்தி கொண்டது என்ற விஷயத்தை புரிந்து கொண்டீர்களேயானால், நீங்கள் உங்கள் அசாதாரண பயத்தையும் வென்றுவிடலாம். உங்கள் இதயத்தின் ஆசைகளை நிறைவேற்றிக்கொள்ளலாம். உங்கள் பயத்தின் நேர் எதிரான ஆசைகளில் கவனத்தை உடனடியாக செலுத்துங்கள். உங்கள் பயத்தை வெளியேற்றும் அன்பு இதுவே.

11. நீங்கள் தோல்வியை குறித்து பயந்தால் உங்கள் கவனத்தை வெற்றியின் பக்கம் திருப்புங்கள். நோயை பற்றி பயம் இருந்தால் ஆரோக்கியத்தை நோக்கி சிந்தியுங்கள். விபத்தை பற்றிய பயம் என்றால் கடவுள் காப்பாற்றுவார் என்ற நல்வழியில் சிந்தியுங்கள். மரணத்தைக்குறித்து பயம் இருந்தால் அழியாமையை பற்றிய சிந்தனையில் இருங்கள். கடவுளே வாழ்க்கை. அதுவே இப்போது உங்கள் வாழ்க்கை.

12. மாற்றியமைப்பதே பயத்திற்கான பதில். பயத்திற்கு பதில் உங்கள் ஆசையில் உள்ளது. நீங்கள் நோயுற்று இருந்தால் ஆரோக்கியத்தை விரும்புகிறீர்கள். பயம் என்ற சிறையில் இருந்தால் சுதந்திரத்தை விரும்புகிறீர்கள். நல்லதையே எதிர்பாருங்கள். மனதளவில் நல்லனவற்றில் கவனம் செலுத்துங்கள், ஆழ்மனது உங்களுக்கு விடை அளிக்கும் என்பதை அறியுங்கள். அது ஒருபொழுதும் தோற்காது.

13. நீங்கள் பயப்படும் விஷயம் உண்மையில் உங்கள் மனதில் தான் உள்ளது. எண்ணங்கள் ஆக்கபூர்வமானவை. இதனால் தான் ஜோப், *நான் பயந்தது நடந்துவிட்டது* என்றார். நல்லதை சிந்தி, நல்லது தொடரும்.

14. உங்கள் பயத்தை பாருங்கள்; காரணத்தை அறியுங்கள். உங்கள் பயங்களை கண்டு சிரிக்க கற்றுக்கொள்ளுங்கள்.

அதுவே சிறந்த மருந்தாகும்.

15. உங்கள் எண்ணங்களை தவிர வேறு எதுவுமே உங்களை தொந்திரவு செய்ய முடியாது. ஆலோசனைகள், வாக்கியங்கள், அல்லது மற்றவர்களின் மிரட்டல்களுக்கு உங்கள் மீது எந்த சக்தியும் இருக்காது. சக்தி உங்களுக்குள் இருக்கிறது. நல்லனவற்றில் உங்கள் கவனம் இருக்கும் போது, கடவுளின் சக்தி உங்கள் நல்ல எண்ணங்களுடன் இருக்கிறது. ஒரே ஒரு ஆக்கப்பூர்வ சக்தி தான் இருக்கிறது, அது நல்லிணக்கமாக வலம் வருகிறது. அதனுள் எந்த பிரிவுகளும் சர்ச்சைகளும் இல்லை. அது அன்பின் ஆதாரம். அதனால் தான் உங்கள் நல்ல எண்ணங்களோடு கடவுளின் சக்தி உள்ளது.

20

மனதளவில் இளமையாக இருப்பது எப்படி

உங்கள் ஆழ்மனது எப்பொழுதுமே முதுமை அடைவதில்லை. அதற்கு காலம் மற்றும் வயது இல்லை. அதற்கு முடிவும் இல்லை. கடவுளின் பிரபஞ்ச மனதிற்குள் அது அடங்கியுள்ளது. அது பிறக்கவில்லை, அதற்கு இறப்பும் இல்லை. தளர்ச்சியோ அல்லது முதுமையோ ஆன்மாவின் சக்தியை அடக்கிவிட முடியாது. பொறுமை, இரக்கம், அடக்கம், நல்லிணக்கம், அமைதி மற்றும் சகோதர அன்பு ஆகிய குணங்கள் முதுமை அடைவதில்லை. இந்த வாழ்வின் தடத்தில் இத்தகைய குணங்களை வளர்க்க தொடர்ந்தீர்களானால் நீங்கள் மனதளவில் இளமையாகவே இருப்பீர்கள்.

சில வருடங்களுக்கு முன்னர் நம் பத்திரிகைகள் ஒன்றில் ஒரு கட்டுரை படித்தது நினைவிற்கு வருகிறது. அதில் ஓஹியோ, சின்சினாட்டியின் டீ குரி கிளினிக்கை சேர்ந்த சிறந்த மருத்துவர்கள் குழு ஒன்று வருடங்கள் மட்டுமே படிப்படியாக சிதையும் நோய்களுக்கு காரணம் இல்லை என்று குறிப்பிட்டிருந்தது. காலத்தை பற்றிய பயம், காலம் மட்டுமே, நம் உடல் மற்றும் மனதில் இந்த தீங்கான முதுமையின் விளைவுகளை ஏற்படுத்துவதில்லை, கொடுமையான பயமே காலத்திற்கு முன்னர் முதுமையை ஏற்படுத்துகிறது என்று இந்த மருத்துவர்கள் கூறியுள்ளனர்.

என் பொதுவாழ்வின் பல வருடங்களில், சராசரி வாழ்நாளை விட அதிக வருடங்கள் உபயோகமாக கழித்த பிரபல ஆண்கள் மற்றும் பெண்களின் சுயசரிதையை படிக்கும் வாய்ப்பு எனக்கு கிடைத்தது. சிலர் தங்கள் சிறந்த வெற்றிகளை முதுமையில்

பெற்றுள்ளனர். அதே சமயம், பெரிதாக பிரபலமடையாத தனிநபர்களையும் சந்திக்க நேர்ந்தது. அவர்கள் தங்களுடைய குறைந்த கோளங்களில் உள்ள கடினமான மனிதர்களுக்குள் ஒருவராக இருப்பவர்கள். அவர்களும் முதுமை மட்டுமே மனது மற்றும் உடலின் ஆக்கப்பூர்வ சக்திகளை அழிப்பதில்லை என்று கூறுகின்றனர்.

தன் எண்ணங்களின் வாழ்வில் முதுமை அடைந்திருந்தார்

சில வருடங்களுக்கு முன்னர் ஒரு வயதான நண்பர் ஒருவரை லண்டனில் சந்தித்தேன். அவர் எண்பது வயதை தாண்டி, நோயுற்று, முன்னேறும் வருடங்களுக்கு விட்டுக்கொடுத்துக் கொண்டிருந்தார். எங்கள் உரையாடல் அவரது உடல் நலிவு, எரிச்சல், பொதுவான மோசமான நிலைமை, உயிரற்ற தன்மையை அணுகுகிறது என்று தெரிய வந்தது. அவர் கூக்குரல் இட்டது, அவர் உபயோகமற்றவர் என்றும் யாரும் அவரை விரும்பவில்லை என்பதும் தான். நம்பிக்கையற்ற நிலையை வெளிப்படுத்தும் வகையில் அவர் தன் பொய்யான தத்துவத்தை ஏமாற்றி, ''நாம் பிறக்கிறோம், வளர்கிறோம், முதுமை அடைகிறோம், எதற்கும் பயனற்றவராக மாறுகிறோம். அதுவே முடிவு,'' என்கிறார்.

இந்த உபயோகமற்றவன் மதிப்பற்றவன் என்ற மனப்பாங்கே அவரது நோய்க்கான முக்கிய காரணம். அவர் வயதுடன் முதுமை அடைவதையே எதிர்பார்த்திருந்தார். அதற்கு மேல் வேறொன்றுமில்லை. அவர் தன் எண்ணங்களின் வாழ்வில் முதுமை எய்தியிருந்தார், அவர் எப்பொழுதுமே நினைக்க பழகி இருந்த எண்ணங்களை அவரது ஆழ்மனது உண்மையாக மாற்றிவிட்டிருந்தது.

வயதுடன் விவேகம் வரும்

துரதிர்ஷ்டவசமாக பலருக்கு இந்த சந்தோஷமில்லாத மனிதனைப்போல்தான் மனப்பான்மை உள்ளது. அவர்கள் ''முதிர்ந்த வயது'' என்ற வார்த்தையை, முடிவு, வாழ்வின் மறைவு ஆகியவற்றுடன் ஒப்பிட்டு பயப்படுகிறார்கள். வாழ்விற்கு முடிவில்லை. வயது, காலங்கள் பறப்பதை குறிப்பதில்லை, விவேகம் உதிப்பதை குறிக்கிறது.

உங்கள் ஆழ்மனதின் சக்தியை கண்டுகொள்வதே விவேகமாகும். இந்த சக்தியை பயன்படுத்தி வாழ்க்கையை எப்படி மகிழ்ச்சிகரமாகவும் முழுமையாகவும் வைத்துக்கொள்வது என்ற அறிவும் விவேகமும் தான். 65, 75 அல்லது 85 வயது என்பது வாழ்வின் முடிவு என்ற எண்ணத்தை உங்கள் தலையிலிருந்து எடுத்து விடுங்கள். அது நீங்கள் இதுவரை அனுபவித்த அனைத்தையும் விட சிறந்த, ஒரு அற்புத, துடிதுடிப்பான உபயோகமான வாழ்க்கை முறையை துவங்குவதாக கூட இருக்கலாம். நம்புங்கள், எதிர்பாருங்கள், உங்கள் ஆழ்மனது அதை நிஜமாக்கி விடும்.

மாற்றத்தை வரவேற்கவும்

முதிர்ச்சியான வயது ஒரு சோகமான நிகழ்வு இல்லை. நாம் முதுமை என்று சொல்லும் இது ஒரு மாற்றம் தான். முடிவில்லாத பாதையில் எடுத்துவைக்கப்பட்ட மனித வாழ்வின் அடுத்த ஒரு அடியாகத்தான் இந்த முதுமையை மகிழ்ச்சியோடு வரவேற்கவேண்டும். மனிதனுக்கு அவன் உடலின் சக்தியை விட அதிக சக்தியுள்ளது ஐம்புலன்களை கடந்த ஒரு உணர்வு.

மனிதனின் சொந்த உடலை விடாமல், அதே நாற்காலியில் சாய்ந்து அமர்ந்து கொண்டிருக்கும் போது, அவனது உணர்விலிருந்து ஏதோ ஒன்று தன் நிகழ்கால உடலை விட்டு ஆயிரக்கணக்கான மைல் பயணம் செய்து மற்றவர்களை காண, கேட்க, தொட்டு, உணர, பேச முடிகிறது என்பதை விஞ்ஞானிகள் இன்று தர்க்கிக்க முடியாத நேர்மறையான சாட்சியங்களுடன் காண்கின்றனர். மனிதனின் வாழ்க்கை ஆன்மீகமானது அழிவற்றது. வாழ்க்கைக்கு அவன் வயதானவனாக இருக்கவேண்டும் என்று இல்லை. கடவுளுக்கு வயது முதிர்ச்சி ஏற்படுவதில்லை. பைபிள் கடவுள் தான் வாழ்க்கை என்று கூறுகிறது. வாழ்க்கை தன்னைத்தானே புதுப்பித்து கொள்கிறது அழிவற்றது, அழிக்கமுடியாதது, அதுவே அனைத்து மனிதர்களின் நிஜம்.

வாழ்க்கை நீடிக்கிறது என்பதற்கான சாட்சியம்

இங்கிலாந்து மற்றும் அமெரிக்காவின் உடல் ஆராய்ச்சி சமூகம் சேகரித்துள்ள சாட்சியங்கள் மிகவும் வியப்பில் ஆழ்த்துவதாக உள்ளது. பெருநகர நூலகத்திற்கு சென்று தி *ப்ரொஸிடிங்ஸ்*

ஆஃப் தி ஃபிஸிக்கல் ரிசெர்ச் சொஸைட்டியின், இறப்பின் பின்னரும் வாழ்வை தொடர்வது பற்றிய கண்டுபிடிப்புகளை படிக்கலாம். ஹியர்வேர்ட் காற்றிங்க்டன், அமெரிக்கன் ஃபிஸிக்கல் இன்ஸ்டிடியூடின், *தி கேஸ் ஃபார் ஸைக்கிக் சர்வைவல்லில்* மரணத்திற்கு பின் வாழ்வு தொடர்வதை நிரூபிக்கும் விஞ்ஞான பரிசோதனைகள் பற்றிய ஒரு திடுக்கிடும் அறிக்கையை நீங்கள் காணலாம்.

உயிர் என்பது

ஒரு பெண்மணி மின்சார மேதாவி தாமஸ் எடிசனை பார்த்து, ''மிஸ்டர் எடிசன், மின்சாரம் என்பது என்ன?'' என்று கேட்டாள்.

அவரும், ''மேடம், மின்சாரம் இருக்கிறது. உபயோகியுங்கள்.'' மின்சாரம் என்பது நம்மால் முழுவதுமாக புரிந்து கொள்ள முடியாத, கண்ணுக்குத் தெரியாத ஒரு சக்தி ஆனால் மின்சாரத்தைப்பற்றிய அனைத்து கொள்கைகளையும் அவற்றின் பயனையும் நாம் கற்கிறோம். அதை நாம் எண்ணற்ற முறைகளில் உபயோகப்படுத்துகிறோம்.

ஒரு விஞ்ஞானியால் எலெக்ட்ரானை கண்ணால் பார்க்க முடியாது இருந்தாலும் அதை விஞ்ஞான பூர்வ உண்மையாக அவர் ஏற்றுக்கொள்கிறார், ஏனென்றால் அவர் செய்த பரிசோதனைகளின் முடிவுகளோடு இணையாக இது இருக்கிறது. நம்மால் உயிரை பார்க்க முடியாது. ஆனாலும் நாம் உயிரோடு இருக்கிறோம் என்று நமக்குத்தெரியும். உயிர் இருக்கிறது, நாம் இங்கு அதை அழகாகவும் அமோகமாகவும் வெளிப்படுத்தத்தான் உள்ளோம்.

உடலும் ஆவியும் முதுமை அடைவதில்லை

பைபிள் கூறுகிறது, *இந்த உயிருக்கு சாவில்லை, அவை உண்மையான கடவுளை அறியும்*. **ஜான் 17:3,** எந்த ஒரு மனிதன் இந்த பூவியில் பிறப்பு, வளர்ப்பு, பூப்பெய்துதல், இளமை, கடைசியில் முதுமை அடைவதுதான் வாழ்க்கை என்று நினைக்கிறானோ அவன் பரிதாபப்படவேண்டியவன். அப்படி ஒரு மனிதனுக்கு நங்கூரம், நம்பிக்கை, தொலைநோக்கு பார்வை மற்றும் வாழ்விற்கு அர்த்தம் இருப்பதில்லை.

இப்படி ஒரு நம்பிக்கை எரிச்சல், தேக்கம், வெறுப்பு

மனப்பான்மை மற்றும் நம்பிக்கை இல்லாதது போன்ற உணர்வை கொடுக்கும். அது அனைத்து வகையான மனசிதைவையும் ஏற்படுத்தும். உங்களால் டென்னிஸ் போன்ற வேகமான விளையாட்டை ஆட முடியாவிட்டால், அல்லது உங்கள் உடல் வேகம் குறைந்து விட்டால், அல்லது உங்களால் உங்கள் மகன் போல் வேகமாக நீச்சல் அடிக்க முடியாவிட்டால், அல்லது நீங்கள் மெதுவாக அடி எடுத்து வைத்தால், வாழ்க்கை புதிய உடையை அணிகிறது என்ற விஷயத்தை புரிந்து கொள்ளுங்கள். மனிதர்கள் இறப்பு என்று அழைப்பது வேறொரு புதிய கோணத்தில், ஒரு புதிய இடத்தில் பயணத்தை துவங்குவதுதான் என்பதை புரிந்து கொள்ளுங்கள்.

நாம் முதுமை என்று கூறுவதை ஆண்களும் பெண்களும் மனதார ஏற்றுக்கொள்ள வேண்டும் என்ற என் விரிவுரைகளில் கூறுவேன். வயதிற்கு அதன் மகிமை, அழகு, விவேகம், நல்லிணக்கம் ஆகியவை உண்டு. அன்பு, அமைதி, மகிழ்ச்சி, விவேகம், நல்லிணக்கம் மற்றும் புரிதல் போன்ற நற் குணங்கள் முதுமை அடைவதோ இறப்பதோ இல்லை.

ரால்ஃப் வால்டோ எமெர்சன், கவிஞர் மற்றும் தத்துவவாதி, ''கூட்ட வேறு எதுவும் இல்லாதவரை மனிதனின் வயதை நாம் கூட்டுவதில்லை,'' என்றார். உங்கள் குணம், மனதின் தன்மை, உங்கள் நம்பிக்கை மற்றும் உங்கள் உறுதிகள் கெடுவதில்லை.

நீங்கள் எவ்வளவு இளமை என்று நினைக்கிறீர்களோ அவ்வளவு இளமையானவர்

நான் லண்டன், இங்கிலாந்தின் காக்ஸ்டன் ஹாலில் சில வருடங்களுக்கு ஒரு முறை பொது விரிவுரைகள் கொடுக்கிறேன். இது போன்ற விரிவுரை ஒன்றின் பின்னர் ஒரு அறுவை சிகிச்சை நிபுணர் என்னிடம், ''நான் 84 வயதானவன். நான் தினமும் காலையில் அறுவை சிகிச்சை செய்கிறேன். மதியம் நோயாளிகளை சந்திக்கிறேன், மாலையில் அறிவியல் மற்றும் மருத்துவ புத்தகங்களுக்கு எழுதுகிறேன்,'' என்றார். அவர் மனப்பாங்கு அவர் தாம் நம்பிய அளவிற்கு உபயோகமாக இருக்கிறார் என்றும், எவ்வளவு இளமையாக இருக்கிறோம் என்று நினைக்கிறாரோ அவ்வளவு இளமையாக இருக்கிறார். அவர் என்னிடம், ''நீங்கள் சொன்னது உண்மை தான், 'தான் எவ்வளவு பலசாலி என்று நினைக்கிறோமோ அவ்வளவு பலசாலி. அவன் தனக்கு எவ்வளவு

மதிப்பு என்று நினைக்கிறானோ அவ்வளவு மதிப்பிற்குரியவன்.''' முன்னேறும் வயதிற்கு அந்த அறுவை சிகிச்சை நிபுணர் சரண் அடையவில்லை. அவருக்கு இறப்பு இல்லை என்று அவருக்குத் தெரியும். அவர் என்னிடம் கூறிய கடைசி விமர்சனம், ''நாளை நான் இறந்து விட்டால், அடுத்த கோணத்தில் நான் மனிதர்களை அறுவை சிகிச்சை செய்து கொண்டிருப்பேன், மருத்துவ கத்தியால் இல்லை, மனதாலும் ஆன்மீக வழியிலும் நடத்தப்படும் சிகிச்சை.''

உங்கள் நரை முடி உங்கள் சொத்து

ஒரு பொழுதும் உங்கள் வேலையை விட்டுவிட்டு, ''நான் ஓய்வுபெற்றுவிட்டேன்; நான் வயதானவன்; எனக்கு எல்லாம் முடிந்துவிட்டது,'' என்று சொல்லாதீர்கள். அது தேக்கமாகும், இறப்பு, நீங்கள் முடிந்து விடுவீர்கள். சில மனிதர்கள் 30ல் வயதானவாகிறார் அதே சமயம் வேறு சிலர் 80ல் இளமையாக இருக்கிறார். மனதே நெய்பவர், கட்டிட கலைஞர், வடிவமைப்பவர், மற்றும் சிற்பி. ஜார்ஜ் பெர்னார்ட் ஷா 90 வயதிலும் சுறுசுறுப்பாக இருந்தார். அவரின் கலை நயம் மிக்க மனதின் குணம் சுறுசுறுப்பாக செயல்படுவதிலிருந்து ஓய்வு எடுக்கவில்லை. நான் சந்தித்த சில ஆண்களும் பெண்களும் என்னிடம் தனக்கு 40 வயது என்று சொன்னவுடனே சில நிறுவனங்களின் முதலாளிகள் அவர்கள் முகத்திற்கு எதிராக கதவை அறைந்து மூடுகின்றனர் என்று கூறுவதாக சொல்கிறார்கள். நிறுவன முதலாளிகளின் இப்படிப்பட்ட மனப்பாங்கு தீய, கவலையற்ற புரிதலின்மை மற்றும் இரக்கமின்மையை குறிப்பிடுகிறது. மொத்த முக்கியத்துவமும் அவர்களது இளமையின் மேல் இருப்பது போல் தோன்றுகிறது அதாவது நீங்கள் 35 வயதிற்கு கீழ் இருந்தால் நீங்கள் அந்த வேலைக்கு கருதப்படுவீர்கள். இதற்கு பின்னால் கூறப்படும் காரணங்கள் மிகவும் வலுவற்றவை. அந்த நிறுவனத்தினர் நிறுத்தி யோசித்தால், அந்த ஆணோ பெண்ணோ தன் நரை முடியையோ அல்லது வயதையோ விற்கவில்லை, மாறாக தன் அனுபவம் விவேகம் மற்றும் அங்காடியில் தனக்குக்கிடைத்த அனுபவம் ஆகியவற்றை மட்டுமே தர விரும்புகிறார்கள் என்பதை புரிந்துகொள்வார்கள்.

வயது ஒரு சொத்து

எந்த ஒரு நிறுவனத்திற்கும் உங்கள் வயது தெளிவான ஒரு சொத்தாக இருக்கவேண்டும், ஏனென்றால் நீங்கள் அன்பு மற்றும் நல்லிணக்கம் என்ற சட்டத்தையும் தங்கசட்டத்தையும் பல வருடங்களாக பயிற்சி செய்து செயல்படுத்துகிறீர்கள். உங்களுக்கு நரை முடி இருந்தால் அது உங்கள் திறமை, புரிதல் மற்றும் விவேகத்தை குறிப்பிடவேண்டும். உங்களது ஆன்மீக மற்றும் உணர்ச்சிகளுக்கான முதிர்ச்சி எந்த ஒரு நிறுவனத்திற்கும் பெரிய ஒரு ஆசீர்வாதம். ஒரு மனிதன் தன் 65 வயதில் வேலையில் இருந்து ஓய்வு பெறக்கூடாது. வேலை செய்பவர்களின் பிரச்சனைகளை கையாள்வது, எதிர்காலத்திற்கான திட்டம் தீட்டுவது, தீர்மானங்கள் எடுப்பது, தன் அனுபவத்தை ஆதாரமாக வைத்து தொழிலுக்கேற்ற தன் ஆக்கப்பூர்வ் ஆலோசனைகளை கொடுத்து மற்றவர்களை வழிகாட்டுவது, ஆகியவற்றை செய்ய வாழ்க்கையின் சரியான நேரம் இது தான்.

உங்கள் வயதிற்கேற்ப நடந்துகொள்ளுங்கள்

பன்னிரெண்டு வயதான குழந்தைகளின் மனதை கவரும் திரைக்கதைகளை எழுத வேண்டியது தன் வேலையாக இருந்தது என்று ஒரு ஹாலிவுட் திரைப்பட கதாசிரியர் என்னிடம் ஒரு முறை கூறினார். பெருங்கூட்டத்தினர் உணர்ச்சி பூர்வமாகவும் ஆன்மீகமாகவும் முதிர்ந்தவராக இருக்கவேண்டும் என்று எதிர்பார்ப்பது மிகவும் சோகமான ஒரு விஷயம். இதற்கு அர்த்தம், இளமை அனுபவமின்மை, அவசர தீர்மானம் எடுப்பது ஆகியவற்றை குறிக்கிறது, இருந்தாலும் இதையெல்லாம் மீறி முக்கியத்துவம் இளமைக்கு வைக்கப்படுகின்றது.

இளைஞருள் சிறந்தவர்களுக்கு சமமாக என்னால் இருக்க முடியும்

65 வயதான ஒருவர் வெறியுடன் தன்னை இளமையாக வைத்துக்கொள்ள நினைப்பதை பற்றி நான் சிந்திக்கிறேன். ஒவ்வொரு ஞாயிற்றுக்கிழமையும் இளைஞர்களுடன் நீச்சலடிப்பது, மலை ஏறுவது, டென்னிஸ் விளையாடுவது போன்ற திறமைகளுக்காகவும் தன் உடல் ஆரோக்கியத்தை குறித்து,

''இவர்களுள் சிறந்தவர்களுடன் என்னை ஒப்பிட முடியும் பார்!'' என்று கூறுவார்.

அவர் ஒரு சிறந்த உண்மையை நினைவில் கொள்ளவேண்டும்: *ஒரு மனிதன் தன் இதயத்தில் எப்படி நினைக்கிறானோ, அப்படியே ஆகிறான்.* **பழமொழி, 23:7.** சாப்பாடு, கட்டுப்பாடு, உடல் பயிற்சி மற்றும் பல்வேறு விளையாட்டுகள் இந்த மனிதனை இளமையாக வைக்காது. அவன் தான் எண்ணுவதற்கு ஏற்றாற்போல் இளமையாகவோ அல்லது வயது முதிர்ந்தவனாகவோ ஆகிறான் என்பதை அவன் தெரிந்து கொள்வது அவசியம். உங்கள் ஆழ்மனது உங்கள் எண்ணங்களால் பதப்படுத்தப்படுகிறது. உங்கள் எண்ணம் எப்பொழுதும் அழகாக, நேர்மையாக, நல்லதாக இருந்தால், எத்தனை ஆண்டுகளானாலும் நீங்கள் இளமையாகவே இருப்பீர்கள்.

முதுமையைப்பற்றிய பயம்

ஜோப், *நான் மிகவும் பயந்தது எனக்கு நேர்ந்துவிட்டது,* என்று சொன்னார். முதுமை, எதிர்காலம் கேள்விக்குறியாக இருப்பது ஆகியவையைப்பற்றி கவலை படுபவர்கள் பலர். ஏனென்றால் உடல் ரீதியாக தளர்ச்சி. மனதால் தளர்ச்சி ஆகியவை வயதாக ஆக அதிகரிக்கும் என்று அவர்கள் எதிர்பார்க்கின்றனர். அவர் நினைப்பது மற்றும் உணர்வது உண்மையாகிறது.

வாழ்க்கையில் பிடிப்பு விட்டுப்போய்விட்டால், நீங்கள் கனவு காண்பதை நிறுத்திவிட்டால், புதிய உண்மைகள் அறிய ஒரு பசியும், வெல்வதற்கு புது உலகங்களை தேடுவதிலும் ஆசை விட்டுப்போய்விட்டால், நீங்கள் முதியவராகி விடுகிறீர்கள். உங்கள் மனது புதிய எண்ணங்கள், புதிய விஷயங்களில் நாட்டம் கொள்ளும் போது, மற்றும் திரையை விலக்கி சூரிய ஒளியை உள்ளே அனுமதித்து பிரபஞ்சம் மற்றும் வாழ்க்கையின் புது உண்மைகளில் உத்வேகம் பெற்றால், என்றுமே இளமையாகவும் ஆயுளோடும் நீங்கள் இருப்பீர்கள்.

கொடுக்க உங்களிடம் நிறைய உள்ளது

நீங்கள் 65 அல்லது 95 வயதானவராக இருந்தால், உங்களிடம் கொடுக்க நிறைய உள்ளது என்பதை உணருங்கள். ஸ்திரமாக இருக்க உதவி, ஆலோசனைகள் வழங்கி இளைய த்லைமுறையை

வழிநடத்தலாம். உங்கள் அறிவு, விவேகம் மற்றும் அனுபவத்தின் நன்மையை கொடுக்கலாம். நீங்கள் எப்பொழுதுமே முன்னேற பார்க்கலாம் ஏனென்றால் அளவற்ற வாழ்க்கையை எதிர்நோக்கியுள்ளீர்கள். வாழ்க்கையின் சிறப்புகள் மற்றும் அதன் அற்புதங்களை திரைநீக்குவதை நிறுத்தமுடியாது என்று நீங்கள் காண்பீர்கள். நாளின் ஒவ்வொரு நொடியிலும் ஏதாவது ஒன்றை புதிதாக கற்க முயற்சி செய்யுங்கள், உங்கள் மனது எப்பொழுதுமே இளமையாக இருப்பதை காண்பீர்கள்.

நூற்றிபத்து வயது

சில வருடங்களுக்கு முன் மும்பையில் விரிவுரை நிகழ்த்திக் கொண்டிருக்கும் போது, ஒரு 110 வயதான முதியவருக்கு அறிமுகபடுத்தி வைக்கப்பட்டேன். நான் இதுவரை பார்த்திராத அழகிய முகம் அவருடையது. உள்ளுக்குள்ளிருந்து எழுந்த ஒளியால் அவர் மிளிர்ந்து கொண்டிருந்தார். அவர் கண்களில் இருந்த ஒரு வித அரிய அழகு, மகிழ்ச்சியுடன் அவர் முதுமையை ஏற்றுக்கொண்டார் என்றும் அவர் அறிவு மங்கவில்லை என்றும் காட்டியது.

வேலையிலிருந்து ஓய்வு-ஒரு புதிய முயற்சி

உங்கள் மனது எப்பொழுதும் ஒய்வு பெறாது என்பதை உறுதிப்படுத்திக் கொள்ளுங்கள். திறந்தாலே ஒழிய உபயோகப்படாத ஒரு வான்குடை போன்றது அது. புது எண்ணங்கள் மற்றும் ஆலோசனைகளுக்கு உங்கள் மனதை திறந்து வையுங்கள். 65 மற்றும் 70 வயதான மனிதர்கள் ஓய்வு பெறுவதை நான் பார்த்துள்ளேன். அவர்கள் வெறுப்படைந்து சில மாதங்களில் மடிந்து போகின்றனர். வயது முடியும் தருவாயில் இருக்கிறோம் என்று நினைத்தது தெளிவாக இருந்தது. ஓய்வு ஒரு புதிய முயற்சியாக, ஒரு புதிய சவாலாக, பல நாட்களாக கண்ட கனவின் தொடக்கமாக இருக்கலாம். ஒருவர், ''நான் இப்பொழுது என்ன செய்வேன், ஓய்வு பெற்றுவிட்டேனே?'' என்று சொன்னால், அவர், ''மனதாலும் உடலாலும் இறந்து விட்டேன். என் மனதில் எந்த ஒரு புதிய எண்ணங்களும் இல்லை,'' என்று கூறுவதுபோல் இருக்கும்.

இவை அனைத்தும் போலியான படம். நிஜமான உண்மை என்னவென்றால் 60 வயதில் நீங்கள் சாதித்ததை விட 90

வயதில் உங்களால் அதிகம் சாதிக்க முடியும். ஏனென்றால், புதிய பாடங்களால், புதிய ஆர்வங்களால் உங்கள் புரிதலும் விவேகமும் நாளுக்கு நாள் வளரும்.

அவன் மேலும் சிறப்பான வேலைக்கு மாறினான்

என் வீட்டின் அருகில் வாழ்ந்து வந்த அதிகாரி ஒருவர் சில மாதங்களுக்கு முன் வேலையிலிருந்து ஓய்வு பெற வேண்டியிருந்தது, ஏனென்றால் அவர் 65 வயதை அடைந்துவிட்டார். அவர் என்னிடம், ''நான் ஓய்வுபெற்றதை கிண்டர் கார்டெனில் இருந்து முதலாம் வகுப்பு சென்றதாய்தான் பார்க்கிறேன்,'' என்றார். அவர் தத்துவம் இப்படி: அவர் உயர் நிலை பள்ளியை விடும்போது, கல்லூரிக்கு சென்றது ஒரு முன்னேற்றம். அவர் கல்வியிலும் வாழ்க்கை பாதையிலும் ஒரு அடி முன்னேற்றம் என்று அதனை கருதினார். அதே போல், வாழ்க்கையில், தான் செய்ய விரும்பியதை சுதந்திரமாக செய்யக்கூடும் என்பதால் இதுவும் வாழ்க்கை என்னும் ஏணியில் முன்னேற மற்றும் விவேகம் பெற ஒரு வாய்ப்பு என்றே பார்த்தார்.

அவர், இனி வாழ்க்கையை ஓட்ட, என்ன செய்வது என்பதை பற்றிய சிந்தனையை விட்டுவிட்டு இப்படி ஒரு விவேகமான முடிவிற்கு வந்தார். வாழ்க்கையை வாழ்வது எப்படி என்பதில் இனி தன் கவனத்தை செலுத்தப்போவதாக முடிவு செய்தார். அவர் ஆரம்ப நிலை புகைப்படக்காரர், புகைப்படக்கலையை பற்றிய புது பாடங்களை எடுத்துக்கொண்டார். அவர் உலகத்தை சுற்றி வந்து, பிரபல இடங்களைப்பற்றி திரைப்படங்கள் எடுத்தார். இப்போது அவர் பல்வேறு குழுக்கள், தங்கும் விடுதிகள், கிளப்புகள் ஆகியவற்றில் விரிவுரைகள் கொடுக்கும் அளவு பிரபலமானவராகிவிட்டார்.

உங்கள் மீதல்லாது மற்றவற்றில் ஆர்வம் காட்ட எண்ணற்ற வழிகள் உள்ளன. புதிய படைப்புக்களுக்கான ஆலோசனைகளில் ஆர்வம் கொள்ளுங்கள். ஆன்மீகத்தில் வளர்ச்சி பெறுங்கள், தொடர்ந்து கற்று வளருங்கள். இப்படி செய்வதால் நீங்கள் இதயத்தில் இளமையுடன் திகழ்வீர்கள். ஏனென்றால் புதுப்புது உண்மைகளை அறிய உங்களுக்குள் பசியும் தாகமும் இருப்பதால், உங்கள் உடலும் உங்கள் எண்ணங்களையே எப்பொழுதும் பிரதிபலிக்கும்.

நீங்கள் சமூகத்தின் கைதியாக இருக்காமல் ஒரு தயாரிப்பளாராக இருக்க வேண்டும்

கலிஃபோர்னியா நகரத்தின் முதுமை அடைந்த வாக்காளர்களின் எண்ணிக்கை நாளொரு வண்ணம் பொழுதொரு மேனியாக அதிகரித்துக்கொண்டே போகிறது என்பதை அங்குள்ள பத்திரிகைகள் குறிப்பெடுத்துக்கொண்டிருக்கின்றன. மாநிலத்தின் சட்டமன்றம் மற்றும் காங்கிரஸ் அரங்கங்களில் இவர்களது குரல் கேட்கும் என்று அர்த்தம். வயதின் அடிப்படையில் ஆண்களையும் பெண்களையும் வேற்றுமையுடன் நடத்தக்கூடாது என்று ஒரு சட்டம் நிறைவேற்றப்படும் என்று நம்புகிறேன்.

65 வயதான மனிதன் 30 வயதான ஒருவனுடன் மனதளவில், உடலளவில், உடலியலளவில் இளமையாக இருக்கக்கூடும். ஒரு மனிதன் 40 வயதை கடந்தவன் என்று காரணம் சொல்லி அவனை வேலையில் சேர்க்கமுடியாது என்று கூறுவது முட்டாள்தனம். அவன் குப்பைத்தொட்டியில் இடப்படவேண்டியவன் என்று கூறுவதற்கு சமம்.

40தோ அல்லது அதற்கு மேலோ இருக்கும் ஒரு மனிதன் என்ன செய்யவேண்டும்? அவன் தன் திறமைகளை புதைத்து, தன் ஒளியை புதருக்கு அடியில் மறைத்துவிடவேண்டுமா? வயதின் காரணமாக வேலை மறுக்கப்படுபவர்களை தனியாட்சி அரசாங்க மற்றும் கூட்டணி அரசாங்கங்கள் மாநில அல்லது நாட்டின் கருவூலங்கள் மூலம் பாதுகாக்க வேண்டும். இவர்களது அறிவு மற்றும் அனுபவத்தை ஏற்று அவர்களை வேலையில் நியமிக்க மறுக்கும் நிறுவனங்கள் அவர்களுக்கு அரசாங்கம் உதவ கூடுதல் வரி செலுத்தவேண்டும். இது ஒரு விதமான நிதி சம்பந்தப்பட்ட தற்கொலை.

மனிதன் இங்கு தன் உழைப்பின் பலனை அனுபவிக்க உள்ளான். அவன் இங்கு தயாரிப்பாளனாக உள்ளான். சமூகத்தின் கைதியாக வேலையற்ற நிலையில் நேரத்தை வீணாக செலவிட இல்லை. மனிதனின் உடல் நாள்பட மெதுவடையலாம் ஆனால் ஆழ்மனது தரும் உந்துதலினால் அவன் உணர்மனது சுறுசுறுப்பாக, துடிப்பாக மற்றும் விழிப்புடன் செயல்படும். உண்மையில், அவன் மனது முதிர்ச்சி அடைவதில்லை. ஜோப் கூறினார், *கடவுள் என்னை பாதுகாத்ததனால் நான் முன்னாளில் இருந்தது போல் இருக்கிறேன். அவரது மெழுகுவர்த்தி என் தலைமேல் எரிந்த போது மற்றும் அவர் கொடுத்த ஒளியினால் நான் இருளில்*

நடந்தேன். என் இளமையில் இருந்தது போல், கடவுளின் ரகசியம் என் வாசஸ்தலத்தின் மீது இருந்தது போல். **ஜோப் 29:2-4.**

இளமையின் ரகசியம்

உங்கள் இளமையின் நாட்களை மீண்டும் கைப்பற்ற வேண்டுமென்றால் உங்கள் ஆழ்மனதின் அற்புத, குணமாக்கும், சுயமாக புதுப்பிக்கப்படும் சக்தி உங்களுக்குள் நகர்வதை உணருங்கள். நீங்கள் ஆன்மீகத்தினால் புதுவாழ்வும், புத்துணர்ச்சியும் பெற்று வாழ்க்கையில் உத்வேகத்துடன் மேலே தூக்கப்படுவதை அறிந்து உணருங்கள். இளமையில் இருந்தது போல் நீங்கள் உற்சாகத்துடனும் மகிழ்ச்சியுடனும் இருக்கலாம், ஏனென்றால் அந்த மகிழ்ச்சியான மனோ நிலையை நீங்கள் மனதளவிலும் உணர்ச்சிகளாலும் திரும்பப்பெறலாம்.

உங்கள் தலைக்கு மேல் ஒளிரும் இந்த மெழுகுவர்த்தி தெய்வீக திறனாகும் அது நீங்கள் அறிய வேண்டியவை அனைத்தையும் உங்களுக்கு வெளிப்படுத்தும். வெளிபுறத்தோற்றம் எப்படி இருந்தாலும் உங்களுக்குள் இருக்கும் நல்ல குணங்களை இது உறுதியாக்கும். உங்கள் ஆழ்மனதின் வழிகாட்டுதலின்படி நடக்கவும் ஏனென்றால், விடியலில் நிழல் ஓடி விடும்.

தோற்றத்தைப்பெறுங்கள்

''எனக்கு வயதாகிவிட்டது,'' என்று கூறுவதற்கு பதில், ''தெய்வீக வாழ்க்கைப்படி செல்வதால் நான் விவேகத்துடன் செயல்படுகிறேன்,'' என்று கூறுங்கள். உங்கள் முதுமையைப் பற்றி சரியும் வயது, உபயோகமற்ற தன்மை, பலவீன நிலை என்று நிறுவனங்கள், செய்தித்தாள்கள் அல்லது புள்ளிவிவரங்கள் உங்களுக்கு முன் காட்சியாக அளிக்க அனுமதிக்காதீர்கள். அதனை நிராகரியுங்கள், ஏனென்றால் அது ஒரு பொய். இது போன்ற பிரச்சாரத்தை கேட்டு செயலிழந்து போகாதீர்கள். வாழ்க்கைக்கு உறுதி கொள்ளுங்கள், சாவிற்கு இல்லை. மகிழ்ச்சியாக இருப்பவராக, வெற்றியாளராக, அமைதியானவராக மற்றும் வலிமையானவராக இருக்கும் தோற்றத்தை நீங்கள் காணுங்கள்,

உங்கள் மனது முதுமை அடைவதில்லை

88 வயதான முன்னாள் ப்ரெசிடெண்ட் ஹெர்பர்ட் ஹூவெர், இப்போதும் துடிப்பாக இருந்து போற்றத்தக்க அளவில் வேலை செய்கிறார். வால்டர்ஃப் அஸ்டோரியாவில் உள்ள அவரது இருப்பிடத்தில் அவரை நேர் காண சில வருடங்கள் முன்பு நியூ யார்க் சென்றிருந்தேன். அவர் துடிதுடிப்பாக, புத்துணர்ச்சியுடன் உற்சாகத்துடன் மகிழ்ச்சியாக இருப்பதை கண்டேன். அவரது கடித போக்குவரத்தை கவனித்த அவரது செயலாளர்களை அவர் சுருசுருப்பாக வைத்திருந்தார். அவரே வரலாறு மற்றும் அரசியல் சம்பந்தமாக புத்தகங்கள் எழுதிக்கொண்டிருந்தார். அனைத்து சிறந்த மனிதர்களை போல் அவரும் விரும்பத்தக்கவராக, அன்போடும், புரிதலோடும் பழகுபவராக இருப்பதை நான் கண்டேன்.

அவரது மனதின் திறன் மற்றும் மதிநுட்பம் என்னை சுகத்தில் ஆழ்த்தியது. அவர் ஒரு ஆழ்ந்த ஆன்மீகவாதி, முற்றிலுமான கடவுள் நம்பிக்கை கொண்டவர், வாழ்க்கையின் சாகாத உண்மையை வெற்றிகொண்டவர். தாழ்ந்த நிலைமை நாட்டை உலுக்கியபோது, அவர் பக்கம் வந்த கடுமையான விமர்சனங்கள் மற்றும் கண்டனங்களை கண்டு வெறுப்பு, நிராகரிப்பு, கசப்புக்கு ஆளாகாமல் அந்த புயலை வெற்றியாக கடந்தார். மாறாக, அவரது ஆன்மாவின் அமைதிக்கு சென்று தன்னுள் இருக்கும் தெய்வீக இருப்பை உணர்ந்து அதனுடன் பேசி, கடவுளின் இதயத்தில் உள்ள வலிமையான அமைதியை கண்டார்.

தொண்ணூற்று ஒன்பது வயதில் அவர் மனம் துடிதுடிப்பாக இருந்தது

என் அப்பா தன் 65 வயதில் ஃபிரெஞ்சு பாஷையை கற்றது மட்டுமில்லாமல் 70ற்குள் அதன் மீது முழு அதிகாரம் பெற்றார். கேலிக் பற்றி 60 வயதிற்கு மேல் படித்து அந்த பாடத்தின் பிரபல ஆசிரியராகவும் ஆனார். அவர் தன் 99வது வயதில் இறக்கும் வரை, என் சகோதரிக்கு உயர் கல்விக்கான பள்ளியில் உதவியாக பணியில் இருந்தார். 99 வயதிலும் அவர் மனது தெளிவாக இருந்தது, 20 வயதில் இருந்தது போல். மேலாக, அவரது கையெழுத்து மற்றும் பகுத்தறிவு சக்தி அவரது வயதுடன் முன்னேற்றம் அடைந்தது. உண்மையில் நீங்கள் நினைப்பது மற்றும் உணர்வது போன்றுதான் உங்கள் வயது.

நம் மூத்த குடிமுக்கள் நமக்கு தேவை

மார்கஸ் போர்ஸியஸ் கேட்டோ என்ற ரோம வீரன் தன் 80 வயதில் கிரேக்க பாஷையை கற்றார். மேடம் எர்ன்ஸ்ட்டின் ஷுமன் ஹெய்ன்க் என்ற ஜெர்மானிய அமெரிக்க பெண்மணி தான் பாட்டியான பின்பு தான் இசை துறையில் வெற்றியை கண்டார். முதியவர்களின் சாதனைகளை ஏற்று போற்றுவது என்பது அற்புதமான விஷயம். ஜெனரல் டகிளஸ் மேக்ஆர்தர், ஹாரி எஸ் ட்ரூமன், ஜெனரல் டிவைட் டேவிட் ஐஸேன்ஹூவெர் மற்றும் அமெரிக்கன் பைனான்சியர், பெர்னார்ட் பருச் போன்றவர்கள் ஸ்வாரஸ்யமானவர்கள், துடிதுடிப்பாக தன் திறமைகள் மற்றும் விவேகத்தை உலகிற்கு பங்களித்துவிட்டனர்.

கிரேக்க தத்துவவாதி சாக்ரடீஸ், தன் 80வது வயதில் இசை கருவிகள் கற்றார். மைக்கேல் ஏஞ்சலோ தனது 80வது வயதில் சிறந்த ஓவியங்களை வரைந்தார். 80 வயதில் சியோஸ் சிமொனிட்ஸ் கவிதைகளுக்காக பரிசு பெற்றார். ஜொஹான் வோன் கெத் ஃபாஸ்டை எழுதி முடித்தார், லியோபோல்ட் வோன் ராங்க் *ஹிஸ்டரி ஆஃப் தி வேர்ல்ட்* எழுத துவங்கி, அதை அவர் தன் 92 வயதில் முடித்தார்.

அல்ஃப்பிரேட் டென்னிசன் *கிராஸ்ஸிங் தி பார்* என்ற ஒரு அற்புத கவிதையை தன் 83வது வயதில் எழுதினார், ஐசக் நியூட்டன் 85 வயதில் கடுமையாக உழைத்தார்.

88 வயதில் ஜான் வெஸ்லி மெதாடிஸம் என்ற மத முறையை உபதேசம் செய்து வழிநடத்தினார். 95 வயதானவர்கள் பலர் என் உரைகளுக்கு வருகின்றனர், அவர்கள் என்னிடம் தன் 20 வயதில் இருந்ததை விட இப்பொழுது சிறந்த ஆரோக்கியத்துடன் இருப்பதாக கூறுகிறார்கள்.

நம் மூத்த குடிமக்களை உயர்ந்த இடத்தில் வைப்போம் சொர்க்கத்தில் மலர்களாக ஆக்க ஒவ்வொரு வாய்ப்பையும் பயன்படுத்துவோம். அப்படி நீங்கள் ஓய்வு பெற்றுவிட்டால் வாழ்க்கையின் சட்டங்கள் மற்றும் ஆழ்மனதின் அற்புதங்கள் பற்றிய விஷயங்களில் ஆர்வம் கொள்ளுங்கள். நீங்கள் எப்பொழுதுமே செய்ய வேண்டும் என்று நினைத்ததை செய்யுங்கள். புதிய பாடங்களை படிக்கவும். புதிய எண்ணங்களை குறித்து விசாரணை செய்யுங்கள். பின்வருமாறு பிரார்த்தனை செய்யுங்கள்: *மானானது நீரோடைகளை தேடி அலைவது போல, என் ஆத்மா உன்னை எண்ணி குழம்பி அலைகிறது.* **தோத்திரம் 42:1.**

முதுமையின் பலன்கள்

அப்பொழுது அவன் மாமிசம் வாலிபத்தில் இருந்ததைக் காட்டிலும் ஆரோக்கியமடையும்; தன் பாலவயது நாட்களுக்குத் திரும்புவான். **ஜோப் 33:25.** கடவுளின் உண்மைகளை உயர்ந்த இடத்தில் இருந்து புரிந்து கொள்வது தான் முதுமை. முடிவில்லாத ஒரு பயணத்தில் இருப்பதை உணருங்கள், முடிவடையாத, சோர்வடையாத, முடிவற்ற பெருங்கடலின் முக்கிய படிகள். *அவர்கள் முதிர்வயதிலும் கனி தந்து; புஷ்டியும் பசுமையுமாயிருப்பார்கள்.* **தோத்திரம் 92:14.**

ஆவியின் கனியோ, அன்பு, சந்தோஷம், சமாதானம், நீடிய பொறுமை, தயவு, நற்குணம், விசுவாசம். **கலாத்தியர் 5:22-23.**

அளவற்ற வாழ்வின் மகன் [குழந்தை] நீ, அதற்கு அந்தமும் தெரியாது, மற்றும் அழிவற்ற தன்மையின் குழந்தை நீ.

லாபம் தரும் முக்கிய குறிப்புகள்

1. பொறுமை, கருணை, அன்பு, நல்லிணக்கம், மகிழ்ச்சி, விவேகம், புரிதல் ஆகிய குணங்கள் முதுமை அடைவதில்லை. மனதாலும் உடலாலும் இளமையாக இருக்க இவற்றை வளர்த்து பிறரிடம் வெளிப்படுத்துங்கள்.
2. காலத்திற்கு முன் முதுமையை அடைவது பைத்தியக்காரத் தனமான பயத்தால் ஏற்படக்கூடும் என்று சில ஆராய்ச்சி செய்யும் மருத்துவர்கள் கூறுகிறார்கள்.
3. வருடங்கள் ஓடிப்போவது வயதல்ல, மனிதனின் மனம் விவேகம் அடைவது தான்.
4. வாழ்க்கையின் சிறந்த உற்பத்திக்காலம் 65 முதல் 95 வரை இருக்கலாம்.
5. முன்னேறும் வயதை வரவேற்றிடுங்கள், அது முடிவற்ற வாழ்க்கைப்பாதையில் உங்களை கொண்டு செல்ல உள்ளது.
6. கடவுள் தான் வாழ்க்கை. அது தான் இப்போது உங்கள் வாழ்க்கை. வாழ்க்கை அழிவற்றது, தன்னைத்தானே புதுபித்து கொள்வது, முடிவற்றது. இது அனைத்து மனிதர்களின் உண்மை. நீங்கள் எப்போதுமே வாழ்வீர்கள், ஏனென்றால் உங்கள் வாழ்க்கை கடவுளின் வாழ்க்கை.
7. இறப்பின் பின் வாழ்வு என்பது நம்மை பெருமிதப்படச்செய்யும் ஒன்று. *ப்ரொஸிட்டிங்ஸ் ஆஃப்*

பிஸிக்கல் ரிசர்ச் சொசைட்டி ஆஃப் கிரேட் பிரிட்டன் அண்ட் அமெரிக்கா என்ற புத்தகத்தை உங்கள் நூலகத்தில் படியுங்கள். 75 ஆண்டு காலம் பல முன்னணி விஞ்ஞானிகள் செய்த ஆராய்ச்சியைப்பற்றியது.

8. உங்களால் உங்கள் மனதை பார்க்க முடியாது. ஆனால், உங்களுக்கு மனது உள்ளது என்று உங்களுக்கு தெரியும். உங்களால் ஆன்மாவை பார்க்க முடியாது ஆனால், விளையாட்டின் ஆன்மா, கலைஞர்களின் ஆன்மா, இசை கலைஞர்களின் ஆன்மா மற்றும் பேசுபவரின் ஆன்மா அனைத்தும் உண்மை என்று உங்களுக்குத்தெரியும். அதுபோல், உங்கள் மனம் மற்றும் இதயத்தில் சுற்றிவரும் நல்ல மற்றும் உண்மையின் ஆன்மாவும் உண்மை. உங்களால் வாழ்க்கையை பார்க்க முடியாது ஆனால் நீங்கள் உயிருடன் இருக்கிறீர்கள்.
9. உயர்ந்த நிலையில் இருந்து கடவுள் பற்றிய உண்மைகளை அசைபோடுவது முதுமையாக இருக்கலாம். இளமையின் மகிழ்ச்சியை விட முதுமையின் மகிழ்ச்சி சிறந்தது. உங்கள் மனது ஆன்மீக மற்றும் மன தடகள போட்டியில் இணைந்துள்ளது. இயற்கை உங்கள் உடலை மெதுவடைய செய்கிறது, தெய்வீக தியானத்தில் உங்களை ஆழ்த்திக்கொள்ள ஏதுவாக.
10. அவனிடம் கணக்கெடுக்க வேறொன்றும் இல்லாத வரை நாம் மனிதனின் வயதை கணக்கிடுவதில்லை. உங்கள் நம்பிக்கையும் உறுதிகளும் அழுகுதலுக்கு ஆளாவதில்லை.
11. நீங்கள் எவ்வளவு இளமையானவர் என்று நினைக்கிறீர்களோ அவ்வளவு இளமையானவர். நீங்கள் எவ்வளவு பலசாலி என்று நினைக்கிறீர்களோ அவ்வளவு வலிமையானவர். எவ்வளவு உபயோகமானவர் என்று நினைக்கிறீர்களோ அவ்வளவு உபயோகமானவர். உங்கள் எண்ணங்களே உங்கள் இளமையை பிரதிபலிக்கிறது.
12. உங்கள் நரை முடி உங்கள் சொத்து. நீங்கள் உங்கள் நரை முடியை விற்பதில்லை. பல வருடங்களாக நீங்கள் சேகரித்த உங்கள் திறமை, திறன் மற்றும் விவேகத்தைத்தான் நீங்கள் விற்கிறீர்கள்.
13. உணவு கட்டுப்பாடு மற்றும் உடற்பயிற்சி உங்களை இளமையாக்காது. *ஒரு மனிதன் எவ்வளவு இளைஞன் என்று தன்னை கருதுகிறானோ அவன் அவ்வளவுதான்.*

14. முதுமையை பற்றிய பயம் உடல் மற்றும் மனதின் அழிவை ஏற்படுத்தும். *நான் பெரிதும் பயந்தது என் மேல் வந்து விடிந்து விட்டது.*
15. நீங்கள் கனவு காண்பதை நிறுத்தும் பொழுது, வாழ்வில் பிடிப்பை இழக்கும் பொழுது உங்களுக்கு வயதாகி விடுகிறது. நீங்கள் எரிச்சல் அடைபவராக, கோபம் மற்றும் வேதனை படுபவராக இருந்தால் நீங்கள் முதுமையை சீக்கிரம் அடைவீர்கள். கடவுளின் உண்மைகள் மற்றும் அவரது அன்பை பிரதிபலிப்பதாக உங்கள் மனதை நிறைத்துக்கொள்ளுங்கள். இது தான் இளமை.
16. எப்பொழுதுமே வரவிருப்பதை எதிர்நோக்குங்கள். வாழ்க்கை முடிவற்றது.
17. உங்கள் ஓய்வு ஒரு புதிய முயற்சி. புதிய படிப்புகளை மற்றும் விருப்பமான செயல்கள் செய்வதைத்தொடங்குங்கள். சம்பாதிப்பதில் மனதை செலுத்திய காலத்தில் நீங்கள் செய்ய முடியாமல் போனவற்றை இப்பொழுது செய்யலாம். வாழ்க்கையை வாழ்வதில் கவனம் செலுத்துங்கள்.
18. சமூகத்தின் தயாரிப்பாளராக இருங்கள், கைதியாக இல்லை. உங்கள் ஒளியை புதருக்கு பின் ஒளித்து விடாதீர்கள்.
19. இளமையின் ரகசியம் மகிழ்ச்சி, உள் அமைதி மற்றும் சிரிப்பு. *அவனுக்குள் மகிழ்ச்சியின் முழுமை உள்ளது, அவனுள் இருள் இல்லை.*
20. நீங்கள் தேவைப்படுகிறீர்கள். சில தத்துவ வாதிகள், கலைஞர்கள் விஞ்ஞானிகள், எழுத்தாளர்கள் மற்றும் வேறு பல சாதனைகள் புரிந்தவர்கள், தங்கள் வேலையில் சாதனைகளை தங்கள் 80 வயதிற்கு மேல் தான் சாதித்தார்கள்.
21. அன்பு, மகிழ்ச்சி, அமைதி, பொறுமை, மென்மை, நல்லமை, நம்பிக்கை, வலிமையின்மை மற்றும் கோபத்தை கட்டுப்படுத்துவது ஆகியவை முதுமையின் பலன்கள் ஆகும்.
22. நீங்கள், முடிவறியாத, அளவற்ற வாழ்வின் மகன். என்றென்றும் வாழும் வாழ்வின் குழந்தை நீங்கள். நீங்கள் அற்புதமானவர்!